普通高等教育"十一五"国家级规划教材

北京大学基础课教材

实用生物统计

（第2版）

李松岗　曲　红　编著

图书在版编目(CIP)数据

实用生物统计/李松岗,曲红编著.—2版.—北京:北京大学出版社,2007.9

(北京大学基础课教材)

ISBN 978-7-301-05472-7

Ⅰ.实… Ⅱ.①李…②曲… Ⅲ.生物统计—高等学校—教材 Ⅳ.Q-332

中国版本图书馆CIP数据核字(2007)第131183号

书　　　名:实用生物统计(第2版)

著作责任者:李松岗　曲　红　编著

责 任 编 辑:赵学范

封 面 设 计:张　虹

标 准 书 号:ISBN 978-7-301-05472-7/Q·0090

出 版 发 行:北京大学出版社

地　　　址:北京市海淀区成府路205号　100871

网　　　址:http://www.pup.cn

电　　　话:邮购部 62752015　发行部 62750672　编辑部 62754271
出版部 62754962

电 子 信 箱:zpup@pup.cn

印　刷　者:河北滦县鑫华书刊印刷厂

经　销　者:新华书店

850毫米×1168毫米　32开本　16.25印张　480千字

2002年3月第1版

2007年9月第2版　2024年7月第4次印刷(总第7次印刷)

印　　　数:18001~19000册

定　　　价:40.00元

北京高等教育精品教材

BEIJING GAODENG JIAOYU JINGPIN JIAOCAI

内容简介

为适应生命科学研究工作者进行数据分析的需要，本书较全面地介绍了常用的概率论知识和统计方法.

第1章主要介绍了概率论的基础知识，特别是古典概型的一些计算方法.这些方法比较古老，但在今天生活和工作中都还有许多应用；第2章介绍了随机变量及其数字特征，主要是为学习以后的统计打下基础；第3章～第6章介绍了常用统计方法，包括假设检验、参数估计、非参数检验、方差分析、回归分析、协方差分析等；第7章介绍了实验设计的基本方法，包括抽样方法.书后的附录介绍了矩阵的基本知识，采用Excel进行统计计算的方法，以及常用统计表.全书内容紧紧围绕应用的目的，尽可能做到深入浅出，同时也有适量的理论推导，使读者能在理解的基础上掌握各种方法的适用条件、应用范围、优缺点等.在对各种方法的介绍中均辅以例题，各章后附有习题.

本书适合作为生命科学各领域本科生的教材，也可用于自学.书中的例题和习题除来自作者本人的工作外，也有一些引自书后列出的参考书，在此向原作者致以深深的谢意.

第 2 版前言

本书的读者绝大多数都是从事生命科学和医学的科技人员，他们需要的不是系统地掌握统计理论，而是能根据变化的情况，正确使用统计方法处理工作中得到的数据，并得到可靠的科学结论. 根据读者的这种实际需要，本书突出了实用性的特点. 主要考虑以下几个方面：(1) 本书不仅介绍必要的统计方法，还希望通过这些方法帮助读者树立用统计观点看问题的习惯：工作中接触到的数据都是有误差的，作出判断时必须考虑这一点. (2) 对每种统计方法都不仅介绍使用方法，还重点讨论其适用条件及优缺点，使读者能针对不同问题作出正确选择. (3) 配合本书内容，尽量选择有代表性的生物学问题为例题和习题，培养读者分析和解决实际问题的能力. (4) 本书涉及的内容尽可能全面，包括：从古典概型计算到统计方法；从单个实验的结果分析到大规模的科学调查；从实验设计到数据处理等各种工作中可能用到的知识. 读者可根据自己的情况有选择地阅读，同时本书可作为读者常备的有用工具书. (5) 统计理论的介绍要服从实用性的目标，即主要是帮助读者在理解的基础上掌握各种方法的适用范围和优缺点，而不是死记硬背. (6) 统计计算常是比较繁杂的. 书后附录中介绍了使用最常见的软件 Excel 表进行统计计算的方法，从而能在任何地点借助计算机解决一般的统计问题，大大减少了读者数据处理的繁杂工作. 书中的章节安排和内容较好地体现了上述目标.

本书出版以来，受到读者的好评，并于 2005 年被评为北京市精品教材. 目前本书已经拥有上万名读者，包括许多学校使用本书作为生物统计课程的教材. 不少读者中肯地指出了书中的一些不足，如：

部分章节逻辑性仍有改进余地；有些较重要的概念如统计检验的功效等没有提及；对数据的直观分析方法介绍不够等. 鉴于读者对本书的基本特点与结构还是认同的，在第 2 版的修订中对全书结构没有进行大的调整，而是重新改写了一些内容（如：第 3 章的第二节、第四节；增加了第 7 章的第五节等）；对全书进行了文字上的修改，加强了教学中学生问题较多部分的解释与分析；适当补充了例题和习题，并增加了习题参考答案；等等. 希望这些改进能够得到读者的认同.

由于作者水平所限，书中难免还有疏漏与不妥之处. 希望使用本书的教师、学生与读者不吝赐教. 借此机会，作者也对广大读者的支持与厚爱表示深深的感谢.

作　者

2007 年 5 月

第1版前言

在人们的实践活动中，常常会遇到类似下面的一些问题，如：一种新的疫苗，如何判断它是否有效？吸烟会不会使得肺癌的机会增加？如何抽检几百或几千人来估计某种病的流行程度？某批产品中合格品究竟有多少？该不该报废？某种实验方法或饲料配方，是否有明显的改进？等等. 总之，人们面临的这类问题可以归结为如何消耗最少的资源和人力来得到所需要的某种信息.

这一类问题的共同特点，就是人们只能得到他所关心的事情的不完全信息，或者是单个实验的结果有某种不确定性. 例如，为了知道产品合格与否或它的使用寿命，我们常常需要对它作破坏性检验，此时我们显然不能把所有的产品都检验一遍，而只能完成对少数几个样品的抽检，这样获得的信息显然是不完全的；再比如，要检验疫苗的有效性，但一般来说，接种过疫苗的动物不一定全不发病，而未接种的也不会全发病. 那么发病与不发病的差别究竟到多大时我们才能认为接种是有效的呢？同时，即使我们采用完全一样的实验条件再次进行实验，发病与不发病的动物数量也会有所变化，这说明类似实验的结果具有某种内在的不确定性. 要想在这种情况下正确判定疫苗的有效性，就涉及到了我们如何评价一些并不确定的实验结果的问题.

要从这样一些问题中得出科学可靠的结论，就必须依靠统计学. 有人干脆给统计学下了这样的定义："统计学就是从不完全的信息里取得准确知识的一系列技巧"，这个定义还是有一定道理的.

另外，当必须根据有限的，不完全的信息作出决策时（例如决定一批产品是出厂还是报废，某种新药是否有效，等等），统计学可以提供一种方法，使我们不仅能做出合理的决策，而且知道所冒风险的大小，并帮助我们把可能的损失减至最小.

其次，如何花费最小代价取得所关心的信息，也是统计学的一大课题(实验设计). 不注意这一点，可能使辛辛苦苦的工作成为一种浪费.

生物学是一门实验科学. 不管你从事的是生物学的哪一个分支，都不可能完全脱离实验，只进行逻辑推理. 而实验所得到的结果几乎无例外地都带有或多或少的不确定性，即实验误差. 在这种情况下，不用统计学而想要得出正确的结论是不可能的. 可以毫不夸张地说，作为一个实验科学工作者，离开了统计学就寸步难行. 希望大家通过这门课程的学习，能够掌握常用的统计方法，尤其是它们的条件、适用范围、优缺点等，从而能够应用它们去解决实践中遇到的问题.

本书是在给北京大学生命科学学院本科生多年讲授"生物统计"课程的讲义基础上改编而成. 书稿曾经北大数学学院耿直和孙山泽教授认真审阅，并提出了宝贵的修改意见. 北京大学出版社编审赵学范在本书编辑过程中在层次、版式等方面进行了大量工作，付出了艰辛的劳动，使本书增色不少. 同时，本书还荣幸地得到北京大学"九五"教材出版基金的支持和资助. 在此一并致以深深的谢意.

作　者

2001 年 10 月

目　　录

第 1 章　概率论基础

1.1　随机现象与统计规律性

(一) 概率论是研究随机现象的数量规律的数学分支

所谓随机现象，就是在基本条件不变的情况下，各次实验或观察会得到不同的结果的现象，而且这一结果是不能准确预料的. 例如血球计数板上某一格中的血球数；昆虫密度调查时某一个样方中目标昆虫的数量；某一时刻车间中开动的车床数，优秀选手射击弹着分布，抽样时某一样品合格与否，等等.

必然现象(或不可能事件)则是指在一定条件下必然会发生(或不发生)的事件，也可称为决定性事件. 例如早晨太阳会从东方升起；水向低处流；万有引力定律下的天体运行；纯水在标准大气压(1.01×10^5 Pa)下会在 100℃沸腾，等等.

大部分科学实验的结果都属于随机事件，分析它们就需要概率的知识，因此概率与统计就成为了所有科学工作者都应该掌握的基础知识.

(二) 频率稳定性

随机事件的结果是不可预料的，那又如何研究呢? 经过长期观察，人们发现个别随机事件在一次实验或观察中可以出现或不出现，但在大量重复实验中，它出现的次数与总实验次数之比总是非常稳定的. 这种. 现象称为频率稳定性，它正是随机事件内在规律性的反映.

【例 1.1】 掷币实验：

实验者	掷币次数	正面次数	频率
Buffon(蒲丰)	4040	2048	0.5069
Pearson(皮尔逊)	12000	6019	0.5016
Pearson(皮尔逊)	24000	12012	0.5005

从上述实验结果可知，随着投掷次数的增加，正面出现的次数越来越接近一个常数：0.5. 这一实验结果很好地反映了多次重复的随机实验中频率的稳定性.

直观上，我们用一个数 $P(A)$ 来表示随机事件 A 发生可能性的大小，$P(A)$ 就称为 A 的概率. 一般来说，当实验次数 n 越来越大，直至趋于无穷时，频率也会逐渐趋近于概率.

(三) 统计的基本思想

大部分科学实验的结果都属于随机事件，即所得数据都是有误差的. 要正确地分析它们并得出可靠的结论，就必须要依靠统计知识. 下面的例子可以让我们对统计的基本思想有一个直观的了解.

【例 1.2】 试验配方 1(x)和配方 2(y)两种不同饲料配方对鸡增重的影响. 饲养 5 周后，增重如下：

	增重/kg
配方 1 (x)	1.49，1.36，1.50，1.65，1.27，1.45，1.38，1.52，1.40
配方 2 (y)	1.25，1.50，1.33，1.45，1.27，1.32，1.60，1.41，1.30，1.52
$\overline{x}=1.436$ kg，$\overline{y}=1.392$ kg	

在例 1.1 中，$\overline{x}=1.436$ kg，$\overline{y}=1.392$ kg，我们是否可以说配方 1 比配方 2 好呢？也许有人会说："$\overline{x}>\overline{y}$，当然就说明配方 1 好啦."实际问题却不是这样简单. 由于鸡的个体差异等因素都会影响实验的结果，因此上述实验中包含着一些无法排除的随机误差. 在这种情况

下，我们怎么能判断 $\overline{x}$ 与 $\overline{y}$ 之间的差异是随机误差造成的，还是配方 1 真的优于配方 2？或者换句话说，$\overline{x}$ 与 $\overline{y}$ 的差异大到何种程度，我们就可以较有把握地得出配方 1 优于配方 2 的结论？要科学地回答这一类问题，靠我们以前学过的数学知识是解决不了的，必须依靠统计学的知识. 由于吃同一种饲料的一组鸡的生活条件基本上是一致的，它们之间的差异应该是随机误差大小的一种估计，因此我们可以把上述两组鸡之间的差异与组内的差异做一下比较，如果组间差异明显大于组内的差异，则认为配方 1 比配方 2 好；否则，就只能认为这两种配方差不多. 根据这样的统计学理论，我们只能认为这两个配方间没有明显差异，原因是它们组内差异比较大，说明随机因素的影响很大，平均数间的差异可能是随机因素引起的.

【例 1.3】 如果上例中的结果变成下表中的数据：

	增重/kg
配方 1 (x)	1.40，1.42，1.50，1.39，1.46，1.45，1.51，1.44，1.41，1.38
配方 2 (y)	1.38，1.41，1.35，1.50，1.36，1.33，1.42，1.38，1.37，1.41
$\overline{x}=1.4365$ kg，$\overline{y}=1.391$ kg	

此时两组数据的平均值变化不大，直观上结果应与上题相同，但统计结论却完全变了——配方 1 明显优于配方 2. 这是因为组内差距变小了，x 与 y 之间的差别不能仅用随机因素的影响来解释.

从上述例子可看出，没有统计学的知识就不能对实验结果作出科学的、有说服力的结论.

1.2　样本空间与事件

我们假定试验或观察可在相同的条件下重复进行. 这是因为一次随机实验的结果不可预料，我们主要依靠频率稳定性来研究随机现象的内在规律,因此不可重复的实验对统计学来说是没有多少意义的.

(一) 样本空间的概念

定义 在一组固定的条件下所进行的试验或观察,其可能出现的结果称为样本点,一般用 ω 表示.全体样本点的所构成的集合称为样本空间,一般用 Ω 表示.

【例 1.4】 本例以 ω、Ω 表述投1枚硬币和投2枚硬币的情况:

	ω	Ω
投1枚硬币	正,反	{正,反}
投2枚硬币	正正,正反,反正,反反	{正正,正反,反正,反反}

样本点和样本空间是严格依赖于我们的实验设计的,不同的实验设计可能有不同的样本点和样本空间.每一个最基本、最简单的结果称为一个样本点,所有可能的样本点构成样本空间,而部分样本点的集合则构成了事件.

定义 样本点的集合称为事件.

显然有:必然事件 Ω;不可能事件 Φ,这里 Φ 表示空集.

注意 上述定义不严格,如果 Ω 中有不可列①个样本点,则不能把 Ω 的一切子集都看成事件,否则无法在其上定义概率.关于这些问题的详细讨论超出了本书的范围.

(二) 事件间的关系

设 A、B 均为事件,则它们可能有以下关系:

包含 若 A 发生,则 B 必然发生,此时称 A 包含于 B,或 B 包

---

① 一个无穷集合,若它的元素可与自然数集建立一一对应,则称其为可列集,否则称为不可列集.详细讨论可参见有关测度论的书籍.

含 A,记为:$A\subset B$,或 $B\supset A$. 例:{正正}$\subset${两币相同}.

相等　若 $A\supset B$,且 $B\supset A$,则称 A 与 B 相等,记为 $A=B$. 例:{反反}={正面不出现}.

对立　由所有不包含在 A 中的样本点所组成的事件称为 A 的逆事件,或 A 的对立事件,记为 $\overline{A}$(也可称为“非 A”). 例:$\overline{\{两币相同\}}$={正反,反正}={两币不同}.

显然,A 逆的逆等于 A,即 $\overline{\overline{A}}=A$.

(三) 事件的运算

1. 运算的种类

已知事件 A、B,我们可以通过它们构成一些新的事件:

交　同时属于 A 及 B 的样本点的集合. 记为:$A\cap B$ 或 AB,此时 A 与 B 同时发生.

若 $A\cap B=\Phi$,则称 A 与 B 互不相容,也可称为相离. 样本点一定是互不相容的.

并　至少属于 A 或 B 两事件中一个的全体样本点的集合,记为 $A\cup B$.

此时可能 A,B 都发生,也可能只发生一个.

若 $A\cap B=\Phi$,则可把并称为**和**,且记为 $A+B$.

注意:在集合论的运算中,和只是并的特例,要明确它们的不同,原因是在集合论中,同一个元素只能计算一次,所以一个集合中不能有两个相同的元素.

差　包含在 A 事件中且不包含在 B 事件中的样本点的集合. 记为 $A-B$.

注意:这是三种运算中唯一不满足交换律的运算.

显然:$A-B=A\overline{B}$, $A\cup\overline{A}=\Omega$, $A\cap\overline{A}=\Phi$, $\overline{A}=\Omega-A$.

可用图解的方法表示集合间的关系,如 Venn 图:

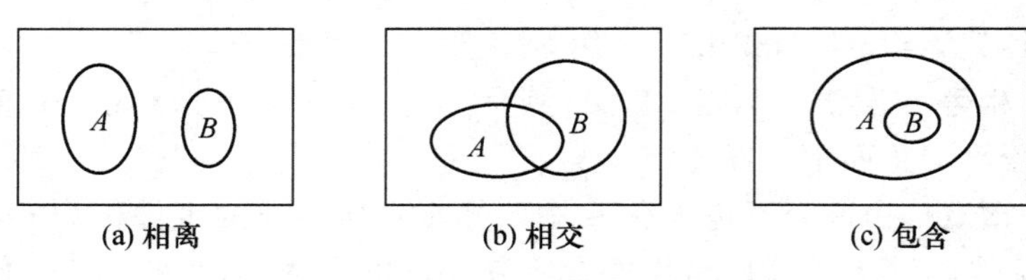

(a) 相离　　(b) 相交　　(c) 包含

图 1.1　两集合 A、B 的三种关系

显然，两事件 A 与 B 的关系只有上述三种，这种图解的方法对我们搞清事件间的关系是很有好处的.

2. 运算顺序

（1）逆，

（2）交，

（3）并或差.

与算术运算比较，“逆”的运算优先级相当乘方，“交”相当乘法，“并或差”相当加减法.

3. 运算规律

集合论的运算规律与算术运算类似，但又不完全相同. 它们包括

（1）交换律：$A\cup B=B\cup A$，$A\cap B=B\cap A$.

（2）结合律：$(A\cup B)\cup C=A\cup(B\cup C)$，$(AB)C=A(BC)$.

（3）分配律：$(A\cup B)\cap C=(A\cap C)\cup(B\cap C)$，

$(A\cap B)\cup C=(A\cup C)\cap(B\cup C)$.

（4）De Morgan（德莫根）定理：

$$\overline{A\cup B}=\overline{A}\cap\overline{B},\ \overline{A\cap B}=\overline{A}\cup\overline{B}$$

对于 n 个事件，甚至对可列个事件，上述定理仍成立，可写为

$$\bigcup_i\overline{A_i}=\overline{\bigcap_i A_i},\ \overline{\bigcup_i A_i}=\bigcap_i\overline{A_i}$$

注意　上述集合论运算规律与算术运算的规律很相似. 若把并比做算术加法，把交比做算术乘法，则交换律与结合律是相同的. 但分配律有差异：集合论运算中除有交对并的分配律外，还有并对交的分配律，而后者在算术运算中是不成立的. 算术运算中没有与

De Morgan定理相对应的规律.

【例 1.5】 A,B,C 是三个事件,请用运算式表示下列事件:

(1) A 发生,B 与 C 不发生:$A\overline{B}\,\overline{C}$,或 $A-B-C$,或 $A-(B\cup C)$.

(2) A 与 B 都发生而 C 不发生:$AB\overline{C}$,或 $AB-C$,或 $AB-ABC$.

(3) 至少发生一个:$A\cup B\cup C$.

(4) 恰好发生一个:$A\overline{B}\,\overline{C}+\overline{A}B\overline{C}+\overline{A}\,\overline{B}C$.

(5) 恰好发生二个:$AB\overline{C}+A\overline{B}C+\overline{A}BC$.

1.3 概　　率

(一) 古典概型

从 17 世纪中叶,人们就开始研究随机现象.当时这种兴趣或需要主要是由赌博引起的,因此人们首先注意的是这样一类随机事件:它们只有有限个可能的结果,即只有有限个样本点,同时这些样本点出现的可能性相等.这样的概率空间称为古典概型.由于样本点是等可能的,很自然地,人们就把事件 A 的概率定义为 A 所包含的样本点数(常称为 A 的有利场合)与样本点总数的比值,即

$$P(A)=\frac{m}{n}=\frac{A\text{ 包含的样本点数}}{\text{样本点总数}}=\frac{A\text{ 的有利场合数}}{\text{样本点总数}}$$

显然,这样的定义同时也给出了概率的计算方法.这种方法今天还有着广泛的用途,尤其是在产品的抽样检查方面.这样建立起来的概率有如下的性质.

① 非负性:对任意事件 A,$P(A)\geqslant 0$.

② 规范性:$P(\Omega)=1$.

③ 可加性:若 $A_1,A_2,\cdots,A_n$ 两两互不相容,则

$$P(A_1+A_2+\cdots+A_n)=P(A_1)+P(A_2)+\cdots+P(A_n)$$

注意　上述可加性称为有限可加性.它主要适用于样本空间只包含有限个样本点的情况.如果样本空间含有无穷多样本点,则上述

可加性也应推广为可列可加性(或称完全可加性),即若 $A_1,A_2,\cdots,A_n,\cdots$ 互不相容,则

$$P\Big(\sum_{i=1}^{\infty}A_i\Big)=\sum_{i=1}^{\infty}P(A_i)$$

上述概率的定义是在概率论发展的早期提出的.当人们研究越来越复杂的问题时,逐渐发现上述定义在许多情况下不适用.例如当样本点出现概率不相等时,或样本空间含有无穷多样本点时,都不能用样本点个数的比值计算概率.因此在现代概率论中,不再规定概率的具体计算方法,而是规定概率函数所应该具有的性质.具体来说,就是任何一个把事件集中的每一个事件都映射到[0,1]空间中的一个点的函数,只要满足上述的三个条件,都可以称为概率函数.而样本空间、事件集、概率函数三者合在一起,就称为一个概率空间。概率论就是研究概率空间里的规律的数学分支。从这里可以看出,上述概率的三个基本性质是十分重要的。有关概率公理化定义的讨论超出了本书的范围,有兴趣的同学可以参考数学系的概率论教科书。

【例1.6】 5个身高不同的人,随机站成一排,问恰好是按身高顺序排列的可能性有多大?

解 5个人随机排列,则排法共有5!种.有利场合则为从高到矮,或从矮到高,共两种.因此所求概率为

$$p=2/5!=2/120=1/60$$

【例1.7】 100块集成电路中混有5块次品.任取20块检测,问至多发现1块次品的概率为多大?

解 样本空间所包含的样本点数:C_{100}^{20}

有利场合所包含的样本点数:20块样品中没有次品:C_{95}^{20}

20块样品中有一块次品:$C_{95}^{19}C_5^1$

这是两个没有交集的事件,可以把它们直接加起来,故

$$p=\left(C_{95}^{20}+C_{95}^{19}C_5^1\right)\Big/C_{100}^{20}$$

【例1.8】 10个同样的球,编号为1~10.现从中任取3个,求恰有一个球编号小于5,一个球等于5,另一个大于5的概率.

解　样本空间所包含的样本点数：$C_{10}^3=\dfrac{10\times9\times8}{2\times3}=120$

有利场合所包含的样本点数：$C_4^1C_1^1C_5^1=4\times5=20$，故

$$p=20/120=1/6$$

【例 1.9】　设有 n 个球，每个球能以 $1/N$ 的等概率落入 N 个格子之一中 $(N>n)$，求：

(1) 指定的 n 个格中各有一球的概率 p_1；

(2) 任意 n 个格中各有一球的概率 p_2.

解　由于每个球落入各个格中的可能都相等，这是古典概型. 每个球有 N 种可能的位置，因此 n 个球在 N 个格中共有 N^n 种落法，即样本空间共有 N^n 个样本点.

(1) 中的有利场合为 n 个球的全排列，即 $n!$，因此

$$p_1=n!/N^n$$

(2) 中选定 n 个格，共有 C_N^n 种选法. 加上第一问的结果，故有利场合为 $C_N^n n!$，即

$$p_2=C_N^n n!\Big/N^n=N!\,[N^n(N-n)!]^{-1}$$

这一问题是统计物理中的典型问题之一.

【例 1.10】　求某班的40位同学中至少有两位同学生日相同的概率.

解　利用例 1.9 中(2)的答案，很容易得出本题的答案. 令 $N=365, n=40$，则

$$\begin{aligned}p&=1-365!/[365^{40}(365-40)!]\\&\approx1-0.109\\&=0.891\end{aligned}$$

从直观上看，每年有 365 天，班上只有 40 位同学，似乎有两位同学生日相同的概率并不大. 但严格的计算显示这一概率接近 0.9，因此我们不能太相信自己的直觉.

从上述几道例题可看出，计算复杂事件的概率主要有两种思路：第一种是把有利场合横向分割成几个互不相容的事件，然后分别计算，最后再把它们加起来. 如例 1.7 中把至多发现一块次品分解为无

次品和只有一块次品；第二种是把有利场合纵向分割成几个依次执行的步骤，如果前一个步骤的结果不影响后一个步骤可能的选择，我们就可以分别计算每个步骤的有利场合，把它们相乘作为总的有利场合.如例1.8中，第一步取小于5的球，第二步取等于5的球，第三步取大于5的球.例1.9中，第一步选定n个格子，第二步把球放入选定的格中.当然，也可以把这两种思路综合使用.使用这两种分割方法时，需要注意的是它们都不是可以无条件使用的.第一种横向分割要求分割结果互不相容，第二种纵向分割要求分割结果互相不影响.如果不能满足这些条件，就不能得到正确结果.

【例1.11】 袋中有a只白球，b只黑球，不放回抽样，求第K次恰好抽到一只黑球的概率($1\leqslant K\leqslant a+b$).

解法1 把所有的球编号.若把摸出的球排成一直线，则可能的排法共有$(a+b)!$种.有利场合：第K个位置必须放黑球，共有b种方法；剩下的$(a+b-1)$个位置有$(a+b-1)!$种放法，则共有$b(a+b-1)!$种有利场合，即

$$p=\frac{b(a+b-1)!}{(a+b)!}=\frac{b}{a+b}$$

解法2 黑球之间和白球之间不加区别，仍把它们都摸出来排成一条线.黑球有C_{a+b}^{b}种放法.黑球放好后，白球只有一种放法，则样本点有C_{a+b}^{b}个.有利场合：C_{a+b-1}^{b-1}.这是因为第K个位置必须放黑球，剩下的$a+b-1$个位置，放$b-1$个黑球.

$$p=\frac{C_{a+b-1}^{b-1}}{C_{a+b}^{b}}=\frac{b}{a+b}$$

解法3 取K个球排成一行，排法有：$C_{a+b}^{K}K!$.

有利场合：$C_b^1C_{a+b-1}^{K-1}(K-1)!$，因此有

$$\begin{aligned}p&=\frac{C_b^1C_{a+b-1}^{K-1}(K-1)!}{C_{a+b}^{K}K!}\\&=\frac{b\dfrac{(a+b-1)!}{(K-1)!\,(a+b-K)!}(K-1)!}{\dfrac{(a+b)!}{K!\,(a+b-K)!}K!}\\&=\frac{b}{a+b}\end{aligned}$$

注意这里设想问题的顺序：在本题中是先取一个黑球，再随便取剩下的球. 如果先取剩下的球，最后取黑球则不行，因为这时剩下什么球是不确定的.

从本题中可看出如下几点：

(1) 概率 p 与 K 无关，这正说明抽签对所有参加者都是公平的，中奖的可能与抽签的先后次序无关.

(2) 同一问题可选用不同的模型来解决. 这里主要是样本空间的选取不同，只要方法正确，结果是相同的. 但要注意计算总样本点和有利场合时一定要用同一个模型，否则必然出错.

(3) 一般来说，考虑顺序使样本点分得更细，比较容易保持等可能性；不考虑顺序时需要更多注意是否保持了等可能性. 例如，不考虑顺序时杂合子与纯合子常不是等可能的(见 p.18，例 1.19 中的讨论).

(二) 几何概型

古典概型概念虽然比较简单直观，但它成功地解决了一类问题的计算方法，这些问题在今天的现实生活中也还常常能碰到. 古典概型计算的基础是某种事先确定的，公认的等可能性，而它最大的限制就是只能有有限个样本点. 因此，历史上有不少人企图通过把类似的方法推广到有无限多结果，但又能定义某种等可能性的场合，这样就产生了几何概型. 称它为几何概型，是因为此时样本点数常常是不可列的，因此无法用样本点数目之比来定义概率. 但可以根据问题维数的不同，改用长度、面积、或体积之比来定义概率，从而可采用几何方法来进行计算. 这种方法在今天也还有一定使用价值.

【例 1.12】 甲、乙二人约定于某天上午7:00～8:00 在某地会面，求一人等半小时以上的概率.

解 如图 1.2 所示，x 代表甲到的时间，y 代表乙到的时间，则对角线上的点代表两人同时到达. 而图中左上与右下两个三角形部分的点代表有一人需等待半小时以上，它们的面积和为总面积的 1/4，故 $p=1/4$.

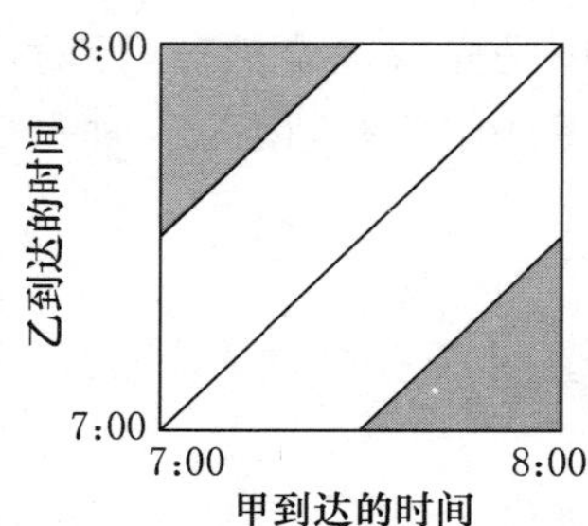

图 1.2 甲乙二人相遇问题的图解

在本题中，以两个坐标轴分别代表甲、乙二人到达的时间，这样每一个可能发生的事件（甲、乙二人分别在某一时刻到达）就变成了二维平面上的一个点. 由于在指定时间段内到达的可能性相同，我们就可以用代表有利场合的面积与整个指定区间面积之比来代表所求的概率. 类似方法常可用于解决各种相遇问题.

【例 1.13】 杂交水稻母本花期 3 天，父本花期 5 天，现预计母本于 6 月 1 日～15 日间开花，父本在 6 月 5 日～10 日开花，求其正常授粉的概率.

解 由题意，母本将在 6 月 1 日～15 日间开始开花，共 15 天，一旦开花将维持 3 天；父本将在 6 月 5 日～10 日间开始开花，共 6 天，一旦开花将维持 5 天. 如果用 X 轴表示母本开始开花时间，用 Y 轴表示父本开始开花时间，则当 $X—Y<5$（父本先开），或 $Y—X<3$（母本先开）时，母本和父本有共同开花的时间，应该可以正常授粉. 用图形表示，则有（见图 1.3）：

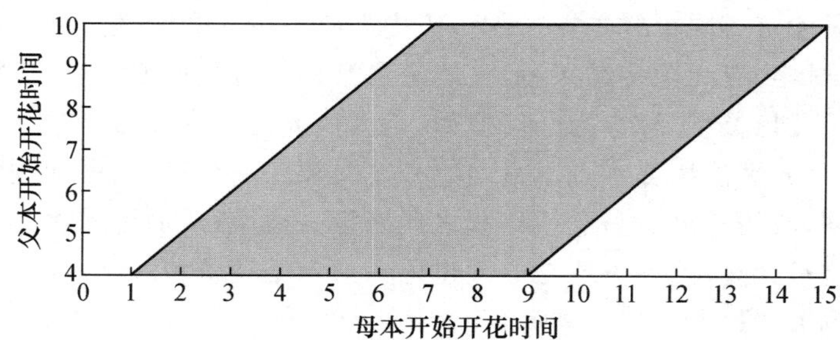

图 1.3 杂交水稻授粉问题图解

图中全空间应该是矩形，面积为 15×6＝90；有利场合是阴影部分的平行四边形，底边长 8，高为 6，面积为 48. 故所求概率为：

$$P = 48/90 = 8/15$$

从经验看，本题错误率相当高，解题时应注意以下几点：

(1) 要搞清图中每一个点代表的生物学意义，并要保证等可能性. 本图中点表示父本母本开始开花时间，生物学意义清楚，且等可能性也没有问题. 有的同学认为图中每一点都代表有花开放的时间，因此 X 轴是 1 日～18 日，Y 轴是 5 日～15 日，把花期的时间也加了上去. 这是不对的，因为图中每个点都是一个时刻，而花期是一个过程，包括刚开始开、盛开、接近凋谢等不同生物学意义的时刻，不应混为一谈. 同时，花期开始只有少数刚开放的花朵，中期则包括刚开、盛开、接近凋谢等不同类型花朵，晚期则只有近凋谢的花，这样也不能视为等可能的. 因此全空间不能把花期的时间加上.

(2) 有的同学用古典概型解题，认为父本 5 日开花时，母本在 3 日～9日间开花可授粉，共 7 天. 父本 6 日开花时，母本 4 日～10 日开花可授粉，也是 7 天. 依此类推，父本 10 日开花时，母本 8 日～14 日开花可授粉，还是 7 天. 因此有利场合为 $6\times7=42$，全空间还是 $6\times15=90$，所求概率为 $42/90=7/15$. 这里的问题是假设花期至少要重合一天才能授粉，但题目中并没有这样的假设. 由于不知道花期重合多长时间才能授粉，故还是应该用几何概型，它实际是假设只要有花期重合就能授粉. 这也比较符合题意.

(3) 本题是实际问题的简化. 在自然界中，花的开放是有节律性的，有的早晨开，有的晚上开，几乎没有在 24 小时内等可能开放的. 如果这样考虑，本题的条件没有全部给出，就无法解了. 在本题给出的条件下，几何概型的解法应该是可以接受的.

【例 1.14】 Buffon(蒲丰)投针问题：平面上画有一些平行线，线间距离均为 a. 向此平面随意投掷一枚长为 $L(L<a)$的针，试求此针与任一平行线相交的概率.

解　以 x 表示针的中点到最近的一条平行线的距离，φ 表示针与平行线的交角，则针与平行线的位置关系可表示如图 1.4(a).

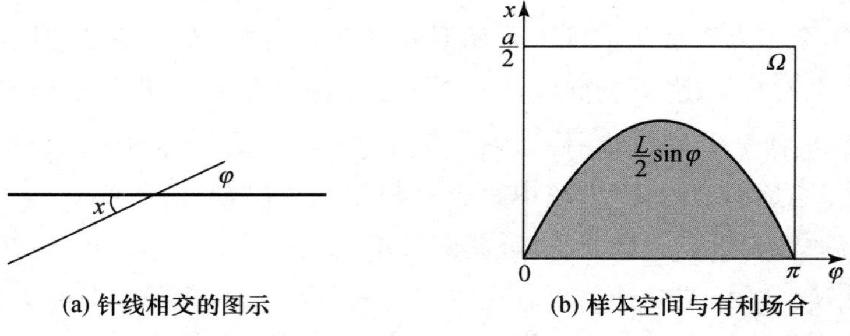

(a) 针线相交的图示　　(b) 样本空间与有利场合

图 1.4　Buffon(蒲丰)投针问题

由题意，有：

$$0 \leqslant x \leqslant \frac{a}{2},\ 0 \leqslant \varphi \leqslant \pi,$$

因此样本空间可取为图 1.4(b)中的长方形Ω. 若要针与平行线相交，则应有：

$$x \leqslant \frac{L}{2}\sin\varphi$$

因此有利场合为图1.4(b)中的曲线下部分，其面积为：

$$\int_0^{\pi} \frac{L}{2}\sin\varphi \mathrm{d}\varphi = \frac{L}{2}(-\cos\pi + \cos 0) = L$$

因此所求的概率为：

$$P = \frac{L}{(a\pi/2)} = \frac{2L}{a\pi}$$

由于上述概率与 π 有关，曾有人利用它来计算 π 的数值. 即多次投针后，用针与线相交的频率 n/N 作为概率 P 的估计值，代入上式，解得 $\pi = \dfrac{2LN}{an}$.

表 1.1 为有关的历史资料.

表 1.1　投针试验的历史资料*

实验者	年代	针长(以线距 a 为 1)	投掷次数	相交次数	π 估计值
Wolf	1850	0.8	5000	2532	3.1596
Smith	1855	0.6	3204	1218.5	3.1554
De Morgan, C.	1860	1.0	600	382.5	3.137
Fox	1884	0.75	1030	489	3.1595
Lazzerini	1901	0.83	3408	1808	3.1415929
Reina	1925	0.5419	2520	859	3.1795

* 引自复旦大学编《概率论》第一册:《概率论基础》,p. 39.

这里采用的方法称为 Monte-Carlo(蒙特卡洛)方法,它的基本思路是首先建立一个与我们感兴趣的量(如例 1.14 中的 π)有关的概率模型,并通过概率论的方法建立包含某一事件概率与感兴趣的量的方程;然后进行随机试验,通过频率稳定性得到该事件的概率;最后解方程,计算所关心的量的值. 由于许多随机试验可用计算机模拟的方法迅速大量地重复,这种蒙特卡洛方法目前使用也日渐广泛.

【例 1.15】 Bertrand(贝特朗)奇论:在半径为 1 的圆内随机取一弦,问其长超过该圆内接等边三角形边长$\sqrt{3}$的概率是多少?

解法 1 弦交圆周于两点 A,B. 不失一般性,固定一点 A,以它为顶点作等边 $\Delta AB'C'$,显然 B 必须落在 $B'C'$弧上才满足条件, 故 $p=1/3$ [见图 1.5(a)].

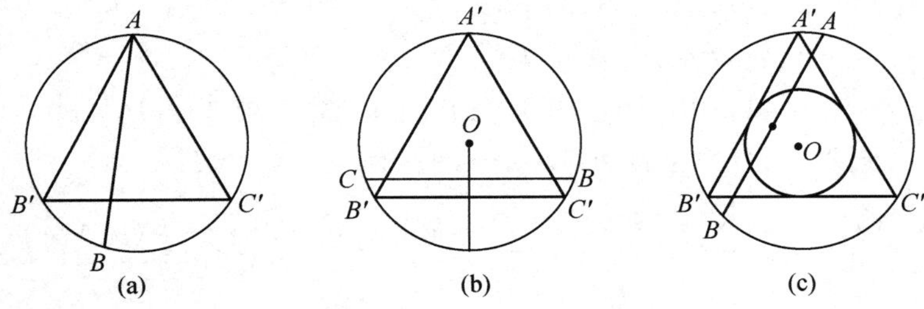

图 1.5　Bertrand(贝特朗)奇论

解法 2 弦长只与它与圆心的距离有关,与方向无关. 由于等边三角形的边距圆心距离为 1/2,显然弦与圆心距离必须小于 1/2,故 $p=1/2$ [见图 1.5(b)].

解法3　弦被其中点唯一确定，当且仅当中点落在半径为1/2的同心圆内时，弦长大于$\sqrt{3}$，此小圆面积为大圆的1/4，故$p=1/4$[见图1.5(c)].

同一问题出现了多种不同答案，其原因在于采用了不同的等可能假设：端点在圆周上均匀分布，中点在直径上均匀分布，中点在圆内均匀分布. 这可以看作是三种随机试验. 对各自的实验来说，答案都是对的. 这个例子说明，采用等可能性来定义概率会产生问题，即有时不存在一种明显的、公认的等可能性. 因此后来定义概率这一基本概念时就只给出它所应有的基本性质(即非负性，规范性与可加性)，而不对等可能性作具体规定，这样就把各种情况都包括了.

1.4　概率的运算

(一) 概率加法

在上一节中讨论概率性质时已经谈到对互不相容事件A和B，有

$$P(A+B)=P(A)+P(B)$$

对于任意二事件A和B，该如何计算$P(A\cup B)$呢？

定理　对任意事件A、B，$P(A\cup B)=P(A)+P(B)-P(AB)$.

证　$A=A(B+\overline{B})=AB+A\overline{B}$，故

$$P(A)=P(AB)+P(A\overline{B})$$

$$P(A\overline{B})=P(A)-P(AB)$$

又$A\cup B=B+A\overline{B}$，故

$$P(A\cup B)=P(B)+P(A\overline{B})=P(B)+P(A)-P(AB)$$

推论　对任意事件$A_1,A_2,\cdots,A_n$，有

$$P(\bigcup_{i=1}^{n}A_i)=\sum_{i=1}^{n}P(A_i)-\sum_{1\leqslant i<j\leqslant n}P(A_iA_j)+\sum_{1\leqslant i<j<k\leqslant n}P(A_iA_jA_k)+\cdots+(-1)^{n-1}P(A_1A_2\cdots A_n)$$

【例1.16】　袋中有红(A)、黑(B)、白(C)三个球，有放回地摸球两次，求没有摸到红球或没有摸到黑球的概率.

解　没有红球的概率为$P(\overline{A})=\frac{2}{3}\times\frac{2}{3}=\frac{4}{9}$，显然

$$P(\overline{B})=P(\overline{A})=\frac{4}{9}$$

$$P(\overline{A}\,\overline{B})=P(C)=\frac{1}{3}\times\frac{1}{3}=\frac{1}{9}$$

故

$$P(\overline{A}\cup\overline{B})=\frac{4}{9}+\frac{4}{9}-\frac{1}{9}=\frac{7}{9}$$

另外,由逆集合的性质 $1=P(\Omega)=P(A+\overline{A})=P(A)+P(\overline{A})$,可以很容易地推出$P(A)=1-P(\overline{A})$.这个式子在计算概率时很有用,有时$P(A)$很难求,而$P(\overline{A})$则很好求,此时利用上式就可简单地求出$P(A)$.

【例 1.17】 袋中装有 $N-1$ 个黑球和 1 个白球,每次随机摸出一球,并换回一只黑球.这样继续下去,问第 k 次摸到黑球的概率为多少?

解 设 A 为第 k 次摸到黑球这一事件,则 $\overline{A}$ 为第 k 次摸到白球.由题意,$\overline{A}$ 为前 $k-1$ 次都摸黑球,而第 k 次摸白球.故

$$P(\overline{A})=\left(\frac{N-1}{N}\right)^{k-1}\frac{1}{N}=\left(1-\frac{1}{N}\right)^{k-1}\frac{1}{N}$$

$$P(A)=1-P(\overline{A})=1-\left(1-\frac{1}{N}\right)^{k-1}\frac{1}{N}$$

本题若直接计算 $P(A)$,则复杂多了.

【例 1.18】 试求桥牌中一副牌少于 4 点的概率.

解 Ω:C_{52}^{13},共有 16 张大牌.有利场合:

A(1 张大牌):1 个 K 或 Q 或 J:$3C_4^1C_{36}^{12}$

B(2 张大牌):1 个 Q,1 个 J:$C_4^1C_4^1C_{36}^{11}$

2 个 J:$C_4^2C_{36}^{11}$

C(3 张大牌):3 个 J:$C_4^3C_{36}^{10}$

D(无大牌):C_{36}^{13}

因 A,B,C,D 不相容,故

$$p=[C_{36}^{13}+3C_4^1C_{36}^{12}+(C_4^1C_4^1+C_4^2)C_{36}^{11}+C_4^3C_{36}^{10}]/C_{52}^{13}$$

(二) 条件概率与乘法公式

【例 1.19】 假定男女孩出生率相同,设 A 为两个孩子家庭有一男孩一女孩的事件,求其概率 $P(A)$.

解　显然，$\Omega=\{(男男),(男女),(女男),(女女)\}$，故

$$P(A)=2/4=1/2$$

这里要特别注意的是，不能认为样本空间只有如下3个样本点：{(两男)，(两女)，(一男一女)}. 上述3个样本点不是等可能的. 这是因为对(两男)与(两女)来说，没有顺序问题，交换顺序后仍是两男或两女；但对一男一女来说就不同了，它实际上是由兄妹与姐弟2个样本点组成. 因此只有采用{(兄弟)，(兄妹)，(姐弟)，(姐妹)}4个样本点才能构成古典概型的样本空间. 只有这样才能保证等可能性，而等可能性正是古典概型计算公式的基础. 类似的情况在古典概型的计算中是经常碰到的，在通常情况下，考虑了顺序的样本点能较好地保证等可能性，这一点请读者务必予以注意.

借用遗传学术语，我们常把两男、两女这样由相同性质部分组成的样本点称为纯合子，而把一男一女这样由不同性质部分组成的样本点称为杂合子. 一般来说，如果不考虑顺序，杂合子与纯合子常常不是等可能的.

【例 1.20】　若已知某两个孩子家庭至少有一女孩，问有一男一女的概率为多大？

解　设 B 为至少有一女孩，当 B 发生时，样本点只剩3个：

(男女)，(女男)，(女女)

故

$$P(A|B)=2/3$$

我们把 $P(A|B)$ 称为条件概率，即在已知事件 B 发生的条件下，事件 A 发生的概率. 从上面的例子看，已知 B 发生相当于样本空间缩小了，如果仍在原空间中来看，则可见

$$P(A|B)=\frac{m_{AB}}{m_B}=\frac{m_{AB}/n}{m_B/n}=\frac{P(AB)}{P(B)}$$

其中：m_{AB}、m_B 分别代表 AB、B 的有利场合，n 为总样本点数. 上式在各种情况下都是成立的，我们用它作为条件概率的定义.

定义　若 A、B 为两个事件，且 $P(B)>0$，则记

$$P(A|B)=\frac{P(AB)}{P(B)}$$

称 $P(A|B)$为事件 B 发生的条件下事件 A 发生的概率.

乘法定理 $P(AB)=P(A)P(B|A)=P(B)P(A|B)$

当然,这一公式成立的条件是 $P(A)>0$、$P(B)>0$ 同时成立,否则 $P(B|A)$或 $P(A|B)$不存在.

推广

$$P(A_1A_2\cdots A_n)=P(A_1)P(A_2|A_1)P(A_3|A_1A_2)\cdots P(A_n|A_1A_2\cdots A_{n-1})$$

【例 1.21】 甲袋中有 a 只白球,b 只黑球,乙袋中有 α 只白球,β 只黑球.现从甲袋中任取 2 只放入乙袋,再从乙袋中任取 2 只,求从乙袋中取出的是 2 只白球的概率.

解 设 A_0,A_1,A_2 分别为从甲袋中取出 0,1,2 只黑球的事件;B 为从乙袋中取出 2 只白球的事件,则

$$\begin{aligned}P(B)&=P(A_0B)+P(A_1B)+P(A_2B)\\&=P(B\mid A_0)P(A_0)+P(B\mid A_1)P(A_1)+P(B\mid A_2)P(A_2)\\&=\frac{a}{a+b}\cdot\frac{a-1}{a+b-1}\cdot\frac{\alpha+2}{\alpha+\beta+2}\cdot\frac{\alpha+1}{\alpha+\beta+1}\\&\quad+2\frac{a}{a+b}\cdot\frac{b}{a+b-1}\cdot\frac{\alpha+1}{\alpha+\beta+2}\cdot\frac{\alpha}{\alpha+\beta+1}\\&\quad+\frac{b}{a+b}\cdot\frac{b-1}{a+b-1}\cdot\frac{\alpha}{\alpha+\beta+2}\cdot\frac{\alpha-1}{\alpha+\beta+1}\end{aligned}$$

注意 这里不能采用纵向切分成两步的方法,即不能先计算从甲袋平均取出多少白球黑球 ,把这个平均数放入乙袋,再计算乙袋取两只白球的概率.原因就是计算乙袋中取两个白球的概率时,数值依赖于前一步从甲袋取球的结果.因此这里的前后两步不是互相独立的.在这种情况下,只能先横向分成三种不相容的事件,然后每一个事件再分为前后两步计算.

1.5 独 立 性

(一) 两个事件的独立性

定义 对任意两个事件 A 和 B,若 $P(AB)=P(A)P(B)$, 则称

A、B 是独立的.

显然,A、B 独立等价于 $P(A|B)=P(A)$,即:B 的发生对 A 没有任何影响,也没有提供任何消息,反之也一样.

独立与不相容是完全不同的概念,决不可互相混淆.实际上,若 A、B 概率均不为 0,且不相容,则 B 发生可推出 A 不发生,即有 $P(A|B)=0\neq P(A)$.因此在一般情况下 A 与 B 不相容则它们必非互相独立.同理,独立也必非不相容.

从直观上,独立,即无条件概率等于条件概率实际是指事件 A 在全空间中的比例,等于 AB 在事件 B 中的比例.所谓 B 的发生对 A 没有影响,就是指当我们考虑的全空间从原来的 Ω 缩小到 B 事件时,属于 A 的样本点所占的比例不变.这里也可以看出独立和不相容是完全不同的,因为不相容是说 B 中没有属于 A 的样本点.

【例 1.22】 袋中有 a 只黑球和 b 只白球,有放回摸球,求:

(1) 第二次摸黑球的概率.

(2) 已知第一次摸黑球,第二次也摸黑球的概率.

解 以 A 表示第一次摸黑球,B 表示第二次摸黑球,则

$$P(A)=\frac{a}{a+b},\quad P(AB)=\frac{a^2}{(a+b)^2},\quad P(\overline{A}B)=\frac{ab}{(a+b)^2}$$

故

$$P(B)=P(AB)+P(\overline{A}B)=\frac{a^2}{(a+b)^2}+\frac{ab}{(a+b)^2}=\frac{a}{a+b}$$

$$P(B|A)=P(AB)/P(A)=\frac{a}{a+b}$$

由于 $P(B)=P(B|A)$,因此 A 与 B 是互相独立的.

【例 1.23】 把例 1.22 中有放回摸球改为不放回摸球,仍求 $P(B)$ 及 $P(B|A)$.

解 $P(A)=\dfrac{a}{a+b}$, $P(AB)=\dfrac{a}{a+b}\cdot\dfrac{a-1}{a+b-1}$, $P(\overline{A}B)=\dfrac{b}{a+b}\cdot\dfrac{a}{a+b-1}$

故

$$P(B)=P(AB)+P(\overline{A}B)=\frac{a}{a+b}$$

$$P(B|A)=P(AB)/P(A)=\frac{a-1}{a+b-1}$$

这里 $P(B) \neq P(B|A)$，因此 A 与 B 不是互相独立的. 这是因为是不放回摸球，摸出一球后就改变了袋中球的组成，因此第二次摸球结果的可能性依赖于第一次摸球的结果. 要注意，与有放回摸球相比，$P(B)$的值并未改变，这说明后抽签的人并不吃亏.

【例 1.24】 某种实验，现已知甲成功的概率为 0.7，乙成功的概率为 0.8. 若让他们各做一次，求这两次实验至少有一次成功的概率.

解法 1 设 A 为至少成功一次，则 $\overline{A}$ 为两人均失败.

$$P(\overline{A}) = (1-0.7)\times(1-0.8) = 0.06$$

故

$$P(A) = 1 - P(\overline{A}) = 0.94$$

解法 2 设 A 为甲成功，B 为乙成功，则由加法定理：

$$\begin{aligned} P(A \cup B) &= P(A) + P(B) - P(AB) \\ &= 0.7 + 0.8 - 0.7 \times 0.8 \\ &= 1.5 - 0.56 \\ &= 0.94 \end{aligned}$$

【例 1.25】 上题改为：二人各做两次，求至少有一次成功.

解 设 A、B 分别为甲、乙至少有一次成功，则

$$P(A) = 2\times 0.7 - 0.7^2 = 0.91$$

$$P(B) = 2\times 0.8 - 0.8^2 = 0.96$$

$$P(A \cup B) = 0.91 + 0.96 - 0.91\times 0.96 = 0.9964$$

或

$$\begin{aligned} P(A \cup B) &= 1 - P(\overline{A \cup B}) = 1 - P(\overline{A}\cdot\overline{B}) \\ &= 1 - 0.09\times 0.04 \\ &= 0.9964 \end{aligned}$$

下面我们再来讨论多个事件的独立性.

(二) 多个事件的独立性

定义 A, B, C 为三个事件，若下列 4 式同时成立，则称它们互相独立.

$$\left.\begin{aligned} P(AB) &= P(A)P(B) \\ P(BC) &= P(B)P(C) \\ P(AC) &= P(A)P(C) \end{aligned}\right\} \tag{1.1}$$

$$P(ABC) = P(A)P(B)P(C) \tag{1.2}$$

根据两个事件独立的定义，我们知道(1.1)式成立，则 A、B、C 两两独立，那么从(1.1)式是否可能推出(1.2)式呢？回答是否定的.

【例 1.26】 一个均匀正四面体，三个面分别染为红，白，黑色，第四个面同时染上红、白、黑三种颜色，以 A,B,C 分别记投一次出现红、白、黑的事件. 则

$$P(A)=P(B)=P(C)=\frac{1}{2}$$

$$P(AB)=P(AC)=P(BC)=\frac{1}{4}$$

但

$$P(ABC)=\frac{1}{4}\neq P(A)P(B)P(C)$$

故 A,B,C 两两独立，但 A,B,C 不独立.

【例 1.27】 一个均匀正八面体，如其第 1,2,3,4 面染红色；1,2,3,5 面染白色；1,6,7,8 面染黑色，以 A,B,C 表示投一次出现红、白、黑的事件，则

$$P(A)=P(B)=P(C)=\frac{4}{8}=\frac{1}{2}$$

$$P(ABC)=\frac{1}{8}=P(A)P(B)P(C)$$

但

$$P(AB)=\frac{3}{8}\neq P(A)P(B)$$

从这两个例子可以看出，(1.1)式不能推出(1.2)式，(1.2)式也不能推出(1.1)式，这两个条件是缺一不可的.

定义 $A_1,A_2,\cdots,A_n$ 为 n 个事件，若对任何正整数 $k(2\leqslant k\leqslant n)$，均有

$$P(A_{i_1}A_{i_2}\cdots A_{i_k})=P(A_{i_1})P(A_{i_2})\cdots P(A_{i_k})$$

其中 $i_1,i_2,\cdots,i_k$ 为满足下式的任何 k 个自然数：

$$1\leqslant i_1<i_2<\cdots<i_k\leqslant n$$

则称为 $A_1,A_2,\cdots,A_n$ 互相独立.

从定义中易知，若 n 个事件独立，则其中任何 m 个$(2\leqslant m<n)$事件也独立. 从上面的例子可知，这些式子是缺一不可的.

(三) 独立性的应用

从上面的定义可以看出，如果要按照定义来验证一个大的事件

组是否独立是相当麻烦的.在实际工作中,我们常常不是通过验证定义中的式子去判断事件组是否独立,而是依靠概率以外的专业知识判断事件组独立,然后利用定义中的式子去简化计算.显然,若事件组独立,条件概率可以由无条件概率代替,有关概率乘法的计算就会大大简化.由 De Morgan 定理,概率加法的计算也可简化.即有

$$\begin{aligned} P(A_1 \cup A_2 \cup \cdots \cup A_n) &= 1 - P(\overline{A_1 \cup A_2 \cup \cdots \cup A_n}) \\ &= 1 - P(\overline{A}_1 \overline{A}_2 \cdots \overline{A}_n) \\ &= 1 - P(\overline{A}_1) P(\overline{A}_2) \cdots P(\overline{A}_n) \end{aligned}$$

下面我们就通过例题说明独立性如何简化计算.

【例 1.28】 设每人血清中含有肝炎病毒的概率 0.4%,混合 100 人血清,求此血清中含有肝炎病毒的概率.

解
$$\begin{aligned} P(A_1 \cup A_2 \cup \cdots \cup A_{100}) &= 1 - P(\overline{A}_1) P(\overline{A}_2) \cdots P(\overline{A}_{100}) \\ &= 1 - 0.996^{100} \\ &\approx 0.33 \end{aligned}$$

虽然每个人带肝炎病毒的可能性很小,但混合起来就很大了,这种效应在实际工作中一定要考虑.

【例 1.29】 设每个元件的可靠性为 r,若它们能否正常工作是独立的,试比较图 1.6 中两系统的可靠性.

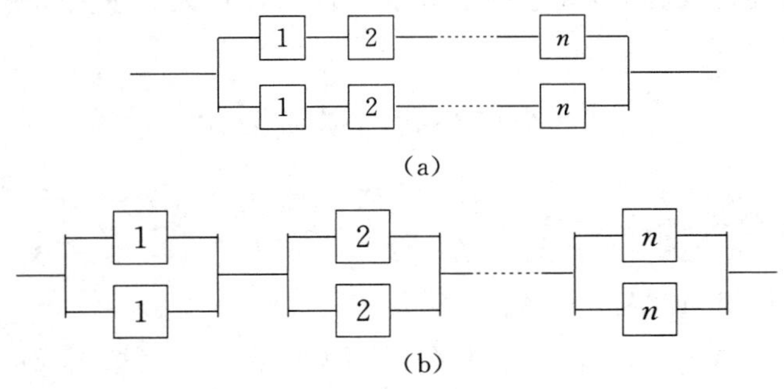

图 1.6

解　(1) 如图 1.6(a),每条通路要正常工作,必须所有元件都正常工作,故每条通路的可靠性为:

$$R = r^n$$

两条通路同时发生故障的概率为$(1-r^n)^2$,故

$$R_{n_1} = 1-(1-r^n)^2 = r^n(2-r^n)$$

(2) 如图 1.6(b),每对并联元件的可靠性为:

$$1-(1-r)^2 = r(2-r)$$

系统是 n 对元件串联，则

$$R_{n_2} = [r(2-r)]^n = r^n(2-r)^n$$

用归纳法不难证明,$n\geqslant 2$ 时,$(2-r)^n>2-r^n$,因此有:

$$R_{n_2}>R_{n_1}$$

从上面例子可以看出,同样多的元件,功能也相同,但连接方式不同,它们的可靠性也不同. 研究类似课题的可靠性理论已成为一个与应用联系密切的研究领域,显然,它也是以概率论为基础的.

借助事件独立的概念,我们还可以定义试验的独立性. 直观上看,这就是试验 E_1 的任何一个结果都不对试验 E_2 产生影响,反之也一样. 或者说,E_1 的一切可能结果与 E_2 的一切可能结果都是独立的. 重复的投币,有放回地摸球等等,都可作为独立试验的例子. 这种试验很重要,因为随机现象的统计规律性只能在大量重复试验中显现出来.

1.6　全概公式与逆概公式

(一) 全概公式

若事件组 $A_1, A_2, \cdots, A_n, \cdots$ 满足:

(1) $A_1, A_2, \cdots, A_n, \cdots$ 互不相容,且 $P(A_i)>0$　　$(i=1, 2, \cdots)$

(2) $A_1+A_2+A_3+\cdots+A_n+\cdots=\Omega$ (完全性)

则对任一事件 B,有

$$P(B) = \sum_{i=1}^{\infty} P(A_i)P(B \mid A_i)$$

满足上述条件的事件组通常称为样本空间 Ω 的一个分割.

【例 1.30】 一等小麦种子中混有 2%二等种子,1.5%三等种子,1%四等种子,它们长出的穗含有 50 颗以上麦粒的概率分别为 0.5,0.15,0.1,0.05.求这批种子所结的穗含有 50 颗以上麦粒的概率.

解 从中任选一种子,它分别为 1,2,3,4 等的事件记为 A_1,A_2,A_3,A_4. B 表示它结的穗含 50 颗以上麦粒.则由全概公式,有

$$\begin{aligned}P(B) &= \sum_{i=1}^{4} P(A_i)P(B \mid A_i)\\&= 0.955 \times 0.5 + 0.02 \times 0.15 + 0.015 \times 0.1 + 0.01 \times 0.05\\&= 0.4825\end{aligned}$$

由此例可见,利用全概公式可把一复杂事件化为一系列简单事件来求其概率.实际使用中,条件(2)(完全性)可放松为 $\sum_{i=1}^{\infty} A_i \supset B$ 即可.

(二) 逆概公式[或称 Bayes(贝叶斯)公式]

若非空事件组 $A_1,A_2,\cdots,A_n,\cdots$ 两两互不相容,且其并集可以覆盖事件 B,则有

$$P(A_i \mid B) = \frac{P(A_i)P(B \mid A_i)}{\sum_{i=1}^{\infty} P(A_i)P(B \mid A_i)}$$

证明 由条件可知:

$$B = \sum_{i=1}^{\infty} BA_i$$

由于 $P(A_iB)=P(B)P(A_i|B)=P(A_i)P(B|A_i)$,故

$$P(A_i \mid B) = \frac{P(A_i)P(B \mid A_i)}{P(B)}$$

再利用全概公式替换 $P(B)$,即可得原式.

Bayes 公式有十分广泛的用途.它之所以被称为逆概公式,是因为它的实际含义是在知道了新的结果的情况下修改我们对原因的认识:设 $A_1,A_2,\cdots,A_n,\cdots$是可能导致 B 出现的原因.$P(A_i)$是各种原因出现的可能性大小,一般是过去经验的总结,称为先验概率.若现在已知 B 出现了,我们要求它是由哪个原因引起的概率,这就是 $P(A_i|B)$,称为后验概率.它反映了试验之后对原因发生可能性大小的新知识.例如医生诊断病人所患何病($A_1,A_2,\cdots,A_n,\cdots$中的某一个),他确定某种症状 B(如体温,某种化验指标等等)出现,现在实际就是求 $P(A_i|B)$,即这一症状被各种原因引起的可能性.通过比较它们的大小就可对疾病作出诊断.此时 Bayes 公式显然是很有用的.在这里,$P(A_i)$是人患各种病可能性大小,这可从资料中获得,而 $P(B|A_i)$的确定则要依靠医学知识,有了它,就可求得$P(A_i|B)$.如果综合从多个症状所得到的条件概率 $P(A_i|B)$,诊断会更准确一些.按照上述的思路,采用计算机进行诊断原则上也是完全可行的.

【例 1.31】 由于通信系统会受到干扰,接收台收到的不全是正确信号.现已知发报台分别以概率 0.6 和 0.4 发"·"和"－".发"·"时,收报台分别以 0.8 和 0.2 的概率收到"·"和"－";发"－"时,分别以 0.9 和 0.1 的概率收到"－"和"·".求当收报台收到"·"时是正确的概率.

解 令 A 为发"·",B 为收"·",则 $P(A)=0.6$, $P(\overline{A})=0.4$

$$P(A\mid B)=\frac{P(A)P(B\mid A)}{P(A)P(B\mid A)+P(\overline{A})P(B\mid\overline{A})}$$

$$=\frac{0.6\times0.8}{0.6\times0.8+0.4\times0.1}$$

$$=\frac{0.48}{0.52}$$

$$\approx0.92$$

【例1.32】 中年男性人群中,20%血压偏高,50%正常,30%血压偏低,他们动脉硬化的概率分别为 30%,10%,1%.从中随机取一人,恰为动脉硬化者,求他分属各组的概率.

解 A_1、A_2、A_3 分别表示血压偏高、正常、偏低,B 表示动脉硬化.由题意

$$P(A_1)=0.20,\ P(A_2)=0.50,\ P(A_3)=0.30$$

$$P(B \mid A_1)=0.30,\ P(B \mid A_2)=0.10,\ P(B \mid A_3)=0.01$$

故 $P(A_i \mid B)=\dfrac{P(A_i)P(B \mid A_i)}{\sum\limits_{i=1}^{3} P(A_i)P(B \mid A_i)}=\dfrac{P(A_i)P(B \mid A_i)}{0.113}$， 即

$$P(A_1 \mid B)=\frac{0.06}{0.113} \approx 0.531$$

$$P(A_2 \mid B)=\frac{0.05}{0.113} \approx 0.442$$

$$P(A_3 \mid B)=\frac{0.003}{0.113} \approx 0.027$$

【例 1.33】 一道题同时列出 m 个答案，要求学生把其中的一个正确答案选出来. 设学生知道哪个答案正确的概率为 p，现有一学生答对了，求他确实知道而不是瞎猜的概率.

解 设 A 为该生知道正确答案这一事件，B 为答对这一事件. 则

$$\begin{aligned} P(A \mid B) &= \frac{P(B \mid A)P(A)}{P(B \mid A)P(A)+P(B \mid \overline{A})P(\overline{A})} \\ &= \frac{p}{p+\dfrac{1}{m}(1-p)} \\ &= \frac{mp}{1+(m-1)p} \end{aligned}$$

若令 $m=5$，$p=1/2$，则

$$P(A|B)=5/6$$

【例 1.34】 一项化验有 95% 的把握把患某疾病的人鉴别出来；但对健康人也有 1%可能出现假阳性. 若此病发病率为0.5%，则当某人化验阳性时，他确实患病的概率有多大?

解 设 A：患病；B：化验阳性，则

$$\begin{aligned} P(A \mid B) &= \frac{P(B \mid A)P(A)}{P(B \mid A)P(A)+P(B \mid \overline{A})P(\overline{A})} \\ &= \frac{0.95 \times 0.005}{0.95 \times 0.005+0.01 \times 0.995} \\ &= 95/294 \\ &\approx 0.323 \end{aligned}$$

这个数值可能比我们预料的要小得多，这是因为：平均 200 人

有 1 人患病，发现他们的可能为 0.95，即化验 200 人发现真病人 0.95个；而剩下的 199 个正常人我们也会发现 1.99 个假阳性的，因此即使化验不正常也不必太担心.

上述结论在体检时比较可靠.若考虑到在医院看病化验的人大部分已有某种症状，其发病率可能远高于 0.5%，则此结论可能不正确.

【例 1.35】 三张同样的卡片，一张两面是红色，一张两面是黑色，一张一面红一面黑.现随机取出一张，其上面是红的，问下面是黑的概率是多少？

解 以 A_1、A_2、A_3 分别表示上述 3 张卡片，以 B 表示上面是红的这一事件，则所求为

$$P(A_3|B)=\frac{P(B|A_3)P(A_3)}{P(B|A_3)P(A_3)+P(B|A_1)P(A_1)+P(B|A_2)P(A_2)}$$

$$=\frac{\frac{1}{2}\times\frac{1}{3}}{\frac{1}{2}\times\frac{1}{3}+1\times\frac{1}{3}+0\times\frac{1}{3}}$$

$$=\frac{1}{3}$$

但从直观上看，如果上面是红的，那这张卡片只可能是两面红或一面红一面黑；由于抽到哪张卡片是等可能的，因此所求概率应为 1/2.这与前面计算出来的 1/3 不同.究竟哪个错了呢？

是直观的算法错了.因为这里抽到哪张卡片确实是等可能的，但当我们看到上面是红的时，它是红红或红黑却不是等可能的.因为如果是红黑的一张，它还有 1/2 的可能性是黑面向上，此时我们看到的就不是红的了.所以应认为各面向上出现的可能性相等.红色的面共有 3 个，其中只有 1 个出现时下面才会是黑的，因此所求概率应为 1/3，而不是 1/2.

从这道例题可以看到，当我们用古典概型解题时，一定要特别注意各样本点的等可能性.否则很容易出错.

【例 1.36】 已知人群中某 SNP 位点 $ACGT$ 四种核苷酸出现的概率分别为 0.60，0.20，0.15，0.05.某种检测方法正确检测该位点的概率为 0.7，错误检测为其他 3 种核苷酸的概率分别为 0.1.现对某样品进行 4 次检验，结果恰为 A、

C、G、G. 求该样本实际是 G 的概率.

解　设检测结果为 $ACGG$ 这一事件为 R. 根据题意,有

$$P(R \mid A) = P(R \mid C) = 0.7 \times 0.1 \times 0.1 \times 0.1 = 7 \times 10^{-4}$$

$$R(R \mid G) = 0.1 \times 0.1 \times 0.7 \times 0.7 = 4.9 \times 10^{-3}$$

$$P(R \mid T) = 0.1^4 = 10^{-4}$$

故

$$\begin{aligned} P(G \mid R) &= \frac{P(G) \cdot P(R \mid G)}{P(A) \cdot P(R \mid A) + P(C) \cdot P(R \mid C) + P(G) \cdot P(R \mid G) + P(T) \cdot P(R \mid T)} \\ &= \frac{0.15 \times 4.9 \times 10^{-3}}{0.60 \times 7 \times 10^{-4} + 0.20 \times 7 \times 10^{-4} + 0.15 \times 4.9 \times 10^{-3} + 0.05 \times 10^{-4}} \\ &= \frac{7.35 \times 10^{-4}}{(4.2 + 1.4 + 7.35 + 0.05) \times 10^{-4}} \\ &\approx 0.57 \end{aligned}$$

即　所求概率约为 0.57.

注意　处理这一类型的问题需要注意的是：在使用逆概公式时,不管做了多少次实验或观察,都需要把它们的结果视为一个整体代入公式。如果对每次实验或观察的结果分别使用逆概公式,最后将无法把它们综合成正确结果。

习　题

1.1　绘出符合下列关系的 Venn 图(A,B,C 为随机事件)：(1) $ABC=A$, (2) $A\cup B\cup C=A$, (3) $AB\subset C$, (4) $A\subset\overline{BC}$, (5) $A\subset\overline{B}\,\overline{C}$.

1.2　A,B,C,D 为 4 个随机事件,试用它们表示：(1) 至少发生一件, (2) 恰好发生二件, (3) 至多发生一件, (4) 都不发生.

1.3　试证 $\overline{A\cup B}=\overline{A}\,\overline{B}$.

1.4　某城市发行三种报纸 A,B,C. 该市民居订 A 的占 45%,订 B 的占 35%,订 C 的占 30%,同时订 A 及 B 的占 10%,同时订 A 及 C 的占 8%,同时订 B 及 C 的占 5%,同时订 A、B 及 C 的占 3%. 试求下列百分率：

(1) 只订 A 的,　(2) 只订 A 及 B 的,　(3) 只订一种报的,

(4) 正好订两种的,　(5) 至少订一种的,　(6) 不订任何报的.

1.5　从 6 双不同的手套中任取 4 只,问其中恰有一双配对的概率是多少?

1.6 如下图所示电路，在100天内，A,B,C 损坏的概率分别为0.7，0.5，0.6. 求断电概率.

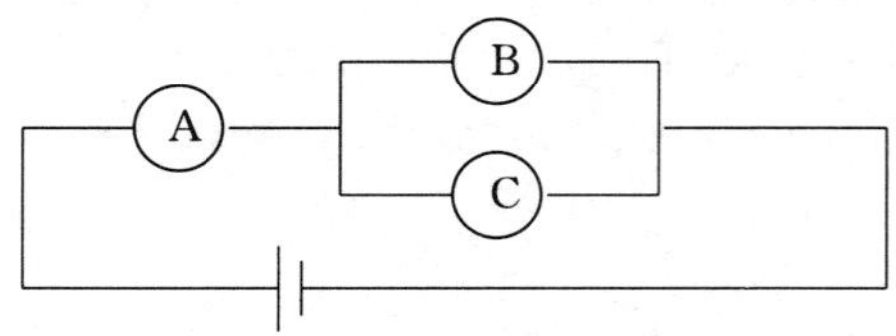

1.7 已知某白种人群体中 A、B、O 血型的基因频率分别为：

$$I^A=0.28,\ I^B=0.06,\ I^O=0.66$$

问该群体中具有各种血型的人的比例如何？A 型血的人与 B 型血的人婚配的概率是多少？

1.8 已知某白种人群体中 A、B、O 血型的基因频率分别为：$I^A=0.28$，$I^B=0.06$，$I^O=0.66$，其中一对父母的血型分别为 A 型和 B 型，并且有一个血型为 A 的孩子. 求他们的第二个孩子血型为 B 或 AB 的概率.

1.9 某码头只能容纳一只船，现已知三日内将独立地开来两只船，第一条船将在前48小时内到达，第二条船将在后48小时内到达. 若它们所需停泊时间分别为3小时及4小时，试求有一船要在江中等待的概率.

1.10 使用三个程序预测一条蛋白质的三维结构，甲程序预测错误的概率是0.2， 乙程序预测错误的概率是0.4，丙程序预测错误的概率是0.3. 求只有一个程序预测成功的概率.

1.11 有若干种药物可以竞争性地抑制一个蛋白酶，其中甲药物成功抑制的概率是0.2，乙药物成功抑制的概率是0.4，丙药物成功抑制的概率是0.3. 现同时加入这三种药物，求该酶被抑制的概率.

提示：竞争性抑制是指同时加入几种药物后，每个靶标分子都只能与一种药物分子结合从而被抑制.

1.12 设有 N 个袋子，每个装 a 只黑球，b 只白球. 从第一袋任取一球放入第二袋，再从第二袋取一球放入第三袋，…问从最后一袋中取出黑球的概率为多少？

1.13 飞机可分为甲、乙、丙三个部分，它们分别被击中1、2、3弹后，飞机才会被击落；它们的面积百分比分别为0.1、0.2、0.7. 现已知飞机被击中2弹，求飞机坠落的概率.

1.14 求证：若 A、B 独立，则 $\overline{A}$、B；A、$\overline{B}$；$\overline{A}$、$\overline{B}$ 也独立.

1.15　求证：若 A、B、C 相互独立，则 $A\cup B$、AB、$A-B$ 皆与 C 独立.

1.16　甲、乙、丙进行某项比赛，每局中各人胜利的可能性相等，先胜三局者为胜. 现已知甲胜第 1 局、第 3 局；乙胜第 2 局，分别求甲、乙、丙获得最后胜利的概率.

1.17　对一目标进行3次独立射击. 第 1 次～第 3 次射击命中概率分别为 0.4，0.5，0.7. 试求：(1) 三次中恰好有一次击中的概率；(2) 至少有二次击中的概率.

1.18　高炮击中飞机的概率为0.6. 若要以 99%把握击中来犯敌机，至少需多少门大炮同时开火？

1.19　导弹击中飞机的概率为0.7，击中后必落. 高炮击中飞机的概率为 0.4，击中一发有 0.8 的概率击落，击中两发必落. 现发射了 2 枚导弹、2 门大炮，求飞机被击落的概率.

1.20　实验室中有12只动物可供某生理实验用. 每次实验任取 3 只，用后放回. (1) 求第 3 次实验时取出的动物均未参加过实验的概率；(2) 若已知第 2 次的 3 只也未用过，求第 3 次 3 只仍未用过的概率.

1.21　已知进行某种细胞培养时，样品有 4%的可能被杂菌污染. 现有一种简单的检查方法，它会把 2%未污染的样品误判为污染的，而把 5%污染的误判为未污染. 求此法认为未污染者确实未污染和认为污染而实际上没有的概率.

1.22　甲袋有5个白球，4 个黑球；乙袋有 3 个白球，6 个黑球. 现从两袋中各取一球，交换后放回，再从两袋各取一球. 问恰为一黑一白的概率是多少？

1.23　已知某样品内可能含有 A，B，C 三种酶之一. 它们出现的可能性分别为 0.3，0.4，0.3. 由于条件限制，采用的分析方法正确鉴定酶种的概率为0.6，错误鉴定为其他两种酶的可能性均为 0.2. 现对该样品作 4 次鉴定，结果为 A，B，C，A. 求样品确实含有 A 酶的概率.

1.24　某种单基因隐性遗传病，已知人群中致病基因的频率为 p. 现有一个三口之家，父母表型正常，母亲为致病基因携带者，有一个表型正常的孩子. 求父亲也是致病基因携带者的概率.

第 2 章　随机变量及其数字特征

2.1　随机变量和分布函数

(一) 随机变量

直观上看,所谓随机变量,就是我们在随机实验中测定的量.例如观察 10 只新生动物的性别,并计算其中雄性动物的数量 X,显然 X 可能取值为 0,1,…,10;但究竟取值为几,只能在实验结束时才知道.像这样在实验中所得到的取值有随机性的量,就称为随机变量.随机变量的特点就是当实验条件一定时,实验结果仍不确定.

上面所举的例子是离散型的随机变量,因为它只有有限个或可列个可能的取值.另外还有一大类随机变量,它们的取值是在某个区间中连续变化的,例如人的身高、体重、胸围…,像这样的随机变量称为连续型随机变量.

(二) 分布函数

随机变量的取值是有随机性的,具体数值我们事先无法知道,但它的取值也是有规律性可循的,这种规律性就表现在各个值出现的频率上.像上面的例子,如果我们把大量的初生动物分为 10 只一组进行观察,那么在一般情况下 X 取值为 0 或 10 的机会是非常少的,而取 4,5,6 的机会会相当多.因此如果我们知道了离散随机变量取每个值的概率,那么我们对这个随机变量可以说知道得很清楚了,我们可以把这样的关系列成一张表:

X	0	1	…	10
P	p_0	p_1	…	p_{10}

这样的表称为概率分布表，P 称为概率函数，并记为

$$P(X=x)=P(x)$$

显然概率函数应满足：对任意可能结果 x，有

$$P(x)\geqslant 0，\text{且} \sum_x P(x)=1$$

这里的求和是对一切可能的结果进行的.

对于连续型随机变量来说，它可能取值的个数是不可列的，实际上它取到任何一个确定值的可能性都为 0. 比如说人的体重，实际上不可能找到一个人体重为精确的100 kg而一点不差，这一方面是由于我们的测重手段不能无限精密；另一方面，如果真的无限精密，重 100 kg 的人就找不到了. 当然，在实践中也不会要求无限精密，我们关心的通常是某一范围内的人，如 100±5 kg，100±0.5 kg，100±0.05 kg，……，等等. 如果我们的研究越细致，我们所考虑的区间一般就越小. 这样，采用类似微分的概念，我们就有

$$f(x)=\lim_{\Delta x\to 0}\frac{P(x\leqslant X<x+\Delta x)}{\Delta x}$$

称 $f(x)$ 为随机变量 X 的密度函数，显然应有 $f(x)\geqslant 0$，且可积

$$\int_{-\infty}^{\infty} f(x)\,\mathrm{d}x = 1$$

而 X 落在 $[a,b)$ 中的概率为

$$P(a\leqslant X<b)=\int_a^b f(x)\,\mathrm{d}x$$

定义　设 X 为一随机变量，称函数

$$F(x)=P(X<x)\qquad(-\infty<x<+\infty)$$

为 X 的分布函数.

这个定义适用于离散型随机变量，也适用于连续型随机变量. 连续型分布函数也可表示为密度函数的积分：

$$F(x)=P(X<x)=\int_{-\infty}^{x}f(y)\mathrm{d}y$$

显然有：

$$\begin{aligned}P(a\leqslant X<b)&=\int_{a}^{b}f(x)\mathrm{d}x\\&=\int_{-\infty}^{b}f(x)\mathrm{d}x-\int_{-\infty}^{a}f(x)\mathrm{d}x\\&=F(b)-F(a).\end{aligned}$$

对于分布函数来说，它有如下的基本性质：

1 $F(x)$是不减函数，即对任意 $b>a$，有

$$F(b)\geqslant F(a)$$

2 $\lim\limits_{x\to-\infty}F(x)=0$，$\lim\limits_{x\to+\infty}F(x)=1$.

3 左连续性 $F(x-0)=F(x)$.

总结 我们研究随机变量的方法，大致有下面几种：

(1) 分布列或分布表. 它用于离散型随机变量，变量的一切可能取值就是样本空间的样本点，而分布列则给出了每个样本点对应的概率.

(2) 密度函数. 用于连续型随机变量. 它的作用与分布列类似，表示每个值出现可能性的相对大小，但它不是概率. 它采用类似微分的概念，有了它通过积分就可以得到变量落入任何区间的概率. 其性质为

$$P(X=x)=0$$

$$\int_{-\infty}^{\infty}f(x)\mathrm{d}x=1$$

(分布列也有类似第 2 条的性质，只是求和代替了积分).

(3) 为了统一起见，我们又引入了分布函数

$$F(x)=P(X<x)\qquad(-\infty<x<+\infty)$$

它可用于任何随机变量. 随机变量 X 落入任意区间$[a, b)$的概率为：

$$P(a \leqslant X < b) = F(b) - F(a)$$

(1) 离散型 $$F(x) = \sum_{x_i < x} P(x_i)$$

(2) 连续型 $$F(x) = \int_{-\infty}^{x} f(y)\mathrm{d}y$$

性质：① 不减.

② $\lim\limits_{x \to -\infty} F(x) = 0$，$\lim\limits_{x \to +\infty} F(x) = 1$.

③ 左连续.

2.2 离散型随机变量

上一节我们已经讲过，对离散型随机变量 X 来说，我们感兴趣的不仅有它取哪些值 x_i，而且也要知道它取这些值的概率大小，即我们要知道：

$$P(X = x_i) = P(x_i) \quad (i = 1, 2, 3, \cdots)$$

式中：$\{P(x_i),\ i = 1, 2, 3, \cdots\}$ 称为随机变量 X 的概率分布. 通常用下面的形式表示离散型随机变量 X 的概率分布：

$$\begin{pmatrix} x_1 & x_2 & \cdots & x_n & \cdots \\ P(x_1) & P(x_2) & \cdots & P(x_n) & \cdots \end{pmatrix}$$

它称为 X 的分布列或分布表. 其分布函数为：

$$F(x) = P(X < x) = \sum_{x_i < x} P(x_i)$$

显然，此时 $F(x)$ 是一个跳跃函数，它与分布列是互相唯一确定的，因此都可用来描述 X.

下面给出几种重要的离散型随机变量.

1. 两点分布

分布列为：

$$\begin{pmatrix} 0 & 1 \\ q & p \end{pmatrix}$$

其概率模型是进行一次随机试验，成功的概率为 p，失败概率为 $q = 1 - p$. 若令 X 为成功次数，则 X 服从两点分布.

2. 二项分布

如果进行 n 次独立试验，仍用 X 记成功次数，则有

$$P(X=i)=C_n^i p^i q^{n-i} \quad (i=0,1,2,\cdots,n)$$

上式称为二项分布，是因为它是 n 次二项式 $(p+q)^n$ 的展开式的第 $i+1$ 项.

3. 超几何分布

对 N 件产品(其中有 M 件次品)进行不放回抽样检查，在 n 件样品中的次品数 X 显然是随机变量，它的分布是超几何分布：

$$P(X=i)=\frac{C_M^i C_{N-M}^{n-i}}{C_N^n} \quad (0\leqslant i\leqslant n\leqslant N, i\leqslant M)$$

上式的计算比较麻烦，但若 $N\gg n$，它可以用二项分布来近似.

4. 几何分布

连续进行独立实验，若以 X 记首次成功时的实验次数，则它是个随机变量，取值为 $1,2,\cdots$，其概率分布称为几何分布：

$$g(i,p)=P(X=i)=q^{i-1}p \quad (i=1,2,3,\cdots)$$

作为一种等待分布，几何分布有许多实际用途. 它有一种十分有趣的性质，我们称为无记忆性. 也就是说，如果已知前 m 次实验都未成功，第 $m+1$ 次实验成功的可能性并不因此而发生变化. 换句话说，你继续等待第一次成功出现的次数 X 仍服从原来的几何分布，因此就像是把以前的经历都忘掉了一样. 这一性质可简单证明如下：

令 B 为前 m 次未成功，A 为再等 i 次，则

$$P(A|B)=\left(\frac{q^m q^{i-1} p}{q^m}\right)=q^{i-1}p$$

仍服从原来的分布 $g(i,p)$.

更有意思的是，可以从数学上严格证明：若 X 是取正整数数值的随机变量，且在已知 $X>i$ 的条件下，$X=i+1$ 的概率与 i 无关，则 X 服从几何分布. 证明如下.

证明 以 p 记上述条件概率，令 $q_i=P(X>i)$ 及 $p_i=P(X=i)$，

则 $p_{i+1}=q_i-q_{i+1}$，而所求的条件概率为：

$$p=\frac{p_{i+1}}{q_i}$$

故
$$\frac{q_{i+1}}{q_i}=1-p$$

由于 $q_0=1$， 故

$$q_i=(1-p)^i$$

即
$$p_i=(1-p)^{i-1}p$$

上式正是几何分布.

5. 负二项分布(巴斯卡分布)

它实际是几何分布的一种推广. 它的模型是这样的：连续独立实验，以 X 记第 k 次成功时总的实验次数，则 X 服从负二项分布，它的分布为：

$$f(X=i;k,p)=C_{i-1}^{k-1}p^k(1-p)^{i-k} \qquad (i=k,k+1,\cdots)$$

注意，X 取值范围与二项分布的不同. 显然，若令 $k=1$，则为几何分布.

我们把它称为负二项分布，是因为可以把它看作下列展开式中的各项系数：

$$\left(\frac{1}{p}-\frac{q}{p}x\right)^{-k}$$

若令 $Y=X-k$，则负二项分布表达式可写为：

$$\begin{aligned}P(Y=j)&=P(X=k+j)\\&=C_{k+j-1}^{k-1}p^k(1-p)^j\\&=C_{k+j-1}^{i}p^k(1-p)^j \quad (j=0,1,\cdots)\end{aligned}$$

许多文献把上式作为负二项分布的表达式. 从数学角度看，参数 k 只要是正的实数，上式就是概率函数. 负二项分布在生态学的研究中常有应用，许多生物种群的空间分布型都可以用它来描述. 其参数 k 可作为聚集性的指标. $k<1$ 时，种群表现出聚集性；k 越小，该生物的聚集性越明显.

6. Poisson(泊松)分布

在二项分布中,当事件出现概率极小($p\to 0$),而实验次数又极多($n\to\infty$),使 $np\to\lambda$(常数)时,二项分布就趋近于 Poisson 分布,即

$$P(X=i)=\frac{\lambda^i}{i!}\mathrm{e}^{-\lambda}\quad(i=0,1,2,\cdots)$$

历史上,Poisson 分布是作为二项分布的近似引入的. 但是目前它的意义已远远超出了这一点,成为概率论中最重要的几个分布之一. 许多随机现象服从 Poisson 分布,如电话交换台接到的呼叫数、汽车站的乘客人数、射线落到某区域中的粒子数、细胞计数中某区域里的细胞数,等等. 可以证明,若随机现象具有以下三项性质,则其服从 Poisson 分布. 现以电话呼叫为例加以说明.

(1) 平稳性. 在$(t_0,t_0+\Delta t)$中来到的呼叫平均数只与时间间隔 Δt 的长短有关,而与起点 t_0 无关. 它说明现象的统计规律不随时间变化.

(2) 独立增量性(无后效性). 在$(t_0,t_0+\Delta t)$中来到 k 个呼叫的可能与 t_0 以前的事件独立,即不受它们的影响. 它说明在互不相交的时间间隔内过程的进行是相互独立的.

(3) 普通性. 在充分小的时间间隔内,最多来一个呼叫. 即:令 $P_k(\Delta t)$为长度为 Δt 的时间间隔中来 k 个呼叫的概率,则

$$\lim_{\Delta t\to 0}\frac{\sum\limits_{k=2}^{\infty}P_k(\Delta t)}{\Delta t}=0$$

上式表明在同一瞬间来两个或更多的呼叫是不可能的. 显然,具有这样特性的现象是相当普遍的,这一点从一个侧面说明了 Poisson 分布的重要性.

如果改用细胞计数为例,则上述三条性质可描述为:

(1) 平稳性. 在记数板上某一区域中观察到细胞平均数只与区域的大小有关,与这一区域位于板上的什么位置无关. 这说明细胞出

现在板上任何位置的可能性都是相等的.

(2) 独立增量性. 在某一区域中观察到 k 个细胞的可能性与区域外细胞的多少无关,不受它们的影响. 这说明细胞出现在何处与任何其他细胞无关,细胞间既不会互相吸引,也不会互相排斥.

(3) 普通性. 每个细胞都可与其他细胞区分开来,不会有两个或几个细胞重叠在一起,使我们对细胞无法准确计数.

生物学中能够符合上述条件的事例是相当多的,如水中细菌数、从远处飘来的花粉及孢子数、荒地上某种植物初生幼苗数,等等. 关键是这些细菌、花粉、种子等互相间既不能有吸引力,也不能有排斥力,这样它们的分布就会服从 Poisson 分布. 反之,若细菌呈团块状出现,或植物长大后由于自疏现象而互相间保持一定距离,则它们的分布就不会是泊松分布了.

2.3 连续型随机变量

连续型随机变量 X 可取某个区间$[c, d]$或$(-\infty,\infty)$中的一切值,且存在可积函数 $f(x)$,使

$$F(x) = \int_{-\infty}^{x} f(y)\mathrm{d}y$$

$f(x)$称为 X 的(分布)密度函数,$F(x)$称为 X 的分布函数. 显然

$$P(a \leqslant X < b) = F(b) - F(a) = \int_{a}^{b} f(x)\mathrm{d}x$$

这样,有了 $f(x)$,就可以计算 X 落入任何一个区间的概率,而

$$0 \leqslant P(X = C) \leqslant \lim_{k \to 0} \int_{c}^{c+k} f(x)\mathrm{d}x = 0$$

故 $$P(X = C) = 0$$

即连续型随机变量取任意个别值的概率都是 0. 这与离散型随机变量是完全不同的,而且这还说明,一个事件的概率为 0,并不一定是不可能事件. 同样,一个事件概率为 1,也不一定是必然事件.

例如,人的身高可认为服从连续分布,由前述说明,身高取某具

体数值如 1.8 m 的概率为 0.这意味着人虽然很多,但不可能找到一个人身高精确地等于 1.8 m.另一方面,从人群中随意找一个人,他的身高总有一个具体值,设为 1.7 m.身高取 1.7 m 的概率当然也为 0,但现在却有一个人身高为 1.7 m,说明概率为 0 的事件不一定是不可能事件.同时,由于身高为 1.7 m 的概率为 0,因此身高不等于 1.7 m的概率为 1.但由于前述至少有一人身高为 1.7m,这样身高不等于 1.7 m 的人中将不包括这个人,也就不可能是全空间,即不是必然事件了.

下面结合例子介绍几种连续型随机变量.

1. 均匀分布

若 a,b 为有限数,则由下列密度函数定义的分布称为$[a,b]$上的均匀分布:

$$f(x)=\begin{cases}\dfrac{1}{b-a} & a\leqslant x\leqslant b\\ 0 & x<a \text{ 或 } x>b\end{cases}$$

相应的分布函数为:

$$F(x)=\begin{cases}0 & x<a\\ \dfrac{x-a}{b-a} & a\leqslant x<b\\ 1 & x\geqslant b\end{cases}$$

如数字四舍五入后的误差分布、农药剂量在田间的分布、人工种植的果树的分布等,均为均匀分布.

2. 指数分布

指数分布的密度函数为:

$$f(x)=\begin{cases}\lambda \mathrm{e}^{-\lambda x} & x\geqslant 0\\ 0 & x<0\end{cases}\qquad (\lambda>0,\text{为常数})$$

相应的分布函数为:

$$F(x)=\begin{cases}1-\mathrm{e}^{-\lambda x} & x\geqslant 0\\ 0 & x<0\end{cases}$$

指数分布经常用来作为各种“寿命”的分布，例如动物寿命、元件寿命、电话通话时间，等等. 与几何分布类似，它也具有无记忆性：

$$P(X > s+t \mid X > s) = \frac{P(X > s+t)}{P(X > s)} = \frac{e^{-\lambda(s+t)}}{e^{-\lambda s}} = e^{-\lambda t}$$

即已知寿命大于 s 年，则再活 t 年的概率与 s 无关，故称指数分布是“永远年轻”的. 可证明，指数分布是唯一具有上述性质的连续分布.

指数分布与 Poisson 分布有密切关系. 可以证明，当单位时间或空间内成功的次数服从 Poisson 分布时，两次成功之间的时间或空间间隔服从指数分布. 此时它们的参数 λ 有相同的意义——单位时间或空间内平均成功次数.

3. 正态分布

它的密度函数为

$$f(x) = \frac{1}{\sqrt{2\pi}\sigma} e^{-\frac{(x-\mu)^2}{2\sigma^2}} \qquad (-\infty < x < +\infty)$$

其中：$\sigma > 0$，μ 与 σ 均为常数. 相应的分布函数为

$$F(x) = \frac{1}{\sqrt{2\pi}\sigma} \int_{-\infty}^{x} e^{-\frac{(y-\mu)^2}{2\sigma^2}} dy \qquad (-\infty < x < +\infty)$$

正态分布通常记为 $N(\mu, \sigma^2)$. 若 $\mu = 0, \sigma = 1$，则称为标准正态分布，记为 $N(0,1)$. 标准正态分布的密度函数和分布函数分别用 $\varphi(x)$ 和 $\Phi(x)$ 表示，即

$$\varphi(x) = \frac{1}{\sqrt{2\pi}} e^{-\frac{1}{2}x^2} \qquad (-\infty < x < +\infty)$$

$$\Phi(x) = \frac{1}{\sqrt{2\pi}} \int_{-\infty}^{x} e^{-\frac{1}{2}y^2} dy \qquad (-\infty < x < +\infty)$$

正态分布也可以作为二项分布的极限. 当 $n \to \infty$ 时，若 q, p 均不趋于 0，此时的二项分布以 $N(\mathrm{np}, \mathrm{npq})$ 为其极限（注意，若 p 或 q 趋于 0，则二项分布以 Poisson 分布为极限）.

正态分布是概率论中最重要的分布. 一方面，这是一种最常见的

分布，例如测量的误差、炮弹的落点、人的身高和体重、同样处理的实验数据等等，都近似服从正态分布．一般说来，若影响某一数量指标的随机因素很多，而每个因素的影响又都不太大，则这个指标就服从正态分布．这一点还要在后边的定理中讲到．另一方面，正态分布在理论研究中也非常重要，后边的许多统计方法都是建立在随机变量服从正态分布的基础上的，所以对正态分布的特性一定要非常熟悉．

图2.1为正态分布密度函数曲线．从图中可见，密度函数 $f(x)$ 在 $x=\mu$ 处达到最大值；整个图形关于直线 $x=\mu$ 对称；σ 越大，则曲线越平，σ 越小，曲线越尖．

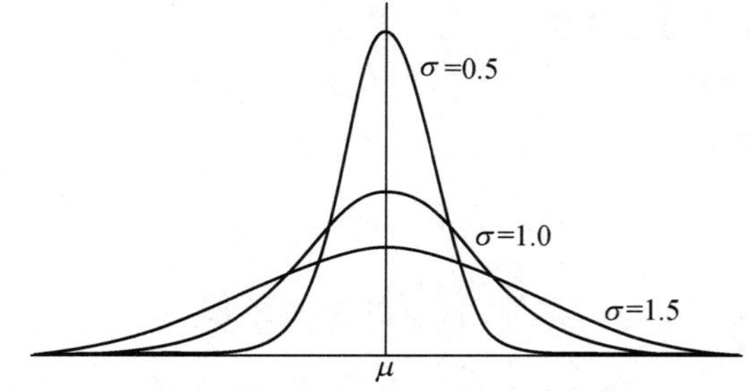

图2.1　正态分布密度函数曲线

在实际应用中，我们更常使用的是标准正态分布曲线，其密度函数曲线和分布函数曲线见图2.2．

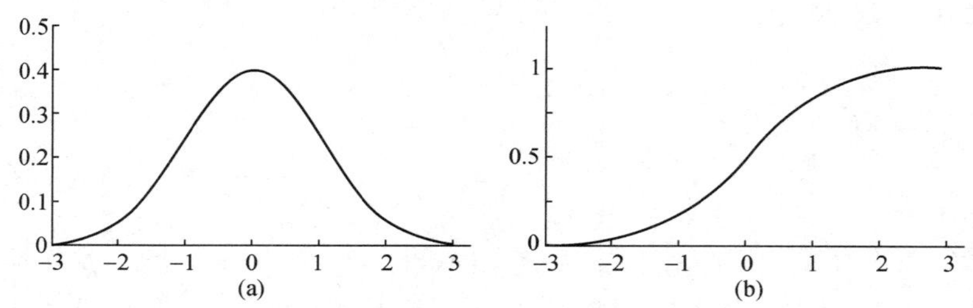

图2.2　标准正态分布密度函数曲线(a)和分布函数曲线(b)

从图2.2中可看出，标准正态分布密度函数 $\varphi(x)$ 的曲线有以下特征：

1 $x=0$ 时,$\varphi(x)$ 达到最大值.

2 x 取值离原点越远,$\varphi(x)$ 值越小.

3 关于 y 轴对称,即 $\varphi(x)=\varphi(-x)$.

4 在 $x=\pm1$ 有两个拐点.

5 曲线与 x 轴间所夹面积为 1.

标准正态分布函数 $\Phi(x)$ 的曲线是密度函数积分后的图形,它在 x_0 点的取值为 x_0 点左方密度函数曲线与 x 轴所夹的面积. 分布函数曲线有以下特征:

1 关于点(0,0.5)对称,该点也是它的拐点.

2 曲线以 $y=0$ 和 $y=1$ 为渐近线.

3 $\Phi(1.960)-\Phi(-1.960)=0.95$.

4 $\Phi(2.576)-\Phi(-2.576)=0.99$.

后两个数值在统计推断中有重要应用,应熟记.

上述特征,特别是密度函数 $\varphi(x)$ 的特征,在计算函数值时常有应用,应结合图形直观印象加以熟记.

由于正态分布的重要性,它的密度函数及分布函数的数值都已被编成表格备查. 这些表格用法与一般数学常用表用法相同,不再赘述. 需要注意的是,多数表中只给出 $x\geqslant0$ 的 $\varphi(x)$ 和 $\Phi(x)$ 值,这是因为由它们的对称性,有

$$\varphi(-x)=\varphi(x),\ \Phi(-x)=1-\Phi(x)$$

因此可容易地算出 x 任意取值时 $\varphi(x)$ 和 $\Phi(x)$ 的值.

由于上述表格均只限于标准正态分布表,对于服从一般正态分布的随机变量 X,需先把它标准化,然后再查表. 标准化方法如下:

设 $X\sim N(\mu,\sigma^2)$,令 $U=\dfrac{X-\mu}{\sigma}$,则 $U\sim N(0,\ 1)$,即

$$P(X<x_0)=P\left(U<\frac{x_0-\mu}{\sigma}\right)=\Phi\left(\frac{x_0-\mu}{\sigma}\right)$$

这样，只要先计算$\frac{x_0-\mu}{\sigma}$的值，就可以从标准正态分布表中查出所需要的数值了.

在查表过程中，下述一些关系式也是十分有用的.它们大多基于$\varphi(x)$的对称性，希望能在理解的基础上记忆它们，只有真正理解了才能牢固记忆且灵活应用.这些关系式包括：

令 $X\sim N(0,1)$，则

$$P(0<X<x_0)=\Phi(x_0)-\frac{1}{2}$$

$$P(X>x_0)=\Phi(-x_0)$$

$$P(|X|>x_0)=2\Phi(-x_0)$$

$$P(|X|<x_0)=1-2\Phi(-x_0)$$

$$P(x_1<X<x_2)=\Phi(x_2)-\Phi(x_1)$$

【例 2.1】 已知小麦穗长服从 $N(9.978,1.441^2)$，求下列情况的概率：

(1) 穗长<6.536 cm.

(2) 穗长>12.128 cm.

(3) 穗长在 8.573 cm 与 9.978 cm 之间.

解

$$P(X<6.536)=\Phi\left(\frac{6.536-9.978}{1.441}\right)=\Phi(-2.39)=0.00842$$

$$P(X>12.128)=\Phi\left(-\frac{12.128-9.978}{1.441}\right)=\Phi(-1.49)=0.06811$$

$$\begin{aligned}P(8.537<X<9.978)&=\Phi\left(\frac{9.978-9.978}{1.441}\right)-\Phi\left(\frac{8.537-9.978}{1.441}\right)\\&=\Phi(0)-\Phi(-1)\\&=0.50000-0.15866=0.34134\end{aligned}$$

故所求概率分别为：0.00842，0.06811，0.34134.

【例 2.2】 从甲地到乙地有两条路线，走第一条路所需要的时间服从 $N(50,100)$，走第二条路时间服从 $N(60,16)$，问：

(1) 若有 70 min 可用，走哪条路好？

(2) 若只有 65 min 呢？

解　走哪条路好，可理解为走该路在指定时间内到达的可能性大.因此有

$$(1)\qquad F_1(70)=\Phi\left(\frac{70-50}{10}\right)=\Phi(2)$$

$$F_2(70)=\Phi\left(\frac{70-60}{4}\right)=\Phi(2.5)$$

显然，$F_2(70)>F_1(70)$，应走第二条路.

$$(2)\qquad F_1(65)=\Phi\left(\frac{65-50}{10}\right)=\Phi(1.5)$$

$$F_2(65)=\Phi\left(\frac{65-60}{4}\right)=\Phi(1.25)$$

显然，$F_1(65)>F_2(65)$，应走第一条路.

这道题还是有一定实际意义的. 第一条路可能较短，但堵车的可能性较大，因此所需时间有较大的变化范围；第二条路可能较长，但路况好，车辆少，因此所需时间变化不大. 如果时间充裕，则应走第二条路，此时到达的可能性大；反之，若时间有限，就只能走近路碰碰运气了.

2.4 随机向量

在有些情况下，我们所关心的随机现象需要用不止一个数值来描述，例如要全面反映一个人的健康情况，则需要血压、各种化验数据、X 光透视或拍片、B 超等等. 要反映温室中的环境条件，也要有温度、湿度、CO_2 浓度、光照强度等等. 这样，当我们对类似的随机现象进行研究测量时，每个样本点所包含的将不再是一个数字，而是一组数字，它们组成一个向量：

$$\boldsymbol{X}=(X_1,X_2,\cdots,X_n)$$

其中：每个数字有特定的生物学意义，如 X_1 代表温度、X_2 代表湿度……，而且每个数字均带有测量时不可避免的随机误差，因此都是随机变量. 这样的向量就称为随机向量. 与普通向量类似，其中包含的数字个数 n 称为向量的维数，每个数字称为向量的分量. 显然普通随机变量可视为一维随机向量. 为了方便，我们常常对随机变量与随机向量不加区分，而统一称为 n 维随机变量，其中 n 取值为自然数.

引入多维随机变量的概念，主要是为了把所有分量作为一个整体来进行研究. 在这样一个整体中，我们不仅能研究每个分量本身固有的性质，还可以研究各分量之间的关系，这在某些情况下是非常有用的.由于课时及数学基础的限制,此处不准备对这一课题进行深入讨论,而只是介绍一些必要的概念.

(一) 多维随机变量与联合分布函数

与一维随机变量类似,多维随机变量也有离散型与连续型的区别.它们的取值都可视为 n 维空间中的点,不过离散型的概率集中在一些孤立的点上,而连续型的概率则分布在一些或大或小的区间内.对于离散型随机向量,我们同样不仅关心它能取哪些值,而且关心它取这些值的概率.因此我们仍可使用类似概率分布表的形式描述离散型随机向量,与一维随机变量的唯一区别就是它的取值不再是一个简单的数,而是一个向量.

【例 2.3】 袋中装有4只白球和6只黑球,有放回摸球二次.令每次摸到白球记为1,摸到黑球记为0,则有如下的二维随机变量:

取值:	(0,0)	(0,1)	(1,0)	(1,1)
概率:	$\frac{6}{10}\times\frac{6}{10}$	$\frac{6}{10}\times\frac{4}{10}$	$\frac{4}{10}\times\frac{6}{10}$	$\frac{4}{10}\times\frac{4}{10}$

如果改为不放回摸球,则二维随机变量改为:

取值:	(0,0)	(0,1)	(1,0)	(1,1)
概率:	$\frac{6}{10}\times\frac{5}{9}$	$\frac{6}{10}\times\frac{4}{9}$	$\frac{4}{10}\times\frac{6}{9}$	$\frac{4}{10}\times\frac{3}{9}$

对于连续型随机向量,我们也可用类似一维的方法定义它的密度函数.以二维为例,则有

$$f(x_1,x_2)=\lim_{\Delta x_1\to 0,\Delta x_2\to 0}\frac{P(x_1\leqslant X_1<x_1+\Delta x_1,x_2\leqslant X_2<x_2+\Delta x_2)}{\Delta x_1\Delta x_2}$$

同样,与一维类似,我们可进一步定义多维情况下的分布函数:

定义 称 n 元函数

$$F(x_1,x_2,\cdots,x_n)=P(X_1<x_1,X_2<x_2,\cdots,X_n<x_n)$$

为 n 维随机变量 $(X_1,X_2,\cdots,X_n)$ 的联合分布函数.

可以证明,这样定义的联合分布函数也有与一维类似的基本性质,如关于每个分量单调、关于每个分量左连续,以及

$$F(X_1,X_2,\cdots,-\infty,\cdots,X_n)=0$$

$$F(+\infty,+\infty,\cdots,+\infty)=1$$

如果知道了联合分布函数 F,则可计算随机向量落入某一区间的概率. 现以二维为例说明:

$$P(a_1 \leqslant X_1 < b_1,\ a_2 \leqslant X_2 < b_2)$$
$$= F(b_1, b_2) - F(a_1, b_2) - F(b_1, a_2) + F(a_1, a_2)$$

这一结果可用图 2.3 说明. 由于网格部分被减掉了两次,因此须再加回来.

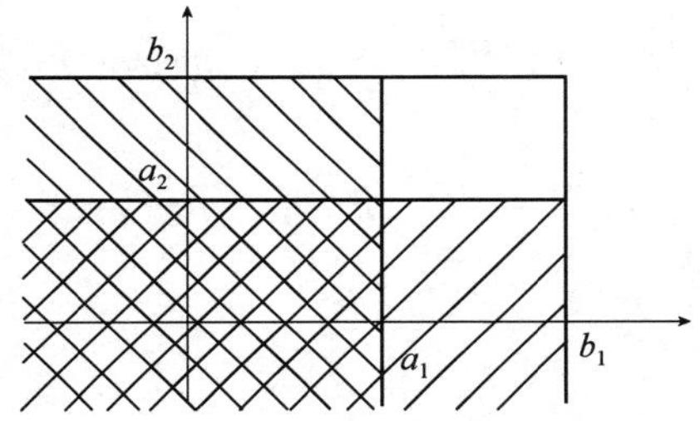

图 2.3 二维概率的计算

【例 2.4】 二维均匀分布:设 Ω 为 R^2 中的有限区域,其面积为 S,则由密度函数

$$f(x_1, x_2) = \begin{cases} \dfrac{1}{S} & (x_1, x_2) \in \Omega \\ 0 & (x_1, x_2) \overline{\in} \Omega \end{cases}$$

定义的分布称为 Ω 上的均匀分布.

在第 1 章中我们曾介绍了采用几何概型的方法解决一些实际问题. 那里的几何概型实际就是二维或三维的均匀分布.

【例 2.5】 n 维正态分布:

设 $\boldsymbol{B} = (b_{ij})$ 为 n 阶正定对称矩阵*,且 $\boldsymbol{a} = (a_1, a_2, \cdots, a_n)$, $\boldsymbol{x} = (x_1, x_2, \cdots, x_n)$, 均为实向量,则密度函数

$$\varphi(x) = \frac{1}{(2\pi)^{\frac{n}{2}} |\boldsymbol{B}|^{\frac{1}{2}}} \exp\left\{ -\frac{1}{2} (\boldsymbol{x} - \boldsymbol{a}) \boldsymbol{B}^{-1} (\boldsymbol{x} - \boldsymbol{a})' \right\}$$

定义的分布称为 n 维正态分布,也称为 n 元正态分布. n 维正态分布可简记为

---

* 有关矩阵和向量的知识,参见书后附录 A.

$N(\boldsymbol{a},\boldsymbol{B})$.

显然,多维连续分布的密度函数应为非负,且对全空间(即每一维均为从$-\infty$至$+\infty$)的积分应为1.

同样与一维情况类似,多维分布的分布函数与离散分布的概率分布表或连续分布的密度函数有以下关系:

(1) 离散

令$P(y_1,y_2,\cdots,y_n)=P(X_1=y_1,X_2=y_2,\cdots,X_n=y_n)$,则分布函数为

$$F(x_1,x_2,\cdots,x_n)=\sum_{\substack{y_1<x_1,\\ y_2<x_2,\\ \cdots\\ y_n<x_n}} P(y_1,y_2,\cdots,y_n)$$

(2) 连续

令$f(y_1,y_2,\cdots,y_n)$为其密度函数,则分布函数为

$$F(x_1,x_2,\cdots,x_n)=\int_{-\infty}^{x_1}\int_{-\infty}^{x_2}\cdots\int_{-\infty}^{x_n} f(y_1,y_2,\cdots,y_n)\mathrm{d}y_1\mathrm{d}y_2\cdots\mathrm{d}y_n$$

(二) 边际分布

前边已提到,我们引入多维随机变量的概念就是为了把它作为一个整体来研究,即不仅研究每个分量的性质,而且要研究各分量之间的关系.前述的联合分布就是描述多维随机变量这一整体的,而边际分布则是描述一个分量子集或一个个单独分量的.从这一角度看,有了联合分布,应能推出所有边际分布;反之,即使有了所有的边际分布,也未必能确定联合分布,因为边际分布只描述了一个个分量子集,但没有描述这些子集间的关系.为简单起见,我们以二维联合分布为例讨论它与其边际分布的关系.这些关系可以进一步推广到n维分布的场合.现在让我们重新看一下例2.3.

【例2.3】 袋中有4只白球和6只黑球,摸到白球记为1,摸到黑球记为0.以X_1记第一次摸球的结果,X_2记第二次摸球的结果,若为有放回摸球,则

X_1, X_2的联合分布为：

取值： (0,0) (0,1) (1,0) (1,1)

概率： $\frac{6}{10}\times\frac{6}{10}$ $\frac{6}{10}\times\frac{4}{10}$ $\frac{4}{10}\times\frac{6}{10}$ $\frac{4}{10}\times\frac{4}{10}$

如果我们现在只考虑 X_1 的取值，不考虑 X_2 的取值，则根据古典概型的计算公式，有

$$P_1(0) = P_1(x_1 = 0) = \frac{6}{10}\times\frac{6}{10} + \frac{6}{10}\times\frac{4}{10} = \frac{6}{10}$$

$$P_1(1) = P_1(x_1 = 1) = \frac{4}{10}\times\frac{6}{10} + \frac{4}{10}\times\frac{4}{10} = \frac{4}{10}$$

同理，若只考虑 X_2 的取值，则有

$$P_2(0) = P_2(x_2 = 0) = \frac{6}{10}\times\frac{6}{10} + \frac{4}{10}\times\frac{6}{10} = \frac{6}{10}$$

$$P_2(1) = P_2(x_2 = 1) = \frac{6}{10}\times\frac{4}{10} + \frac{4}{10}\times\frac{4}{10} = \frac{4}{10}$$

这就是两个边际分布.上述联合分布与边际分布可统一写成表 2.1 的形式.

与上述类似，如果改为无放回摸球，则其概率分布变为表 2.2.

注意 上述边际分布实际是联合分布各行、各列之和，即在联合分布中，固定 X_1 取值，对 X_2 的一切取值求和，则可得到 X_1 的边际分布；再固定 X_2 的取值，对 X_1 的一切值求和，则可得到 X_2 的边际分布.在连续的情况下，则是固定 X_1，对 X_2 从 $-\infty$ 到 $+\infty$ 求积分，可得 X_1 的边际分布；再固定 X_2，对 X_1 从 $-\infty$ 到 $+\infty$ 求积分，可得 X_2 的边际分布.

表 2.1 有放回摸球的概率分布

x_2 \ x_1	0	1	$P_2(x_2)$
0	$\frac{6}{10}\times\frac{6}{10}$	$\frac{4}{10}\times\frac{6}{10}$	$\frac{6}{10}$
1	$\frac{6}{10}\times\frac{4}{10}$	$\frac{4}{10}\times\frac{4}{10}$	$\frac{4}{10}$
$P_1(x_1)$	$\frac{6}{10}$	$\frac{4}{10}$	

表 2.2　无放回摸球的概率分布

x_2 \ x_1	0	1	$P_2(x_2)$
0	$\frac{6}{10}\times\frac{5}{9}$	$\frac{4}{10}\times\frac{6}{9}$	$\frac{6}{10}$
1	$\frac{6}{10}\times\frac{4}{9}$	$\frac{4}{10}\times\frac{3}{9}$	$\frac{4}{10}$
$P_1(x_1)$	$\frac{6}{10}$	$\frac{4}{10}$	

比较表 2.1 和表 2.2 可知，它们的两个边际分布是完全相同的，但联合分布则完全不同. 这正说明联合分布中不仅包含了各分量的性质，而且包含了它们之间的联系，因此确实有必要把它们作为一个整体来研究.

(三) 随机变量的独立性

在第 1 章中，我们介绍了事件独立性的概念. 利用事件的独立性，我们常常可以大大简化有关的计算. 现在我们再来介绍一下随机变量的独立性.

定义　设 $F(x_1,x_2,\cdots,x_n)$ 为随机向量 $\boldsymbol{X}=(X_1,X_2,\cdots,X_n)$ 的联合分布函数，若对任意 $x_1,x_2,\cdots,x_n$，有

$$F(x_1,x_2,\cdots,x_n)=F_1(x_1)F_2(x_2)\cdots F_n(x_n)$$

则称随机变量 $X_1,X_2,\cdots,X_n$ 互相独立. 其中 $F_1,F_2,\cdots,F_n$ 分别为 $X_1,X_2,\cdots,X_n$ 的分布函数.

(1) 对于离散型随机变量，独立性定义等价于对任意一组可能取值 $x_1,x_2,\cdots,x_n$，有

$$\begin{aligned}&P(X_1=x_1,X_2=x_2,\cdots,X_n=x_n)\\&=P_1(X_1=x_1)P_2(X_2=x_2)\cdots P_n(X_n=x_n)\end{aligned}$$

(2) 对于连续型随机变量，独立性定义等价于对一切 $x_1,x_2,\cdots,x_n$，有

$$f(x_1,x_2,\cdots,x_n)=f_1(x_1)f_2(x_2)\cdots f_n(x_n)$$

其中：f 为随机向量的联合密度函数，$f_1,f_2,\cdots,f_n$ 分别为各分量的密度函数.

可以证明，若随机变量 $X_1,X_2,\cdots,X_n$ 互相独立，则从中任意取出的一个子集合 $X_{i_1},X_{i_2},\cdots,X_{i_m}$，也互相独立. 它们的下标应满足 $1\leqslant i_1<i_2<\cdots<i_m\leqslant n$.

从随机变量独立性的定义可知，它与事件独立性的定义是非常相似的. 事件独立性是说交事件的概率等于事件概率的乘积，而随机变量独立是说联合分布函数可写成一串边际分布的乘积. 因此只有在独立的情况下，联合分布函数才会被边际分布函数所唯一确定. 回想例 2.3 摸球的例子，由于有放回摸球各次结果是独立的，因此从它所构造出来的随机变量也是独立的；而无放回摸球前一次结果对第二次摸球有影响，它们不是独立的，因此从无放回摸球构造出的随机变量也不是独立的. 随机变量的独立性是一个很重要的概念，我们以后要学习的各种统计方法基本上都是只能用于互相独立的随机变量. 一般来说，随机变量的独立性都是靠专业知识来保证，而不是验证它们的分布函数是否可写成乘积的形式. 这一点与事件组的独立性也是十分相似的.

2.5 随机变量的数字特征

以前我们都是用概率分布来描述随机变量的，这种描述虽然详尽，但却不能“集中”地反映出随机变量的变化情况和某些特征. 例如，有两个射手甲和乙，他们的射击成绩如下：

击中环数	甲的概率	乙的概率
8	0.3	0.2
9	0.1	0.5
10	0.6	0.3

谁的成绩好呢？这恐怕难以一眼看出来,因此我们需要有更清楚直观地描述随机变量特征的方法.这些用来描述随机变量的概率分布特征的数字称为总体特征数,主要包括数学期望、方差和各阶矩等.

(一) 数学期望

1. 离散型随机变量的数学期望

像上面的例题,实际是要求谁平均起来打中的环数高.设他们各打 N 枪,如果 N 是一个很大的数,则甲乙打中 8,9,10 环的频率应该很接近上述概率,因此他们的平均环数应分别为：

$$甲：8\times 0.3N+9\times 0.1N+10\times 0.6N=9.3N$$

$$乙：8\times 0.2N+9\times 0.5N+10\times 0.3N=9.1N$$

显然甲的平均环数高,因此甲的成绩好一些.

定义　设 X 为一离散型随机变量,它取值为 $x_1,x_2,x_3,\cdots$,对应的概率为 $p_1,p_2,p_3,\cdots$,若级数 $\sum\limits_{i=1}^{\infty} x_i p_i$ 绝对收敛,则把它的极限称为 X 的数学期望或均值,记为 $E(X)$.

反之,若 $\sum\limits_{i=1}^{\infty} x_i p_i$ 不绝对收敛,则说 X 的数学期望不存在.

定义中要求级数 $\sum\limits_{i=1}^{\infty} x_i p_i$ 绝对收敛,是因为各 x_i 取值可以有正有负.在数学上可以证明一个无穷级数如果收敛而不绝对收敛,那么就可以通过重排它的各项次序而使它收敛到不同的值.对离散型随机变量来说,我们对它取值的排列顺序并无特别要求,因此级数 $\sum\limits_{i=1}^{\infty} x_i p_i$ 若不绝对收敛,就意味着随机变量 X 的数学期望不唯一,此时我们只能认为它的数学期望不存在.

有了这个定义,我们就可以来求前面介绍过的一些分布的数学期望：

【例 2.6】 求下列离散型随机变量的数学期望.

(1) 两点分布:它的分布列为

X	1	0
P	p	q

故
$$E(X)=1\times p+0\times q=p$$

(2) 二项分布:$P(X=i)=p_i=C_n^i p^i q^{n-i}\quad(i=0,1,2,\cdots,n)$

$$\begin{aligned}E(X)&=\sum_{i=0}^{n}p_i i=\sum_{i=1}^{n}C_n^i p^i q^{n-i}i\\&=\sum_{i=1}^{n}\frac{n}{i}C_{n-1}^{i-1}p^i q^{n-i}i\\&=np\sum_{i=1}^{n}C_{n-1}^{i-1}p^{i-1}q^{n-i}\quad(\text{令 } i'=i-1)\\&=np\sum_{i'=0}^{n-1}C_{n-1}^{i'}p^{i'}q^{(n-1)-i'}\\&=np(p+q)^{n-1}=np\end{aligned}$$

(3) 几何分布:$p_i=q^{i-1}p\qquad(i=1,2,\cdots)$

$$\begin{aligned}E(X)&=\sum_{i=1}^{\infty}q^{i-1}pi\\&=p(1+2q+3q^2+\cdots)\\&=p(q+q^2+q^3+\cdots)'\\&=p\left(\frac{q}{1-q}\right)'\\&=p\frac{1}{(1-q)^2}\\&=\frac{1}{p}\end{aligned}$$

(4) Poisson 分布:$p_i=\frac{\lambda^i}{i!}e^{-\lambda}\quad(i=0,1,2,\cdots)$

$$\begin{aligned}E(X)&=\sum_{i=0}^{\infty}i\frac{\lambda^i}{i!}e^{-\lambda}\\&=\sum_{i=1}^{\infty}\lambda\frac{\lambda^{i-1}}{(i-1)!}e^{-\lambda}\end{aligned}$$

$$= \lambda e^{-\lambda} \sum_{i=1}^{\infty} \frac{\lambda^{i-1}}{(i-1)!}$$
$$= \lambda e^{-\lambda} e^{\lambda}$$
$$= \lambda$$

【例 2.7】 普查某种疾病，需对 N 个人验血. 若每人分别化验，共需要 N 次. 若把 k 个人作为一组，混在一起化验，若阴性，则每组只需一次；若阳性，再逐个化验，此时每组需要 $k+1$ 次化验. 若每个人阳性的概率均为 p，且互相独立，哪种方法较好？

解 显然 k 个人混合后阳性的概率为 $1-q^k$，此时每个人所需验血次数 X 为一随机变量，其分布列为：

$$\begin{bmatrix} \frac{1}{k} & 1+\frac{1}{k} \\ q^k & 1-q^k \end{bmatrix}$$

故
$$E(X)=\frac{1}{k}q^k+\left(1+\frac{1}{k}\right)(1-q^k)=1-q^k+\frac{1}{k}$$

显然，若 $q^k-\frac{1}{k}>0$ 就能减少化验次数. 例如若取 $p=0.1, k=4$，则

$$q^k-\frac{1}{k}=0.4061$$

此时要用分组的方法平均可减少 40% 的工作量. 显然，p 越小，此种方法越有利. 若 p 已知，还可选择 k 使 $E(X)$ 最小，此时最节省人力物力. 如果在实际工作中采用此种方法，则应注意，混合后当一组中只有一人阳性时必须仍可化验出来. 换句话说，阳性血液的稀释不能影响化验的灵敏度. 若实际化验灵敏度达不到这一要求，上述方法就不能使用.

2. 连续型随机变量的数学期望

对连续随机变量，则需采用下面的定义.

定义 设连续型随机变量 X 的分布密度函数为 $f(x)$，当积分 $\int_{-\infty}^{\infty} xf(x)\mathrm{d}x$ 绝对收敛时，我们称它的极限为 X 的数学期望（或均值），记为 $E(X)$. 若积分不绝对收敛，则称 X 的数学期望不存在.

【例 2.8】 求下列连续型随机变量的数学期望.

(1) 均匀分布

$$f(x)=\begin{cases}\dfrac{1}{b-a} & a\leqslant x\leqslant b\\ 0 & \text{其他}\end{cases}$$

$$\begin{aligned}E(X)&=\int_{-\infty}^{\infty}xf(x)\mathrm{d}x\\&=\int_a^b\frac{x}{b-a}\mathrm{d}x=\frac{1}{b-a}\frac{x^2}{2}\Big|_a^b\\&=\frac{b^2-a^2}{2(b-a)}=\frac{1}{2}(b+a)\end{aligned}$$

(2) 正态分布

$$f(x)=\frac{1}{\sqrt{2\pi}\sigma}\mathrm{e}^{-\frac{1}{2\sigma^2}(x-\mu)^2}$$

$$E(X)=\int_{-\infty}^{\infty}xf(x)\mathrm{d}x=\int_{-\infty}^{\infty}\frac{x}{\sqrt{2\pi}\sigma}\mathrm{e}^{-\frac{1}{2\sigma^2}(x-\mu)^2}\mathrm{d}x$$

$$\left(\text{令 } t=\frac{x-\mu}{\sigma},\ \text{则 } x=\sigma t+\mu\right)$$

$$=\int_{-\infty}^{\infty}\frac{\sigma t+\mu}{\sqrt{2\pi}\sigma}\mathrm{e}^{-\frac{1}{2}t^2}\mathrm{d}(\sigma t+\mu)$$

$$=\frac{\sigma}{\sqrt{2\pi}}\int_{-\infty}^{\infty}t\mathrm{e}^{-\frac{1}{2}t^2}\mathrm{d}t+\frac{\mu}{\sqrt{2\pi}}\int_{-\infty}^{\infty}\mathrm{e}^{-\frac{1}{2}t^2}\mathrm{d}t$$

前一项被积函数为奇函数,所以积分值为0;后一项是标准正态分布的密度函数,积分值为1.因此有 $E(X)=\mu$.

3. 随机变量的函数的数学期望

(1) 离散型

X 的概率分布为 $P(X=x_i)=p_i$, ,$Y=g(X)$ 为 X 的函数,则 Y 的期望为:

$$E(Y)=E(g(X))=\sum_i g(x_i)p_i$$

当然,仍要求和式绝对收敛.

(2) 连续型

X 的分布密度函数为 $f(x)$,$Y=g(X)$ 为 X 的函数,则若积分 $\int_{-\infty}^{\infty}f(x)g(x)\mathrm{d}x$ 绝对收敛,则称其值为 $Y=g(X)$ 的数学期望,记为

$E(g(X))$.

4. 数学期望的性质和运算(C,K 为常数)

性质

$$E(C)=C$$
$$E(X+C)=E(X)+C$$
$$E(KX)=KE(X)$$
$$E(KX+C)=KE(X)+C$$

证　令 $g(X)=KX+C$,则

(1) X 若为连续型,设 $f(x)$ 为其密度函数,有

$$\begin{aligned}E(KX+C)&=\int_{-\infty}^{\infty}(Kx+C)f(x)\mathrm{d}x\\&=K\int_{-\infty}^{\infty}xf(x)\mathrm{d}x+C\int_{-\infty}^{\infty}f(x)\mathrm{d}x\\&=KE(X)+C\end{aligned}$$

(2) X 若为离散型,设 $P(x_i)=p_i$,有

$$\begin{aligned}E(KX+C)&=\sum_{i}(Kx_i+C)p_i\\&=K\sum_{i}x_ip_i+C\sum_{i}p_i\\&=KE(X)+C\end{aligned}$$

其余各式均为此式的特例.

运算　若 $X_1,X_2,\cdots,X_n$ 期望均存在,则

$$E(a_1X_1+a_2X_2+\cdots+a_nX_n)=a_1E(X_1)+a_2E(X_2)+\cdots+a_nE(X_n)$$

这个式子实际上说明均值是线性的,这一点对均值的计算是很有用的.

(二) 方差

随机变量的数字特征最重要的有两个.一个是前边讲的数学期望,它代表了随机变量的平均值;另一个就是方差,它代表了随机变量对其数学期望的离散程度.

1. 方差的定义

若 $E(X-E(X))^2$ 存在，则称它为随机变量的方差，并记为 $D(X)$，而$\sqrt{D(X)}$称为 X 的根方差或标准差.

【例 2.9】 证明：$D(X)=E(X^2)-[E(X)]^2$.

证

$$\begin{aligned}D(X)&=E[X-E(X)]^2\\&=E[X^2-2XE(X)+(E(X))^2]\\&=E(X^2)-2E(X)E(X)+[E(X)]^2\\&=E(X^2)-[E(X)]^2\end{aligned}$$

这是一个很重要的公式，在计算随机变量的方差时，我们常常用到它.

【例 2.10】 现计算一些重要随机变量的方差.

(1) 两点分布：

X	1	0
P	p	q

$E(X)=p$

$$\begin{aligned}D(X)&=E[X-E(X)]^2=(1-p)^2p+(0-p)^2q\\&=q^2p+p^2q=pq\end{aligned}$$

(2) 二项分布：$P(X=i)=p_i=C_n^ip^iq^{n-i}\quad(i=0,1,2,\cdots,n)$

$E(X)=np$

$$\begin{aligned}E(X^2)&=\sum_{i=0}^{n}i^2p_i=\sum_{i=1}^{n}i[(i-1)+1]C_n^ip^iq^{n-i}\\&=\sum_{i=2}^{n}i(i-1)\frac{n(n-1)}{i(i-1)}C_{n-2}^{i-2}p^iq^{n-i}+\sum_{i=1}^{n}iC_n^ip^iq^{n-i}\end{aligned}$$

(第二项是均值，令 $k=i-2$)

$$\begin{aligned}&=n(n-1)p^2\sum_{k=0}^{n-2}C_{n-2}^kp^kq^{(n-2)-k}+np\\&=n(n-1)p^2+np\end{aligned}$$

故

$$\begin{aligned}D(X)&=E(X^2)-[E(X)]^2\\&=n(n-1)p^2+np-n^2p^2\\&=np-np^2\\&=npq\end{aligned}$$

注意 离散分布方差计算中常用 $i^2=i(i-1)+i$ 的变换，以及推导过程中求和限有变化.

(3) 几何分布：$P(X=i)=p_i=q^{i-1}p\quad(i=1,2,\cdots)$；$E(X)=\dfrac{1}{p}$

$$
\begin{aligned}
E(X^2) &= \sum_{i=1}^{\infty} i^2 p_i \\
&= \sum_{i=1}^{\infty} i(i-1)p_i + \sum_{i=1}^{\infty} ip_i \\
&= \sum_{i=2}^{\infty} i(i-1)pq^{i-1} + \frac{1}{p} \\
&= pq[(2q)' + (3q^2)' + \cdots + (iq^{i-1})' + \cdots] + \frac{1}{p} \\
&= pq(q^2 + q^3 + \cdots + q^i + \cdots)'' + \frac{1}{p} \\
&= pq\left(\frac{q^2}{1-q}\right)'' + \frac{1}{p} \\
&= pq\left(\frac{2q(1-q)+q^2}{(1-q)^2}\right)' + \frac{1}{p} \\
&= pq\left(\frac{2q-q^2}{(1-q)^2}\right)' + \frac{1}{p} \\
&= pq\,\frac{(2-2q)(1-q)^2-(2q-q^2)2(1-q)(-1)}{(1-q)^4} + \frac{1}{p} \\
&= pq\,\frac{2(1-q)^2+(2q-q^2)2}{(1-q)^3} + \frac{1}{p} \\
&= \frac{2pq}{(1-q)^3} + \frac{1}{p} \\
&= \frac{2q+p}{p^2}
\end{aligned}
$$

故

$$
\begin{aligned}
D(X) &= E(X^2)-[E(X)]^2 \\
&= \frac{2q+p}{p^2} - \frac{1}{p^2} = \frac{q}{p^2}
\end{aligned}
$$

(4) Poisson 分布：$P(X=i)=p_i=\dfrac{\lambda^i}{i\,!}\mathrm{e}^{-\lambda}\quad(i=0,1,2,\cdots)$，$E(X)=\lambda$

$$E(X^2) = \sum_{i=0}^{\infty} i^2 p_i$$

$$= \sum_{i=1}^{\infty} i(i-1)\frac{\lambda^i}{i!}\mathrm{e}^{-\lambda} + \sum_{i=1}^{\infty} i\frac{\lambda^i}{i!}\mathrm{e}^{-\lambda}$$

$$= \lambda^2 \sum_{i=2}^{\infty}\frac{\lambda^{i-2}}{(i-2)!}\mathrm{e}^{-\lambda} + \lambda$$

$$= \lambda^2 + \lambda$$

故

$$D(X) = E(X^2) - [E(X)]^2$$

$$= \lambda^2 + \lambda - \lambda^2$$

$$= \lambda$$

(5) 均匀分布：$E(X)=(a+b)/2$

$$E(X^2) = \int_a^b x^2 \frac{1}{b-a}\mathrm{d}x = \frac{1}{b-a}\frac{x^3}{3}\bigg|_a^b$$

$$= \frac{(b^3-a^3)}{3(b-a)} = \frac{a^2+ab+b^2}{3}$$

故

$$D(X) = E(X^2) - [E(X)]^2$$

$$= \frac{a^2+ab+b^2}{3} - \left(\frac{a+b}{2}\right)^2$$

$$= \frac{1}{12}(4a^2+4ab+4b^2-3a^2-6ab-3b^2)$$

$$= \frac{1}{12}(b-a)^2$$

(6) 正态分布：$E(X)=\mu$

$$E(X-\mu)^2 = \int_{-\infty}^{\infty}(x-\mu)^2\frac{1}{\sqrt{2\pi}\sigma}\mathrm{e}^{-\frac{(x-\mu)^2}{2\sigma^2}}\mathrm{d}x \qquad 令\left(y=\frac{x-\mu}{\sigma}\right)$$

$$= \int_{-\infty}^{\infty} y^2\frac{\sigma^2}{\sqrt{2\pi}}\mathrm{e}^{-\frac{1}{2}y^2}\mathrm{d}y$$

$$= \frac{\sigma^2}{\sqrt{2\pi}}\int_{-\infty}^{\infty} -y\mathrm{d}(\mathrm{e}^{-\frac{1}{2}y^2})$$

$$= \frac{\sigma^2}{\sqrt{2\pi}}\left[(-y\mathrm{e}^{-\frac{1}{2}y^2})\bigg|_{-\infty}^{\infty} + \int_{-\infty}^{\infty}\mathrm{e}^{-\frac{1}{2}y^2}\mathrm{d}y\right]$$

$$= \frac{\sigma^2}{\sqrt{2\pi}}[0 + \sqrt{2\pi}]$$

$$= \sigma^2$$

2. 方差的性质 (*C*,*K* 为常数)

$$D(C) = 0$$

$$D(KX) = K^2 D(X)$$

$$D(X + C) = D(X)$$

$$D(KX + C) = K^2 D(X)$$

证　只需证明最后一式,即

$$\begin{aligned} D(KX + C) &= E[KX + C - E(KX + C)]^2 \\ &= E[KX - KE(X)]^2 \\ &= E[K^2(X - E(X))^2] \\ &= K^2 E(X - E(X))^2 \\ &= K^2 D(X) \end{aligned}$$

(三) 协方差与相关系数

1. 随机向量的期望和方差

前面讲的数学期望和方差都是描述一个随机变量概率分布的某种特征的数值.对于随机向量来说,它的期望和方差一般就定义为各个分量的期望和方差,即有如下定义.

定义　随机向量 $\boldsymbol{X}=(x_1,x_2,\cdots,x_n)$的数学期望为

$$(E(x_1),E(x_2),\cdots,E(x_n))$$

方差为

$$(D(x_1),D(x_2),\cdots,D(x_n))$$

其中:$E(x_i)$和$D(x_i)$分别代表x_i服从的边际分布的数学期望和方差.

这样定义的期望和方差对了解随机向量的特征有一定作用,但它不能反映各分量之间的联系,没有反映出随机向量作为一个整体的特征.为了反映这种分量之间的联系,还需要引入协方差与相关系数的概念.

2. 协方差

定义 对两个随机变量 X、Y,称

$$E[(X-E(X))(Y-E(Y))]$$

为它们的协方差,记为 $COV(X,Y)$.

(1) 对于离散型随机变量,有

$$E[(X-E(X))(Y-E(Y))] = \sum_{i,j}[x_i - E(X)][y_j - E(Y)]P(x_i, y_j)$$

其中 $P(x_i, y_j)=P(X=x_i, Y=y_j)$,为 (X,Y) 的联合概率分布.

(2) 对于连续型随机变量,有

$$E[(X-E(X))(Y-E(Y))] = \int_{-\infty}^{+\infty}\int_{-\infty}^{+\infty}[x-E(X)][y-E(Y)]f(x,y)\,\mathrm{d}x\mathrm{d}y$$

其中 $f(x,y)$ 为 (X,Y) 的联合分布密度函数.

可以证明,若 X_1、X_2 的方差存在,它们的协方差也存在.

3. 相关系数

定义 称 $\dfrac{COV(X_1,X_2)}{\sqrt{D(X_1)}\sqrt{D(X_2)}}$ 为 X_1、X_2 的相关系数,记为 ρ_{12}. 当不会引起混淆时,也可省略其下标,简记为 ρ.

相关系数就是标准化了的协方差,即标准化了的随机变量 $\dfrac{X_1-E(X_1)}{\sqrt{D(X_1)}}$, $\dfrac{X_2-E(X_2)}{\sqrt{D(X_2)}}$ 的协方差.

相关系数的性质

(1) 对相关系数 ρ,有 $|\rho|\leqslant 1$. 当 $|\rho|=1$ 时,意味着两随机变量有完全的线性关系,即有下式成立(K,C 为常数,$K>0$):

当 $\rho=1$ 时, $X_1=KX_2+C$

当 $\rho=-1$ 时, $X_1=-KX_2+C$

(2) 若 $\rho=0$, 则称 X_1 与 X_2 不相关. 下列事实等价:

① $COV(X_1,X_2)=0$.

② X_1 与 X_2 不相关.

③ $E(X_1X_2)=E(X_1)E(X_2)$.

④ $D(X_1+X_2)=D(X_1)+D(X_2)$.

证明　①与②等价显然.

$$\begin{aligned}COV(X_1,X_2)&=E[(X_1-E(X_1))(X_2-E(X_2))]\\&=E[X_1X_2-X_1E(X_2)-X_2E(X_1)+E(X_1)E(X_2)]\\&=E(X_1X_2)-E(X_1)E(X_2)\end{aligned}$$

故①与③等价.

$$\begin{aligned}D(X_1+X_2)&=E[X_1-E(X_1)+X_2-E(X_2)]^2\\&=E[(X_1-E(X_1))^2+(X_2-E(X_2))^2\\&\quad+2(X_1-E(X_1))(X_2-E(X_2))]\\&=D(X_1)+D(X_2)+2\mathrm{COV}(X_1,X_2)\end{aligned}$$

故①与④等价.

(3) 若 X、Y 独立,则 X、Y 不相关,但逆不成立.实际上,独立是说互相间没有任何影响,因此不存在任何函数关系;而不相关只说 X、Y 间没有线性关系,是否有非线性关系则不一定.

另外,上述期望和方差的运算也可推广到 n 个随机变量:若 X_1,X_2,…,X_n 不相关,则

$$E(X_1X_2\cdots X_n)=E(X_1)E(X_2)\cdots E(X_n)$$

$$D(X_1+X_2+\cdots+X_n)=D(X_1)+D(X_2)+\cdots+D(X_n)$$

(四) 矩

前面所介绍的数学期望、方差、协方差等最常用的数字特征,都是某种矩.

1. 原点矩

对正整数 k,$m_k=E(X^k)$称为随机变量 X 的 k 阶原点矩.数学期望就是一阶原点矩.

2. 中心矩

对正整数 k,$C_k=E(X-E(X))^k$ 称为随机变量 X 的 k 阶中心矩.方差是二阶中心矩.

(五) 其他一些数学特征

1. 中位数

定义 中位数是同时满足 $P(X\geqslant x)\geqslant\frac{1}{2}$,$P(X\leqslant x)\geqslant\frac{1}{2}$的 x 值.

注意 在离散型的情况下,上述定义的中位数可能不唯一.如

X	1	5	7
P	0.1	0.4	0.5

中位数为[5,7]中任意数.如希望具有唯一性,可把中位数定义成上述区间的中点。

中位数和数学期望一样,都是描述某种平均数或数据集“中心”的数字特征.但它们各有自己的特点:数学期望有良好的数学特性,常常用于各种理论证明;但它的数值会严重受一些“异常值”,即特别大或特别小的数值的影响(关于异常值的处理,详见第 7 章第 4 节).而中位数则恰好相反,它很少用于理论推导,但不易受到个别异常值的影响,并可用于分布偏倚的情况.

2. 分位数

对随机变量 X,满足条件 $P(X\leqslant x_p)\geqslant p$ 的最小实数 x_p 称为 X 或其分布的 P 分位数.

由于分位数的定义为满足条件的最小实数,因此分位数是唯一的.

四分位数 通常记为(Q_1,Q_2,Q_3).它们定义中的 p 分别取值 0.25,0.5,0.75.粗略地说,它们把 X 的取值范围分成了相等的 4 个部分,每个部分对应的概率都是 1/4.当然,如果是离散分布,可能做不到每个部分都严格等于 1/4.显然,Q_2 就是最小的中位数.

百分位数 共有99个分位数,其对应的概率 p 依次为0.01,0.02,…,0.99.

3. 众数

定义 若 X 为离散型,则使 $P(X=x_i)=p_i$ 达到最大值的 x_i 称为众数;若 X 为连续型,则使其密度函数 $f(x)$ 达到最大值的 x 称为众数.

在上面中位数的例子中,众数为7.显然,众数也可能不唯一.

4. 变异系数

由于方差,标准差的大小均与所取的单位有关,不能客观反映随机变量本身的特征,我们引入变异系数的概念:

定义 令 $CV=\frac{\sigma}{\mu}$,称其为随机变量 X 的变异系数.

这是一个没有单位的数,使用它可以更好地直观比较各随机变量的离散程度,但一般不用于统计检验.

5. 偏态系数(偏度)

定义 三阶中心矩除以标准差的立方称为随机变量的偏态系数,记作 C_s,即 $C_s=\frac{C_3}{\sigma^3}$.

6. 峰态系数(峭度)

定义 四阶中心矩除以标准差的4次方再减3,称为峰态系数,记作 C_e,即 $C_e=\frac{C_4}{\sigma^4}-3$.

$C_e>0$,密度函数图形尖;$C_e<0$,密度函数图形平.

正态分布的偏度和峭度均为0,这一性质常用于检验一个观测到的分布是否服从正态分布.

2.6 大数定律与中心极限定理

如果一列随机变量 $X_1,X_2,\cdots,X_n$ 互相独立,且有相同的分布函数,则称它们为独立同分布的随机变量.连续掷币、有放回摸球等许多实验都可产生独立同分布随机变量列.

(一) 大数定律

$X_1,X_2,\cdots,X_n,\cdots$是独立同分布的随机变量,且数学期望存在.设$E(X_i)=a$,则对任意$\varepsilon>0$,有

$$\lim_{n\to\infty}P\left(\left|\frac{S_n}{n}-a\right|\geqslant\varepsilon\right)=0$$

其中: $S_n=\sum_{i=1}^{n}X_i$.

(二) 中心极限定理

设$X_1,X_2,\cdots,X_n,\cdots$是独立同分布的随机变量,且$E(X_i)$、$D(X_i)$存在,则对一切实数$a<b$,有

$$\lim_{n\to\infty}P\left(a<\frac{S_n-nE(X_i)}{\sqrt{nD(X_i)}}<b\right)=\int_a^b\frac{1}{\sqrt{2\pi}}\mathrm{e}^{-\frac{1}{2}u^2}\,\mathrm{d}u$$

其中: $S_n=X_1+X_2+\cdots+X_n$.

这两个定理是许多数理统计方法的基础,对其证明超出了本课程的范围.大数定律实际是说,只要实验次数足够大,样本均值就会趋近于总体的期望;而中心极限定理则证明许多小的随机因素的叠加会使总和的分布趋近于正态分布.正因为如此,统计中才能把绝大多数样本看成是取自正态总体.

另外,中心极限定理还说明不管原来的总体分布是什么,只要n足够大,即可把样本均值$\bar{x}$视为服从正态分布.

习　题

2.1　育种中,已知采用某种诱变方法后基因发生突变的概率为2.5×10^{-7},求在10^4个基因中至少有一个发生突变的概率.

2.2　在某孤立区域中捕获某种生物M只,标记后放回.第二次又捕获该生物n只,其中有k只有标记,试估计该种群个体数可能性最大的值.

2.3 某实验成功的概率为0.8,现连续实验,直到成功为止.求所需实验次数 X 的概率分布,并求分布函数 $F(\infty)$的值.

2.4 一批报废的零件,其中混有5%的合格品.现需从中选出5只合格品备用,试求所需检验次数的概率分布.

2.5 已知某溶液每毫升所含细菌数服从参数为8的泊松分布,现任取1 mL检验,问:

(1) 恰有5个细菌的概率.

(2) 含有细菌数大于5的概率.

2.6 原核的蓝藻作为模式生物用于光合作用的研究.已测序完成的一种海水中生长的蓝藻(Synechococcus sp. PCC7002)的基因组大小为3008041 bp.假设该蓝藻基因组上的基因起点分布服从泊松分布,且平均每隔880 bp长度即有一个基因起点,问全基因组上含有不超过3400个基因的概率是多少?

2.7 设昆虫产 k 个卵的概率为 $P_k=\dfrac{\lambda^k}{k!}e^{-\lambda}$,又设一个虫卵能孵化为虫的概率是 p_1.若卵的孵化是独立的,问此昆虫下一代有 L 条虫的概率.

2.8 两袋种子,各 N 粒,每次等可能地选一袋从中取出一粒播种,直到发现某袋种子用完为止.求此时另一袋中还剩有 r 粒种子的概率($r\leqslant N$).

2.9 乘以什么常数可使 e^{-x^2+x} 变成概率密度函数?写出它的分布函数.

2.10 设随机变量 X 的分布函数为

$$F(x)=\begin{cases}1-e^{-x} & x>0\\ 0 & x\leqslant 0\end{cases}$$

求:(1) $P(X\leqslant 2)$,$P(X>3)$;

(2) X 的密度函数 $f(x)$.

2.11 已知 $X\sim N(5,16)$,求 $P(X\leqslant 10)$,$P(X\leqslant 0)$,$P(X\geqslant 5)$,$P(0\leqslant X\leqslant 15)$,$P(X>15)$的值.

2.12 已知 $X\sim N(0,25)$,求 x_0,使得:$P(X\leqslant x_0)=0.025$,$P(X\leqslant x_0)=0.01$,$P(X<x_0)=0.95$,$P(X>x_0)=0.90$.

2.13 小麦株高服从 $N(63.33,2.88^2)$,求下列情况的概率:

(1) 株高小于60 cm;

(2) 株高大于69 cm;

(3) 株高在62~64 cm之间;

(4) 株高落在 $\mu \pm 1.96\sigma$ 之间；

(5) 株高在多高以上的占全体的 95%？

2.14　求超几何分布、负二项分布的数学期望和方差.

2.15　求指数分布的期望和方差.

2.16　设轮船横向摇摆的振幅 X 的概率密度为

$$f(x) = Axe^{-x^2/2\sigma^2} \quad (x > 0)$$

求：(1) $A = ?$

(2) 遇到大于其振幅均值摇摆的概率是多少？

(3) X 的方差.

第3章　统计推断

3.1　统计学的基本概念

前两章中我们介绍了概率论的基本内容，包括古典概型的一些计算方法以及研究随机现象的有力工具——随机变量．从本章起，我们开始讨论统计学的核心内容，即如何从一些包含有随机误差，又并不完全的信息中得出科学的、尽可能正确的结论．

在一般情况下，上述信息的载体就是从实验或调查中得到的数据，这些数据显然带有一些我们既无法控制、也无法避免的误差．换句话说，即使我们尽可能保持所有条件都不改变，当你把实验重做一遍时，所得到的结果总会或多或少有所不同，这就是随机误差的影响．至于信息的不完全性，这主要是因为在一般情况下我们不可能把所有感兴趣的东西都拿来进行测定．例如要研究中国人的体型或某种病的流行程度，我们不可能把全中国每个人都测量一番，或对每个人进行体检，只能是按照某种事先确定好实验方案挑选一些人进行体检或测量．再比如希望对一批产品是否合格作出判断时，常常也不能对每个产品均做检验，只能是抽查少数产品．在这些情况下，我们获得的信息显然是不够完整的．在另外一些情况下，我们感兴趣的信息根本就是不可观测的．例如研究基因组时，我们只能观测到 DNA 序列，并不能直接观测到什么地方是基因，它的各种组成元件的边界在哪里．如何从这些不完整的信息出发，对我们感兴趣的事物整体作出尽可能正确的判断呢？这就是统计学要解决的主要问题．

我们获得的信息所包含的不确定性，主要来自以下几个方面：

（1）测量过程引入的随机误差；

（2）取样随机性所带来的变化，即由于只取少数样品测量，那么取这一批样品的测量结果与取另外一批当然会有差别；

（3）我们所关心的性质确实发生了某种变化.

显然，只有第三种改变才是我们所要检测的. 统计学的任务就是在前两种干扰存在的情况下，对第三种改变是否存在给出一个科学的结论.

另外需要注意的一点是，统计学是可能发生错误的. 由于据以做出统计判断的信息是不完全的，有误差的，我们也就无法保证统计学结论是百分之百地正确. 这与它的科学性并不矛盾，我们所面对的就是这样一个并不完美的世界，我们对这个世界的认识也只能是一种相对正确的真理，我们只能在此基础上作出尽可能正确的结论. 同时，统计学一般不仅给出结论，而且给出这一结论的可靠性，即它是正确的可能性有多大. 这样，我们就可以对一旦犯错误所造成的损害进行某种控制. 总之，对于需要从有误差的实验数据中得出结论的科学工作者来说，统计学是一种不可或缺的工具.

（一）统计推断的两种途径——假设检验与参数估计

作出统计判断的主要工具就是假设检验. 它的基本思路是这样的：

（1）根据需要判断的目标建立一个统计假设，它的主要要求是一旦我们对这一假设是否成立作出了结论，就应该能够对所要判断的目标作出明确的回答.

（2）根据所建立的统计假设，利用统计学知识建立起一个理论分布，根据这一理论分布必须能计算出我们观察到的实验结果出现的可能性有多大.

（3）算出实验结果出现的可能性后，把这可能性与人为规定的一个标准（一般取为 0.05，称为显著性水平）进行比较. 如果可能性大于这一标准，则认为统计假设很可能是对的，即接受统计假设；若可能性小于这一标准,说明在统计假设成立的条件下,观测到这一实验结果的可能性很小.一般来说,一个小概率事件在一次观测中是不应出现的,而现在它竟然出现了,一个合理的解释就是它实际上不是一个小概率事件,我们把它当作一个小概率事件是因为我们的统计假设不对,因此所算出来的它出现的概率也不对.在这种情况下,我们就应拒绝统计假设.这样,我们就根据实验结果对统计假设是否成立作出了判断,从而也对我们要解决的目标作出了明确的回答.根据统计假设的类型,我们可以把假设检验进一步分为参数检验和非参数检验.

统计的另一个重要功能就是作出参数估计.在实践中,我们常常希望对某些参数给出估计值,例如农作物的产量、产品的合格率或使用寿命、人群中某种疾病的发病率,等等.统计学也可根据抽样结果对这一类问题作出回答.答案一般有两种类型,一种是给出该参数可能性最大的取值,这叫作点估计;另一种是给出一个区间,并给出指定参数落入这一区间的概率,这叫作区间估计.参数估计与假设检验所依据的统计学理论其实是一样的,它们的区别只是以不同形式给出结果而已.

本章主要介绍统计推断的一般原理及对总体均值和方差进行统计推断的方法.

(二) 统计学常用术语

个体 可以单独观测和研究的一个物体,一定量的材料或服务.也指表示上述物体,材料或服务的一个定量或定性的特性值.

总体 一个统计问题中所涉及的个体的全体.

特性 所考查的定性或定量的性质或指标.

总体分布 当个体理解为定量特性值时,总体中的每一个个体可看成是某一确定的随机变量的一个观测值,称这个随机变量的分布为总体分布.

样本 按一定程序从总体中抽取的一组(一个或多个)个体.

简单随机样本 样本中的每个个体都具有与总体相同的分布,且每个个体相互独立.

样本含量 样本中所包含的个体数目.

观测值 作为一次观测结果而确定的特性值.

统计量 样本观测值的函数,它不依赖于未知参数.例如:

样本均值 $\overline{x}=\frac{1}{n}\sum_{i=1}^{n}x_i$

样本方差 $S^2=\frac{1}{n-1}\sum_{i=1}^{n}(x_i-\overline{x})^2$

样本协方差 $\frac{1}{n-1}\sum_{i=1}^{n}(x_i-\overline{x})(y_i-\overline{y})$

样本相关系数 $\frac{\sum_{i=1}^{n}(x_i-\overline{x})(y_i-\overline{y})}{\sqrt{\sum_{i=1}^{n}(x_i-\overline{x})^2\cdot\sum_{i=1}^{n}(y_i-\overline{y})^2}}$

样本 *k* 阶原点矩 $\frac{1}{n}\sum_{i=1}^{n}x_i^k$

样本 *k* 阶中心矩 $\frac{1}{n}\sum_{i=1}^{n}(x_i-\overline{x})^k$

几点说明

(1) 对每次观察来说,样本是确定的一组数.但在不同的观察中,它会取不同的值.因此作为一个整体,应把样本视为随机变量,也有自己的分布.样本全部可能值的集合称为样本空间.

(2) 样本的任何函数,只要不含有未知参数,都可称为统计量.例如 $x_1^2+x_2^2$, x_1-3 都是统计量,而$\frac{x_1+x_2}{2}-\mu$, $\frac{x}{\sigma}$不是统计量,因为 μ,σ 是总体参数,一般是未知数.构造统计量的目的是把样本中我们关心的信息集中起来以便加以检验,因此针对不同的问题需要构造不同的统计量.

(3) 为了使样本能真正反映总体的特性,我们要求它有代表性和随机性,即要求样本为简单随机样本. 有限总体无放回抽样的样本不是相互独立的. 但若总体中包含的个体数 N 很大,且样本含量 $n<0.05N$,则可近似认为是简单随机样本.

(三) 抽样分布

前已述及,统计检验过程中要构造统计量把样本中我们关心的信息集中起来,以便加以检验;而这种检验主要是通过计算统计量取到观测值的可能性大小,并把这种可能性与指定标准(即显著性水平)比较来进行的. 为了计算这种可能性,我们就需要知道统计量所服从的理论分布. 由于这些理论分布的推导需要较多的数学知识,对于生命科学领域的读者来说,掌握推导过程也没有什么实际用途,因此本书略去了这一部分,有兴趣的读者可参考概率论或数理统计的教科书.

下面我们就介绍一些常用统计量的理论分布. 如无特别说明,假设所有样本均抽自正态总体.

1. 样本线性函数的分布

若 $X_1, X_2, \cdots, X_n$ 为一简单随机样本,其总体分布为 $N(\mu,\sigma^2)$,统计量 u 为:

$$u = a_1X_1 + a_2X_2 + \cdots + a_nX_n$$

其中:$a_1, a_2, \cdots, a_n$ 为常数,则 u 也为正态随机变量,且

$$E(u) = \mu\sum_{i=1}^{n} a_i$$

$$D(u) = \sigma^2\sum_{i=1}^{n} a_i^2 \tag{3.1}$$

显然,若取 $a_i=1/n$, $i=1,2,\cdots,n$,则 $u=\overline{X}$ 为样本均值. 此时有

$$E(\overline{X})=\mu,\ D(\overline{X})=\frac{1}{n}\sigma^2$$

2. χ^2 分布

设 $X_1, X_2, \cdots, X_n$ 相互独立,且同服从 $N(0,1)$,则称随机变量

$$Y = \sum_{i=1}^{n} X_i^2 \tag{3.2}$$

所服从的分布为 χ^2 分布，记为 $Y \sim \chi^2(n)$，n 称为它的自由度.

其密度函数为：

$$f(x)=\begin{cases}\dfrac{1}{2^{\frac{n}{2}}\Gamma\left(\dfrac{n}{2}\right)}x^{\frac{n}{2}-1}\mathrm{e}^{-\frac{x}{2}} & x>0\\ 0 & x\leqslant 0\end{cases}$$

其中：$\Gamma(a)$为伽玛函数，$\Gamma(a)=\int_0^{\infty} t^{a-1}\mathrm{e}^{-t}\mathrm{d}t \quad (a>0)$.

3. *t* 分布

设 $X \sim N(0,1)$，$Y \sim \chi^2(n)$，且 X, Y 互相独立，则称随机变量

$$T = \frac{X}{\sqrt{Y/n}} \tag{3.3}$$

所服从的分布为 t 分布，记为 $T \sim t(n)$，n 称为它的自由度.

其密度函数为：

$$f(x) = \frac{\Gamma\left(\dfrac{n+1}{2}\right)}{\sqrt{n\pi}\,\Gamma\left(\dfrac{n}{2}\right)}\left(1+\frac{x^2}{n}\right)^{-\frac{n+1}{2}}$$

4. *F* 分布

设 $X \sim \chi^2(m)$，$Y \sim \chi^2(n)$，且互相独立，则称随机变量

$$F = \frac{X/m}{Y/n} \tag{3.4}$$

所服从的分布为 F 分布，记为 $F \sim F(m,n)$，(m,n)称为它的自由度.

其密度函数为：

$$f(x)=\begin{cases}\dfrac{x^{\frac{m}{2}-1}}{B\left(\dfrac{m}{2},\dfrac{n}{2}\right)}\left(\dfrac{m}{n}\right)^{\frac{m}{2}}\left(1+\dfrac{mx}{n}\right)^{-\frac{m+n}{2}} & x\geqslant 0\\ 0 & x<0\end{cases}$$

其中：$B(a,b)$为贝塔函数，且

$$B(a,b)=\int_0^1 t^{a-1}(1-t)^{b-1}\mathrm{d}t=\frac{\Gamma(a)\Gamma(b)}{\Gamma(a+b)}\quad(a>0,b>0).$$

5. 正态总体样本均值与方差的分布

这一定理及它的推论构成了本章主要内容的理论基础.

定理 若 $X_1,X_2,\cdots,X_n$ 为抽自总体 $N(\mu,\sigma^2)$ 的简单随机样本，定义样本均值为：

$$\overline{X}=\frac{1}{n}\sum_{i=1}^{n}X_i$$

样本方差为：

$$S^2=\frac{1}{n-1}\sum_{i=1}^{n}(X_i-\overline{X})^2$$

则有：1 $\overline{X}$ 与 S^2 相互独立.

2 $\overline{X}\sim N\left(\mu,\frac{1}{n}\sigma^2\right)$ (3.5)

3 $(n-1)S^2/\sigma^2\sim\chi^2(n-1)$ (3.6)

推论 1 统计量 $T=\dfrac{\overline{X}-\mu}{S/\sqrt{n}}\sim t(n-1)$ (3.7)

注意 式(3.3)和式(3.7)中的 n 有不同的统计学意义.式(3.3)中的 n 是 Y 的自由度，而式(3.7)中 S^2 表达式已将它的自由度 $n-1$ 除掉了.式(3.7)中除以$\sqrt{n}$，是因为 S^2 是总体方差估计值，而 $\overline{X}$ 的方差为总体方差的 $1/n$ 倍，因此除以$\sqrt{n}$才能将 $\overline{X}$ 标准化.

推论 2 若 $X_1,X_2,\cdots,X_m$ 为取自总体 $N(\mu_1,\sigma_1^2)$ 的样本；$Y_1,Y_2,\cdots,Y_n$ 为取自总体 $N(\mu_2,\sigma_2^2)$ 的样本.且它们互相独立，则

$$F=\frac{S_1^2}{S_2^2}\cdot\frac{\sigma_2^2}{\sigma_1^2}\sim F(m-1,n-1)\qquad(3.8)$$

其中：S_1^2，S_2^2分别为 $X_1,\cdots,X_m,Y_1,\cdots,Y_n$ 的样本方差.

推论 3 在推论 2 的条件下，若 $\sigma_1=\sigma_2$，则

$$T=\frac{(\overline{X}-\overline{Y})-(\mu_1-\mu_2)}{\sqrt{\dfrac{(m-1)S_1^2+(n-1)S_2^2}{(m-1)+(n-1)}\left(\dfrac{1}{m}+\dfrac{1}{n}\right)}}\sim t(m+n-2)$$

(3.9)

几点说明

(1) 有些书上样本方差定义为：

$$S_n^2 = \frac{1}{n}\sum_{i=1}^{n}(X_i - \overline{X})^2$$

我们的定义为：

$$S^2 = \frac{1}{n-1}\sum_{i=1}^{n}(X_i - \overline{X})^2$$

这是因为可证明 $E(S^2)=\sigma^2$，而 $E(S_n^2)=\frac{n-1}{n}\sigma^2$.

(2) $E(S^2)=\sigma^2$，但 $E(S)\neq\sigma$. 这可用反证法证明如下：若 $E(S)=\sigma$，由方差定义，有

$$D(S) = E(S^2) - (E(S))^2 = \sigma^2 - \sigma^2 = 0$$

这意味着 S 是一个常量，永不改变. 这显然不可能. 所以假设$E(S)=\sigma$不成立.

3.2 假设检验的基本方法与两种类型的错误

现在我们从一道例题入手，看看假设检验的基本做法和其中所涉及的一些理论性问题.

【例 3.1】 某地区 10 年前普查时，13 岁男孩子平均身高为 1.51 m，现抽查 200 个 12.5 岁～13.5 岁男孩，身高平均值为 1.53 m，标准差 0.073 m，问 10 年来该地区男孩身高是否有明显增长？

分析 从题目知 10 年前总体均值 $\mu_1=1.51$ m. 现在抽取 200 个个体，得样本均值 $\overline{X}=1.53$ m，样本标准差 $S=0.073$ m. 现在总体均值 μ 未知. 题目要求判断 $\mu>\mu_1$ 是否成立.

解决方法 先假设 $\mu=\mu_1=1.51$m. 再看从这样的一个总体中抽出一个 $n=200,\overline{X}=153,S=0.073$ 的样本的可能性有多大？如果这可能性很大，我们只能认为 μ 与 μ_1 差别不大，即 $\mu=\mu_1$ 很可能成立. 反之若可能性很小，则说明在假设 $\mu=\mu_1$ 成立的条件下，抽出这样一个样本的事件是一个小概率事件. 小概率事件在一次观察中是不应发生的，但它现在发生了，一个合理的解释就是它本不是小概率事件，是我们把概率算错了. 而算错的原因就是我们在一开始

就做了一个错误的假设 $\mu=\mu_1$. 换句话说,此时我们应该认为 $\mu>\mu_1$,即男孩身高有明显增长. 这就是假设检验的基本思路.

按这一思路解题,首先需要明确以下几个问题:

1. 假设的建立

零假设　记为 H_0,针对要考查的内容提出. 本例中可为: $H_0:\mu=151$. 它通常为一个数值,或一个半开半闭区间(例如可能为 $H_0:\mu\leqslant151$). 建立零假设应遵循的原则为:

(1) 通过统计检验决定接受或拒绝 H_0 后,可对问题作出明确回答;

(2) 要能根据 H_0 建立统计量的理论分布.

备择假设　记为 H_A,是除 H_0 外的一切可能值的集合. 这里强调一切可能值是因为检验只能判断 H_0 是否成立,若不成立则必须是 H_A. H_A 通常是一个区间. 例如当 H_0 取为 $\mu=151$ 时,H_A 应取为 $\mu\neq151$. 此时若有理由认为 $\mu>151$ 或 $\mu<151$ 不可能出现,也可只取 H_A 为可能出现的一半,即 $\mu<151$ 或 $\mu>151$,这样可提高检验精度(原因参见单侧与双侧检验). 当 H_0 取为 $\mu\geqslant151$ 或 $\mu\leqslant151$ 时,H_A 则应相应取为 $\mu<151$ 或 $\mu>151$. 建立备择假设应遵循的原则为:

(1) 应包括除 H_0 外的一切可能值;

(2) 如有可能,应缩小备择假设范围以提高检验精度.

2. 建立要检验的统计量所服从的分布

根据题目给出的条件确定统计量所服从的理论分布,然后根据 H_0 及其他条件确定参数取值,从而得到 H_0 成立时统计量服从的分布.

3. 小概率原理

小概率事件在一次观察中不应出现. 这是一切统计检验的理论基础.

注意　小概率事件不是不可能事件. 观察次数多了,它迟早会出现,因此"一次"这个词是重要的.

4. 显著性水平的选择与拒绝域的建立

显著性水平 α 实际是判断小概率事件的标准,即当我们观察的统计量出现概率小到什么程度的时候我们拒绝 H_0. 在一般情况下，α 取值为 0.05 或 0.01. 当观察到的概率小于 0.05 时，我们称为"有显著差异"；当小于 0.01 时，我们称为"有极显著差异". 在特殊情况下，可根据犯两类错误后的危害大小选取适当的 α 值（详见下文）. α 值确定后，我们可以根据建立的理论分布查表确定对应的分位数. 分位数把统计量可能的取值范围（图 3.1 中的 X 轴）分成了两部分，其中包含 H_0 的一部分称为接受域，若统计量落入其中则接受 H_0；另一部分称为拒绝域，若统计量落入其中则拒绝 H_0.

5. 两种类型的错误

统计量是随机变量，它的取值受随机误差等因素的影响，是可以变化的. 我们根据它作出的决定也完全可能犯错误. 这一点无法绝对避免. 统计上犯的错误可分为以下两类：

第一类错误 H_0 正确，却被拒绝. 又称弃真. 犯这种错误的概率记为 α.

第二类错误 H_0 错误，却被接受. 又称存伪. 犯这种错误的概率记为 β.

两类错误的关系可用图 3.1 说明：

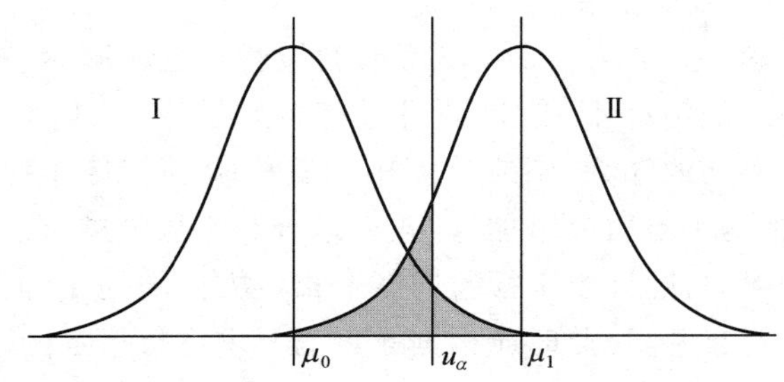

图 3.1 两类错误及其关系

设所检验的参数为总体均值，统计量服从正态分布，单侧检验. μ_0：H_0 中的参数值；μ_1：总体参数真值；u_α：查表所得分位数.

若 H_0 正确，即 $\mu_0=\mu_1$，图中两曲线应重合为曲线Ⅰ. 由于统计量 $u>u_\alpha$ 时我们拒绝 H_0，因此犯第一类错误的概率 $\alpha=P(u>u_\alpha|\mu=\mu_0)$，即图中 u_α 竖线右边曲线Ⅰ下阴影部分面积. 若 H_0 错误，即 $\mu_0\neq\mu_1$，统计量 u 的真正密度函数曲线为Ⅱ. 由于 $u<u_\alpha$ 时我们接受 H_0，所以犯第二类错误的概率 $\beta=P(u<u_\alpha|\mu=\mu_1)$，为 u_α 线左侧曲线Ⅱ下的面积.

从图中可见：

(1) α 与 u_α 是一一对应的. α 也称为显著水平，因为它也可理解为真值与 H_0 中值的差异达到什么水平才拒绝 H_0.

(2) 若 μ_0 与 μ_1 位置不变，u_α 右移，则 α 减小，β 加大；若 u_α 左移，则 α 增大，β 减小. 因此应根据犯了两类错误后的危害大小来选取适当的 α 值.

(3) β 不仅依赖于 u_α，也依赖于 $|\mu_0-\mu_1|$. 若 $|\mu_0-\mu_1|$ 很小，则即使 α 不小，β 也会迅速增大. 即若 μ_0 与 μ_1 差异不大，则弄假成真的可能就很大. 但由于 μ_1 接近 μ_0，犯了第二类错误也关系不大.

(4) 若 $|\mu_0-\mu_1|$ 已确定，又希望同时减小 α 和 β，则只能增加样本含量 n. 此时由于统计量 $\overline{X}$ 的方差减小，曲线变尖，因此 α、β 可同时减小.

6. 单侧与双侧检验

双侧检验：拒绝域为 $\mu\neq151$；单侧检验：拒绝域为 $\mu>151$（或 $\mu<151$）. 在一般情况下，如果题目没有特别要求，我们对所研究的问题也没有额外的知识，则应该使用双侧检验. 但在许多情况下，题目是问“产量是否有明显增加”、“效果是否有明显改进”等等. 此时题目有明确的指向性，即要求检验向某个指定方向的变化，而不是只检验与对照是否有差异. 此时应根据题目的要求进行指定的单尾检验. 还有一种情况，是我们根据专业知识可以判断某些差异不会出现. 如对于某些消炎药，注射的效果不会差于口服；经济发展，人民生活水平提高，因此孩子身高不会低于以前；等等. 此时，我们靠专业知识排除了一侧拒绝域出现的可能，所以也可以使用单侧检验.

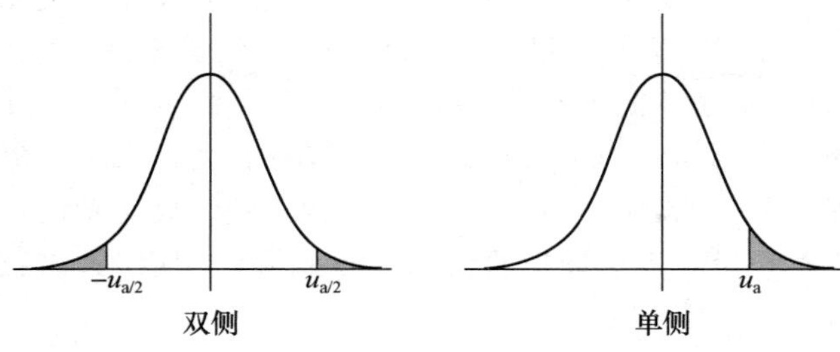

图 3.2 双侧与单侧检验

双侧检验时拒绝域分为两块，但阴影部分总面积是与单侧检验相同的，因此$|u_{\alpha/2}|>|u_\alpha|$，从而使$\beta$增大(参见本节中**3**). 这样在$\alpha$相同时，单侧检验的$\beta$值小于双侧检验，即单侧检验优于双侧检验. 这是因为我们使用了额外的知识排除了一种可能性.

7. 显著性水平的选择

α的选择有很大任意性. 选择的主要依据是犯了两类错误后的危害性大小. 例如，若问题为药品出厂检验，H_0：合格，H_A：不合格. 第一类错误为实际合格，判为不合格，药厂承受经济损失；第二类错误为实际不合格，判为合格，出厂后可能引起严重的索赔问题. 权衡利弊，第二类错误危害大. 因此应取较大的α，以减小β. 反之，若检验对象是纽扣，则即使有些废品率稍高的产品进入市场也不会有多大关系，而报废一批产品损失就很大，因此应减小α. 科学研究中一般均使用下述常用值.

α的常用值为：0.05，0.01. 个别情况下使用 0.1.

8. 检验的功效

定义$1-\beta$为检验的功效. 由于β是H_A正确，却接受H_0的概率，因此$1-\beta$是H_A正确，也接受H_A的概率. 它实际代表了如果H_0真的不正确，我们有多大可能在一次检测中就拒绝H_0. 换句话说，它代表差异真实存在的条件下，我们在一次检验中发现差异的可能性. 如果一个检验的功效太低，就说明即使我们想研究的差异真实

存在,我们的研究发现它的可能性也不大.这显然不是我们希望发生的.因此,在设计实验方案时,我们一般希望检验的功效不低于80%,有时甚至是不低于90%.由前面关于α、β、$|\mu_0-\mu_1|$、n等参数的关系的讨论可知,α、n、$|\mu_0-\mu_1|$均会影响功效的大小。由于α取值一般固定为0.05,$|\mu_0-\mu_1|$又不能由我们控制,故实验设计中一般是调整样本含量n来保证检验的功效达到要求.具体做法我们将在“实验设计”一章中讨论.

9. 尾区概率

上述检验过程是传统检验方法.它的优点是计算过程比较简单:根据样本计算出统计量的取值,然后与查表得到的分位数比较,判断属于接受域还是拒绝域,从而完成了检验.在这一过程中不必计算任何复杂的分布函数取值,因此只用简单计算器甚至手算就可以完成.这一方法的缺点是只能告诉你是接受H_0,还是差异显著或极显著.实际上,如果统计量取值离分位数很远,上述统计结论可靠性就很高;反之,若统计量很接近分位数,上述结论就很不可靠.因此我们希望不仅给出统计结论,还要给出这一结论的可靠性.这就需要引入尾区概率的概念.

所谓尾区概率,其实就是以统计量的观察值为边界,把它的取值范围分为两部分.其中一部分包括观察值,以及比观察值更不利于H_0成立,而有利于H_A成立的取值.这个区域就称为该观察值的尾区.当H_A只包含大于号时,尾区包括观察值及比观察值更大的值;当H_A只包含小于号时,尾区包含观察值及比观察值更小的值;当H_A包含不等号时(双侧检验),尾区包含观察值及比观察值更远离H_0的值.因此双侧检验时尾区永远不会包含H_0中的参数值,但单侧检验时则不一定.确定尾区之后,在H_0成立的条件下,我们可以根据理论分布计算尾区所对应的概率,称为尾区概率,也就是我们前边多次提到的观察值出现的概率.在进行假设检验时,我们所说的观察值出现概率不仅仅是它一个点的概率,而是它所对应的尾区的概率，这一点一定要注意．我们前边所说的拒绝域，其实就是分位数所对应的尾区．在单侧检验的情况下，它的尾区概率就等于 α；在双侧检验的情况下，每一侧分位数的尾区概率等于 $\alpha/2$，两侧尾区概率之和等于 α.

如果计算出了尾区概率，就不必再查分位数，而是检查尾区概率是否是小概率来决定接受还是拒绝 H_0．如果是单侧检验，就与 α 相比，若大于 α 就接受 H_0，反之则拒绝；如果是双侧检验，就与 $\alpha/2$ 相比，大于 $\alpha/2$ 则接受，反之则拒绝．同时，根据尾区概率与 α 或 $\alpha/2$ 的差异大小，就可以对我们得到的统计结论的可靠性有一个估计.

这种方法的缺点是需要计算尾区概率，即需要计算比较复杂的分布函数．如果没有计算机的帮助，这种计算是很困难的．但在计算机越来越普及的今天，这已经不是问题．因此，这种采用尾区概率进行统计检验的方法也越来越常见.

3.3　正态总体的假设检验

本节开始介绍对正态总体进行假设检验的具体方法．从正态分布的密度函数可知，正态总体只有两个参数，这就是期望 μ 和方差 σ^2．因此我们的检验主要也是针对这两个参数进行.

本节只讨论两种类型的假设检验，那就是单样本检验和双样本检验．所谓单样本检验就是全部样品都抽自一个总体，检验的目的通常是 μ 或 σ 是否等于某一数值；双样本检验则是有分别抽自不同总体的两个样本，检验的目的是看这两个总体的 μ 或 σ 是否相等．双样本检验的最大优点是我们不必知道总体的参数究竟应该等于什么数值，而只要看看它是否有变化就可以了．在生物学实验中我们常常采取设置对照的方法，如检验某种药物是否比安慰剂有更好的疗效；或新品种农作物是否比旧品种产量更高等等，此时都应该采用双样本检验的方法．如果我们需要考虑三个以上总体，则应采用第 4 章介绍的方差分析的方法.

(一) 单样本检验步骤

1. 建立假设,包括 H_0 与 H_A

一般来说,H_0 取值有三种可能：$\mu=\mu_0$,$\mu\leqslant\mu_0$,或 $\mu\geqslant\mu_0$. 这里 μ_0 是一个具体数值. 注意,H_0 的表达式中一般应包含等号,因为我们实际上就是根据这个等号建立理论分布的. μ_0 数值的确定一般有三种可能的来源：

(1) 凭经验我们知道 μ_0 应等于多少. 如根据资料,知道某地多年来小麦平均亩产 600 斤.

(2) 根据某种理论可以计算出 μ_0 应等于多少. 如根据遗传学理论,知道隐性基因杂合子下一代的表型分离比例为 3∶1.

(3) 实际问题要求它等于多少. 例如市场要求产品寿命不得小于 1000 小时等. 至于 H_0 中是否包含大于或小于号,则主要看实际问题的要求.

对应于 H_0 的三种可能取值,H_A 也有相应三种：$\mu\neq\mu_0$,$\mu<\mu_0$,或 $\mu>\mu_0$. 当 H_0 取为 $\mu=\mu_0$,但由专业知识可知$\mu>\mu_0$,或 $\mu<\mu_0$ 中有一种不可能出现时,也可选择另一种为 H_A. 此时也相当于单侧检验. 注意,H_A 应包括除 H_0 外的一切可能值. 在有专业知识可依据的情况下,应优先选取单侧检验,因为这样可提高检验精度. 需要强调的是选择单尾的依据必须来自数据以外的专业知识或实践要求,而不能来自数据本身. 换句话说,不能看数据偏大就取上单尾检验,偏小就取下单尾检验. 这是因为即使观测数据偏大,它们也可能来自一个均值偏小的总体.

2. 选择显著性水平 α

α 最常用的数值是 0.05. 当我们计算出统计量的观测值出现的概率大于 0.05 时,我们称之为“没有显著差异”,并接受 H_0;当小于 0.05 时,我们称之为“差异显著”,并拒绝 H_0. 一般情况下,此时我们应进一步与 0.01 比较,若算出的概率也小于 0.01,则称“差异极显著”,此时我们拒绝 H_0 就有了更大把握.在个别情况下,例如犯第二类错误后后果十分严重时,也可选用 0.1 或其他数值.需要特别强调的是我们一般都取 $\alpha=0.05$,这只是一种约定俗成,理论上并没有任何特殊意义.从这个角度看,当我们算出的概率等于 0.051时就接受 H_0,等于 0.049 时就拒绝 H_0,这是没有什么道理的.在实际工作中,如果我们算出的概率十分接近 0.05,一般不应轻易下结论,而应增加样本含量后再次进行检验.

3. 选择统计量及其分布

检验均值一般选择 $\overline{X}$ 为统计量,检验方差则选择 S^2 为统计量.统计量服从什么分布则要由 3.1 节中的抽样分布来决定.各种情况下的统计量理论分布如下.

(1) 检验均值

可根据是否知道总体方差分为以下两种情况.

① 总体方差 σ^2 已知:根据式(3.5)应使用 u 检验,统计量服从正态分布,即

$$u=\frac{\overline{X}-\mu_0}{\sigma/\sqrt{n}}\sim N(0,1) \tag{3.10}$$

注意,这里分母上要除以$\sqrt{n}$,这是因为 σ 是总体标准差,统计量 $\overline{X}$ 的标准差应为总体标准差的 $1/\sqrt{n}$,因此用上述公式才能将 $\overline{X}$ 标准化.

② 总体方差 σ^2 未知:根据式(3.7),应使用 t 检验,统计量服从 t 分布,即

$$t=\frac{\overline{X}-\mu_0}{S/\sqrt{n}}\sim t(n-1) \tag{3.11}$$

注意,这里分母上除以$\sqrt{n}$的原因与 u 检验相同,n 不是 S^2 的自由度.S^2 的自由度 $n-1$ 已在它的表达式中除去了.参见 3.1 节最后的说明.

(2) 检验方差

根据式(3.6),使用χ^2检验,统计量服从χ^2分布,即

$$\chi^2 = \frac{(n-1)S^2}{\sigma_0^2} \sim \chi^2(n-1) \tag{3.12}$$

上述各式中$\overline{X}$为样本均值,S^2为样本方差,n为样本容量,μ_0与σ_0^2为H_0中总体均值与方差取值.

4. 建立拒绝域

根据统计假设确定是单侧检验还是双侧检验,根据统计量的分布选取适当的表,再根据选定的α值查出分位数取值.分位数把统计量的取值范围(一般为图形中的X轴,如图3.1)分为两部分,其中包含H_0的为接受域,剩下的为拒绝域.注意正态分布和t分布的密度函数关于y轴对称,如果是双侧检验,可取绝对值与分位数比决定是否落入拒绝域;如果是单侧检验,则应区分:下单尾是小于负分位数拒绝H_0,上单尾则是大于正分位数拒绝H_0.χ^2分布则没有对称性,必须分别查下侧分位数和上侧分位数.

5. 计算统计量,并对结果作出解释

把样本观测值代入统计量公式,求得统计量取值,检查是否落入拒绝域.若没落入,则认为“无显著差异”,接受H_0;若落入$\alpha=0.05$的拒绝域,则应进一步与$\alpha=0.01$的拒绝域比较,若未落入,则认为“有显著差异,但未达极显著水平”,拒绝H_0;若也落入$\alpha=0.01$拒绝域,则认为“有极显著差异”,拒绝H_0.最后,根据上述检验结果对原问题做出明确回答.

现在我们来计算例3.1.

【例3.1】 某地区10年前普查时,13岁男孩平均身高为1.51 m.现抽查200个12.5岁~13.5岁男孩,身高平均值为1.53 m,标准差$S=0.073$ m,问10年来该地区男孩身高是否有明显增长?

解 分析:由于生活水平提高,孩子身高只会增加,不会减少.同时,题目也是问身高是否有增长,因此可用单侧检验.

$H_0:\mu=151$; $H_A:\mu>151$

$$t = \frac{\overline{X} - 151}{S/\sqrt{n}} = \frac{1.53 - 1.51}{0.073/\sqrt{200}} = 3.87$$

查表,得 $df=199$, $\alpha=0.05$ 的 t 单侧分位数为:

$$t_{0.95}(199) \approx t_{0.95}(180) = 1.653$$

$\alpha=0.01$ 的单侧分位数为:

$$t_{0.99}(199) \approx t_{0.99}(180) = 2.347$$

$t > t_{0.99}$,故有极显著差异,拒绝 H_0,即应认为 10 年来该地区男孩高有明显增长.

当分布表中不能找到恰好相同的自由度时,可选取表中最接近的值代替,也可以取接近的几个值进行插值计算得出近似值.

【例 3.2】 已知某种玉米平均穗重 $\mu_0=300$ g,标准差 $\sigma=9.5$ g. 喷药后,随机抽取 9 个果穗,重量分别为(单位为 g): 308,305,311,298,315,300,321,294,320. 问这种药对果穗重量是否有影响?

解法 1 先检验方差是否变化,再决定是采用 u 检验,还是 t 检验.

(1) 检验穗重标准差是否改变

$H_0: \sigma=9.5$; $H_A: \sigma \neq 9.5$

$$S^2 = \frac{\sum_{i=1}^{9} x_i^2 - \left(\sum_{i=1}^{9} x_i\right)^2/9}{8} = 92.54$$

$$S = 9.62$$

$$\chi^2 = \frac{8S^2}{9.5^2} = 8.20$$

取 $\alpha=0.05$,查 $df=8$ 的 χ^2 分布表,得

$$\chi^2_{0.975}(8) = 17.5346,\ \chi^2_{0.025}(8) = 2.1797$$

由于 $\chi^2_{0.025}(8) < \chi^2 < \chi^2_{0.975}(8)$, 故无显著差异,接受 H_0,可认为喷药不影响穗重标准差,σ 仍为 9.5. 因此可采用 u 检验.

(2) 检验穗重均值是否有变化

$H_0: \mu=300$; $H_A: \mu \neq 300$

$$\overline{x} = \frac{1}{9}\sum_{i=1}^{9} x_i = 308$$

$$u=\frac{308-300}{9.5/\sqrt{9}}=2.53$$

查正态分布表,得

$$u_{0.975}=1.96,\ u_{0.995}=2.58$$

$$u_{0.975}<u<u_{0.995}$$

故差异显著,但未达极显著水平,应拒绝 H_0,可认为药物对穗重有影响.

解法 2 直接使用 t 检验: $H_0:\mu=300$; $H_A:\mu\neq300$.

$$\overline{X}=\frac{1}{9}\sum_{i=1}^{9}X_i=308$$

$$S^2=\frac{1}{8}\sum_{i=1}^{9}(x_i-308)^2=92.54,S=9.62$$

$$t=\frac{\overline{x}-\mu_0}{S/\sqrt{n}}=\frac{308-300}{9.62/\sqrt{9}}=2.495$$

查 t 分布表,得

$$t_{0.975}(8)=2.306,\ t_{0.995}(8)=5.841$$

故 $t_{0.975}<t<t_{0.995}$,差异显著,但未达极显著水平,拒绝 H_0,药物对果穗重量有影响.

这道题虽然两种解法结果都是差异显著,但未达极显著;比较它们的分位数可知,u 检验统计量已接近极显著水平,而 t 检验则是接近显著水平. 这说明两种解法间还是有一定差异的. 这样就马上引出一个问题: 哪种解法更好? 如果它们的结果不同,应采用哪一种?

这个问题问得很简洁,也很直截了当,但却没有一个同样简洁,同样直截了当的回答. 仔细看一下 t 分布的分位数表就可以发现,正态分布其实就是 t 分布自由度趋于∞的极限. 再比较一下 u 检验和 t 检验的表达式,可见它们的差异就是用总体标准差 σ 还是用样本标准差 S 作分母. t 分布的分位数比正态分布大,说明 t 检验不如 u 检验精确,原因就是 t 检验中的 S 是根据一个小样本估计的,它本身也有误差;而 u 检验中的 σ 是已知的总体参数,它是准确的,不再包含任何其他误差了. 考虑到 S 中误差的影响,t 检验的精度确实会有所下降,因此它的分位数才会比正态分布大,而且自由度越小与正态分布的差别就越大.从上述讨论看,解法 1 似乎优于解法 2,但实际情况却不那么简单.上述讨论的前提是喷药后果穗重量的方差确实没有改变,因此我们才有一个现成的 σ 可以用.这一点并不是由什么专业知识来判断,而是解法 1 中第一步检验的结果.在本题中,这似乎问题不大,因为 χ^2 统计量几乎是在两个分位数构成的接受域的中点,说明方差可能确实没有改变;但如果情况不是这样,而是 χ^2 统计量接近于某个分位数,我们又该如何判断呢?此时若我们仍用方法 1,虽然 u 检验比较精确,但它的基础却有点不可靠,因为统计检验的原则就是一般情况下都接受 H_0,只有差异实在是相当显著,无法忽略了才拒绝.这样虽然 χ^2 检验通过了,但实际情况很可能是方差有所改变,只是变得不大而已.如果这是真的,那就相当于在 u 检验中引入了一个额外误差,大大降低了它的可靠性.

总结上述的讨论,关于这两种方法哪种好的回答应当是:如果像本题这样 σ^2 没有改变的可能性很大,最好用第一种方法;如果 χ^2 检验就拒绝了 H_0,即 σ^2 已有改变,那当然应用第二种方法;如果介于这二者之间,即 χ^2 检验的统计量接近某一侧分位数,那就不太好说了,理论上使用哪种方法都可以,都不能说错,不过笔者倾向于使用第二种方法.

【例 3.3】 研究表明,在晚间服用阿司匹林有助于降低血压.报告显示,成年男性高血压病人在服用阿司匹林后舒张压平均下降了 5 mmHg,标准差没有变化.现希望验证前人的上述实验结果.本次实验共有 150 位男性高血压病人志愿者参加,实验前他们舒张压的均值为 100 mmHg,标准差为 28 mmHg.试计算,若前人报告正确,在本次实验中判断阿司匹林确实有降压作用的概率(即本次实验的功效).

解 由题意,有 $\mu_0=100$,$\mu_1=95$;$\sigma=28$;$n=150$.取 $\alpha=0.05$,则接受域与拒绝域的分界点 x 应满足:

$$\frac{x-\mu_0}{\sigma/\sqrt{n}}=u_\alpha$$

代入数值，得

$$\frac{x-100}{28/\sqrt{150}}=-1.645$$

解得 $x=100-1.645\times28/\sqrt{150}=100-3.761=96.239$

若前人实验结果正确，服药后志愿者舒张压均值降为95，标准差不变，实验的功效就是在服药后分布曲线Ⅰ下 x 对应的分布函数值（见图3.3斜线部分）. 即

$$\frac{x-95}{28/\sqrt{150}}=1.239/28\times12.247=0.542$$

查表，得对应的分布函数值为：0.706. 即本次实验的功效 $1-\beta=0.706$.

上述功效比较低，即有30%的可能虽然血压有下降，但实验检验不出来. 为提高检验功效，应增加样本含量. 具体方法在7.1节中介绍.

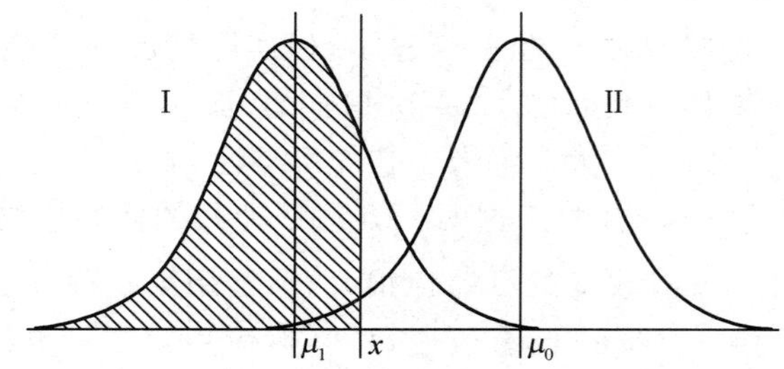

图3.3　功效示意图

(二) 双样本检验步骤

双样本检验步骤与单样本基本相同，只是 H_0 中的 $\mu=\mu_0$ 要改为 $\mu_1=\mu_2$，即现在不再是检验总体参数是否等于某一数值，而是检验两个总体参数是否相等. 再有就是统计量和分布都有所变化. 下面我们着重介绍统计量及分布的变化；与单样本检验相同或变化不大的部分，如建立统计假设、选择显著性水平、建立拒绝域、计算统计量并解释结果等不再重复.

统计量的选择方法如下：

1. 检验两个方差是否相等

采用 F 检验. 在 $H_0: \sigma_1=\sigma_2$ 成立的条件下，根据式(3.8)，有

$$F=\frac{S_1^2}{S_2^2}\sim F(m-1,n-1) \tag{3.13}$$

其中：S_1^2、S_2^2 分别为两样本子样方差，m、n 分别为样本含量.

请注意以下几点：

(1) 在多数情况下，我们检验的主要目标是均值是否相等. 但除非两总体方差 σ_1^2、σ_2^2 已知，否则 F 检验为双样本检验中的第一步，应根据这一步检验的结果来选择下一步 t 检验的统计量.

(2) 检验方差是否相等的 F 检验一般为双侧检验，原因是我们常常可根据专业知识或实际要求判断均值应向大或小某一方向偏，而很少有机会能对方差作出类似的判断.

(3) F 分布表上一般只有上侧分位数，即 $F>1$ 的临界值. 因此计算 F 统计量时应把较大的 S^2 放在分子位置，并相应地把它的自由度也放在前边. 这样只需要用上侧分位数就够了. 若是双侧检验，查 $F_{1-\alpha/2}$；单侧，查 $F_{1-\alpha}$. 注意表中分子分母自由度的位置，分子分母自由度颠倒后 F 的分位数值是不同的.

2. 检验两个均值是否相等

可分为以下三种情况：

(1) 两总体方差 σ_1^2、σ_2^2 已知：u 检验. 根据正态分布性质，有

$$u=\frac{(\overline{X}_1-\overline{X}_2)-(\mu_1-\mu_2)}{\sqrt{\frac{\sigma_1^2}{m}+\frac{\sigma_2^2}{n}}}\sim N(0,1)$$

在 $H_0:\mu_1=\mu_2$ 成立的条件下，上式化为：

$$u=\frac{\overline{X}_1-\overline{X}_2}{\sqrt{\frac{\sigma_1^2}{m}+\frac{\sigma_2^2}{n}}}\sim N(0,1) \tag{3.14}$$

(2) 两总体方差 σ_1^2、σ_2^2 未知，但它们相等(相当于第一步 F 检验已通过的情况)：t 检验. 在 $H_0:\mu_1=\mu_2$ 成立的条件下，根据式(3.9)，有

$$t=\frac{\overline{X}_1-\overline{X}_2}{\sqrt{\frac{(m-1)S_1^2+(n-1)S_2^2}{m+n-2}\left(\frac{1}{m}+\frac{1}{n}\right)}}\sim t(m+n-2) \tag{3.15}$$

$n=m$ 时,可简化为:

$$t=\frac{\overline{X}_1-\overline{X}_2}{\sqrt{\frac{1}{n}(S_1^2+S_2^2)}}\sim t(2n-2) \qquad (3.16)$$

(3) 两总体方差 σ_1^2、σ_2^2 未知,且不等(相当于第一步 F 检验未通过的情况):近似 t 检验.

此时上述统计量不再严格服从 t 分布,只能采用近似公式.最常用的为 Aspin-Welch 检验法.即当 H_0 成立时,统计量

$$t=\frac{\overline{X}_1-\overline{X}_2}{\sqrt{\frac{S_1^2}{m}+\frac{S_2^2}{n}}} \qquad (3.17)$$

近似服从 t 分布,其自由度为:

$$df=\left(\frac{k^2}{m-1}+\frac{(1-k)^2}{n-1}\right)^{-1},\ k=\frac{S_1^2}{m}\Big/\left(\frac{S_1^2}{m}+\frac{S_2^2}{n}\right)$$

【例 3.4】 甲、乙两发酵法生产青霉素的工厂,其产品收率的方差分别为 $\sigma_1^2=0.46$,$\sigma_2^2=0.37$.现甲工厂测得 25 个数据,$\overline{x}=3.71$ g/L;乙工厂测得 30 个数据,$\overline{y}=3.46$ g/L.问它们的收率是否相同?

解 分析:由于方差已知,应采用 u 检验.根据题意,应进行双侧检验.

$H_0:\mu_x=\mu_y$;$H_A:\mu_x\neq\mu_y$

$$u=\frac{\overline{x}-\overline{y}}{\sqrt{\frac{\sigma_1^2}{m}+\frac{\sigma_2^2}{n}}}=\frac{3.71-3.46}{\sqrt{\frac{0.46}{25}+\frac{0.37}{30}}}=1.426$$

查正态分布表,得

$$u_{0.975}=1.960>u$$

故差异不显著,接受 H_0,应认为两工厂收率相同.

【例 3.5】 新旧两个小麦品系进行对比试验:旧品系共收获 25 个小区,平均产量为 $\overline{x}_1=36.75$ kg,样本标准差 $S_1=2.77$ kg;新品系收获 20 个小区,平均产量 $\overline{x}_2=40.35$ kg,$S_2=1.56$ kg.问新品系是否值得推广?

解 由于方差未知,为了选择统计量首先须检验方差是否相等:

$H_0:\sigma_1^2=\sigma_2^2$;$H_A:\sigma_1^2\neq\sigma_2^2$

$$F=\frac{S_1^2}{S_S^2}=\frac{2.77^2}{1.56^2}=3.1529$$

查 F 分布表,得

$$F_{0.975}(24, 19)=2.45, F_{0.995}(24, 19)=2.92$$

$F>F_{0.995}$,故差异极显著,拒绝 H_0,两总体方差不相等.

再检验均值是否相等:由于方差不等,应使用近似 t 检验,且新品系必须优于旧品系才值得推广,因此应进行单侧检验.

$H_0: \mu_1 \geqslant \mu_2$; $H_A: \mu_1 < \mu_2$

$$t=\frac{\overline{x}_1-\overline{x}_2}{\sqrt{\frac{S_1^2}{m}+\frac{S_2^2}{n}}}=\frac{36.75-40.35}{\sqrt{\frac{2.77^2}{25}+\frac{1.56^2}{20}}}=\frac{-3.6}{\sqrt{0.3069+0.1217}}=-5.499$$

再求 t 的自由度:

$$k=\frac{S_1^2}{m}\Big/\left(\frac{S_1^2}{m}+\frac{S_2^2}{n}\right)=\frac{0.3069}{0.3069+0.1217}=\frac{0.3069}{0.4286}=0.7161$$

$$\begin{aligned} df &= \left(\frac{0.7161^2}{24}+\frac{(1-0.7161)^2}{19}\right)^{-1} \\ &= (0.02137+0.00424)^{-1} \\ &= (0.02561)^{-1} \\ &\approx 39 \end{aligned}$$

查表,得

$$t_{0.05}(39)\approx t_{0.05}(40)=-1.684, t_{0.01}(39)\approx t_{0.01}(40)=-2.423$$

$t<t_{0.01}$,故差异极显著,拒绝 H_0,新品系平均产量明显高于旧品系,值得推广.

显然,如果采用 $\overline{x}_2-\overline{x}_1$ 为统计量,我们也可以使上述近似 t 检验变成上单尾检验,结果是完全相同的.

【例 3.6】 用两种不同的配合饲料饲养肉鸡,56 日龄后体重分别列于下表.问这两种饲料效果是否有差异?

x/kg	2.56, 2.73, 3.05, 2.87, 2.46, 2.93, 2.41, 2.58, 2.89, 2.76
y/kg	3.12, 3.03, 2.86, 2.53, 2.79, 2.80, 2.96, 2.68, 2.89

解 代入公式后,得

$\overline{x}=2.724$, $S_x=0.2147$, $n_1=10$; $\overline{y}=2.851$, $S_y=0.1791$, $n_2=9$

检验方差是否相等: $H_0: \sigma_x=\sigma_y$; $H_A: \sigma_x \neq \sigma_y$

$$F=\frac{0.2147^2}{0.1791^2}=1.437$$

查表,得 $F_{0.975}(9,8)=4.357>F$,故接受 H_0,可认为方差相等.

检验均值是否相等:

$H_0:\mu_x=\mu_y$; $H_A:\mu_x\neq\mu_y$

$$t=\frac{2.851-2.724}{\sqrt{\dfrac{8\times0.1791^2+9\times0.2147^2}{17}\times\left(\dfrac{1}{10}+\dfrac{1}{9}\right)}}=\frac{0.127}{0.09131}=1.391$$

查表,得 $t_{0.975}(17)=2.110>t$,故接受 H_0,两种饲料效果无明显差异.

(三) 配对数据检验步骤

以上介绍的双样本检验又称为成组数据检验,两个样本间是相互独立的.有时为提高检验准确度,把试验材料分成一些对子,每对材料各种条件尽可能一致,然后分别作不同处理,以检验处理的效果.这样的数据称为配对数据.例如:同一个人服药前后的数据,同一窝动物的不同处理,同样体重、性别、年龄的一对对动物,等等.此时的检验方法为取每对材料测量值的差为统计对象,进行单样本检验,即令

$$d_i=x_{1i}-x_{2i}\qquad(i=1,2,\cdots,n)$$

然后对 d_i 做单样本检验. H_0 取为 $\mu_d=0$.

配对法与成组法的比较:

$$\begin{aligned}(n-1)S_d^2&=\sum_i[(x_{1i}-x_{2i})-(\overline{x}_1-\overline{x}_2)]^2\\&=\sum_i[(x_{1i}-\overline{x}_1)-(x_{2i}-\overline{x}_2)]^2\\&=\sum_i(x_{1i}-\overline{x}_1)^2+\sum_i(x_{2i}-\overline{x}_2)^2\\&\quad-2\sum_i(x_{1i}-\overline{x}_1)(x_{2i}-\overline{x}_2)\end{aligned}$$

由于 $$S_1^2=\frac{1}{n-1}\sum_i(x_{1i}-\overline{x}_1)^2$$

$$S_2^2=\frac{1}{n-1}\sum_i (x_{2i}-\overline{x}_2)^2$$

$$S_{12}=\frac{1}{n-1}\sum_i (x_{1i}-\overline{x}_1)(x_{2i}-\overline{x}_2)=r\sqrt{S_1^2S_2^2}$$

所以有

$$S_d^2 = S_1^2 + S_2^2 - 2r\sqrt{S_1^2S_2^2} \tag{3.18}$$

其中：S_d^2 为差值的子样方差，S_1^2、S_2^2 分别为每对中作第一处理与第二处理材料的测量值的子样方差，S_{12} 是两种处理测量值的子样协方差，r 是它们的样本相关系数.

显然，若 $r>0$，则有 $S_d^2<S_1^2+S_2^2$，即差值的方差小于两组数据方差的和，此时采用配对检验可提高检验精度；反之，若 $r<0$，则有 $S_d^2>S_1^2+S_2^2$，即差值的方差反而大于两组数据方差的和，此时采用配对检验会降低检验精度. 因此采用配对检验时必须保证各对数据的正相关性.

需要特别注意的是我们实际要求的是总体间的正相关性，这就意味着要么我们可以从专业知识保证这一点，例如同一个人服药前后的某种指标测量值，精心挑选的一对对各方面都尽量相同的实验动物，等等；要么就要经过相关性检验，证实总体相关系数 ρ 确实大于 0. 因此，如果实验设计时未做任何特殊考虑，只是两样本含量相等，那么即使计算出的样本相关系数 $r>0$ 也不能轻易使用配对检验，因为此时 $r>0$ 完全可能是个偶然事件.

【例 3.7】 10 名病人服药前(x_i)、后(y_i)血红蛋白含量如下表所示. 问该药是否引起血红蛋白含量变化?

病人编号	1	2	3	4	5	6	7	8	9	10
x_i/(g/L)	113	150	150	135	128	100	110	120	130	123
y_i/(g/L)	140	138	140	135	135	120	147	114	138	120
$d_i=x_i-y_i$	−27	12	10	0	−7	−20	−37	6	−8	3

分析 由于是同一名病人服药前后的血红蛋白含量测定值，它们应是正相

关的,因此应使用配对检验.题目中未说明是何药物,也未说明这种药物的作用是增加血红蛋白含量还是减低含量,因此只能作双侧检验.

解　算得 $\overline{d}=-6.8$, $S_d^2=270.8$

$H_0:\mu_d=0$; $H_A:\mu_d\neq 0$

$$t=\frac{\overline{d}}{\sqrt{S_d^2/n}}=\frac{-6.5}{5.204}=-1.307$$

查表,得 $t_{0.975}(9)=2.262$.

因 $|t|<t_{0.975}(9)$,故应接受 H_0,该药对血红蛋白含量无明显影响.

一般来说,若测量的数据是同一病人服药前后的变化,则数据都应是正相关,也就都可以采用配对法进行统计检验.但有时也会有例外的情况,例如现在有些药物特别是一些中药常常号称能调节血压或血脂等指标.如果这是真的,那就意味着血压或血脂低的病人服药后升高,而高的服后会降低.若病人中原来偏高偏低的都有,则服药后的数据就不应是正相关,也就不能采用配对法检验了.如果待测药物真有这样的调节作用,显然就应把病人按偏低偏高分为两组分别检验,只有这样才能确定药物是否有效.当然另一种可能的检验方法是检验服药后血压或血脂值的方差是否缩小.如果效果真是低的升高高的降低,显然服药后测量值的方差应减小.注意,此时还要要求病人中偏高偏低的都要有.总之,要抓住各种检验方法所要求的核心条件(例如配对检验最关键的就是要求数据正相关),然后结合所研究的具体问题进行细致的分析,这样才能保证正确地使用统计学这一有力工具.如果只是记住像"同一人服药前后就应配对检验"这一类例子而生搬硬套,很可能就会由于误用方法而得不到正确结论.

另外,式(3.18)也给出了随机变量不互相独立时,它们之和或差的方差的计算公式.有了式(3.18),对任意两个随机变量,只要知道它们的相关系数,就可以根据各自的方差很容易地计算出它们之和或差的方差.这在许多时候也是十分方便的.注意,当两随机变量互相独立时,它们和或差的方差都是各自方差的和.但不独立时,式(3.18)中右端第三项前的符号是变化的.两变量相加,第三项前是加号;两变量相减,第三项前也相应变为负号.

【例 3.8】 已知 X_1 服从 $N(60,81)$,X_2 服从 $N(50,16)$,X_3 服从 $N(40,49)$. X_1,X_2的相关系数 $\rho=0.3$,令 $Y=X_1+X_2$,若 Y 与 X_3 独立,试求 $E(Y\cdot X_3)$,$D(Y-X_3)$.

解 由式(3.18),可得

$$D(Y)=D(X_1+X_2)=D(X_1)+D(X_2)+2\rho\sqrt{D(X_1)\cdot D(X_2)}$$
$$=81+16+2\times 0.3\times\sqrt{81\times 16}=118.6$$
$$E(Y)=E(X_1+X_2)=E(X_1)+E(X_2)=60+50=110$$

由于 Y,X_3 相互独立,因此有

$$E(Y\cdot X_3)=E(Y)\cdot E(X_3)=110\times 40=4400$$
$$D(Y-X_3)=D(Y)+D(X_3)=118.6+49=167.6$$

3.4 离散分布的假设检验

上一节比较系统地介绍了正态总体的假设检验方法,主要包括单样本检验和双样本检验. 在实际工作中,我们还常常会碰到一些需要对离散分布进行假设检验的情况: 例如,检验采用新方法后实验成功率是否有所提高;水样中某种细菌的数量是否有变化;产品合格率是否有变化等等. 这些检验涉及的基本理论与方法与前述正态总体检验是完全相同的,但统计量的理论分布不同,同时概率计算相对简单,因此常常采用计算尾区概率并与 α 或 $\alpha/2$ 比较的方法进行统计检验.

(一) 离散分布假设检验

在本章第二节中,我们已经介绍了尾区概率的概念. 尾区是以统计量的观察值为边界,把它的取值范围分为两部分. 其中一部分包括观察值,以及比观察值更不利于 H_0 成立,而有利于 H_A 成立的取值,这个区域就称为该观察值的尾区. 当 H_A 只包含大于号时,尾区包括观察值及比观察值更大的值;当 H_A 只包含小于号时,尾区包含观察值及比观察值更小的值;当 H_A 包含不等号时(双侧检验),尾区包含观察值及比观察值更远离 H_0 的值. 在离散分布的计算中,要特别注意,尾区是一定要包含观察值的. 因为离散分布每个取值都会有

一定概率，如果没有包含观察值就会发生错误.但在连续分布中，单独一个点的概率实际等于0，因此包含观察值与否都不会使计算发生错误.根据上述分析，我们可以得到离散分布尾区建立原则：从实际观察值开始，把对 H_0 成立不利的方向上的概率全加起来，作为尾区的概率.这一建立尾区的原则适用于所有离散分布，如二项分布、泊松分布等.注意，双侧检验中尾区永远不会含有 H_0 中的理论值，但单侧检验中则不一定.

尾区建立后，检验就很简单了.若为单侧检验，可将尾区概率直接与显著性水平 α 相比较：若大于 α，说明在一次检验中观测到该样本不是一个小概率事件，因此应该接受 H_0；若小于 α，则应拒绝 H_0.若为双侧检验，由于此时拒绝域分为两块，但我们每次检验时，只能根据观测值比理论值大还是小选取一侧拒绝域进行比较，因此应把尾区概率与 $\alpha/2$ 进行比较.其他方面与单侧检验是一样的.

总结上述分析，可得离散分布的假设检验步骤为：

(1) 建立离散分布尾区：从实际观察值开始，把对 H_0 成立不利的方向上的概率全加起来，作为尾区的概率.

(2) 检验：单侧检验将尾区概率与 α 比，双侧检验与 $\alpha/2$ 比.

【例 3.9】 以前进行细胞培养时，每微升(μL)平均污染的杂菌为1.5个.现试用一种新的消毒方法，在1 μL样品中发现有4个杂菌，是否可据此认为新法的污染率有变化？

解 $H_0:\lambda=1.5$；$H_A:\lambda\neq1.5$

由于题目问的是污染率是否有变化，故应为双侧检验，尾区方向应远离理论值.培养液中的细菌数一般认为服从泊松分布.现观察到4个被污染，故尾区应为4～∞.即

$$
\begin{aligned}
P &= p_4 + p_5 + \cdots \\
&= 1 - p_0 - p_1 - p_2 - p_3 \\
&= 1 - \sum_{i=0}^{3} \frac{1.5^i}{i\,!} e^{-1.5} \\
&= 1 - 0.223 - 0.335 - 0.251 - 0.126
\end{aligned}
$$

$$= 1 - 0.935$$
$$= 0.065$$

由于是双侧检验，应与 0.025 比较. 现尾区概率等于 $0.065 > 0.025$，故应接受 H_0，可认为新法污染率没有明显变化.

本题观察到的污染率实际达到平均值的 2 倍以上，但检验结果仍不能认为与平均值有明显差别. 这里的主要原因是样本含量仍然不够大. 在实际工作中若遇到这种情况，最好是增加样本含量，再多做一些实验，看污染率是否真没有变化，而不应轻易认为新方法污染率真的没有变化并投入正常应用. 总之，若统计量接近分位数或尾区概率接近 α，一般都不建议轻易接受或拒绝 H_0，而应增加样本含量继续检验. 这就是序贯抽样的思想. 具体做法我们将在第 7 章第二节中讨论.

【例 3.10】 某种产品废品率 $p \leqslant 0.05$ 为合格. 抽检 20 个样品，发现 2 个废品，该批产品是否合格？若发现 4 个废品呢？

解　$H_0: p \leqslant 0.05$（合格）；$H_A: p > 0.05$（不合格）. 由于废品越多时，H_A 成立越有利，尾区应从观察值向多的方向累加.

发现 2 个废品，尾区概率为

$$\begin{aligned} p_t &= p_2 + p_3 + \cdots + p_{20} \\ &= 1 - p_0 - p_1 \\ &= 1 - 0.95^{20} - C_{20}^1 \times 0.95^{19} \times 0.05 \\ &= 1 - 0.358 - 0.377 \\ &= 0.265 > \alpha = 0.05 \end{aligned}$$

故接受 H_0，该批产品可认为合格.

若发现 4 个废品，则尾区概率为

$$\begin{aligned} p_t &= p_4 + p_5 + \cdots + p_{20} \\ &= 1 - p_0 - p_1 - p_2 - p_3 \\ &= 1 - 0.358 - 0.377 - 0.189 - 0.060 \\ &= 0.016 < \alpha = 0.05 \end{aligned}$$

故应拒绝 H_0，该批产品可认为不合格.

【例 3.11】 若废品率 $p < 0.05$ 为合格，抽检 20 个样品有 2 个废品，该批产品是否合格？

解　$H_0: p \geqslant 0.05$（不合格）；$H_A: p < 0.05$（合格）. 此时尾区应从观察值向

下累加. 尾区概率为

$$p_t = p_0 + p_1 + p_2 = 0.924 > \alpha = 0.05$$

故应接受 H_0,产品可认为不合格.

实际上,$p_0=0.358>\alpha$,即 20 个样品全合格也不能认为该批产品合格. 此时应增加样本量. 当 $n=59$ 时,$0.95^{59}\approx 0.048$,即只有抽取 59 个样品且都合格时才能拒绝 H_0,此时才可认为该批产品合格.

从这两道例题可看出,合格标准为$\leqslant 0.05$ 与<0.05 是非常不同的. 这是因为显著性检验是对 H_0 的"保护性"检验,即只有当观察到的样本取值与 H_0 有相当显著的差异时才会拒绝. 拒绝时一般比较可靠,而且可以选择犯第一类错误的概率. 反之,犯第二类错误的概率 β 则不那么容易确定,而且当$|\mu-\mu_0|$较小时,β 常常是很大的. 不过此时真值 μ 接近于 H_0 中的假设值 μ_0,所以犯了第二类错误也不很严重.

(二) 百分数的检验

实际工作中常常碰到这样一些问题: 检验两批种子发芽率是否相同;检验两种杀虫剂造成的死亡率是否相同;检验两批产品合格率是否相同,等等. 这一类问题的数学背景是相同的,实际都是检验两点分布总体中概率 p 是否相同,因此也属于离散分布的假设检验. 在生物学实验中,像发芽率、死亡率等,常不难得到大样本,对这一类大样本我们可以进行如下的近似检验.

前已证明,对两点分布来说,$E(x)=p$, $D(x)=pq$. 若从两个总体中各抽取容量为 n_1、n_2 的样本,其中有指定特性的个数为 x_1、x_2,则观察到指定特性的概率估计值为

$$\hat{p}_1=\frac{x_1}{n_1}, \quad \hat{p}_2=\frac{x_2}{n_2}$$

现欲检验 H_0: $p_1=p_2$.

由于 $\hat{p}_1$、$\hat{p}_2$ 实际是样本均值,若 n_1、n_2 足够大,则由中心极限定理,它们均应近似服从正态分布. 若 H_0 成立,它们总体的期望方差都相等,实际可视为同一总体. 因此有 $\hat{p}_1-\hat{p}_2$ 近似服从

$$N\left(0, pq\left(\frac{1}{n_1}+\frac{1}{n_2}\right)\right)$$

且
$$\hat{p}=\frac{x_1+x_2}{n_1+n_2}, \quad \hat{q}=1-\hat{p}$$

因此在大样本下，有统计量

$$u=\frac{\hat{p}_1-\hat{p}_2}{\sqrt{\hat{p}\hat{q}\left(\frac{1}{n_1}+\frac{1}{n_2}\right)}} \tag{3.19}$$

近似服从 $N(0,1)$.

注意，这里虽然是方差未知，用了统计量代替，但方差统计量并不是我们以前常用的子样方差 S^2，因此这里标准化后的统计量 u 并不服从 t 分布. 数学上可以证明这里的统计量 u 近似服从正态分布，从而有上述结论成立.

【例 3.12】 杀虫剂 A 在 600 头虫子中杀死 465 头，杀虫剂 B 在 500 头中杀死 374 头，问它们的效果是否相同?

解 设 p 为死亡率. H_0：$p_A=p_B$；H_A：$p_A \neq p_B$

$$\hat{p}_A=\frac{465}{600}=0.775, \quad \hat{p}_B=\frac{374}{500}=0.748,$$

$$\hat{p}=\frac{465+374}{600+500}=0.763, \quad \hat{q}=1-\hat{p}=0.237$$

$$u=\frac{\hat{p}_A-\hat{p}_B}{\sqrt{\hat{p}\hat{q}\left(\frac{1}{n_1}+\frac{1}{n_2}\right)}}=\frac{0.775-0.748}{\sqrt{0.763\times 0.237\times\left(\frac{1}{600}+\frac{1}{500}\right)}}$$

$$=\frac{0.027}{\sqrt{0.000663}}=1.05$$

因 $|u|<u_{0.975}=1.960$，故差异不显著，接受 H_0，两种杀虫剂效果没有显著差异.

3.5 参量估计

本节中我们进一步介绍对总体分布中某些重要参数进行统计估计的方法. 参数估计的方法主要适用于我们知道总体分布的类型，但其中一个或几个重要参数未知的情况. 这样，只要我们通过抽取样本得到了这几个参数的估计值，也就确定了总体的分布. 例如血球计数或水样中细菌计数，我们知道它的分布应是泊松分布，因此问题就是要通过样本确定其参数 λ；再比如我们要研究某一人群的身高，一般来说身高服从正态分布，因此我们就需要从样本中确定两个参数 μ 和 σ^2. 当然也有些情况我们对总体究竟服从什么分布不感兴趣，只要知道它的一两个重要参数如均值，方差就可以了，此时当然也可使用参数估计.

参数估计主要可分为两种：

(1) 点估计. 也就是利用样本构造一个统计量，用它来作为总体参数的估计值. 这样，只要测定了一组样本的取值，代入统计量公式中就可得到总体参数的估计值.

(2) 区间估计. 它是给出一个取值范围，并给出我们所关心的总体参数落入这一范围中的概率. 这一取值范围就称为置信区间，而总体参数落入这一区间中的概率称为置信水平. 区间估计与上一节的假设检验有密切的关系.

(一) 点估计——用统计量对总体参数进行估计

1. 估计量所需满足的条件

为进行参数估计所构造的统计量也可称为估计量. 显然，为了估计同一个参数，可以构造出许多各不相同的估计量，例如估计平均数，就可能有算术平均、几何平均、加权平均、调和平均等许多算法. 为了能从其中选出一种应用，我们必须对估计量建立一些评价的标准，这样才能说我们的选择是有道理的. 这种标准主要有以下几个.

(1) 无偏性. 即要求估计量的数学期望应等于所求的总体参数.

(2) 有效性. 当样本含量 n 相同时，方差小的估计量称为更有效.

(3) 一致性. 设 $T_n(x_1, x_2, \cdots, x_n)$ 为参数 θ 的估计量，若对任意 $\varepsilon>0$，有

$$\lim_{n\to\infty}P(\left|T_n-\theta\right|>\varepsilon)=0$$

则称 T_n 为 θ 的一致估计量.

前两条标准都容易理解，第三条标准实际是说随着样本含量 n 的增大，绝大多数 T_n 都要离 θ 越来越近，剩下的不以 θ 为极限的 T_n 可以忽略不计(因为其出现概率为 0). 有时还会提出第 4 条标准.

(4) 均方误差要小. 均方误差就是估计量对真值的偏离程度，定义为: $E(T_n-\theta)^2$.

一般来说，在所有标准下都表现最优的估计量是很少见的，常常是在这个标准下这个估计量好，在另一个标准下又是另一个估计量好. 就拿前边介绍过的以 $\bar{x}$ 估计 μ，以 S^2 估计 σ^2 来说，它们在前三条标准下都是最优的，但 S^2 的均方误差就大于估计量 $S_n^2=\dfrac{1}{n}\sum\limits_{i=1}^{n}(x_i-\bar{x})^2$，而 S_n^2 又不是无偏估计(见 3.1 节).

2. 点估计常用方法：矩估计与最大似然估计

(1) 矩估计

在 2.5 节中，我们已经介绍过随机变量的 k 阶原点矩定义为 $m_k=E(x^k)$. 在 3.1 节中，又介绍过样本的 k 阶原点矩为

$$a_k=\frac{1}{n}\sum_{i=1}^{n}x_i^k$$

这样，得到一个样本 $x_1,x_2,\cdots,x_n$ 后，就可以计算各个 a_k. 一个自然的想法就是我们可以用 a_k 来估计 m_k，从而可得到各参数的估计值. 这种方法就称为矩估计. 具体方法为：如果我们知道随机变量的分布类型，那么就可把

$$m_k=E(x^k)=\int_{-\infty}^{\infty}x^k f(\theta_1,\theta_2,\cdots,\theta_r)\mathrm{d}x$$

视为参数 $\theta_1,\theta_2,\cdots,\theta_r$ 的函数. 设有 r 个要估计的参数，我们用前 r 阶样本原点矩作为相应的总体原点矩的估计值，则有

$$\begin{cases}m_1(\theta_1,\theta_2,\cdots,\theta_r)=a_1\\ m_2(\theta_1,\theta_2,\cdots,\theta_r)=a_2\\ \qquad\cdots\cdots\cdots\\ m_r(\theta_1,\theta_2,\cdots,\theta_r)=a_r\end{cases}\tag{3.20}$$

这样就得到了 r 个方程组成一个方程组，它的解 $\hat{\theta}_1,\hat{\theta}_2,\cdots,\hat{\theta}_r$ 就可以作为所求的 r 个总体参数的估计值. 以上是对连续型分布进行推导，如果是离散型分布，只需将积分换为求和即可. 另外，上述推导使用的是原点矩，全部换成中心矩也是可以的. 这种方法就称为矩法. 所得估计值称为矩估计值.

【例 3.13】 设总体 X 的期望 μ 和方差 σ^2 存在，$X_1,X_2,\cdots,X_n$ 为从这总体中抽取的简单随机样本，求 μ 和 σ^2 的矩估计值.

解 由于 μ 就是总体的一阶原点矩，显然有

$$\hat{\mu}=a_1=\frac{1}{n}\sum_{i=1}^{n}x_i=\overline{x}$$

由方差的性质，有

$$\sigma^2=E(X^2)-[E(X)]^2=m_2-\mu^2$$

故

$$m_2=\sigma^2+\mu^2$$

根据矩法，有

$$\hat{m}_2=a_2=\frac{1}{n}\sum_{i=1}^{n}x_i^2$$

即

$$\hat{\sigma}^2+\hat{\mu}^2=\frac{1}{n}\sum_{i=1}^{n}x_i^2$$

把 $\hat{\mu}$ 的表达式代入，得

$$\begin{aligned}\hat{\sigma}^2&=\frac{1}{n}\sum_{i=1}^{n}x_i^2-\left(\frac{1}{n}\sum_{i=1}^{n}x_i\right)^2\\&=\frac{1}{n}\sum_{i=1}^{n}(x_i-\overline{x})^2\\&=S_n^2\end{aligned}$$

即总体期望的矩估计值为 $\overline{x}$，方差的矩估计值为 S_n^2.

【例 3.14】 设 $x_1,x_2,\cdots,x_n$ 为抽自均匀分布

$$f(x,\theta_1,\theta_2)=\begin{cases}\dfrac{1}{\theta_2-\theta_1} & \theta_1\leqslant x\leqslant\theta_2\\ 0 & \text{其他}\end{cases}$$

的简单随机子样，试求 θ_1、θ_2 的矩估计.

解 由原点矩定义，有

$$m_1=\int_{-\infty}^{\infty}xf(x_1,\theta_1,\theta_2)\mathrm{d}x=\int_{\theta_1}^{\theta_2}\frac{x}{\theta_2-\theta_1}\mathrm{d}x$$

$$=\frac{1}{2(\theta_2-\theta_1)}\left(x^2\Big|_{\theta_1}^{\theta_2}\right)=\frac{1}{2}(\theta_2+\theta_1)$$

$$m_2=\int_{-\infty}^{\infty}x^2f(x_1,\theta_1,\theta_2)\mathrm{d}x=\int_{\theta_1}^{\theta_2}\frac{x^2}{\theta_2-\theta_1}\mathrm{d}x$$

$$=\frac{1}{3(\theta_2-\theta_1)}\left(x^3\Big|_{\theta_1}^{\theta_2}\right)=\frac{(\theta_2^3-\theta_1^3)}{3(\theta_2-\theta_1)}$$

$$=\frac{1}{3}(\theta_2^2+\theta_1\theta_2+\theta_1^2)$$

令 $\overline{x}$、a_2 分别代表子样一、二阶原点矩. 由矩法，有

$$\begin{cases}\dfrac{1}{2}(\hat{\theta}_1+\hat{\theta}_2)=\overline{x} & ①\\[2ex] \dfrac{1}{3}(\hat{\theta}_1^2+\hat{\theta}_1\hat{\theta}_2+\hat{\theta}_2^2)=a_2 & ②\end{cases}$$

解上述方程组，由①得

$$\hat{\theta}_1=2\overline{x}-\hat{\theta}_2 \qquad ③$$

把③代入②，得

$$(2\overline{x}-\hat{\theta}_2)^2+(2\overline{x}-\hat{\theta}_2)\hat{\theta}_2+\hat{\theta}_2^2=3a_2$$

$$4\overline{x}^2-4\overline{x}\hat{\theta}_2+\hat{\theta}_2^2+2\overline{x}\hat{\theta}_2-\hat{\theta}_2^2+\hat{\theta}_2^2=3a_2$$

$$4\overline{x}^2-2\overline{x}\hat{\theta}_2+\hat{\theta}_2^2=3a_2$$

故
$$(\overline{x}-\hat{\theta}_2)^2=3a_2-3\overline{x}^2$$

注意，$a_2-\overline{x}^2=\dfrac{1}{n}\sum\limits_{i=1}^{n}x_i^2-\left(\dfrac{1}{n}\sum\limits_{i=1}^{n}x_i\right)^2=\dfrac{1}{n}\sum\limits_{i=1}^{n}(x_i-\overline{x})^2=S_n^2$，则有

$$\overline{x}-\hat{\theta}_2=\pm\sqrt{3}S_n,\quad \text{即}\quad \hat{\theta}_2=\overline{x}\pm\sqrt{3}S_n \qquad ④$$

把④代入③，得

$$\hat{\theta}_1=\overline{x}\mp\sqrt{3}S_n$$

由题意，$\theta_2>\theta_1$，且 $S_n>0$，则矩法估计值为：

$$\begin{cases}\hat{\theta}_1=\overline{x}-\sqrt{3}S_n\\ \hat{\theta}_2=\overline{x}+\sqrt{3}S_n\end{cases}$$

区间长度的估计值为：$\hat{\theta}_2-\hat{\theta}_1=2\sqrt{3}S_n$.

（2）最大似然估计

所谓“最大似然”，从字面上看，应该是“看起来最像”、“最可能”之类的意思. 那么，从数学上又是怎样来定义这个最大似然估计呢？我们可以这样分析：

设总体 X 的分布密度为 $f(X,\ \theta)$，其中 θ 是需要估计的未知参数. 对于从这个总体中抽取的样本 $X_1,\ X_2,\cdots,X_n$ 来说，$f(x_i,\ \theta)$ 代表了样本中一个子样取值为 x_i 的相对可能性. 定义函数：

$$L(x_1,\ x_2,\cdots,x_n;\theta)=f(x_1,\theta)\ f(x_2,\theta)\ \cdots\ f(x_n,\theta)$$

为样本似然函数，显然它是 $x_1,\ x_2,\cdots,x_n$ 和 θ 的函数. 对于一组固定的样本观测值 $x_1,\ x_2,\cdots,x_n$ 来说，L 就变成了 θ 的函数. 这样一组观测值最可能来自哪个总体呢？显然，最可能来自那个能使 L 取值达到最大的总体，即选取这样的一个 $\hat{\theta}$ 作为 θ 的估计值，它所决定的总体分布使我们所观察到的这组样本取值 $x_1,\ x_2,\cdots,x_n$ 出现的可能性达到最大. 这就是最大似然估计的基本思想.

要选择使 L 达到最大的 θ，在数学上不难做到. 这样的 θ 一定会满足方程

$$\frac{\mathrm{d}L(\theta)}{\mathrm{d}\theta}=0 \tag{3.21}$$

自然对数 $\ln(x)$ 是 x 的单调函数，这就保证了 $\ln L(\theta)$ 的最大值一定也是 $L(\theta)$ 的最大值. 由于 L 是连乘的形式，取对数后就变成了相加，有时会简化计算. 因此求 θ 的最大似然估计常常可求解下述似然方程

$$\frac{\mathrm{d}\ln L(\theta)}{\mathrm{d}\theta}=0 \tag{3.22}$$

如果要估计的参数不止一个，例如 r 个，则似然方程变为如下的方程组

$$\begin{cases} \dfrac{\partial \ln L(\theta_1, \theta_2, \cdots, \theta_r)}{\partial \theta_1} = 0 \\ \dfrac{\partial \ln L(\theta_1, \theta_2, \cdots, \theta_r)}{\partial \theta_2} = 0 \\ \cdots \\ \dfrac{\partial \ln L(\theta_1, \theta_2, \cdots, \theta_r)}{\partial \theta_r} = 0 \end{cases} \tag{3.23}$$

它的解 $\hat{\theta}_1, \hat{\theta}_2, \cdots, \hat{\theta}_r$ 就是我们所要求的最大似然估计.

以上讨论是针对连续型分布.若为离散分布,需解决求 $L(\theta)$ 最大值的问题,因为离散型可能不能微分.但从整体上说,只要能求出 $L(\theta)$ 的最大值,最大似然估计的思想就仍可用.

【例 3.15】 取 n 粒种子作发芽试验,其中有 m 粒发芽,求发芽率 p 的最大似然估计.

解 每粒种子发芽与否可视为两点分布:发芽,则 $X=1$,其概率为 p;不发芽,则 $X=0$,其概率为 $1-p$.

由似然函数的构造,有

$$L(p)=P(X=x_1, p)\cdot P(X=x_2, p)\cdots P(X=x_n, p)$$

由于共有 m 粒发芽,$(n-m)$ 粒不发芽,故

$$L(p)=p^m(1-p)^{n-m}$$

$$\begin{aligned}\frac{\mathrm{d}L(p)}{\mathrm{d}p}&=mp^{m-1}(1-p)^{n-m}+(n-m)(-1)p^m(1-p)^{n-m-1}\\&=p^{m-1}(1-p)^{n-m-1}[m(1-p)-(n-m)p]\end{aligned}$$

令上式等于 0,由于 $p^{m-1}(1-p)^{n-m-1}\neq 0$,有

$$m-m\hat{p}-n\hat{p}+m\hat{p}=0$$

则

$$\hat{p}=\frac{m}{n}$$

即发芽率 p 的最大似然估计为 $\hat{p}=\dfrac{m}{n}$.

【例 3.16】 设 $x_1, x_2, \cdots, x_n$ 是取自正态总体 $N(\mu,\sigma^2)$ 的简单随机子样,μ 与 σ^2 是未知参数,求 μ 和 σ 的最大似然估计.

解　由于 $f(x,\mu,\sigma^2)=\frac{1}{\sqrt{2\pi}\sigma}\exp\left[-\frac{1}{2\sigma^2}(x-\mu)^2\right]$,故有似然函数

$$L(\mu,\sigma^2)=\frac{1}{(\sqrt{2\pi}\sigma)^n}\exp\left[-\frac{1}{2\sigma^2}\sum_{i=1}^{n}(x_i-\mu)^2\right]$$

取对数,有

$$\ln L(\mu,\sigma^2)=-\frac{n}{2}\ln(2\pi\sigma^2)-\frac{1}{2\sigma^2}\sum_{i=1}^{n}(x_i-\mu)^2$$

则似然方程为

$$\begin{cases}\dfrac{\partial\ln L(\mu,\sigma^2)}{\partial\mu}=0-\dfrac{1}{2\sigma^2}(-2)\sum_{i=1}^{n}(x_i-\mu)=0 & ①\\[2ex] \dfrac{\partial\ln L(\mu,\sigma^2)}{\partial\sigma^2}=-\dfrac{n}{2}\,\dfrac{2\pi}{2\pi\sigma^2}+\dfrac{1}{2\sigma^4}\sum_{i=1}^{n}(x_i-\mu)^2=0 & ②\end{cases}$$

由①,解得

$$\sum_{i=1}^{n}(x_i-\mu)=0$$

故

$$\hat{\mu}=\frac{1}{n}\sum_{i=1}^{n}x_i=\overline{x}$$

代入②,得

$$\frac{1}{\sigma^2}\sum_{i=1}^{n}(x_i-\overline{x})^2=n$$

故

$$\hat{\sigma}^2=\frac{1}{n}\sum_{i=1}^{n}(x_i-\overline{x})^2=S_n^2$$

即 μ 和 σ^2 的最大似然估计分别为 $\overline{x}$ 和 S_n^2.

【例3.17】　设 $x_1,x_2,\cdots,x_n$ 为抽自均匀分布

$$f(x,\theta_1,\theta_2)=\begin{cases}\dfrac{1}{\theta_2-\theta_1} & \theta_1\leqslant x\leqslant\theta_2\\[1ex] 0 & \text{其他}\end{cases}$$

的简单随机子样,求 θ_1、θ_2 的最大似然估计.

解　此时每个取值为 x_i 之点的概率密度函数均为$\frac{1}{\theta_2-\theta_1}$,故似然函数为

$$L(\theta_1,\theta_2)=\frac{1}{(\theta_2-\theta_1)^n}$$

其中 θ_1、θ_2 的取值范围为:$\theta_1\leqslant\min\limits_i x_i$,$\theta_2\geqslant\max\limits_i x_i$.

显然,当 θ_1、θ_2 取任何有限值时,都不可能使 $L(\theta_1,\theta_2)$的导数为0,这说明 $L(\theta_1,\theta_2)$无数学意义上的极值.但同样明显的是,θ_2 越小,θ_1 越大,则 $L(\theta_1,\theta_2)$

的值也就越大.由于它们的取值范围为$\theta_1 \leqslant \min\limits_i x_i, \theta_2 \geqslant \max\limits_i x_i$,因此在它们可能的取值范围内当$\hat{\theta}_1 = \min\limits_i x_i, \hat{\theta}_2 = \max\limits_i x_i$时,$L(\theta_1, \theta_2)$有最大值.这也就是$\theta_1, \theta_2$的最大似然估计.

从这几道例题可见,当我们采用不同的估计方法时,有时能得到相同的估计量(如正态分布的μ, σ^2的估计),有时得到不同的估计量(如均匀分布中θ_1, θ_2的估计).总的来说,矩估计是一种古老的方法,它使用较方便,但当样本含量n较大时,它的估计精度一般不如最大似然估计高.最大似然估计法则较新,在大样本的情况下,最大似然估计量一般是一致的,而且是有效的.因此从理论上看,最大似然估计优于矩法估计.常用的点估计除已介绍的几种外,还有标记-重捕法中以Mn/m来估计N等(N:种群总数,M:标记个体数,n:重捕数,m:重捕样本中有标记个体数).

(二) 区间估计——确定一个区间,并给出其中包含总体参数的概率

点估计的最大缺点就是由于估计量也是统计量,它必然带有一定误差.换句话说,估计值不可能正好等于真值.但估计值与真值到底差多少,点估计中没有给我们任何信息.而区间估计正好弥补了这个缺点,它不仅给出了真值的估计值,而且给出了一个区间,并给出了该区间包含真值的概率.因此区间估计给出的信息显然多于点估计.

1. 正态总体μ与σ^2的置信区间

我们主要针对正态分布讨论μ与σ^2的置信区间.这一方面是因为正态分布确实是最常见的分布,另一方面是因为中心极限定理保证了当样本足够大时,不管总体服从什么分布,我们都可以把$\bar{x}$看作近似服从正态分布.因此只有当样本含量较小时,我们才需要对总体是否服从正态分布加以考虑.

求μ与σ^2的置信区间时,选择统计量和理论分布的方法与3.3节假设检验中完全相同,然后根据所得到的接受域对未知参量解不等式,即得到所求的置信区间.若所选择的显著性水平为α,则该区

间包含总体参数的概率即为 $1-\alpha$，称为置信水平.

【例 3.18】 求 σ 已知时 μ 的 95% 置信区间.

解 σ 已知时 $\dfrac{\overline{x}-\mu}{\sigma/\sqrt{n}}\sim N(0,1)$ 取 $\alpha=0.05$，则

$$P\left(-1.96\leqslant\frac{\overline{x}-\mu}{\sigma/\sqrt{n}}\leqslant 1.96\right)=0.95$$

解不等式，得

$$P\left(\overline{x}-1.96\frac{\sigma}{\sqrt{n}}\leqslant\mu\leqslant\overline{x}+1.96\frac{\sigma}{\sqrt{n}}\right)=0.95$$

即 μ 的 95% 置信区间为：$\left(\overline{x}-1.96\dfrac{\sigma}{\sqrt{n}},\ \overline{x}+1.96\dfrac{\sigma}{\sqrt{n}}\right)$.

【例 3.19】 求两样本标准差 σ_i 未知但相等时 $\mu_1-\mu_2$ 的 $1-\alpha$ 置信区间.

解 两样本，标准差未知但相等时的统计量为

$$t=\frac{\overline{x}_1-\overline{x}_2-(\mu_1-\mu_2)}{\sqrt{\dfrac{(m-1)S_1^2+(n-1)S_2^2}{m+n-2}\left(\dfrac{1}{m}+\dfrac{1}{n}\right)}}\sim t(m+n-2)$$

显著性水平为 α 的接受域为

$$t_{\alpha/2}(m+n-2)\leqslant t\leqslant t_{1-\alpha/2}(m+n-2)$$

把 t 表达式代入，注意 t 分位数的对称性，解得 $\mu_1-\mu_2$ 的 $1-\alpha$ 置信区间为

$$(\overline{x}_1-\overline{x}_2)\pm t_{\frac{\alpha}{2}}(m+n-2)\sqrt{\frac{(m-1)S_1^2+(n-1)S_2^2}{m+n-2}\left(\frac{1}{m}+\frac{1}{n}\right)}$$

【例 3.20】 求正态总体 σ^2 的 $1-\alpha$ 置信区间.

解 设样本方差为 S^2. 根据式(3.6)，有

$$\frac{(n-1)S^2}{\sigma^2}\sim\chi^2(n-1)$$

则 $P\left(\chi^2_{\frac{\alpha}{2}}(n-1)\leqslant\dfrac{(n-1)S^2}{\sigma^2}\leqslant\chi^2_{1-\frac{\alpha}{2}}(n-1)\right)=1-\alpha$

对未知参数 σ^2 解不等式，得

$$P\left(\frac{(n-1)S^2}{\chi^2_{1-\frac{\alpha}{2}}(n-1)}\leqslant\sigma^2\leqslant\frac{(n-1)S^2}{\chi^2_{\frac{\alpha}{2}}(n-1)}\right)=1-\alpha$$

即 σ^2 的 $1-\alpha$ 置信区间为

$$\frac{(n-1)S^2}{\chi^2_{1-\frac{\alpha}{2}}(n-1)}\leqslant\sigma^2\leqslant\frac{(n-1)S^2}{\chi^2_{\frac{\alpha}{2}}(n-1)}$$

上述几道题我们都只进行了公式的推导，而没有代入具体的数

字.当需要解决具体问题时,只需将数字代入即可.同时,我们并不希望同学们死记上述公式,而是要搞清楚在各种情况下什么是接受域,应当对哪个变量求解不等式,这样才能针对不同情况灵活使用公式.也有几种情况例题中未涉及,如 σ^2 已知时的双样本 u 检验、σ^2 未知且不等的近似 t 检验、两方差是否相等的 F 检验等.读者只要真正理解、掌握了上述几道例题的思想与方法,这些问题是不难解决的.另外,在某些情况下也会要求单侧置信区间,此时只要用单侧分位数代替双侧分位数即可.读者可试试自行推导相关公式.

2. 正态总体区间估计与显著性检验的关系

(1) 来自于同一不等式,结果是一致的.因此必要时也可使用置信区间进行假设检验:只要看看 H_0 中的理论值是否包含在置信区间中就可以了.

(2) 直观上有一定差异.显著性检验是把 $H_0:\mu=\mu_0$ 视为固定常数,依据它建立理论分布,再来判断实际观察值 $\overline{X}$ 是否小概率事件;区间估计则是把观察值 $\overline{X}$ 视为最可能的 μ 的取值(点估计),再以它为中心建立一个区间,并给出总体参数 μ 包含在这一区间中的概率(置信水平).

3. 二项分布中 p 的置信区间(参见国标 GB4087.2-83)

二项分布的概率函数为:

$$P(X=x\mid n,p)=C_n^x p^x(1-p)^{n-x},\quad x=0,1,2,\ldots,n$$

参数 p 的点估计为:x/n(n:样本含量,x:样本中具有某种属性的个体数).

置信区间的求法如下(P_u,P_L 分别为区间上下限):

(1) $n<10$ 时,置信区间一般太宽,无实用价值.

(2) $n\geqslant 10$ 时,采用下述公式:

$$P_L=\frac{\gamma_2}{\gamma_2+\gamma_1 F_{1-\frac{\alpha}{2}}(\gamma_1,\gamma_2)} \tag{3.24}$$

其中:$\gamma_1=2(n-x+1)$,$\gamma_2=2x$;

$$P_u=\frac{\gamma_2}{\gamma_2+\gamma_1/F_{1-\frac{\alpha}{2}}(\gamma_2,\gamma_1)} \tag{3.25}$$

其中:$\gamma_1=2(n-x)$,$\gamma_2=2(x+1)$.

【例 3.21】 取 $n=20, x=8, 1-\alpha=0.95$,求上单侧、下单侧、双侧置信区间.

解 (1) 上单侧:$n=20$, $x=8$, $\gamma_1=2(20-8)=24, \gamma_2=2(8+1)=18$

查 F 分布表,取 $F_{0.95}(15,24)$ 与 $F_{0.95}(20,24)$ 的平均数 $\frac{2.11+2.03}{2}=2.07$,并将其代入公式,得

$$P_u=\frac{18}{18+24/2.07}=0.608$$

则所求区间为:$[0, 0.608)$.

(2) 下单侧:$n=20$, $x=8$, $\gamma_1=2(20-8+1)=26, \gamma_2=2x=16$

查 F 分布表,取 $F_{0.95}(24,16)$ 与 $F_{0.95}(30,16)$ 的平均数 $\frac{2.24+2.19}{2}=2.215$,并将其代入公式,得

$$P_L=\frac{16}{16+26\times 2.215}=0.217$$

则所求区间为:$(0.217, 1]$.

(3) 双侧:$n=20$, $x=8$

P_L:$\gamma_1=2(20-8+1)=26$, $\gamma_2=2\times 8=16$

查 F 分布表,取 $F_{0.975}(24,16)$ 与 $F_{0.975}(30,16)$ 的平均数 $\frac{2.63+2.57}{2}=2.60$,并将其代入公式,得

$$P_L=\frac{16}{16+26\times 2.6}=0.191$$

$$P_u:\gamma_1=2(20-8)=24,\ \gamma_2=2(8+1)=18$$

查表,取 $F_{0.975}(15,24)$ 与 $F_{0.975}(20,24)$ 的平均数 $\frac{2.44+2.33}{2}=2.385$,并将其代入公式,得

$$P_u=\frac{18}{18+24/2.385}=0.641$$

则所求区间为:$(0.191, 0.641)$.

(3) $n>30$,且 $0.1<\frac{x}{n}<0.9$ 时,可使用下述近似公式:

$$P_L=P_1-u\sqrt{P_1(1-P_1)/(n+2d)} \tag{3.26}$$

$$P_u=P_2+u\sqrt{P_2(1-P_2)/(n+2d)} \tag{3.27}$$

式中:$P_1=\frac{x+d-0.5}{n+2d}$, $P_2=\frac{x+d+0.5}{n+2d}$,u 为正态分布的分位数,

d 为常数,取值见表 3.1.

表 3.1 d 与 u_α 的取值

置信水平 $1-\alpha$	单侧		双侧	
	u_α	d	u_α	d
0.90	1.282	0.7	1.645	1.0
0.95	1.645	1	1.960	1.5
0.99	2.326	2	2.576	2.5

【例 3.22】 取 $n=40, x=12$, $1-\alpha=0.95$,求双侧置信区间(P_L, P_u).

解 查表,得 $d=1.5$, $u_\alpha=1.960$ 代入公式,得

$$P_1=\frac{x+d-0.5}{n+2d}=\frac{12+1.5-0.5}{40+2\times 1.5}=0.3023$$

$$P_2=\frac{x+d+0.5}{n+2d}=\frac{12+1.5+0.5}{40+2\times 1.5}=0.3256$$

$$\begin{aligned}P_L&=P_1-U_\alpha\sqrt{P_1(1-P_1)/(n+2d)}\\&=0.3023-1.96\times\sqrt{0.3023\times 0.6977/43}\\&=0.1650\end{aligned}$$

$$\begin{aligned}P_u&=P_2+U_\alpha\sqrt{P_2(1-P_2)/(n+2d)}\\&=0.3256+1.96\times\sqrt{0.3256\times 0.6744/43}\\&=0.4657\end{aligned}$$

则所求置信区间为:(0.1650,0.4657).

(4) 当 $n>30$, 且$\frac{x}{n}\leqslant 0.1$ 或$\frac{x}{n}\geqslant 0.9$ 时,可采用泊松近似. 近似公式为

$$P_L=\begin{cases}\dfrac{2\lambda}{2n-x+1+\lambda} & \text{当}\dfrac{x}{n}\text{接近 }0\\[2ex] \dfrac{n+x-\lambda'}{n+x+\lambda'} & \text{当}\dfrac{x}{n}\text{接近 }1\end{cases}\tag{3.28}$$

式中:$\lambda=\frac{1}{2}\chi_b^2(2x)$, $\lambda'=\frac{1}{2}\chi_{1-b}^2[2(n-x)+2]$,$\chi_b^2$ 和 χ_{1-b}^2为 χ^2 分布的分位数,依单侧或双侧区间 b 可取值 α 或$\frac{\alpha}{2}$. 括号中为自由度.

$$P_u=\begin{cases}\dfrac{2\lambda}{2n-x+\lambda} & \text{当}\dfrac{x}{n}\text{接近 }0\\ \dfrac{n+x+1-\lambda'}{n+x+1+\lambda'} & \text{当}\dfrac{x}{n}\text{接近 }1\end{cases} \tag{3.29}$$

式中：$\lambda=\frac{1}{2}\chi^2_{1-b}(2x+2)$，$\lambda'=\frac{1}{2}\chi^2_b[2(n-x)]$，$\chi^2_b$ 和 χ^2_{1-b}同上.

【例 3.23】 取 $n=50$，$x=5$，$1-\alpha=0.95$，求双侧置信区间.

解 因$\frac{x}{n}=0.1$,用接近于0的公式.

$$P_L:\lambda=\frac{1}{2}\chi^2_{0.025}(10)=\frac{1}{2}\times 3.247=1.6235$$

$$P_L=\frac{2\lambda}{2n-x+1+\lambda}=\frac{2\times 1.6235}{2\times 50-5+1+1.6235}=0.03396$$

$$P_u:\lambda=\frac{1}{2}\chi^2_{0.975}(12)=\frac{1}{2}\times 23.337=11.6685$$

$$P_u=\frac{2\lambda}{2n-x+\lambda}=\frac{23.337}{2\times 50-5+11.6685}=0.2188$$

则所求置信区间为(0.03396,0.2188).

3.6 非参数检验Ⅰ：χ^2 检验

前边我们介绍的假设检验都属于参数检验,也就是说检验目标是判断总体参数是否等于某一指定值,或两个总体的某一参数是否相等.本节主要介绍另一类检验,这就是非参数检验.它检验的目标一般与参数无关,而是总体分布的某种性质,例如是否服从某种指定的分布,两个事件是否独立等等.

χ^2 检验在非参数检验中应用相当广泛.在以前的检验中我们也用过 χ^2 分布,当时用于检验总体的方差 σ^2 是否等于某一指定值.而本节的用法与上述用法不同,它主要基于以下的 Pearson(皮尔逊)定理.

Pearson 定理 当$(P_1,P_2,\cdots,P_r)$是总体的真实概率分布时,统计量

$$\chi^2=\sum_{i=1}^{r}\frac{(n_i-np_i)^2}{np_i} \tag{3.30}$$

随 n 的增加渐近于自由度为 $r-1$ 的 χ^2 分布.

式(3.30)的统计量也称为 Pearson 统计量.其中：$P_1, P_2, \cdots, P_r$ 为 r 种不同属性出现的概率，n 为样本含量，n_i 为样本中第 i 种属性出现的次数.

由于 n_i 是样本中第 i 种属性出现的次数，是观察值；而 p_i 是第 i 种属性出现的概率，因此 np_i 可被看作是理论上该样本中第 i 种属性应出现的次数.这样我们就可以换一种写法，把 n_i 视为观察值 O_i，np_i 视为理论值 T_i，则式(3.30)可写成

$$\chi^2 = \sum_{i=1}^{r} \frac{(O_i - T_i)^2}{T_i} \tag{3.31}$$

这样一来，可认为 Pearson 定理实际是说如果样本确实抽自由 $(P_1, P_2, \cdots, P_r)$ 代表的总体，O_i 和 T_i 之间的差异就只是随机误差，则 Pearson 统计量可视为服从 χ^2 分布；反之，若样本不是抽自由 $(P_1, P_2, \cdots, P_r)$ 代表的总体，O_i 和 T_i 之间的差异就不只是随机误差，从而使计算出的统计量有偏大的趋势.因此对上述 Pearson 统计量进行上单尾检验可用于判断离散型数据的观察值与理论值是否吻合.此时，统计假设为

$$H_0: E(O_i) = T_i; \ H_A: E(O_i) \neq T_i$$

显然，上述数据应满足

$$\sum_{i=1}^{r} O_i = n, \ \sum_{i=1}^{r} p_i = 1$$

另外，为了使 Pearson 统计量近似服从 $\chi^2(r-1)$分布，还要求：

(1) 各理论值均大于 5，即 $T_i \geqslant 5$, $i=1, 2, \cdots, r$.如果有一个或多个 $T_i < 5$，会使 Pearson 统计量明显偏离 χ^2 分布，可能导致错误检验结果.

(2) 若自由度为 1，则应作连续性矫正，即把统计量改为

$$\chi^2 = \sum_{i=1}^{r} \frac{(|O_i - T_i| - 0.5)^2}{T_i} \tag{3.32}$$

还应注意，由于 Pearson 统计量的 H_0 为 $E(O_i) = T_i$，所以统计量值为 0 意味着 H_0 严格成立，即它不会有下侧拒绝域，永远只用上单侧检验.

Pearson 统计量的应用主要有以下两个方面.

(一) 吻合度检验——用于检验总体是否服从某个指定分布

方法为：设给定分布函数为 $F(x)$. 首先把 x 的值域分为 r 个不相重合的区间，并统计样本含量为 n 的一次抽样中，观察值落入各区间的次数，把落入区间 i 的次数记为 O_i，$i=1,2,\cdots,r$；再算出在指定的分布下，x 落入每一区间的概率 p_i，$i=1,2,\cdots,r$. 由于样本含量为 n，因此理论上落入每一区间的次数应为 $T_i=np_i$，从而可用 Pearson统计量进行检验.

需要特别注意的是，在做吻合度检验时，Pearson 统计量的自由度可能发生变化. 一般来说，如果给定的分布函数 $F(x)$ 中不含有未知参数，则 Pearson 统计量的自由度就是 $r-1$；但如果 $F(x)$ 中含有一个或几个未知参数，需要用从样本中计算出的估计量代替，则使用了几个估计量自由度一般就应在 $r-1$ 的基础上再减去几. 如例 3.23，观测值共分了 9 组，自由度本应为 $9-1=8$，但由于理论分布的 μ 和 σ^2 未知，使用估计量代替，因此自由度应为 $8-2=6$.

【例 3.24】 调查了某地 200 名男孩身高，得 $\bar{x}=139.5$，$S=7.42$，分组数据见下表. 男孩身高是否符合正态分布？

表 3.2 男孩身高分布表

组号	区间	O_i	P_i	T_i	$(O_i-T_i)^2/T_i$
1	$(-\infty, 126)$	8	0.0344	6.88	0.1806
2	$[126, 130)$	13	0.0658	13.16	0.0019
3	$[130, 134)$	17	0.1291	25.81	3.0081
4	$[134, 138)$	37	0.1906	38.12	0.0332
5	$[138, 142)$	55	0.2120	42.40	3.7420
6	$[142, 146)$	33	0.1776	35.51	0.1781
7	$[146, 150)$	18	0.1120	22.40	0.8637
8	$[150, 154)$	10	0.0532	10.64	0.0380
9	$[154, +\infty)$	9	0.0253	5.07	3.0506

解 表中前三列是观察数据，后三列是计算所得. 计算公式为：设区间为 $[x_{i-1}, x_i)$，则

$$p_i = P(x_{i-1} \leqslant x < x_i) = \Phi\left(\frac{x_i - \overline{x}}{S}\right) - \Phi\left(\frac{x_{i-1} - \overline{x}}{S}\right)$$

其中：Φ 为 $N(0,1)$ 的分布函数，可查表得到.

$$T_i = 200P_i$$

$$\chi^2 = \sum_{i=1}^{r} \frac{(O_i - T_i)^2}{T_i} = 11.0963$$

自由度 $df=9-1-2=6$（因用 $\overline{x}, S^2$ 作为 μ, σ^2 的估计量，故应再减去 2 个自由度）. 查 χ^2 分布表，得

$$\chi^2_{0.95}(6)=12.592>\chi^2$$

故可认为男孩身高分布与正态分布无明显差异.

【例 3.25】 以红米非糯稻和白米糯稻杂交，子二代检测 179 株，数据如下表所示. 问子二代分离是否符合 9∶3∶3∶1 的规律？

属性(x)	红米非糯(0)	红米糯(1)	白米非糯(2)	白米糯(3)	合计
株　数	96	37	31	15	179

解 若符合 9∶3∶3∶1 的规律，则应有

$$p(0) = \frac{9}{9+3+3+1} = \frac{9}{16},\ p(1) = p(2) = \frac{3}{16},\ p(3) = \frac{1}{16}$$

故

$$T_0 = \frac{9}{16} \times 179 = 100.6875$$

$$T_1 = T_2 = \frac{3}{16} \times 179 = 33.5625$$

$$T_3 = \frac{1}{16} \times 179 = 11.1875$$

$$\begin{aligned}\chi^2 &= \sum_{i=0}^{3} \frac{(O_i - T_i)^2}{T_i} \\ &= \frac{(96-100.6875)^2}{100.6875} + \frac{(37-33.5625)^2}{33.5625} + \frac{(31-33.5625)^2}{33.5625} + \frac{(15-11.1875)^2}{11.1875} \\ &= 2.0651\end{aligned}$$

查表，$\chi^2_{0.95}(3)=7.8147>\chi^2$，则差异不显著，接受 H_0，子二代分离规律符合 9∶3∶3∶1.

本题理论分布中没有未知参数，因此 χ^2 统计量自由度仍为3.

【例3.26】 用血球计数板计数每微升(μL)培养液中的酵母细胞，得数据如下表中的前两列. 问此细胞计数数据是否符合 Poisson 分布？

细胞数 i	出现次数 O_i	概率 p_i	T_i	$(O_i-T_i)^2/T_i$
0	213	0.5054	202.16	0.581
1	128	0.3449	137.96	0.719
2	37	0.1177	47.08	2.158
3	18	0.0268	10.72	
4	3	0.0046	1.84	6.613
5	1	0.0006	0.24	
合　计	400	1	400	10.17

解　Poisson 分布的概率函数：$p(x=i)=\dfrac{\lambda^i}{i\,!}\mathrm{e}^{-\lambda}, i=0,1,2,\cdots$. 其中只有唯一参数 λ，既是期望又是方差. 故可用 $\overline{x}$ 估计.

$$\begin{aligned}\overline{x}&=\frac{1}{n}\sum_{i=1}^{5}iO_i\\&=\frac{1}{400}(128+2\times37+3\times18+4\times3+5)\\&=0.6825\end{aligned}$$

令 $\lambda=\overline{x}=0.6825$，代入概率函数，可求出 $i=0,1,\cdots,5$ 的概率 p_i，填入表中第3列.

令 $T_i=np_i=400p_i$，填入表中第4列. 由于 $i=4,5$ 时 T_i 值太小，所以它们与 $i=3$ 合并. 即令

$$O_3=18+3+1=22,\quad T_3=10.72+1.84+0.24=12.80$$

计算 $\dfrac{(O_i-T_i)^2}{T_i}$，填入第5列. 将第5列各数字相加，得

$$\chi^2=10.71$$

由于计算理论分布时使用了一个估计量，因此自由度 $df=4-2=2$.

查表：$\chi^2_{0.95}(2)=5.9915$，$\chi^2_{0.99}(2)=9.2103$，$\chi^2>\chi^2_{0.99}$，故差异极显著，拒绝 H_0，观测数据不符合 Poisson 分布.

一般来说细胞计数应服从 Poisson 分布，其前提条件就是各细胞之间既不能互相吸引，也不能互相排斥，必须是互不影响.本例中差异主要表现在出现 3 个以上细胞的次数明显偏多，也许说明细胞间有某种吸引力，有聚在一起的趋势.

(二) 列联表的独立性检验

列联表独立性检验是 Pearson 统计量的又一重要应用.它主要用于检验两个事件是否独立，例如处理方法和效果是否独立.问题可以这样提出：

设实验中可采用 r 种处理方法，可能得到 C 种不同的实验结果.一个常见的问题就是：这 r 种方法的效果是否相同？或改一种问法：方法与效果是否独立？

【例 3.27】 下表列出对某种药的试验结果.问给药方式对药效果是否有影响？

表 3.3 给药方式与药效试验结果

给药方式	有效(A)	无效($\overline{A}$)	总 数	有效率
口服(B)	58	40	98	59.2%
注射($\overline{B}$)	64	31	95	67.4%
总 数	122	71	193	

分析 表中各行、各列总数分别为口服与注射、有效与无效的总数.若 A 代表有效，B 代表口服，则有

$$P(A)=\text{第一列总数/总数}$$

$$P(B)=\text{第一行总数/总数}$$

若保持表中各行各列总数不变，即保持口服与注射、有效与无效的总数不变，也就是保持了 $P(A)$、$P(B)$等概率不变.在这样的条件下，若再有 H_0 成立，即药效与给药方式无关，也就是 A 与 B 互相独立，则有 $P(AB)=P(A)P(B)$.此时总数$\times P(AB)$就应是口服且有效的理论值.与此类似，可用以下方法计算出各格的理论值 T_i：$T_i=$(行总数$\times$列总数)/总数，从而可使用 Pearson 统计量对

H_0：$E(O)=T$（或 A 与 B 独立）进行检验.这种方法就称为列联表独立性检验.设表有 r 行 c 列，由于在这种方法中使用了各行、各列总数作为常数，自由度也应相应减少.若各行总数都确定了，总数当然也就确定了；此时列总数只要确定$c-1$个即可，最后一个可用解方程的方法算出来.因此实际使用的常数不是$r+c$个，而是$r+c-1$个.这样一来，自由度应为

$$df = rc - r - c + 1 = (r-1)(c-1) = (\text{行数}-1)\times(\text{列数}-1)$$

解 在保持各行、列总数不变，且 A 与 B 独立的条件下，计算各格理论值 T_i（见下页表格）.

$$df=(2-1)\times(2-1)=1$$

$$\begin{aligned}\chi^2 &= \frac{(|58-61.95|-0.5)^2}{61.95}+\frac{(|40-36.05|-0.5)^2}{36.05}\\ &\quad+\frac{(|64-60.05|-0.5)^2}{60.05}+\frac{(|31-34.95|-0.5)^2}{34.95}\\ &=0.19213+0.33017+0.19821+0.34056\\ &=1.061\end{aligned}$$

	有效(A)	无效($\overline{A}$)	行总数
口服(B)	$O_1=58$ $T_1=\dfrac{98\times122}{193}=61.95$	$O_2=40$ $T_2=\dfrac{98\times71}{193}=36.05$	98
注射($\overline{B}$)	$O_3=64$ $T_3=\dfrac{95\times122}{193}=60.05$	$O_4=31$ $T_4=\dfrac{95\times71}{193}=34.95$	95
列总数	122	71	总数：193

查 χ^2 分布表，得：$\chi^2_{0.95}(1)=3.841$.因 $\chi^2<\chi^2_{0.95}(1)$，故接受 H_0，给药方式与药效无关.

几点说明

（1）由于保持各列、行总数不变，相当每行、每列均加了一个约束，因此对 r 行 c 列列联表，自由度为 $df=(r-1)(c-1)$.

（2）由于 A 与 B 独立，有：$P(AB)=P(A)P(B)$；这样在保持各行各列总数不变的条件下，可得 T_1 的计算公式

$$T_1 = np_1 = nP(AB) = nP(A)P(B)$$
$$= 总数 \times \frac{第1行总数}{总数} \times \frac{第1列总数}{总数}$$
$$= \frac{第1行总数 \times 第1列总数}{总数} \quad (3.33)$$

T_2, T_3, T_4 等可类似计算.

(3) 由于常用的 2×2 列联表自由度为 1,因此一般应加连续性矫正,即使用公式(3.32)代替(3.31).

(4) 对于 2×2 列联表,还可能有一种特殊的单侧检验.例如在例 3.27 中,若已知该药注射效果只会比口服好,不会比口服差;或问题改为:“问注射效果是否优于口服?”此时相当于专业知识或实际问题要求只检验注射效果偏好的一个单侧.前已述及,由于 Pearson 统计量自身的构造,它只能有上单尾检验,现在却又出来一个单侧,这是以前没有遇到过的问题.

关于这个问题,可进行如下分析:2×2 列联表自由度只有 1,在它的 4 个格中只要有一个格的值确定了,其他 3 个格的值也就都定下来.因此 O_i 偏离 T_i 的情况只有某格 O_i 偏大和偏小两种.这里所说的特殊的单侧检验,实际就是在这两种中检验一种.若行或列不只 2,则自由度多于 1,O_i 偏离 T_i 的情况就会复杂得多,不能只归结为两种了.此时也就无法再考虑只检验其中的一种情况.

由于 Pearson 统计量的分子为$(O_i - T_i)^2$,对某一个格来说,O_i 偏大偏小都会使统计量的值偏大.这说明在 χ^2 上单尾的拒绝域中,本来就包含了某一格偏大或偏小两种情况,而且这两种情况是对称的,即它们出现的可能相等.在 2×2 列联表中,又只有这两种情况.这样一来,我们可以认为原来上单尾包含的值为 α 的概率中,有 $\alpha/2$ 是属于某格 O_i 偏大,$\alpha/2$ 属于这一 O_i 偏小.具体到例3.27,就是有 $\alpha/2$ 属于注射优于口服,$\alpha/2$ 属于注射劣于口服.因此此时 Pearson 统计量的上单尾检验对注射效果来说,相当一种双尾检验;而如果要对注射效果进行单尾检验,同时又要保持 α 不变的话,则查表时不应

查 $\chi^2_{1-\alpha}$，而要查 $\chi^2_{1-2\alpha}$，即对 $\alpha=0.05$ 来说，应查 $\chi^2_{0.90}$. 此时拒绝域对应的概率为 2α，但只有一半即 α 是属于要检验的单尾. 要注意，由于统计量不能区分 O_i 偏大还是偏小，因此计算统计量之前应先检查一下注射有效的数据是否大于相应的 T_i. 如果不大于 T_i，则不必进行任何检验，直接得出结论"注射不明显优于口服"；若大于 T_i，再按上述方法与 $\chi^2_{1-2\alpha}$ 比较进行检验.

【例 3.28】 为检验某种血清预防感冒的作用，将用了血清的 500 人与未用血清的另 500 人在一年中的医疗记录进行比较，统计他们是否曾患感冒，得下表中的数据. 问这种血清对预防感冒是否有效？

	未感冒人数	曾感冒人数	合 计
用血清的人数	254(236.5)	246(263.5)	500
未用血清的人数	219(236.5)	281(263.5)	500
合 计	473	527	1000

解 由于血清不会使人更易患感冒，因此本题应为单侧检验. 同时由于用血清的人未感冒的多，感冒的少，因此血清可能有效，应检验.

按公式 $T_i=\dfrac{\text{行总数}\times\text{列总数}}{\text{总数}}=\dfrac{500\times\text{列总数}}{1000}=\dfrac{\text{列总数}}{2}$ 计算各格理论值，填于各格括号中. 再计算 Pearson 统计量：

$$
\begin{aligned}
\chi^2 &= \frac{(|254-236.5|-0.5)^2}{236.5}+\frac{(|219-236.5|-0.5)^2}{236.5} \\
&\quad +\frac{(|246-263.5|-0.5)^2}{263.5}+\frac{(|281-263.5|-0.5)^2}{263.5} \\
&=(1.2220+1.0968)\times 2 \\
&=4.6376
\end{aligned}
$$

由于本题要求对血清有效这一单侧进行检验，对于 $\alpha=0.05$，应查分位数 $\chi^2_{0.90}(1)=2.7055$；对于 $\alpha=0.01$，应查 $\chi^2_{0.98}(1)\approx\chi^2_{0.975}(1)=5.0239$.

因 $\chi^2_{0.9}<\chi^2<\chi^2_{0.98}$，故差异显著，但未达极显著，则应拒绝 H_0，血清对预防感冒有效.

【例 3.29】 为检测不同灌溉方式对水稻叶片衰老的影响，收集到下表中的资料. 问叶片衰老是否与灌溉方式有关？

表 3.4 水稻叶片衰老情况

灌溉方式	绿叶数	黄叶数	枯叶数	总计
深水	146(140.69)	7(8.78)	7(10.53)	160
浅水	183(180.26)	9(11.24)	13(13.49)	205
湿润	152(160.04)	14(9.98)	16(11.98)	182
总　计	481	30	36	547

解 根据公式 $T_i=\dfrac{\text{行总数}\times\text{列总数}}{\text{总数}}$计算各格理论值，放在相应格的括号中. 例如

第 1 行第 1 列为：　$\dfrac{160\times 481}{547}=140.69$，

第 1 行第 2 列为：　$\dfrac{30\times 160}{547}=8.78$，等等.

$$
\begin{aligned}
\chi^2 &= \frac{(146-140.69)^2}{140.69}+\frac{(7-8.78)^2}{8.78}+\frac{(7-10.53)^2}{10.53}\\
&\quad+\frac{(183-180.26)^2}{180.26}+\frac{(9-11.24)^2}{11.24}+\frac{(13-13.49)^2}{13.49}\\
&\quad+\frac{(152-160.04)^2}{160.04}+\frac{(14-9.98)^2}{9.98}+\frac{(16-11.98)^2}{11.98}\\
&=5.62
\end{aligned}
$$

由于该表有三行三列，故自由度 $df=(3-1)\times(3-1)=4$，不需连续性矫正. 查表：$\chi^2_{0.95}(4)=9.488>\chi^2$，则差异不显著，接受 H_0，叶片衰老与灌溉方式无关.

(三) 2×2 列联表的精确检验

列联表中某一格的理论数少于 5 时，不能用 χ^2 检验. 对于 2×2 列联表来说，此时可使用精确检验法，即用古典概型的方法求出尾区的概率，然后与给定的显著性水平 α 相比，大于 α 则接受 H_0，反之则拒绝.

采用这种方法，需要解决两个问题：用古典概型求 2×2 列联表出现某一组数值的概率和离散分布尾区建立的方法. 现在我们逐一讨论.

1. 2×2 列联表概率的计算方法

设 4 个格的取值分别为：a,b,c,d. 令 $N=a+b+c+d$，事件 E

为保持各行,列总数不变,事件 F 为各格取值为 a,b,c,d,显然有 $E \supset F$. 在假设行变量与列变量独立的条件下,则有

$$P(F \mid E) = \frac{P(EF)}{P(E)} = \frac{P(F)}{P(E)} = \frac{C_N^a C_{b+c+d}^b C_{c+d}^c}{C_N^{a+b} C_N^{a+c}}$$
$$= \frac{(a+b)!(c+d)!(a+c)!(b+d)!}{N!a!b!c!d!} \tag{3.34}$$

前已述及,保持各行、各列总数不变实际是保持各种方法及各种结果的总数不变,即保证实验的外部条件不变. 上式中的分子是出现 a,b,c,d 的有利场合,分母是保持行,列总数不变的有利场合. 因此式(3.34)是保持条件不变的前提下出现 a,b,c,d 的概率.

2. 尾区建立方法

在 3.4 节中,我们集中讨论了离散分布假设检验的问题. 其中的重点就是如何建立尾区. 离散分布尾区建立原则就是从实际观察值开始,把对 H_0 成立不利,对 H_A 成立有利的方向上的概率全加起来,作为尾区概率,然后检查尾区概率是否小概率事件. 具体方法是:若为双侧检验,则与 $\alpha/2$ 比;大于 $\alpha/2$,就认为不是小概率事件,应接受 H_0;否则拒绝 H_0. 若为单侧检验,则直接与 α 进行同样的比较即可. 2×2 列联表精确检验也是一种离散分布的假设检验,也应遵循同样的原则.

若 α,b,c,d 中任何一个为零,一般可以直接把它的概率当成尾区概率进行检验. 这是因为它已经是取值的边界,不可能再有比它更有利于 H_A 成立的情况. 如果都不为零,则可以从任何一个数值出发,按上述原则建立尾区.

【例 3.30】 观察性别对某药物的反应,结果如下表所示. 问男女对该药反应是否相同?

	有	无	合计
男	4	1	5
女	3	6	9
合　计	7	7	14

解 b 的值为 1,在 4 个格中最小.如果 H_0 成立,b 的理论值应为

$$5\times 7/14=2.5$$

本题为双侧检验.从现在的值 1 出发,对 H_0 成立不利的方向应是离理论值而去,即尾区应包括 1 和 0.故应求 $b=1,b=0$ 的概率

$$p_1=P(b=1)=\frac{5!9!7!7!}{14!4!1!3!6!}=0.122$$

若 $b=0$,行、列总和不变,则 $a,\ b,\ c,\ d$ 的值分别为:5,0,2,7.

$$p_0=\frac{5!9!7!7!}{14!5!0!2!7!}=0.010$$

尾区概率 $p_t=p_1+p_0=0.122+0.010=0.132$.

由于不知什么性别对药物反应强烈;故应进行双侧检验,即与 $\alpha/2=0.025$ 比较.

因 $p_t>\frac{\alpha}{2}=0.025$,故应接受 H_0,男女对该药反应无显著不同.

本题中 $p_1=0.122$,显然尾区概率 $p_t>p_1>\alpha$,故也可不必计算 p_0.本题直观上看男性有效率达 80%,女性仅为 33%,应有差异,但检验结果为没有,主要原因是样本量太少,应该继续观察.

一般情况下,当 2×2 列联表需要用精确检验时,常常由于样本含量太少,得不到有意义的结果.因此这种方法应用得并不多.

3.7 非参数检验Ⅱ

上节主要介绍了 χ^2 检验和与它有关的一些检验法.本节介绍其他一些常用的非参数检验,它们共同的特点是:(i) 不要求总体服从正态分布;(ii) 常可用于定性数据.

(一) 秩和检验

用途 检验两组或多组数据平均数是否相等.与 t 检验的不同点:不要求正态母体,只要求样本互相独立.

方法 把全部数据放在一起,从小到大排列,每个数据的位置编号就称为秩.若有两个或多个数据相等,则它们的秩都应等于其所占

位置编号的平均值.然后再把数据按处理的不同分开,分别计算各处理的秩和,并以它为统计量.

1. 两总体秩和检验

秩和检验的 H_0 为:各处理效应相同.显然此时各处理的秩和也应差不多.选用样本含量较小的处理的秩和为统计量.令 N 为总样本含量,n 为所选定的处理的样本含量.若 H_0 成立,则每个秩属于各个处理的可能性均相等.根据古典概型,应有

$$P(n\text{ 个秩的和为某值})=\frac{\text{秩和为该值的秩的组合数}}{\text{从 }N\text{ 中选取 }n\text{ 个的组合数}}$$

利用这个公式,可计算出给定 α 下的秩和 T 的上下限,结果已制成表备查(见书后所附表 C.11).

当 $n\to\infty$ 时,秩和统计量 T 渐近正态分布

$$N\left(\frac{n_1(n_1+n_2+1)}{2},\ \frac{n_1n_2(n_1+n_2+1)}{12}\right)$$

则 n_1,n_2 充分大时(通常要求有一个大于 10),可使用 u 检验

$$u=\frac{T-\mu}{\sigma}=\frac{T-\dfrac{n_1(n_1+n_2+1)}{2}}{\sqrt{\dfrac{n_1n_2(n_1+n_2+1)}{12}}}\sim N(0,1) \tag{3.35}$$

【例3.31】 两窝 20 日龄仔鼠体重(g)分别为下表所示.它们的体重是否有差异?

A/g	B/g
55,60,49,66,53	61,58,70,63,55,59

解 把体重从小到大排列:

	49	53	55	55	58	59	60	61	63	66	70
秩:	1(A)	2(A)	3.5(A)	3.5(B)	5(B)	6(B)	7(A)	8(B)	9(B)	10(A)	11(B)

由于 A 样本含量小,选它的秩和作为统计量

$$T_A=23.5$$

查表，$n_1=5$，$n_2=6$，$\alpha=0.05$，得

$$T_1=20, T_2=40$$

因 $T_1<T_A<T_2$，故应接受 H_0，可以认为体重无显著差异.

【例 3.32】 比较两种肉鸡饲料的效果，56 日龄体重(kg)分别为下表所示. 这两种饲料效果是否有差异？

饲料 A	2.56，2.73，3.05，2.87，2.46，2.93，2.41，2.58，2.89，2.76，2.53
饲料 B	3.12，3.03，2.86，2.53，2.79，2.80，2.96，2.68，2.89，3.10

解 对两种饲料统一排序，得

A	2.41	2.46	2.53	2.56	2.58	2.73	2.76	2.87	2.89	2.93	3.05
秩	1	2	3.5	5	6	8	9	13	14.5	16	19
B	2.53	2.68	2.79	2.80	2.86	2.89	2.96	3.03	3.10	3.12	
秩	3.5	7	10	11	12	14.5	17	18	20	21	

则 $T_A=97$. $n_1=11$，$n_2=10$. 代入式(3.35)，得

$$u=\frac{97-\dfrac{11\times(11+10+1)}{2}}{\sqrt{\dfrac{11\times10\times(11+10+1)}{12}}}=\frac{-24}{14.2009}\approx-1.69$$

因 $|u|<u_{0.975}=1.96$，故应接受 H_0，可认为两种饲料无显著差异.

注意，查表检验时一定要选取样本含量小的秩和为统计量，采用近似检验时则可任意选. 但需注意近似公式中 n_1，n_2 的地位是不对称的，选定统计量后相应的样本含量必须是 n_1.

2. 多总体秩和检验

要求 每个总体的样本含量 $n_i>5$，总样本含量 $N>15$.

H_0：各总体均值无显著差异.

统计量

$$H=\frac{12}{N(N+1)}\sum_{i=1}^{k}T_i^2/n_i-3(N+1) \tag{3.36}$$

其中：n_i、T_i 分别为各样本含量和秩和，k 为总体数，$N=\sum_{i=1}^{k}n_i$ 为总样本含量.

可证明，在上述条件（$n_i>5$，$N>15$）下，H 近似服从自由度为 $(k-1)$ 的 χ^2 分布.

【例 3.33】 四条河流含某种微量元素含量（ppm，10^{-6}）如下表所示.问其含量是否有显著差异？

a	0.54，0.70，0.71 0.52，0.75，0.78，0.61
b	0.75，0.80，0.72，0.71，0.56，0.68，0.66，0.61
c	0.63，0.61，0.59，0.56，0.42，0.40，0.53，0.55
d	0.85，0.87，0.72，0.78，0.63，0.90

解 混合排序，得

a	0.52	0.54	0.61	0.70	0.71	0.75	0.78	
秩	3	5	11	17	18.5	22.5	24.5	
b	0.56	0.61	0.66	0.68	0.71	0.72	0.75	0.80
秩	7.5	11	15	16	18.5	20.5	22.5	26
c	0.40	0.42	0.53	0.55	0.56	0.59	0.61	0.63
秩	1	2	4	6	7.5	9	11	13.5
d	0.63	0.72	0.78	0.85	0.87	0.90		
秩	13.5	20.5	24.5	27	28	29		

四条河流分别赋予下标 1,2,3,4；n 为样本含量；T 为秩和.得

$n_1=7, T_1=101.5$；$n_2=8, T_2=137$；$n_3=8, T_3=54$；$n_4=6, T_4=142.5$

$N=\sum_{i=1}^{4}n_i=29$，代入式(3.36)，得

$$H=\frac{12}{29\times 30}\times\left(\frac{101.5^2}{7}+\frac{137^2}{8}+\frac{54^2}{8}+\frac{142.5^2}{6}\right)-3\times 30$$

$$=104.37-90$$

$$=14.37$$

$df=4-1=3$，查 χ^2 分布表，得

$$\chi^2_{0.95}(3)=7.815,\ \chi^2_{0.99}(3)=11.345$$

因 $H>\chi^2_{0.99}(3)$，故差异极显著，拒绝 H_0，即这四条河该种微量元素含量差异极为显著.

注意事项

(1) 若有几个观察值相同，它们的秩都应取为平均数，因此都相等. 例如例 3.33 中的 0.56 有两个，它们应排在第 7、8 位，因此秩都取为 7.5.

(2) 一般来说，成组数据的 t 检验和下面要学的用于多总体均值检验的方差分析比秩和检验更准确，这是因为秩和检验只利用了部分信息，即只利用了排序的位置，没有利用差值的大小. 但秩和检验可用于更广的范围，如总体非正态、定性数据等.

(二) 符号检验

本检验相当于对配对数据的检验，但只考虑每对数据差值的符号，而不管其绝对值大小. H_0：两处理无差异. 显然，若 H_0 成立，则"＋"与"－"出现概率均为 1/2. 令 n_+, n_- 分别代表"＋"与"－"出现次数，则 n_+, n_- 均应服从 $p=0.5$ 的二项分布.

令 $k=\min(n_+, n_-)$，则尾区概率应为

$$p_t = P(i \leqslant k) = \sum_{i=0}^{k} P(i) = \sum_{i=0}^{k} C_n^i \left(\frac{1}{2}\right)^n$$

其中：$n=n_+ + n_-$. 将尾区概率 p_t 与 α 或 $\alpha/2$ 相比，可做出统计推断.

n 较小时，符号检验的分位数也有专门表格(见书后附录中的表 C.12)可查；n 较大时，k 渐近服从正态分布：$N(np,\ npq)$. 由于 $p=q=1/2$，有

$$u = \frac{k-\mu}{\sigma} = \frac{2k-n}{\sqrt{n}} \sim N(0,1)$$

符号检验的优点与秩和检验类似，主要是不要求总体服从正态分布，可用定性资料，计算简单. 缺点是利用信息较少，不够准确.

注意事项

(1) 若有差值为 0 则舍去，样本含量 n 相应减 1.

(2) $n \leqslant 4$ 时，由于$(1/2)^4 > 0.05$，永无拒绝 H_0 的可能. 此时不能用符号检验.

【例 3.34】 每个样本用两种方法处理后污水硝态氮含量如下表所示. 问处理效果是否相同？

表 3.5 两种方法处理后污水中 NO_3^- 含量(ppm, 10^{-6})

A 方法	11.34	10.21	9.17	7.67	11.14	12.03	8.91	9.72
B 方法	10.56	11.13	9.23	7.21	10.59	10.15	8.45	9.03
差值符号	+	−	−	+	+	+	+	+
A 方法	9.85	10.30	10.38	10.22	9.11	10.51	11.01	
B 方法	9.33	10.45	10.26	9.40	9.04	8.68	10.05	
差值符号	+	−	+	+	+	+	+	

解 (1) 用符号检验

$$n_+ = 12,\ n_- = 3$$

查表，$n=15$，$\alpha=0.05$，双侧检验临界值为 3；$\alpha=0.01$，双侧检验临界值为 2. 本题中 $n_-=3$.

故差异显著，但未达极显著水平. 应拒绝 H_0，可以认为两种方法效果有明显差异.

(2) 用配对数据 t 检验

差值 d：0.78，−0.92，−0.06，0.46，0.55，1.88，0.46，0.69，0.52，−0.15，0.08，0.82，0.07，1.83，0.96.

$$\bar{d} = 0.53133,\ s = 0.71748,\ n = 15$$

$$t = \frac{0.53133}{0.71748/\sqrt{15}} = 2.868$$

查表，$t_{0.975}(14)=2.145$，$t_{0.995}(14)=2.977$，则 $t_{0.975}<t<t_{0.995}$，差异显著，但未达极显著水平，结论与符号检验相同.

但若把第 11 组数据交换一下：A:10.26，B:10.38，则 $n_-=4$，符号检验结果为接受 H_0. 而 t 检验结果为：$\bar{d}=0.5207$，$s=0.7258$，$n=15$.

$$t = \frac{0.5207}{0.7257/\sqrt{15}} = 2.778$$

差异仍为显著但未达极显著. 此时若数据服从正态分布，则显然 t 检验的结果更为可靠.

(三) 游程检验

当用样本对总体进行估计时,样本必须是随机的. 如何检验样本的随机性呢? 游程检验就是常用的方法之一.

所谓游程,就是我们用某种标准把样本分为两类,一类记为 a,一类记为 b. 把它们按出现顺序排列,连续出现的同一种观察值(一串 a 或一串 b)就称为一个游程. 每个游程内包含的观察值个数称为游程长度,游程个数称为游程总数. 当然,$aa\cdots abb\cdots b$ 和 $abab\cdots ab$ 都不太可能是随机样本,因此游程数太多太少都应否定随机性.

以 R_a 记 a 的游程个数,n_a、n_b 分别表示序列中 a、b 的个数,则可证明 R_a 服从超几何分布. 当 $N=n_a+n_b$ 不太大时,可查表(见附录表 C.13)得到临界值(注意,查表时用的是总游程 $R=R_a+R_b$,不是 R_a). 若 N 很大,则可用正态分布来近似

$$E(R_a)=\frac{n_a(n_b+1)}{n_a+n_b}$$

$$D(R_a)=\frac{n_a(n_b+1)n_b(n_a-1)}{(n_a+n_b)^2(n_a+n_b-1)}$$

则

$$u=\frac{R_a-\dfrac{n_a(n_b+1)}{n_a+n_b}}{\sqrt{\dfrac{n_a(n_a-1)n_b(n_b+1)}{(n_a+n_b)^2(n_a+n_b-1)}}}\sim N(0,1) \tag{3.37}$$

(注意,此时用的统计量为 R_a,期望和方差表达式中 n_a 和 n_b 的地位不是对称的).

【例 3.35】 判断下列序列的随机性:

(1) $n_a=12$, $n_b=15$, $R=8$.

(2) $n_a=n_b=18$, $R=20$.

(3) $n_a=25$, $n_b=22$, $R_a=10$, $R_b=9$.

解 (1) 查表,得 $R_1=8$,$R_2=20$,因 $R=R_1$,故拒绝 H_0,不能认为该序列是随机的.

(2) 查表,$n_1=n_2=18$, 得 $R_1=12$,$R_2=26$,因 $R_1<R<R_2$,故应接受 H_0,

可认为该序列是随机的.

(3) 用近似检验

$$E(R_a)=\frac{25\times(22+1)}{25+22}=12.234$$

$$D(R_a)=\frac{25\times(22+1)\times22\times(25-1)}{(25+22)^2\times(25+22-1)}=2.9878$$

$$u=\frac{10-12.234}{\sqrt{2.9878}}=-1.2924$$

因 $|u|<u_{0.975}=1.960$，故应接受 H_0，可认为是随机序列.

如果原始数据是定量数据，那么在未用游程检验之前必须进行变换，把它变成一串 ab 序列. 常用的变换方法为把全部数据从小到大排列，把前一半换成 a，后一半换成 b，再放回原来的位置，即可进行游程检验. 如果样本容量 n 为奇数，则可把中间一数舍弃.

【例 3.36】 检验下面给出的一组数据的随机性：

2.56，2.73，3.05，2.87，2.46，2.93，2.41，2.58，2.89，2.76，3.12，3.03，2.86，2.53，2.79，2.80，2.96，2.68，2.89

解 将全部数据从小到大排列，得

2.41，2.46，2.53，2.56，2.58，2.68，2.73，2.76，2.79，2.80，2.86，2.87，2.89，2.89，2.93，2.96，3.03，3.05，3.12

舍去中间一个 2.80，上排数以 a 表示，下排数以 b 表示，放回原位，得

$$a\ a\ b\ b\ a\ b\ a\ a\ b\ a\ b\ b\ b\ a\ a\ b\ a\ b$$

共 18 个数据，$n_1=n_2=9$，总游程数 $R=12$.

查表，得 $\alpha=0.05$ 时，$R_1=5$，$R_2=15$. 则 $R_1<R<R_2$，可认为数据随机.

游程检验也可用于其他目的，例如可检验两样本是否抽自同一总体. 方法为把它们混合排序，若抽自同一总体，序列应为随机的；若期望不同或方差不同，游程数都有减少的趋势. 因此可做统计检验.

(四) 秩相关检验

本方法用于检验两个指标间相关性. 例如抽取容量为 n 的样本，每一个体测定 X、Y 两个指标，要检验 X、Y 间的相关性.

方法 把 X、Y 指标分别从小到大排序，对每一个体可得它的两个指标的秩值，记为 x_i' 和 y_i'. 令

$$r_s = 1 - \frac{6\sum_{i=1}^{n}(x'_i - y'_i)^2}{n(n^2-1)} \tag{3.38}$$

如果数据中有许多相同的值，则它们的秩也应相同，都取为它们秩的平均数. 这种秩相同的情况对检验结果是会有影响的. 如果秩相同的较多，则应加以修正. 对每次涉及 m 个秩相同，令

$$t = \frac{m^3 - m}{12} \tag{3.39}$$

然后分别对两个变量中的 t 值求和，记为 $\sum t_x$ 和 $\sum t_y$，令

$$T_x = \frac{n^3 - n}{12} - \sum t_x$$

$$T_y = \frac{n^3 - n}{12} - \sum t_y \tag{3.40}$$

计算 r_s 的修正公式为

$$r_s = \frac{T_x + T_y - \sum_{i=1}^{n}(x'_i - y'_i)^2}{2\sqrt{T_x T_y}} \tag{3.41}$$

r_s 称为秩相关系数，可用它查秩相关系数表（见书后附录表 C.20）进行统计检验. 当样本量较大时，也可采用 t 检验

$$t_s = r_s\sqrt{\frac{n-2}{1-r_s^2}} \sim t(n-2) \tag{3.42}$$

对普通相关系数（详见 5.2 节）来说，样本抽自正态总体是非常重要的，否则很可能得到完全错误的结论. 如果已知总体非正态，又没有适当的变换方法可使它成为正态，则应使用秩相关的检验方法.

【例 3.37】 调查得几个地区大气污染综合指数(PI)与肺癌发病率如表3.6所示. 问 PI 与肺癌发病率是否相关?

表 3.6 大气污染综合指数与肺癌发病率

地区号	1	2	3	4	5	6	7
PI	2.9	2.2	2.1	2.6	1.7	1.2	1.4
肺癌发病率	54.35	50.46	43.18	40.50	30.30	10.00	9.00

解 把表 3.6 中数据换为相应的秩：

地区号	1	2	3	4	5	6	7
PI 秩	7	5	4	6	3	1	2
肺癌发病率秩	7	6	5	4	3	2	1

代入式(3.38)，得

$$r_s = 1 - \frac{6 \times (0^2 + 1^2 + 1^2 + 2^2 + 0^2 + 1^2 + 1^2)}{7 \times (7^2 - 1)}$$

$$= 1 - \frac{6 \times 8}{7 \times 48}$$

$$= 0.8571$$

查表，得

$$r_{0.05}(7) = 0.786, \quad r_{0.01}(7) = 0.929$$

则

$$r_{0.05}(7) < r_s < r_{0.01}(7)$$

拒绝 H_0，差异显著，但未达极显著. 可认为大气污染综合指数 PI 与肺癌发病率有关.

总的来说，本节所介绍的各种非参数检验方法检验精度都不高，如果原始数据是连续的定量数据的话，它们都不能充分利用原始数据中的信息. 而且除游程检验外，它们都有与之对应的参数检验，这些参数检验都能更充分地利用连续定量数据中的信息. 即使这样，非参数检验在统计学中仍占有一定位置，主要原因就是它们对总体分布没有特别要求；而那些参数检验一般都要求样本抽自正态总体. 如果样本含量很大，有近百或数百之多，则对总体为正态的要求不是一个太大的问题，因为此时中心极限定理保证了其平均数近似服从正态分布；但如果是小样本，又不是正态分布，强行使用参数检验则很可能得出错误的结论. 此时一般要求对数据进行变换，但在样本含量小，对真实总体分布又了解不多的情况下，选择正确的变换方法也是困难的. 在这种情况下，非参数检验就成了较好的替代方案. 因此这些非参数检验主要用于小样本，非正态总体的情况下.

习　题

3.1 已知环境因素造成的小麦抽穗期的方差为 $\sigma^2=2.781$，今测得某种杂交小麦子二代 158 株抽穗期样本方差为 $S^2=5.386$，问这一差异是否全由环境因素造成?

3.2 已知14岁女孩平均体重为 43.38 kg. 现抽取 10 名同龄的女运动员，其体重(kg)分别为：39，36，43，43，40，46，45，45，41，42. 问这些运动员的平均体重与同龄女孩是否相同?

3.3 已知 10 株杂交水稻单株产量(g)分别为：272，200，268，247，267，246，363，216，206，256. 已知普通水稻平均单株产量为 250 g，标准差为 2.78 g，问杂交稻单株产量是否明显增加?

3.4 饲养场规定，肉鸡平均体重超过了 3 kg 时方可屠宰，现随机抽取 20 只，测得 $\bar{x}=2.95$ kg，$S=0.2$ kg，该批鸡是否达到屠宰批准? 若标准为达到3 kg 即可呢?

3.5 已知某种果汁中 Vitamin C 含量服从正态分布，其质量标准规定 Vitamin C 含量不得少于 20 g/L，标准差不得大于 2 g/L. 现抽取 10 个样品进行检验，得 $\bar{x}=22$ g/L，$S=3.69$ g/L，问这批产品是否合格?

3.6 杂交杨树育种目标为 5 年生树高达到 10 m. 现抽测 50 株，得平均树高 9.36 m，样本标准差 1.36 m，问是否达到育种目标?

3.7 为检查某降压药的疗效，选 20 名患者做实验. 服药前后的舒张压分别为(mmHg). 问该药是否有效?

患者号	1	2	3	4	5	6	7	8	9	10
治疗前	114	117	155	114	119	102	140	91	135	114
治疗后	94	114	125	98	121	95	104	95	106	92
患者号	11	12	13	14	15	16	17	18	19	20
治疗前	103	140	136	126	108	142	114	113	116	121
治疗后	87	138	112	114	91	140	91	88	106	112

3.8 用两种电极测同一土壤样品 pH，结果如下表所示. 问它们的结果是

否相同？如果是4个样品两种电极分别测定的结果呢？

A 电极	5.78，5.74，5.84，5.80
B 电极	5.82，5.87，5.96，5.89

3.9 给幼鼠喂不同饲料，研究每日钙留存量是否不同.以下述两种方式设计本实验.检验这两种方式中 A 和 B 饲料的钙存留量是否有差异，并对两种方法进行比较.

(1) 第一种方式：同一鼠先后喂不同饲料.

鼠号	1	2	3	4	5	6	7	8	9
A 饲料	33.1	33.1	26.8	36.3	39.5	30.9	33.4	31.5	28.6
B 饲料	36.7	28.8	35.1	35.2	43.8	25.7	36.5	35.9	28.7

(2) 第二种方式：甲组11只喂 A 饲料，乙组9只喂 B 饲料

鼠号	1	2	3	4	5	6	7	8	9	10	11
A 饲料	29.7	26.7	28.9	31.1	33.1	26.8	36.3	39.5	33.4	31.5	28.6
B 饲料	28.7	28.3	29.3	32.2	31.1	30.0	36.2	36.8	30.0		

3.10 两群奶牛，各有50头.历史纪录日产奶量标准差分别为 $\sigma_1=10\,\text{kg}$，$\sigma_2=8\,\text{kg}$；某日测得平均每头产奶量为 $\overline{x}_1=122\,\text{kg}$，$\overline{x}_2=117\,\text{kg}$，问两群牛产奶量是否有差异？

3.11 前人结论说某品种玉米自交二代每穗粒重比自交一代会减少10g，现测得自交一代25穗，$\overline{x}_1=356.8\,\text{g}$，$S_1=13.3\,\text{g}$；自交二代30穗，$\overline{x}_2=338.9\,\text{g}$，$S_2=20.1\,\text{g}$，实测数据是否符合前人结论？

3.12 为对比两种肥料的效果，把试验田按肥力，灌溉条件等划分为9块基本一致的小区，每个小区再分成两半，各自随机施用一种肥料.所得产量(kg)如下表(每一小区为一列)表所示.问 A 肥料能否比 B 肥料增产1kg以上？

A 肥料	13.48	14.56	13.68	13.20	14.16	13.92	13.44	13.78	12.52
B 肥料	12.12	13.32	12.98	12.36	12.34	13.44	12.48	12.26	11.34

3.13 从蛋白质结构数据库(PDB)中收集了13对嗜寒和嗜温性的蛋白质来研究其中氨基酸组成的差异，进而将研究结果用于设计具有耐寒冷的蛋白

质. 其中酸性氨基酸(包括 Asp 和 Glu)在两类蛋白中的平均值与标准差分别为 39.62±3.53 和 37.08±2.67,碱性氨基酸(包括 His,Lys 和 Arg)在两类蛋白中的平均值与标准差分别为 37.45±6.47 和 41.34±5.65. 试计算酸性氨基酸和碱性氨基酸的组成在两类蛋白中是否有差异?(注:正负号前的数字为样本均值,正负号后的为样本标准差。)

3.14 假设一般人口中成年人群空腹血糖浓度(mmol/L)的分布是正态分布,均值为 4.56,标准差为 1.59. 预实验显示某种病人空腹血糖浓度平均值为 6.00,样本标准差为 1.67. 现拟测量 30 位该种病人的血糖值验证该病血糖增高. 试计算本次检验的功效.

3.15 研究认为高盐饮食可以导致高血压的发生. 为了检验这一假设,一项膳食调查研究人群中食盐的摄入量:对 20 名成年男性给以高盐饮食且跟踪两年. 记录每人两年前后的舒张压数值,得到两年前后舒张压的均值分别为 90 mmHg和 95 mmHg,标准差分别为 15 mmHg 和 28 mmHg. 设舒张压水平在两年前后的相关系数是 0.5,试计算两年前后舒张压差值的方差. 如果认为两年前后舒张压是独立的,试计算两年前后舒张压差值的方差,并解释两个结果说明了什么问题.

3.16 水质检验要求每毫升水中大肠杆菌平均数不得超过3个. 现取 1 mL 检验,发现 4 个细菌,问是否可据此断定水质超标? 若发现 7 个细菌呢?

3.17 为避免外源基因扩散,标准要求转基因玉米种植区隔离带外花粉数量不得多于每天每平方厘米 3 粒. 现某天实测值为 5 粒/cm^2,问隔离带是否过窄?

3.18 对两品种作吸浆虫抗性对比试验:甲品种检查 590 粒,受害 132 粒;乙品种检查 710 粒,受害 203 粒. 两品种抗性是否有差异?

3.19 试验1000粒种子,有 620 粒发芽,试求发芽率 95%置信区间.

3.20 从某学校初三年级 300 名学生中随机抽取 50 名参加体质测验,平均得分为 75 分,样本标准差为 9.5,求全年级平均分的 90%置信区间.

3.21 纯种玉米株高方差不应大于64 cm^2. 现测量某一品种玉米 75 株,得株高 $\bar{x}=2100$ cm, $s=10$ cm,问是否可说这一品种已不纯? 请给出实测株高方差的 95%置信区间.

3.22 分别建立第3.7题中治疗前后血压值的 95%和 99%置信区间.

3.23 某地区发现,896 名 14 岁以下儿童中有 52%为男孩,给出男孩比例的 95%置信区间,并估计这群儿童性比是否合理.

3.24　服用 A 药物的 30 名患者中有 18 人痊愈，服用 B 药的 30 名患者中有 25 人痊愈，问这两种药物疗效有无差异？

3.25　上题中若6人服 A 药痊愈 5 人，6 人服 B 药痊愈 3 人，则结果如何？

3.26　两医院对溃疡性结肠炎治疗效果统计如下表所示. 从中你可得到什么结论？

	甲医院		乙医院	
	内科	手术	内科	手术
治愈人数	125	44	76	28
死亡人数	8	10	15	8

3.27　两块田中调查小麦锈病发病率，第一块田有锈病 372 叶，无锈病 24 叶；第二块田有病 330 叶，无病 48 叶，请用列联表及百分数差异显著性检验两种方法比较这两块地发病率是否一致，并对结果加以比较.

3.28　用显微镜计数血球计数板上各格中细菌数，得到下表中的结果. 问细菌数是否服从 Poisson 分布？

细菌数	0	1	2	3	4	5	6	7	8	9	合计
格子数	5	19	26	26	21	13	5	1	1	1	118

3.29　据说培养基 B 优于培养基 A. 现接种同样材料，同样接种量，培养 1 周后，单位面积瓶壁上细胞贴壁数如下表所示. 请用秩和检验法检验.

A	254，140，193，153，316，473，389，257，167，147
B	331，257，478，339，407，396，144，357，287，483，396，245，403，390，568

3.30　请用游程法对第3.29题进行检验.

3.31　为证实吸烟是否有害，设计以下实验：选一个吸烟、一个不吸烟的人配成一对. 配对原则是其他条件尽量一致，如性别、年龄、生活方式、居住地自然环境，等等. 从已经发病的人群中共找出 100 对，其发病年龄差（吸烟－不吸烟）共有 30 个“＋”号. 请进行统计检验，并写出你对这种实验设计方法的意见.

3.32　为检查新的减肥方法是否更有效，设计如下实验：每对受试者条件尽量一致，如年龄、性别、现体重，等等. 每对中随机选一人用新法，另一人用旧法.3 个月后,体重减少百分数列入下表.请用符号检验法检验.

编号	1	2	3	4	5	6	7	8	9	10
新法	10	5	7	8	4	15	12	18	3	8
老法	−2	3	1	10	2	11	13	5	−2	12
编号	11	12	13	14	15	16	17	18	19	20
新法	15	13	14	13	7	11	−2	0	16	9
老法	8	12	10	5	8	3	−3	−2	9	8

3.33　请检验下面给出的序列是否随机.

(1) $a\ b\ a\ b\ b\ b\ a\ a\ b\ a\ a\ b\ a\ b\ a\ b\ b\ a\ a\ b$.

(2) $a\ b\ a\ a\ b\ a\ b\ b\ a\ b\ a\ a\ b\ a\ b\ b\ a\ b\ a\ b$.

(3) $a\ a\ a\ a\ b\ b\ b\ b\ b\ a\ a\ a\ a\ a\ b\ b\ b\ b\ b$.

(4) $a\ b\ b\ a\ b\ a\ a\ b\ a\ b\ a\ b\ a\ b\ a\ b\ a\ b\ b\ a$.

3.34　雌鼠年龄与产仔大小的关系列入下表.问仔鼠体重与雌鼠年龄是否有关?(请使用秩相关系数检验)

年龄/月	12	7	4	9	7	2	9	5	8	4
幼仔平均体重/g	19	13	8	8	13	14	12	10	12	11

3.35　证明:

$$\frac{S_{xy}}{\sqrt{S_{xx}S_{yy}}} = 1 - \frac{6\sum(x-y)^2}{n(n^2-1)}$$

等号右边的 x、y 为随机变量的秩,它们满足

$$\sum x = \sum y = \frac{n(n+1)}{2}$$

$$\overline{x} = \overline{y} = \frac{n+1}{2}$$

$$\sum x^2 = \sum y^2 = \frac{n(n+1)(2n+1)}{6}$$

等号左边各符号意义如下

$$S_{xy} = \sum_{i=1} (x_i - \overline{x})(y_i - \overline{y})$$

$$S_{xx} = \sum_{i=1} (x_i - \overline{x})^2$$

$$S_{yy}=\sum_{i=1}(y_i-\overline{y})^2$$

3.36　某地区历年平均血吸虫发病率为1%,采取某种预防措施后,今年普查了 1000 人,发现 8 个患者.是否可据此认为该预防措施有效?

3.37　为估计鱼池中鱼的数量,先捕捞 356 条鱼并一一予以标记,然后放回鱼池.两天后,又从池中捕捞 243 条,其中 12 条是有标记的.求池中鱼的总数.

第 4 章　方 差 分 析

方差分析是一种特殊的假设检验，是判断多组数据之间平均数差异是否显著的. 对多组数据若仍用前一章中的 t 检验一对对比较，会大大增加犯第一类错误的概率. 例如若有 5 组数据要比较，则共需比 $C_5^2=(5\times4)/2=10$次. 若 H_0 正确，每次接受的概率为 $1-\alpha=0.95$，10 次都接受为 $0.95^{10}\approx0.60$，因此 $\alpha'=1-0.60=0.40$，即全部比较中至少犯一次第一类错误的概率为 0.40，这显然是不能接受的①. 方差分析则是把所有这些组数据放在一起，一次比较就对所有各组间是否有差异作出判断. 如果没有显著差异，则认为它们都是相同的；如发现有差异，再进一步比较是哪组数据与其他数据不同. 这样，就避免了使 α 大大增加的弊病. 下面先介绍一些方差分析中要用到的术语.

1. 因素

可能影响试验结果，且在试验中被考查的原因或原因组合. 有时也可称为因子，例如温度、湿度、药物种类等.

(1) 固定因素. 该因素的水平可准确控制，且水平固定后，其效应也固定. 例如温度、化学药物的浓度、动植物的品系等等. 固定因素的效果是可以在以后的实验中重现的.

(2) 随机因素. 该因素的水平不能严格控制，或虽水平能控制，但其效应仍为随机变量. 例如动物的窝别(遗传因素的组合)、农家肥

---

① 这里的计算只是粗略估计. 此时各次检验之间显然不是完全独立的，因此严格来说不能这样简单计算. 不过计算虽然可能有较大误差，但这种误差并不会影响我们想说明的主要问题：多次重复使用假设检验可能会大大增加犯第一类错误的概率.

的效果、天然产物中有效成分的含量等等.随机因素的效果在以后的实验中很难重现.

2. 水平

因素在试验或观测中所处的状态.例如温度的不同值,药物的不同浓度等.

3. 主效应

反映一个因素各水平的平均响应之差异的一种度量.一个因子第 i 水平上所有数据的平均与全部数据的平均之差,称为该因子第 i 水平的主效应.

4. 交互效应

由两个或更多因素之间水平搭配而产生的差异的一种度量.

5. 处理

实验中实施的因子水平的一个组合.

6. 误差

除了实验中所考虑的因素之外,其他原因所引起的实验结果的变化.它可分为系统误差和随机误差:

(1) 系统误差.误差的组成部分,在对同一被测量的多次测试中,它保持不变或按某种规律变化.其原因可为已知,也可为未知,但均应尽量消除.

(2) 随机误差.误差的组成部分,在对同一被测量的多次测试中,它受偶然因素的影响而以不可预知的方式变化.它无法消除或修正.

4.1 单因素方差分析

单因素方差分析是指我们需要研究的因素只有一个,这一因素可以有几个不同的水平,我们的目标就是要看看这些水平的影响是否相同.为了在有随机误差的情况下进行比较,各水平都应有一定数量的重复.

为方便表述,下表中给出一种对数据固定的表示法.

符号*	文字表述
a	因素的水平数
n	每一水平的重复数
x_{ij}	第 i 水平的第 j 次观察值 $(1\leqslant i\leqslant a,\ 1\leqslant j\leqslant n)$
$x_{i\cdot} = \sum_{j=1}^{n} x_{ij}$	第 i 水平所有观察值的和
$\overline{x}_{i}. = \frac{1}{n}x_{i}.$	第 i 水平均值
$x_{\cdot\cdot} = \sum_{i=1}^{a}\sum_{i=1}^{n} x_{ij}$	全部观察值的和
$\overline{x}_{\cdot\cdot} = \frac{1}{an}x_{\cdot\cdot}$	总平均值
$S_{i\cdot}^2 = \frac{1}{n-1}\sum_{j=1}^{n}(x_{ij}-\overline{x}_{i\cdot})^2$	第 i 水平上的子样方差

* 符号中某个下标换为"·"一般表示对该下标求和.为避免与句号混淆,在必须于符号后使用句号时将在句号前加一空格.

方差分析中,我们用以下的线性统计模型描述每一观察值

$$x_{ij}=\mu+\alpha_i+\varepsilon_{ij}\quad (i=1,2,\cdots,a;j=1,2,\cdots,n)\tag{4.1}$$

其中:μ 为总平均数;α_i 为 i 水平主效应;ε_{ij} 为随机误差.为进行统计检验,要求 $\varepsilon_{ij}\sim N(0,\sigma^2)$,且互相独立.注意,这里要求各水平有共同的方差 σ^2.

单因素方差分析的目的就是检验各 α_i 是否均相同.由于因素可分为固定因素和随机因素,它们会对方差分析的过程产生不同的影响,我们分别加以讨论.

(一) 固定因素模型

1. 理论分析

下面结合例题说明方差分析的理论.

【例 4.1】 用 A、B、C、D 4 种不同的配合饲料饲养 30 日龄的小鸡,10 天后计算平均日增重,得到表 4.1 中的数据.问 4 种饲料的效果是否相同?

表 4.1　不同饲料日增重数据

饲　料	日增重 x_{ij}/g				
A	55	49	62	45	51
B	61	58	52	68	70
C	71	65	56	73	59
D	85	90	76	78	69

例 4.1 是固定因素模型,因为在配合饲料中,每种饲料的营养成分是固定的,它的效果也应是固定的.反映到线性模型中,就是 α_i 是常数,且可要求

$$\sum_{i=1}^{a}\alpha_i = 0 \tag{4.2}$$

这种对 α_i 的限制并没有失去一般性,这是因为根据(4.1)式,如果各 α_i 之和 H 不为 0,则我们可把其和数移到总平均数 μ 中去,即令 $\alpha_i{}'=\alpha_i-H/a$,从而使新的 $\alpha_i{}'$之和为 0.同时,也只有新的 $\alpha_i{}'$才符合前述主效应的定义.

固定因素模型的统计假设为

$$H_0:\alpha_i=0 \qquad (i=1,2,\cdots,a)$$
$$H_A:\alpha_i\neq 0 \qquad (\text{至少对某一 } i)$$

方差分析的基本思想,就是将总变差分解为各构成部分之和,然后对它们作统计检验.总变差为

$$\begin{aligned}
&\sum_{i=1}^{a}\sum_{j=1}^{n}(x_{ij}-\overline{x}_{..})^2\\
=&\sum_{i=1}^{a}\sum_{j=1}^{n}(x_{ij}-\overline{x}_{i.}+\overline{x}_{i.}-\overline{x}_{..})^2\\
=&\sum_{i=1}^{a}\sum_{j=1}^{n}[(x_{ij}-\overline{x}_{i.})^2+2(x_{ij}-\overline{x}_{i.})(\overline{x}_{i.}-\overline{x}_{..})+(\overline{x}_{i.}-\overline{x}_{..})^2]\\
=&\sum_{i=1}^{a}\sum_{j=1}^{n}(x_{ij}-\overline{x}_{i.})^2+\sum_{i=1}^{a}\sum_{j=1}^{n}(\overline{x}_{i.}-\overline{x}_{..})^2
\end{aligned}$$

$$+2\sum_{i=1}^{a}\sum_{j=1}^{n}(x_{ij}-\overline{x}_{i\cdot})(\overline{x}_{i\cdot}-\overline{x}_{\cdot\cdot})$$

由于

$$\begin{aligned}&\sum_{i=1}^{a}\sum_{j=1}^{n}(x_{ij}-\overline{x}_{i\cdot})(\overline{x}_{i\cdot}-\overline{x}_{\cdot\cdot})\\&=\sum_{i=1}^{a}\left[(\overline{x}_{i\cdot}-\overline{x}_{\cdot\cdot})\sum_{j=1}^{n}(x_{ij}-\overline{x}_{i\cdot})\right]\\&=\sum_{i=1}^{a}(\overline{x}_{i\cdot}-\overline{x}_{\cdot\cdot})[(x_{i\cdot}-x_{i\cdot})]\\&=0\end{aligned}$$

故 $$\sum_{i=1}^{a}\sum_{j=1}^{n}(x_{ij}-\overline{x}_{\cdot\cdot})^2=n\sum_{i=1}^{a}(\overline{x}_{i\cdot}-\overline{x}_{\cdot\cdot})^2+\sum_{i=1}^{a}\sum_{j=1}^{n}(x_{ij}-\overline{x}_{i\cdot})^2 \tag{4.3}$$

用符号表示,上式可写成

$$SS_T=SS_A+SS_e \tag{4.4}$$

其中符号的意义为:SS_T:总平方和;SS_A:处理间平方和;SS_e:误差平方和,或处理内平方和.

它们的自由度分别为 $an-1$,$a-1$ 和 $a(n-1)$,即自由度也作了相应分解

$$an-1=a-1+a(n-1)$$

令 $MS_e=\dfrac{SS_e}{a(n-1)}$,称为误差均方;$MS_A=\dfrac{SS_A}{a-1}$,称为处理间均方;则它们的数学期望分别为

$$\begin{aligned}E(MS_e)&=\frac{1}{na-a}E(SS_e)\\&=\frac{1}{an-a}E\left[\sum_{i=1}^{a}\sum_{j=1}^{n}(x_{ij}-\overline{x}_{i\cdot})^2\right]\\&=\frac{1}{an-a}E\left[\sum_{i=1}^{a}\sum_{j=1}^{n}(\mu+\alpha_i+\varepsilon_{ij}-\mu-\alpha_i-\bar{\varepsilon}_{i\cdot})^2\right]\end{aligned}$$

$$= \frac{1}{an-a} E\left[\sum_{i=1}^{a}\sum_{j=1}^{n}(\varepsilon_{ij} - \bar{\varepsilon}_{i\cdot})^2\right]$$

$$= \frac{1}{an-a} E\left[\sum_{i=1}^{a}\sum_{j=1}^{n}(\varepsilon_{ij}^2 - 2\varepsilon_{ij}\bar{\varepsilon}_{i\cdot} + \bar{\varepsilon}_{i\cdot}^2)\right]$$

$$= \frac{1}{an-a} E\left[\sum_{i=1}^{a}\sum_{j=1}^{n}\varepsilon_{ij}^2 - 2\sum_{i=1}^{a}\bar{\varepsilon}_{i\cdot}\sum_{j=1}^{n}\varepsilon_{ij} + n\sum_{i=1}^{a}\bar{\varepsilon}_{i\cdot}^2\right]$$

$$= \frac{1}{an-a} E\left[\sum_{i=1}^{a}\sum_{j=1}^{n}\varepsilon_{ij}^2 - n\sum_{i=1}^{a}\bar{\varepsilon}_{i\cdot}^2\right]$$

（因 $E(\varepsilon_{ij}) = 0$，故 $E(\varepsilon_{ij}^2) = \sigma^2$）

$$= \frac{1}{an-a}\left(an\sigma^2 - na\frac{\sigma^2}{n}\right)$$

$$= \sigma^2$$

$$E(MS_A) = \frac{1}{a-1}E(SS_A)$$

$$= \frac{1}{a-1}E\left[\sum_{i=1}^{a}\sum_{j=1}^{n}(\overline{x}_{i\cdot} - \overline{x}_{\cdot\cdot})^2\right]$$

$$= \frac{1}{a-1}E\left[n\sum_{i=1}^{a}(\mu + \alpha_i + \bar{\varepsilon}_{i\cdot} - \mu - \overline{\alpha} - \bar{\varepsilon}_{\cdot\cdot})^2\right]$$

$$= \frac{n}{a-1}E\left[\sum_{i=1}^{a}\left[(\bar{\varepsilon}_{i\cdot} - \bar{\varepsilon}_{\cdot\cdot}) + (\alpha_i - \overline{\alpha})\right]^2\right.$$

$$= \frac{n}{a-1}E\left[\sum_{i=1}^{a}(\bar{\varepsilon}_{i\cdot} - \bar{\varepsilon}_{\cdot\cdot})^2 + 2\sum_{i=1}^{a}(\bar{\varepsilon}_{i\cdot} - \bar{\varepsilon}_{\cdot\cdot})(\alpha_i - \overline{\alpha})\right.$$

$$\left. + \sum_{i=1}^{a}(\alpha_i - \overline{\alpha})^2\right]$$

由于 $E(\varepsilon_{ij})=0$，α_i 不是随机变量，且$\sum_{i=1}^{a}\alpha_i=0$，则

$$原式 = \frac{n}{a-1}E\left[\sum_{i=1}^{a}(\bar{\varepsilon}_{i\cdot}^2 - 2\bar{\varepsilon}_{i\cdot}\bar{\varepsilon}_{\cdot\cdot} + \bar{\varepsilon}_{\cdot\cdot}^2)\right] + \frac{n}{a-1}\sum_{i=1}^{a}\alpha_i^2$$

$$= \frac{n}{a-1}\Big[E\sum_{i=1}^{a}(\bar{\varepsilon}_{i\cdot})^2 - aE(\bar{\varepsilon}^2_{\cdot\cdot})\Big] + \frac{n}{a-1}\sum_{i=1}^{a}\alpha_i^2$$

$$= \frac{n}{a-1}\Big(a\,\frac{\sigma^2}{n} - a\,\frac{\sigma^2}{na}\Big) + \frac{n}{a-1}\sum_{i=1}^{a}\alpha_i^2$$

$$= \sigma^2 + \frac{n}{a-1}\sum_{i=1}^{a}\alpha_i^2$$

从这两个数学期望来看,我们给 MS_e 和 MS_A 起的名字是有道理的. MS_e 的期望是 σ^2,即随机误差 ε 的方差,说明它就是随机误差的一个估计量;而 MS_A 的期望是 $\sigma^2+\frac{n}{a-1}\sum_{i=1}^{a}\alpha_i^2$,除了有代表随机误差的 σ^2 外,还有一项是各水平主效应的平方和,即它代表了各处理间差异的大小.

若 H_0 成立,则有:$\alpha_i=0, i=1,2,\cdots,a$;此时 $E(MS_A)=\sigma^2$;若 H_0 不成立,则 $E(MS_A)>\sigma^2$. 令

$$F = \frac{MS_A}{MS_e} \tag{4.5}$$

则当 H_0 成立时,$F \sim F(a-1,\ na-a)$;否则,F 值有偏大的趋势. 因此可用 F 分布表对 H_0 是否成立进行上单尾检验.

2. 统计计算

方差分析的计算比较繁杂,因此常使用计算机进行. 公式为

$$SS_T = \sum_{i=1}^{a}\sum_{j=1}^{n}x_{ij}^2 - \frac{x^2_{\cdot\cdot}}{na} \tag{4.6}$$

$$SS_A = \frac{1}{n}\sum_{i=1}^{a}x_{i\cdot}^2 - \frac{x^2_{\cdot\cdot}}{na} \tag{4.7}$$

$$SS_e = SS_T - SS_A$$

现在的计算器常有统计功能,利用这样的计算器也可大大简化计算. 步骤为

(1) 把每一水平视为一个小样本,先求出 $\bar{x}_{i\cdot}$ 和 $S^2_{i\cdot}$,即它们的

样本均值和样本方差.

(2) 把所有 $\overline{x}_{i\cdot}$ 视为一个样本,求出它的样本方差 $S_{\overline{x}}^2$,则

$$MS_A = nS_{\overline{x}}^2 \tag{4.8}$$

(3) $SS_e = (n-1)\sum_{i=1}^{a} S_{i\cdot}^2$　或　$MS_e = \frac{1}{a}\sum_{i=1}^{a} S_{i\cdot}^2$　　(4.9)

现在我们来计算例 4.1(使用带统计功能的计算器).

解　用计算器求出各处理的平均数和子样方差及平均数的子样方差:

饲　料	1	2	3	4	$S_{\overline{x}}^2$	$\sum_{i=1}^{a} S_{i\cdot}^2$
$\overline{x}_{i\cdot}$	52.4	61.8	64.8	79.6	127.24	
$S_{i\cdot}^2$	41.8	54.2	54.2	66.3		216.5

将表中数据代入式(4.8)、(4.9),得

$$MS_A = 5\times 127.24 = 636.2$$

$$MS_e = 216.5/4 = 54.125$$

$$F = \frac{MS_A}{MS_e} = 11.754$$

查 F 分布表,得

$$F_{0.95}(3,16) = 3.24, F_{0.99}(3,16) = 5.29$$

因 $F > F_{0.99}$,故拒绝 H_0,差异极显著. 4 种饲料的增重效果差异极显著.

这就是方差分析中最简单的单因素固定模型的分析方法. 对固定模型来说,如果结果是差异显著,一般还应进行多重比较,具体方法稍后介绍. 从这一分析过程中可以很清楚地看到方差分析的基本思想,那就是不再对数据进行一对对的比较,而是对总体的方差进行分解,首先分离出随机误差所导致的变差,然后再将处理所引起的变差与它相比较,如果处理的变差明显大于随机误差,则说明各水平间的差异不能用随机误差解释,应认为各水平间有明显差异;否则则说明各水平间的不同可以认为是随机误差引起,即各水平间没有差异. 这样就对多组实验之间的差异一次完成了检验,从而避免了多次检验引起的犯错误可能大大升高的问题. 下面我们再来看看,如果因素的效果是随机的,对方差分析的过程将产生什么影响.

(二) 随机因素模型

【例 4.2】 随机选取 $A \sim D$ 4 窝动物,每窝均有 4 只幼仔,其出生时的体重见表4.2.不同窝出生的幼仔体重差异是否显著?

表 4.2 幼仔出生时的体重

窝 别	出生时的体重 x_{ij}/g			
A	34.7	33.3	26.2	31.6
B	33.2	26.0	28.6	32.3
C	27.1	23.3	27.8	26.7
D	32.9	31.4	25.7	28.0

例 4.2 是随机因素模型.这里我们想要检验各窝动物之间的差别,这种差别主要是由于它们的遗传背景不同造成的.同一窝动物遗传背景也会有所不同,我们把这种窝内的差异归结为随机误差.我们检验的目标就是要看不同窝之间的差异是否比窝内的随机误差要大.显然,这种遗传背景的差异是无法控制、无法重现,它的效果也是无法预料的,因此是典型的随机因素.随机因素的影响首先体现在线性统计模型中,它的表达式仍为

$$x_{ij} = \mu + \alpha_i + \varepsilon_{ij} \quad (i = 1,2,\cdots,a; j = 1,2,\cdots,n)$$

但由于各水平的效应无法预料,现在 α_i 不再能视为常数,而是随机变量了,即

$$\alpha_i \sim NID(0,\sigma_\alpha^2),\ \varepsilon_{ij} \sim NID(0,\sigma^2) \quad (NID\ 意为独立正态分布)$$

此时一般 $\sum \alpha_i = 0$ 不再成立,统计假设相应变为

$$H_0: \sigma_\alpha^2 = 0; \quad H_A: \sigma_\alpha^2 > 0$$

这样,当 H_0 成立时,自然有 $\alpha_i = 0, i = 1,2,\cdots a$;若不成立,则作为从 $N(0,\sigma_\alpha^2)$ 中抽取的样本,各 α_i 不可能都相同,当然也不可能全都为 0.此时它们的和一般也不会是 0.

对于随机模型,总平方和与自由度的分解与固定模型是相同的,

因为在证明平方和分解的过程中没有用到线性统计模型，因此因素类型的变化不会影响总平方和的分解. MS_e 的期望也没有变，因为这些推导过程中也没有使用 α_i 的性质. 但 MS_A 的期望变了，因为 α_i 不再是非随机变量，$\bar{\alpha}$ 也不再为 0.

$$E(MS_A)=\frac{1}{a-1}E(SS_A)=\frac{n}{a-1}E\Big[\sum_{i=1}^{a}(\bar{x}_{i\cdot}-\bar{x}_{\cdot\cdot})^2\Big]$$

$$=\frac{n}{a-1}E\sum_{i=1}^{a}[(\overline{\bar{\varepsilon}_{i\cdot}}-\bar{\varepsilon}_{\cdot\cdot})+(\alpha_i-\bar{\alpha})]^2$$

$$=\frac{n}{a-1}E\Big[\sum_{i=1}^{a}(\bar{\varepsilon}_{i\cdot}-\bar{\varepsilon}_{\cdot\cdot})^2+2\sum_{i=1}^{a}(\bar{\varepsilon}_{i\cdot}-\bar{\varepsilon}_{\cdot\cdot})(\alpha_i-\bar{\alpha})$$

$$+\sum_{i=1}^{a}(\alpha_i-\bar{\alpha})^2\Big]$$

由于各 α_i 与各 ε_{ij} 相互独立，且期望均为 0，因此上述各项分别求期望后，上式的交叉项期望为零. 即

$$\text{原式}=\frac{n}{a-1}\Big[E\sum_{i=1}^{a}(\bar{\varepsilon}_{i\cdot}-\bar{\varepsilon}_{\cdot\cdot})^2+E\sum_{i=1}^{a}(\alpha_i-\bar{\alpha})^2\Big]$$

$$=\frac{n}{a-1}E\Big[\sum_{i=1}^{a}(\bar{\varepsilon}_{i\cdot}^2-a\bar{\varepsilon}_{\cdot\cdot}^2)\Big]+\frac{n}{a-1}E\Big[\sum_{i=1}^{a}(\alpha_i^2-a\bar{\alpha}^2)\Big]$$

$$=\frac{n}{a-1}\left(a\,\frac{\sigma^2}{n}-a\,\frac{\sigma^2}{an}\right)+\frac{n}{a-1}\left(a\sigma_\alpha^2-a\,\frac{\sigma_\alpha^2}{a}\right)$$

$$=\sigma^2+n\sigma_\alpha^2$$

从上述均方期望可看出，若 H_0 成立，仍有

$$F=\frac{MS_A}{MS_e}\sim F(a-1,a(n-1))$$

而当 H_A 成立时，F 值仍有偏大的趋势. 因此仍可用 F 分布表作上单尾检验. 但这时对结果的解释却不同了. 在固定模型中，结论只适用于检查的那几个水平. 而在随机模型中由于是 $\sigma_\alpha^2=0$，下一次抽样只要是仍是从这个总体中抽取，它们的主效应就应该全等于 0，因此结

论可推广到这一因素的一切水平.

现在来计算例 4.2.

解 计算各处理平均数和方差,以及平均数的方差,填入下表:

窝　别	A	B	C	D	$S_{\bar{x}}^2$	$\sum S_{i\cdot}^2$
$\bar{x}_{i\cdot}$/g	31.45	30.025	26.225	29.50	4.88	
$S_{i\cdot}^2$/g	13.86	11.16	4.01	10.62		39.65

将表中数据代入式(4.8)、(4.9),得

$$MS_A = nS_{\bar{x}}^2 = 4 \times 4.88 = 19.52$$

$$MS_e = \frac{1}{a}\sum_{i=1}^{a} S_{i\cdot}^2 = \frac{39.65}{4} = 9.913$$

$$F = \frac{MS_A}{MS_e} = 1.969$$

查 F 分布表,得

$$F_{0.95}(3,12) = 3.490$$

因 $F < F_{0.95}$,故接受 H_0,可认为出生体重无显著差异.

从上述分析过程可知,当因素从固定变为随机后,其影响主要表现在改变了统计模型中参数 α_i 的性质,使它从常数变成了随机变量.这样一来,所有涉及 α_i 的地方都有了明显改变,包括统计假设 H_0 和 H_A,均方期望 $E(MS_A)$,以及最后的解释.对单因素方差分析来说,因素类型的变化没有影响统计量的计算与检验过程,这是与两个及更多因素方差分析不同之处.另外,由于随机因素的水平不能重复,因此多重比较也就变成没有意义的了.

(三) 不等重复时的情况

方差分析的数据都是按照精心设计的实验方案收集来的,一般来说各水平应有相同的重复数.但若实验过程中由于某种原因丢失了一个或几个数据,又无法重做实验弥补,此时就变成各水平有不同的重复数了.在这种情况下上述方差分析的方法仍然可用,但计算公

式及自由度都要作相应变化. 令 $N=\sum_{i=1}^{a}n_i$,则总自由度可表示为 $N-1$,SS_A 的自由度仍为 $a-1$, SS_e 的自由度变为 $N-a$. 式(4.6)及(4.7)相应变为

$$SS_T=\sum_{i=1}^{a}\sum_{j=1}^{n_i}x_{ij}^2-\frac{x_{\cdot\cdot}^2}{N} \tag{4.10}$$

$$SS_A=\sum_{i=1}^{a}\frac{x_{i\cdot}^2}{n_i}-\frac{x_{\cdot\cdot}^2}{N} \tag{4.11}$$

用计算器的计算方法也应改为:

[1] 计算每一处理的样本方差 S_i^2.

[2] 全部样本放在一起,计算总样本方差 S^2

[3] $SS_T=(N-1)S^2$

[4] $SSe=\sum_{i=1}^{a}(n_i-1)S_i^2$. (4.12)

[5] $SS_A=SS_T-SS_e$ (4.13)

(四) 多重比较

固定模型拒绝 H_0 时,并不意味着所有处理间均存在差异. 为弄清哪些处理间有差异,需对所有水平作一对一的比较,即多重比较. 常用的多重比较方法有以下几种:

1. 最小显著差数(LSD)法

实际就是用 t 检验对所有平均数作一对一对的检验. 一般情况下各水平重复数 n 相等,用 MS_e 作为 σ^2 的估计量,可得

$$S_{(\overline{x}_i-\overline{x}_j)}=\sqrt{MS_e\left(\frac{1}{n_i}+\frac{1}{n_j}\right)}=\sqrt{\frac{2MS_e}{n}}$$

统计量为

$$t=\frac{|\overline{x}_i-\overline{x}_j|}{\sqrt{2MS_e/n}}\sim t(an-a)$$

因此当

$$|\overline{x}_i - \overline{x}_j| > t_{0.975}\sqrt{2MS_e/n} \tag{4.14}$$

时，差异显著. t 分位数的自由度 $df=a(n-1)$.

$t_{0.975}\sqrt{2MS_e/n}$即为最小显著差数，记为 LSD. 所有比较仅需计算一个 LSD，应用很方便. 但由于又回到了多次重复使用 t 检验的方法，会大大增加犯第一类错误的概率. 为了克服这一缺点，人们提出了多重范围检验的思想：即把平均数按大小排列后，对离得远的平均数采用较大的临界值 R. 这一类的方法主要有 Duncan 法和 Newman-Q 法. 后者又称为 q 法. 现介绍如下.

2. Duncan 法

Duncan 法步骤如下.

(1) 把需比较的 a 个平均数从大到小排好，即

$$\overline{x}_1 \geqslant \overline{x}_2 \geqslant \cdots \geqslant \overline{x}_a$$

(2) 求出各对差值，并列成表 4.3.

表 4.3　a 个均值间的差值表

	a	$a-1$	…	3	2
1	$\overline{x}_1-\overline{x}_a$	$\overline{x}_1-\overline{x}_{a-1}$	…	$\overline{x}_1-\overline{x}_3$	$\overline{x}_1-\overline{x}_2$
2	$\overline{x}_2-\overline{x}_a$	$\overline{x}_2-\overline{x}_{a-1}$	…	$\overline{x}_2-\overline{x}_3$	
…	…	…	…		
$a-2$	$\overline{x}_{a-2}-\overline{x}_a$	$\overline{x}_{a-2}-\overline{x}_{a-1}$			
$a-1$	$\overline{x}_{a-1}-\overline{x}_a$				

(3) 求临界值

$$R_{k,\alpha}=r_\alpha(k,df)\sqrt{MS_e/n} \quad (k=2,3,\cdots,a) \tag{4.15}$$

其中：$\alpha=0.05$ 或 0.01，k 表示两平均数在位次上的差别，即若差为 $\overline{x}_i-\overline{x}_j$，则 $k=j-i+1$. 因此相邻二平均数 k 值为 2，隔一个为 3，余类推. $\sqrt{MS_e/n}$是各处理平均数 $\overline{x}_i$ 的标准差估计值，其自由度等于 MS_e 的自由度. $r_\alpha(k,df)$ 的值需查专门表格（见书后附录的表 C.6）. 最后把求得的临界 $R_{k,\alpha}$列成表 4.4.

表 4.4 多重检验临界值表

k	$r_{0.05}$	$R_{0.05}$	$r_{0.01}$	$R_{0.01}$
2	$r_{0.05}(2,df)$	$R_{2,0.05}$	$r_{0.01}(2,df)$	$R_{2,0.01}$
3	$r_{0.05}(3,df)$	$R_{3,0.05}$	$r_{0.01}(3,df)$	$R_{3,0.01}$
…	…	…	…	…
a	$r_{0.05}(a,df)$	$R_{a,0.05}$	$r_{0.01}(a,df)$	$R_{a,0.01}$

(4) 对差值表采用适当的 R 进行比较. 差值表中每条对角线上的 k 值是相同的,可使用同一个临界值 R. 差值大于 $R_{0.05}$,标以"*";大于 $R_{0.01}$ 则标"**". 若比较的两个水平重复数不等,设为 n_i、n_j,则可用它们的调和平均值 n_{ij} 代替 n,即

$$\frac{1}{n_{ij}}=\frac{1}{2}\left(\frac{1}{n_i}+\frac{1}{n_j}\right)$$

此时

$$R_{k,\alpha}=r_\alpha(k,df)\sqrt{\frac{MS_e}{2}\left(\frac{1}{n_i}+\frac{1}{n_j}\right)} \tag{4.16}$$

3. Newman-Q 法

又称多重范围 q 检验. 它的检验方法与 Duncan 法完全相同,只是要查不同的系数表,即 q 值表(见书后附录的表 C.7).

4. 三种方法的比较

比较 Duncan 的 r 值表与 q 值表,可知当 $k=2$ 时,有

$$r_\alpha=q_\alpha=\sqrt{2}\,t_{1-\alpha/2}$$

此时三种检验法是相同的. 当 $k\geqslant 3$ 时,三种方法临界值不同,其中 LSD 最小,Duncan 法次之,Newman-Q 法最大. 因此 LSD 法犯第一类错误概率最大,Duncan 法次之,Newman-Q 法最小,可按照犯两类错误危害性大小选择适当的方法. 一般来说,Duncan 法最常用;若各水平均值只需与对照比较,由于比较次数较少,可考虑选用 LSD 法. 另外,只有 F 检验确认各平均数间有显著差异后才可

进行 LSD 法检验，而另两种方法则不一定. 由于后两种方法实际上是采用另一种思路进行多个数据之间的比较，与方差分析是不同的统计方法，因此有时它们的结果也可能与方差分析中 F 检验的结果不一致.

【例 4.3】 对例 4.1 进行多重比较.

解 前已算出：$\bar{x}_{1\cdot}=52.4$，$\bar{x}_{2\cdot}=61.8$，$\bar{x}_{3\cdot}=64.8$，$\bar{x}_{4\cdot}=79.6$

$$MS_e=54.125,\ df=4\times(5-1)=16$$

(1) 最小显著差数法

查表，得

$$t_{0.975}(16)=2.1199,\ t_{0.995}(16)=2.9208$$

故

$$\begin{aligned}LSD_{0.05}&=t_{0.975}(16)\ \sqrt{2MS_e/n}\\&=2.1199\times\sqrt{2\times 54.125/5}\\&=2.1199\times 4.6530\\&=9.8639\end{aligned}$$

$$LSD_{0.01}=2.9208\times 4.6530=13.5905$$

列出各水平均值的差值表（均值已从小到大排列，不必再排）：

	4	3	2
1	27.2**	12.4*	9.4
2	17.8**	3.0	
3	14.8**		

将各差值分别与 $LSD_{0.05}$ 和 $LSD_{0.01}$ 比较，大于 $LSD_{0.05}$ 的标“*”，大于 $LSD_{0.01}$ 的标“**”. 得：$\bar{x}_{4\cdot}$ 与其他 3 个均值均达差异极显著，$\bar{x}_{3\cdot}$ 与 $\bar{x}_{1\cdot}$ 差异显著.

(2) Duncan 法

$$\sqrt{MS_e/n}=\sqrt{54.125/5}=3.290,\ df=16$$

利用公式 $R_{k,\alpha}=r_\alpha(k,df)\ \sqrt{MS_e/n}$ 求各临界值.

表 4.5　Duncan 多重检验临界值表

k	$r_{0.05}(k,16)$	$R_{0.05}$	$r_{0.01}(k, 16)$	$R_{0.01}$
2	3.00	9.87	4.13	13.59
3	3.15	10.36	4.34	14.28
4	3.23	10.63	4.45	14.64

列出差值表，并与临界值表中的数值进行比较.

	4	3	2
1	27.2**	12.4*	9.4
2	17.8**	3.0	
3	14.8**		

最长的对角线上应使用 $k=2$ 的临界值，因此首先与 $\alpha=0.05$ 的临界值 9.87比较，大于 9.87 的则标一个“*”号；再与 $\alpha=0.01$ 的临界值 13.59 比较，大于 13.59 则再加一个“*”号. 次长对角线应使用 $k=3$ 的临界值，因此应先后与 10.36，14.28 比较，大于前者加一个“*”，大于后者再加一个“*”. 第三条对角线上只有一个数 27.2，它应与 $k=4$ 的临界值，即 10.63 和 14.64 比较，显然它比这两个临界值都大，因此也应标上两个“*”号. 这样就完成了多重比较. 把这一差值表与前边最小显著差数法的差值表进行比较，可以看到它们的结果是相同的. 但若比较一下两种方法的临界值，就可以发现 Duncan 法 $k=2$ 的临界值就是最小显著差数法的临界值，而 $k>2$ 的 Duncan 法临界值变大，但对本题来说，这种变大尚不足以改变最终的结果.

(3) Newman-Q 法

仍有：$\sqrt{MS_e/n}=\sqrt{54.125/5}=3.290, df=16$.

利用公式 $Q_{k,\alpha}=q_\alpha(k,df)\sqrt{MS_e/n}$求各临界值，结果列于表 4.6.

表 4.6　Newman-Q 法临界值表

k	$q_{0.05}(k,16)$	$Q_{0.05}$	$q_{0.01}(k,16)$	$Q_{0.01}$
2	3.00	9.87	4.13	13.59
3	3.65	12.01	4.79	15.76
4	4.05	13.32	5.19	17.08

列出差值表,并与相应临界值比较:

	4	3	2
1	27.2**	12.4*	9.4
2	17.8**	3.0	
3	14.8**		

与 Duncan 法同样,最长的对角线使用 $k=2$ 的两个临界值,即 9.87 和 13.59 比较,大于前者加"*",大于后者再加一个"*";右上次长对角线用$k=3$,即临界值 12.01 和 15.76;最后一条用 $k=4$,即 13.32 和 17.08 比较.最终结果与前两种方法仍相同,但 $\bar{x}_{3}.$ 与 $\bar{x}_{1}.$ 的差 12.4 已接近临界值 12.01.

比较三种方法,当 $k=2$ 时临界值均相同,当 $k>2$ 时临界值依次增大;但对本例题来说,这种增大还不足以影响最终结果.

4.2 多因素方差分析

上一节我们讨论了最简单的方差分析——单因素方差分析的原理与方法.在实际工作中,问题常常比较复杂,要求我们同时考虑两种甚至更多因素,以及这些因素共同作用的影响.此时单因素方差分析就无能为力了,需采用两因素或更多因素方差分析.进行多因素方差分析从理论上说并无任何困难,但随着因素数的增加,普通方差分析的复杂性迅速增加,这种复杂性不仅表现在分析计算的繁复,更表现在所需实验次数呈现出几何级数的增加上.这样一来,当因素数增加到三个或三个以上时,其工作量之大常常是令人望而生畏.因此三或三因素以上方差分析较少用到;当确实需要考虑这样多因素时,我们常常转而采用一些特殊的方差分析方法,例如正交实验设计方法,有关内容我们将在第 7 章中介绍.由于以上原因,本节内容将主要集中在讨论两因素方差分析上.

(一) 模型类型及交互作用概念

与单因素方差分析相比,交互作用是多因素方差分析中新的概念之一.当一个因素的效应明显地依赖于其他因素的水平时,我们称这些因素间有交互效应.例如,由于人的体质不同,药物的疗效也可能会有不同;不同的地施用同样的肥料,增产效果也有不同,等等.交互效应的有无可用一些直观方法粗略估计,例如可用图形来估计(见图4.1).

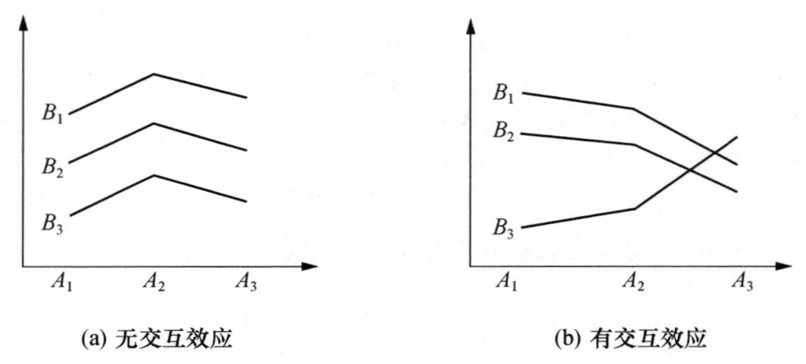

图 4.1 交互效应示意图

图中每条曲线代表 B 因素的一个水平.若各曲线平行或近似平行,可认为无交互效应,否则为有交互效应.以上只是一种直观的判断,在多因素方差分析的过程中,我们对交互作用的有无也可进行统计检验.具体原理与方法我们将在下文中详细介绍.

多因素方差分析可按照不同标准分成不同类型,而不同类型需要采用不同的分析方法.因此在进行多因素方差分析之前必须正确判断问题所属类型,否则就可能采用错误的分析方法.

按因素类型进行分类,多因素方差分析可分为固定模型、随机模型及混合模型三类.这几类模型的计算公式基本相同,但其数学模型、假设、统计量、结果的解释等方面均有相当大的差异,我们将在下文中详细介绍,使用时应注意根据实际情况选用适当的模型.

按实验设计分类,多因素方差分析可分为交叉分组和系统分组两大类.这两类计算公式也有些差别,下面我们以两因素方差分析为例,介绍它们实验设计方面的不同点.

(1) 交叉分组:实验中,A 因素的每个水平都会和 B 因素的每个水平相遇,因此 A、B 的地位是完全对称的.这是最常见的实验设计方法.

(2) 系统分组:先按 A 因素的 a 个水平分为 a 组,在每一组内再按 B 的水平细分.一般 A 因素不同水平的组内 B 因素的水平可取不同值.例如研究 pH 对酶活性的影响,不同的酶可能有不同的最适 pH,因此应对每种酶设置 pH 偏高、合适、偏低三个水平;而不同的酶(因素 A 的不同水平),其 pH(因素 B)的水平可能是不相同的.

从上面的介绍可以看出,这两种方法适用于不同的问题,必须在实验设计阶段选取适当的方法,才能取得正确的结果.它们的计算方法和公式都是不同的,使用时应加以注意.下面我们具体介绍各种类型的分析方法.

(二) 两因素交叉分组方差分析

1. 固定效应模型

统计模型 首先考虑有重复的情况.线性统计模型为

$$x_{ijk}=\mu+\alpha_i+\beta_j+(\alpha\beta)_{ij}+\varepsilon_{ijk}$$

$$(i=1,2,\cdots,a;j=1,2,\cdots,b;k=1,2,\cdots,n)$$

其中:μ:总平均值;α_i:A 因素 i 水平主效应;β_j:B 因素 j 水平主效应;$(\alpha\beta)_{ij}$:A 因素 i 水平与 B 因素 j 水平的交互效应;ε_{ijk}:随机误差.

对固定效应模型,应有

$$\sum_{i=1}^{a}\alpha_i=0,\sum_{j=1}^{b}\beta_j=0$$

$$\sum_{i=1}^{a}(\alpha\beta)_{ij}=\sum_{j=1}^{b}(\alpha\beta)_{ij}=0$$

$$\varepsilon_{ijk}\sim NID(0,\sigma^2)$$

统计假设 零假设为

$$H_{01}:\alpha_i=0\quad(i=1,2,\cdots,a)$$

$H_{02}:\beta_j = 0 \quad (j = 1, 2, \cdots, b)$

$H_{03}:(\alpha\beta)_{ij} = 0 \quad (i = 1, 2, \cdots, a; j = 1, 2, \cdots, b)$

备择假设

H_A:上述各参数中至少有一个不为 0 （实际上是 3 个备择假设）.

总变差分解

$$\sum_{i=1}^{a}\sum_{j=1}^{b}\sum_{k=1}^{n}(x_{ijk}-\overline{x}_{\cdots})^2 = bn\sum_{i=1}^{a}(\overline{x}_{i\cdot\cdot}-\overline{x}_{\cdots})^2 + an\sum_{j=1}^{b}(\overline{x}_{\cdot j\cdot}-\overline{x}_{\cdots})^2$$
$$+ n\sum_{i=1}^{a}\sum_{j=1}^{b}(\overline{x}_{ij\cdot}-\overline{x}_{i\cdot\cdot}-\overline{x}_{\cdot j\cdot}+\overline{x}_{\cdots})^2$$
$$+ \sum_{i=1}^{a}\sum_{j=1}^{b}\sum_{k=1}^{n}(x_{ijk}-\overline{x}_{ij\cdot})^2$$

即 $SS_T = SS_A + SS_B + SS_{AB} + SS_e$

df: $abn-1$ $\quad a-1 \quad b-1 \quad (a-1)(b-1) \quad ab(n-1)$

均方数学期望

$$\begin{aligned}
E(MS_A) &= E\left(\frac{SS_A}{a-1}\right) \\
&= \frac{bn}{a-1}E\sum_{i=1}^{a}(\overline{x}_{i\cdot\cdot}-\overline{x}_{\cdots})^2 \\
&= \frac{bn}{a-1}E\sum_{i=1}^{a}[\mu+\alpha_i+\overline{\beta}+(\overline{\alpha\beta})_{i\cdot}+\overline{\varepsilon}_{i\cdot\cdot} \\
&\quad -(\mu+\overline{\alpha}+\overline{\beta}+(\overline{\alpha\beta})_{\cdot\cdot}+\overline{\varepsilon}_{\cdots})]^2 \\
&= \frac{bn}{a-1}E\sum_{i=1}^{a}(\alpha_i+\overline{\varepsilon}_{i\cdot\cdot}-\overline{\alpha}-\overline{\varepsilon}_{\cdots})^2 \\
&= \frac{bn}{a-1}E\sum_{i=1}^{a}(\overline{\varepsilon}_{i\cdot\cdot}-\overline{\varepsilon}_{\cdots})^2+\frac{bn}{a-1}\sum_{i=1}^{a}\alpha_i^2 \\
&= \frac{bn}{a-1}E\left(\sum_{i=1}^{a}\overline{\varepsilon}_{i\cdot\cdot}^2-a\overline{\varepsilon}_{\cdots}^2\right)+\frac{bn}{a-1}\sum_{i=1}^{a}\alpha_i^2 \\
&= \frac{bn}{a-1}\left(\frac{a\sigma^2}{bn}-\frac{a\sigma^2}{abn}\right)+\frac{bn}{a-1}\sum_{i=1}^{a}\alpha_i^2
\end{aligned}$$

$$= \sigma^2 + \frac{bn}{a-1}\sum_{i=1}^{a}\alpha_i^2$$

同理 $$E(MS_B) = E\left(\frac{SS_B}{b-1}\right) = \sigma^2 + \frac{an}{b-1}\sum_{j=1}^{b}\beta_j^2$$

$$\begin{aligned}
E(MS_{AB}) &= E\left(\frac{SS_{AB}}{(a-1)(b-1)}\right) \\
&= \frac{n}{(a-1)(b-1)} E \sum_{i=1}^{a}\sum_{j=1}^{b}(\overline{x}_{ij\cdot} - \overline{x}_{i\cdot\cdot} - \overline{x}_{\cdot j\cdot} + \overline{x}_{\cdots})^2 \\
&= \frac{n}{(a-1)(b-1)} E \sum_{i=1}^{a}\sum_{j=1}^{b}\left[(\alpha\beta)_{ij} + \bar{\varepsilon}_{ij\cdot} - \bar{\varepsilon}_{i\cdot\cdot} - \bar{\varepsilon}_{\cdot j\cdot} + \bar{\varepsilon}_{\cdots}\right]^2 \\
&= \frac{n}{(a-1)(b-1)}\left(\frac{ab\sigma^2}{n} - \frac{ab\sigma^2}{bn} - \frac{ab\sigma^2}{an} + \frac{ab\sigma^2}{abn}\right) \\
&\quad + \frac{n}{(a-1)(b-1)}\sum_{i=1}^{a}\sum_{j=1}^{b}(\alpha\beta)_{ij}^2 \\
&= \sigma^2 + \frac{n}{(a-1)(b-1)}\sum_{i=1}^{a}\sum_{j=1}^{b}(\alpha\beta)_{ij}^2
\end{aligned}$$

$$E(MS_e) = E\left(\frac{SS_e}{ab(n-1)}\right) = \sigma^2$$

上述推导过程中我们省略了一些步骤,读者可以试试将省略的步骤补足. 注意,MS_A、MS_B 的均方期望中均不含有交互作用项,这是因为对固定模型来说,交互作用满足

$$\sum_{i=1}^{a}(\alpha\beta)_{ij} = \sum_{j=1}^{b}(\alpha\beta)_{ij} = 0$$

这说明观测值 x 只要对 i 或 j 中的一个下标求和或求平均,就可以保证交互作用项为 0. 由于公式

$$MS_A = \frac{bn}{a-1}\sum_{i=1}^{a}(\overline{x}_{i\cdot\cdot} - \overline{x}_{\cdots})^2$$

$$MS_B = \frac{an}{b-1}\sum_{j=1}^{b}(\overline{x}_{\cdot j\cdot} - \overline{x}_{\cdots})^2$$

中的 x 均为平均数，因此上述条件实际保证了在它们的均方期望中不会含有交互作用项.这样，检验两个主效应及一个交互效应的下述3个统计量中，分母全部采用 MS_e 即可.

统计量 检验 H_{01}，H_{02}，H_{03} 的统计量分别为

$$F_A = \frac{MS_A}{MS_e} \tag{4.17}$$

$$F_B = \frac{MS_B}{MS_e} \tag{4.18}$$

$$F_{AB} = \frac{MS_{AB}}{MS_e} \tag{4.19}$$

从前述的各均方期望可知，只有当各 H_0 成立时，上述三式分子才是 σ^2 的无偏估计量，此时各统计量均服从 F 分布；若某个 H_0 不成立，则相应的分子将有偏大的趋势，从而使对应的统计量也有偏大的趋势，因此可用 F 分布上单尾分位数进行检验.

各效应的估计值

$$\hat{\mu} = \bar{x}_{\cdots}$$

$$\hat{\alpha}_i = \bar{x}_{i\cdot\cdot} - \bar{x}_{\cdots}$$

$$\hat{\beta}_j = \bar{x}_{\cdot j\cdot} - \bar{x}_{\cdots}$$

$$(\widehat{\alpha\beta})_{ij} = \bar{x}_{ij\cdot} - \bar{x}_{i\cdot\cdot} - \bar{x}_{\cdot j\cdot} + \bar{x}_{\cdots}$$

其中：$i=1, 2 \cdots, a$；$j=1, 2, \cdots, b$.

实际计算公式为

$$SS_T = \sum_{i=1}^{a}\sum_{j=1}^{b}\sum_{k=1}^{n} x_{ijk}^2 - \frac{x_{\cdots}^2}{abn} \tag{4.20}$$

$$SS_A = \frac{1}{bn}\sum_{i=1}^{a} x_{i\cdot\cdot}^2 - \frac{x_{\cdots}^2}{abn} \tag{4.21}$$

$$SS_B = \frac{1}{an}\sum_{j=1}^{b} x_{\cdot j\cdot}^2 - \frac{x_{\cdots}^2}{abn} \tag{4.22}$$

$$SS_{ST} = \frac{1}{n}\sum_{i=1}^{a}\sum_{j=1}^{b} x_{ij\cdot}^2 - \frac{x_{\cdots}^2}{abn} \tag{4.23}$$

$$SS_{AB} = SS_{ST} - SS_A - SS_B$$

$$SS_e = SS_T - SS_{ST}$$

或计算

$$SS_e = \sum_{i=1}^{a}\sum_{j=1}^{b}\sum_{k=1}^{n} x_{ijk}^2 - \frac{1}{n}\sum_{i=1}^{a}\sum_{j=1}^{b} x_{ij\cdot}^2 \tag{4.24}$$

则
$$SS_{AB} = SS_T - SS_A - SS_B - SS_e$$

计算方法 若使用带统计功能的计算器,可按以下步骤计算

1 计算 $\bar{x}_{ij\cdot}$,$\bar{x}_{i\cdot\cdot}$,$\bar{x}_{\cdot j\cdot}$ 排列如下表:

i \ j	1	2	…	b	$\bar{x}_{i\cdot\cdot}$
1	$\bar{x}_{11\cdot}$	$\bar{x}_{12\cdot}$	…	$\bar{x}_{1b\cdot}$	$\bar{x}_{1\cdot\cdot}$
2	$\bar{x}_{21\cdot}$	$\bar{x}_{22\cdot}$	…	$\bar{x}_{2b\cdot}$	$\bar{x}_{2\cdot\cdot}$
…	…	…	…	…	…
a	$\bar{x}_{a1\cdot}$	$\bar{x}_{a2\cdot}$	…	$\bar{x}_{ab\cdot}$	$\bar{x}_{a\cdot\cdot}$
$\bar{x}_{\cdot j\cdot}$	$\bar{x}_{\cdot 1\cdot}$	$\bar{x}_{\cdot 2\cdot}$	…	$\bar{x}_{\cdot b\cdot}$	

表中最下一行是各列的平均,最右一列是各行的平均.

2 把所有原始数据放在一起,计算样本方差 S^2,则

$$SS_T = (abn-1)S^2 \tag{4.25}$$

3 用上表中 $\bar{x}_{ij\cdot}$ 计算样本方差 $S_{\bar{x}_{ij}}^2$,则

$$SS_{ST} = n(ab-1)S_{\bar{x}_{ij}}^2 \tag{4.26}$$

4 用上表中 $\bar{x}_{i\cdot\cdot}$ 计算样本方差 $S_{\bar{x}_{i\cdot}}^2$,则

$$SS_A = bn(a-1)S_{\bar{x}_{i\cdot}}^2 \tag{4.27}$$

5 用上表中 $\bar{x}_{\cdot j\cdot}$ 计算样本方差 $S_{\bar{x}_{\cdot j}}^2$,则

$$SS_B = an(b-1)S_{\bar{x}_{\cdot j}}^2 \tag{4.28}$$

6
$$SS_e = SS_T - SS_{ST} \tag{4.29}$$

$$SS_{AB} = SS_{ST} - SS_A - SS_B \tag{4.30}$$

完成上述计算后,则可列出以下的方差分析表:

变差来源	平方和	自由度	均　方	统计量 F
主效应 A				
主效应 B				
交互效应 AB				
误　差				
总　和				

把计算所得结果填入上表后,再根据各 F 统计量的自由度查出其 $F_{0.95}$ 及 $F_{0.99}$ 分位数,并将 F 计算值与相应分位数相比,大于 $F_{0.95}$ 则在统计量 F 右上角标一个"＊"号;大于 $F_{0.99}$ 则再加一个"＊"号.最后用一句话对上述方差分析的结果加以总结,即哪些主效应或交互效应达到显著或极显著水平,哪些不显著.

如果 MS_{AB} 小于或约等于 MS_e,即 F_{AB} 小于或约等于 1,说明此时交互作用不存在,在这种情况下也可把 MS_{AB} 和 MS_e 合并在一起(即把平方和和自由度都合并)作为 σ^2 的估计量,这相当于使用更多的数据来估计随机误差的大小.误差估计得更精确,当然就可以提高检验的精确度.具体计算公式如下:

$$MS'_e = \frac{SS_e + SS_{AB}}{df_e + df_{AB}} \tag{4.31}$$

然后可用 MS'_e 作为统计量 F_A 和 F_B 的分母,对两个主效应进行统计检验(见例 4.8).注意,查表时分母自由度要相应改变.

上述合并原则上也可适用于统计量小于或很接近于 1 的主效应.此时我们有把握说该效应不存在,因此可以把它与随机误差项合并,借此提高检验精度.但若统计量接近分位数,则即使检验不显著也不应合并.因为此时很可能相关效应是存在的,只是没有达到显著的水平而已.在这种情况下合并,可能使估计的随机误差偏大,反而降低检验精度.

【例 4.4】 为选择最适发酵条件,用三种原料、三种温度进行了实验,所得结果列于表 4.7 中.请进行统计分析.

表 4.7 不同条件下发酵的酒精产量

原料种类 (A)	温度(B)		
	30℃	35℃	40℃
1	41, 49, 23, 25	11, 13, 25, 24	6, 22, 26, 18
2	47, 59, 50, 40	43, 38, 33, 36	8, 22, 14, 18
3	35, 53, 50, 43	38, 47, 44, 55	33, 26, 19, 30

解 本题中显然温度是一个因素,原料种类是另一个因素.这两个因素各有三个水平.由于它们的影响都是可控制、可重现的,因此都是固定因素.在同样温度、原料下所做的几次实验应视为重复,它们之间的差异是由随机误差所造成的.具体计算过程如下:

用带统计功能的计算器计算.首先计算各处理的平均数,填入下表:

表 4.8 各处理平均数 $\overline{x}_{ij}.$ 表

i \ j	1	2	3	$\overline{x}_{i}..$
1	34.5	18.25	18	23.58
2	49	37.5	15.5	34
3	45.25	46	27	39.42
$\overline{x}_{.j.}$	42.92	33.92	20.17	

根据式(4.25)～(4.30),有

把所有原始数据输入计算器,得样本方差 $S^2=204.8571$,则

$$SS_T=(36-1)\times S^2=7170.00$$

把表 4.8 中间部分 9 个 $\overline{x}_{ij}.$ 输入计算器,得样本方差 $S^2_{\overline{x}_{ij}}=172.2969$,则

$$\begin{aligned}SS_{ST}&=n(ab-1)S^2_{\overline{x}_{ij}}\\&=4\times(3\times3-1)\times172.2969\\&=5513.50\end{aligned}$$

把表 4.8 中各 $\overline{x}_{i}..$ 输入,得样本方差 $S^2_{\overline{x}_{i}..}=64.7569$,则

$$SS_A=bn(a-1)S^2_{\overline{x}_{i}..}$$

$$=3\times4\times(3-1)\times64.7569$$
$$=1554.17$$

把表 4.8 中各 $\overline{x}_{\cdot j\cdot}$ 输入，得 $S^2_{\overline{x}_{\cdot j}}=131.2708$，则

$$SS_B=an(b-1)S^2_{\overline{x}_{\cdot j}}$$
$$=3\times4\times(3-1)\times131.2708$$
$$=3150.50$$
$$SS_e=SS_T-SS_{ST}=1656.50$$
$$SS_{AB}=SS_{ST}-SS_A-SS_B=808.83$$

整理成方差分析表(见表 4.9).

表 4.9 发酵实验方差分析表

变差来源	平方和	自由度	均方	F
原料 A	1554.17	2	777.09	12.67**
温度 B	3150.50	2	1575.25	25.68**
AB	808.83	4	202.21	3.30*
误差	1656.50	27	61.35	
总　和	7170.00	35		

查 F 分布表，得

$$F_{0.95}(2,27)\approx F_{0.95}(2,30)=3.316$$
$$F_{0.99}(2,27)\approx F_{0.99}(2,30)=5.390$$
$$F_{0.95}(4,27)\approx F_{0.95}(4,30)=2.690$$
$$F_{0.99}(4,27)\approx F_{0.99}(4,30)=4.018$$

因 F_A、F_B 均达极显著，标上“**”；F_{AB} 只达显著，标上“*”. 因此酒精产量不仅与原料和温度的关系极显著，与它们的交互作用也有显著关系. 即对不同原料应选用不同的发酵温度.

在固定效应模型中，若各 F 统计量有达到显著或极显著水平时，常常还需要在各处理间进行多重比较，以选出所需要的条件组合. 例如在例 4.4 中，我们已经发现原料、温度以及它们的交互作用都对酒精的产量有影响，显然我们应进一步找出最优的条件组合以便用于生产. 这就需要进行多重比较了. 如果没有交互作用，可以固

定 B 因素的一个水平,例如取 $j=1$,比较 A 因素各水平的平均数 $\overline{x}_{i1}.$,得到最优值 i^*. 再固定 i,例如仍取为 1,比较 B 因素各水平均值 $\overline{x}_{1j}.$,得到最优值 j^*. 则条件组合 A 因素 i^* 水平,B 因素 j^* 水平就应是所有参加实验的水平组合中最优的. 如果有交互作用存在,则一般需要把所有 ab 个水平组合放在一起比较. 比较的方法仍与单因素方差分析相同,最常用 Duncan 法.

【例 4.5】 对例 4.4 中各处理进行多重比较.

解 把各处理平均数从大到小排列(记为 $x_1 \sim x_9$):

49, 46, 45.25, 37.5, 34.5, 27, 18.25, 18, 15.5

求出各对差值,列成下表:

	x_9	x_8	x_7	x_6	x_5	x_4	x_3	x_2
x_1	33.5**	31**	30.75**	22**	14.5*	11.5	3.75	3
x_2	30.5**	28**	27.75**	19**	11.5	8.5	0.75	
x_3	29.75**	27.25**	27**	18.25**	10.75	7.75		
x_4	22**	19.5**	19.25**	10.5	3			
x_5	19**	16.5**	16.25**	7.5				
x_6	11.5	9	8.75					
x_7	2.75	0.25						
x_8	2.5							

根据公式(4.15),求得

$$\sqrt{MS_e/n}=\sqrt{61.35/4}=3.9163, df=27$$

查 Duncan 检验的 r 值表,求出 $df=27$, $k=2\sim 9$, $\alpha=0.05$ 和 $\alpha=0.01$ 的 r 值,并求出临界值 $R=r\sqrt{MS_e/n}$, 列成下表.

将差值表中的数与临界值比较,超过 $R_{0.05}$ 的标一个"*"号,超过 $R_{0.01}$ 的标"**"号,一次可核对一条对角线(从左下到右上),因为它们有共同的 k 值. 在第一条最长的对角线上,$k=2$;其左上相邻的一条 $k=3$;余类推,直到左上角最后一个数字,在本题中它的 k 应取为 9.

k	$r_{0.05}$	$R_{0.05}$	$r_{0.01}$	$R_{0.01}$
2	2.91	11.40	3.92	15.35
3	3.05	11.94	4.10	16.06
4	3.14	12.30	4.20	16.45
5	3.21	12.57	4.29	16.80
6	3.27	12.81	4.35	17.04
7	3.30	12.92	4.40	17.23
8	3.34	13.08	4.45	17.43
9	3.36	13.16	4.49	17.58

分析 从这一差值表中可见：x_1 至 x_5，除 x_1 和 x_5 外，相互间都没有显著差异. 但 x_4，x_5 与其他 3 个值差异相对大一些. x_6 至 x_9 差异均不显著. 而 x_1，x_2，x_3 与 $x_6 \sim x_9$ 差异均达极显著. 另外，x_1，x_2，x_3 以及 x_7，x_8，x_9 之间的差异都很小. 由于现在的数据是发酵产量，显然是越高越好，因此我们主要关心 x_1，x_2，x_3. 从以上分析中可知，基本上可把 x_1，x_2，x_3 视为无差异，可在这三组条件组合中，进一步考虑原料成本，原料来源稳定性等其他条件，选一组投入生产. 也可对这三组条件增加重复数，进一步检验它们间是否仍有差异. 如果实际问题不是要求选最大的数，而是选最小的数，那么根据类似的分析，我们应在 x_7，x_8，x_9 对应的三组数中选择.

总之，多重比较的结果分析比较复杂，也比较灵活，需要结合具体数据以及实际问题的要求来进行. 但一般来说，最优的结果总是最大或最小的，很少有中间结果是最优的情况. 因此我们总是先看最大或最小的结果与次大或次小的是否有显著差异或接近有显著差异. 如果上述判断属实，那就只能选最大或最小结果了. 如果没有，则进一步看最大或最小的一端是否有一小团数据彼此之间差异很小，而与其他数据差异较大. 如果这种情况属实，那一般可在这一小团数据中依据其他条件选取最优的结果，就像例 4.4 中的情况一样. 总之，分析要结合具体数据与问题进行，这一点请读者务必注意.

注意事项

(1) 当交互作用存在时，对固定模型若不设置重复，则无法把 SS_{AB} 与 SS_e 分开，这样将无法直接进行任何统计检验. 后面我们会介绍 Tukey 检验，以它作为一种补救方法，但其结果也不是很可靠.因此在固定模型中有交互作用时，不设置重复的试验是没有多少用处的.

(2) 对固定模型来说，结论只能适用于参加实验的几个水平，不能任意推广到其他水平上去.

2. 无重复的情况

刚才我们强调了重复对固定模型方差分析的重要意义，其实重复对所有的方差分析都是相当重要的，这一点我们在后边还会提到.但是重复数每增加 1，全部处理的实验就都要多做一次，在工作量方面付出代价也是相当大的.因此，若由经验或专业知识可以断定两因素间确实无交互作用，也可以不设重复，这样可以大大减少工作量.另外，在某些特殊情况下，我们无法设置重复，也只能使用无重复方差分析.此时线性统计模型变为

$$x_{ij} = \mu + \alpha_i + \beta_i + \varepsilon_{ij} \quad (i = 1,2,\cdots,a;\ j = 1,2,\cdots,b)$$

其中：$\sum_{i=1}^{a}\alpha_i = 0$，$\sum_{j=1}^{b}\beta_j = 0$，$\varepsilon_{ij} \sim NID(0,\sigma^2)$.

零假设 $H_{01}: \alpha_i = 0 \quad (i=1,2,\cdots,a)$

$H_{02}: \beta_j = 0 \quad (j=1,2,\cdots,b)$

均方数学期望 $E(MS_A) = \sigma^2 + \frac{b}{a-1}\sum_{i=1}^{a}\alpha_i^2 \quad df = a-1$

$$E(MS_B) = \sigma^2 + \frac{a}{b-1}\sum_{j=1}^{b}\beta_j^2 \quad df = b-1$$

$$E(MS_e) = \sigma^2 \quad df = (a-1)(b-1)$$

统计量 $F_A = \frac{MS_A}{MS_e}$，$F_B = \frac{MS_B}{MS_e}$

其他如结果的解释，计算公式等均与以前一样，只是令 $n=1$ 即可.

【例 4.6】 在 1976～1979 4 年间 4 个生产队的小麦亩产量如表 4.10 所示.各年，各生产队产量是否有显著差异？

表 4.10　4个生产队4年小麦亩产量

		年度(A)				平均($\overline{x}_{\cdot j}$)/kg
		1976	1977	1978	1979	
队别(B)	1	273	289	406.5	407.5	344
	2	300	351.5	430.5	427	377.25
	3	274	341	407.5	426	362.125
	4	275.5	345	415.5	426.5	365.625
平均($\overline{x}_{i\cdot}$)/kg		280.625	331.625	415	421.75	362.25

解　本题显然是两因素无重复方差分析.其中生产队和年份各是一个因素.由于生产队对产量的影响主要表现在土地肥沃程度,灌溉条件好坏,耕作习惯差异等方面,在几年内可视为稳定不变的,因此可视为固定因素;而年份对产量的影响则主要体现在气候方面,这是不可重现的,因此应视为随机因素.这样一来,本题实际上成为两因素混合模型方差分析.但由于没有交互效应(这一点最好由专业知识判断,但在本题中专业知识很难判断不同的气候类型对各生产队的影响是否一致,因此我们这里先假设交互作用不存在,后文会提供检验方法),统计计算和检验方法都变得与固定模型完全相同,只是在最后结果的解释上有不同,即固定因素的结果不能推广到其他水平,而随机因素的结果可推广到其他水平.这些差异的原因我们将在随机和混合模型中详细介绍.

先把全部数据输入计算器,得

$$\overline{x}_{\cdot\cdot}=362.25, S^2=3954.4,\quad 故\ SS_T=(ab-1)S^2=59316.0$$

再输入各 $\overline{x}_{i\cdot}$,得

$$S^2_{\overline{x}_{i\cdot}}=4641.11,\quad 故\ SS_A=b(a-1)S^2_{\overline{x}_{i\cdot}}=55693.3$$

再输入各 $\overline{x}_{\cdot j}$,得

$$S^2_{\overline{x}_{\cdot j}}=189.823,\quad 故\ SS_B=a(b-1)S^2_{\overline{x}_{\cdot j}}=2277.9$$

列成方差分析表:

变差来源	平方和	自由度	均　方	F
队别	2277.9	3	759.3	5.082*
年度	55693.3	3	18564.4	124.260**
误差	1344.8	9	149.4	
总和	59316.0	15		

查 F 分布表，得：$F_{0.95}(3,9)=3.863$，$F_{0.99}(3,9)=6.992$，故 F_A 达显著，F_B 达极显著，分别标以"*"和"**". 即生产队间产量差异显著，年度间差异极显著.

3. 两因素无重复模型中交互效应的检验

若由于某种原因不能安排重复，但对是否有交互效应又没有十分把握，则可采用 Tukey 于 1949 年提出的一种方法作判断. 方法是把残余项$(SS_T-SS_A-SS_B)$再分解，得

$$SS_N=\frac{\left[\sum_{i=1}^{a}\sum_{j=1}^{b}x_{ij}x_{i.}x_{.j}-x_{..}\left(SS_A+SS_B+\frac{x_{..}^2}{ab}\right)\right]^2}{abSS_ASS_B} \tag{4.32}$$

$$(df=1)$$

$$SS_e=SS_T-SS_A-SS_B-SS_N \tag{4.33}$$

$$(df=(a-1)(b-1)-1)$$

令 $MS_e=\frac{SSe}{[(a-1)(b-1)-1]}$，则

$$F=\frac{SS_N}{MS_e}$$

若有交互作用，F 有偏大的趋势. 故可用上单尾分位数进行检验.

【例 4.7】 判断例 4.6 中队别与年度间是否有交互作用.

解

$$\sum_{i=1}^{a}\sum_{j=1}^{b}x_{ij}x_{i.}x_{.j}=781554178.2\times 16$$

$$x_{..}\left(SS_A+SS_B+\frac{x_{..}^2}{ab}\right)=781580529.5\times 16$$

$$SS_N=\frac{(-421620)^2}{4\times 4\times 2277.9\times 55693.3}=87.5759$$

$$SSe=1344.8-87.5759=1257.22$$

$$F=\frac{SS_N}{\frac{SS_e}{(a-1)(b-1)-1}}=\frac{87.5759\times 8}{1257.22}=0.56$$

查表，$F_{0.95}(1,8)=5.32$，故接受 H_0，可以认为无交互作用.

需要注意的是，上述方法虽理论上可行，但在实用中却有很大问题. 从式(4.32)可知，SS_N 的分子实际是两大串数字分别相乘相加

再相减,然后再平方.这种计算公式从误差传递的角度看,实在是犯了大忌.因为根据误差传递理论,在相加、相乘过程中,有效数字(即未受误差影响,可以信任的数字)不会增加,而且会集中在头几位非零数字中.而在接下来的相减中,最大的几个非零数字很可能是相同的,一减都变成了零,因此有效数字常常会大大减少.在例4.6中,前四位有效数字都损失了,而一般实验中测定的数据有效位数很少有能达到四位以上的.从这一角度说,这种检验方法是不太可靠的,在实际工作中应尽量避免使用.

综合有关分析,我们可得到以下几点结论:

1 在可能的情况下不采用无重复方差分析.

2 如果必须采用,最好由专业知识保证交互作用不存在.

3 最后没有办法再采用Tukey法进行统计检验.此时应注意计算过程的有效数字位数,尽可能保证结果的可靠性.

4. 无重复方差分析中缺失数据的弥补

方差分析的数据都是按照事先作好的实验设计收集的.但有时由于某种意外的原因,如不可抗拒的自然灾害,实验动物的死亡,操作失误等等,都可能失去一两个实验数据.此时最好的办法当然是重做有关实验来补充,但这有时是办不到的.例如农时一过即不可再种作物,明年气候条件又变化了,无法比较等等.此时如果把整组实验都废弃掉显然是非常可惜的,因此我们需要某种补救的方法.

对于有重复的方差分析来说,丢失一两个数据一般不会造成问题,只要改为按不等重复的方式处理即可.对于无重复的实验设计则必须弥补失去的数据.常用的方法是按照使误差平方和最小的原则来估计缺失的数据.下面以两因素无重复方差分析为例,介绍具体的计算方法.

设缺失的数据为 x_{ij},把它代入 SS_e 的计算公式

$$SS_e = SS_T - SS_A - SS_B$$

$$= \sum_{i=1}^{a}\sum_{j=1}^{b} x_{ij}^2 - \frac{1}{b}\sum_{i=1}^{a} x_{i\cdot}^2 - \frac{1}{a}\sum_{j=1}^{b} x_{\cdot j}^2 + \frac{x_{\cdot\cdot}^2}{ab}$$

根据最小二乘法，使 SS_e 最小的 x_{ij} 应满足

$$\frac{\mathrm{d}SS_e}{\mathrm{d}x_{ij}} = 0$$

若用 $x'_{i\cdot}$，$x'_{\cdot j}$，$x'_{\cdot\cdot}$ 分别代表去掉未知的 x_{ij} 后的各有关和数，则可得

$$2x_{ij} - \frac{2}{b}(x'_{i\cdot} + x_{ij}) - \frac{2}{a}(x'_{\cdot j} + x_{ij}) + \frac{2}{ab}(x'_{\cdot\cdot} + x_{ij}) = 0$$

可解得

$$x_{ij} = \frac{ax'_{i\cdot} + bx'_{\cdot j} - x'_{\cdot\cdot}}{(a-1)(b-1)} \tag{4.34}$$

上述公式也可从另一思路获得. 由线性统计模型，有

$$x_{ij} = \mu + \alpha_i + \beta_j + \varepsilon_{ij}$$

其中：μ，α_i，β_j 的估计值分别为

$$\hat{\mu} = \overline{x}_{\cdot\cdot}$$

$$\hat{\alpha}_i = \overline{x}_{i\cdot} - \overline{x}_{\cdot\cdot}$$

$$\hat{\beta}_j = \overline{x}_{\cdot j} - \overline{x}_{\cdot\cdot}$$

代入线性统计模型，可得 x_{ij} 的估计值

$$x_{ij} = \overline{x}_{i\cdot} + \overline{x}_{\cdot j} - \overline{x}_{\cdot\cdot}$$

仍用 $x'_{i\cdot}$，$x'_{\cdot j}$，$x'_{\cdot\cdot}$ 分别代表去掉未知的 x_{ij} 后的各有关和数，则可得

$$x_{ij} = \frac{x'_{i\cdot} + x_{ij}}{b} + \frac{x'_{\cdot j} + x_{ij}}{a} - \frac{x'_{\cdot\cdot} + x_{ij}}{ab}$$

这与根据最小二乘法得到的方程是完全一样的，解当然也相同.

若丢失两个数据 x、y，仍可采用最小二乘法. 令

$$\begin{cases} \dfrac{\partial SS_e}{\partial x} = 0 \\ \dfrac{\partial SS_e}{\partial y} = 0 \end{cases}$$

解上述方程组，即可得到 x、y 的估计值. 也可采用迭代法：令

$y_1=\frac{x'_{..}}{ab}$，代入式(4.34)，可求出 x_1；再把 x_1 代入式(4.34)，求出 y_2，…；这样反复迭代，直到 x_{i-1} 与 x_i 和 y_{i-1} 与 y_i 的差很小为止.

几点说明

(1) 缺失数据估计出以后，把它填入相应的位置，按一般方差分析的方法计算即可. 但自由度会有变化，总自由度应减去缺失的数据个数，SS_A 和 SS_B 的自由度不变，误差项自由度也相应减小.

(2) 缺失数据的估计只是一种技术上的处理，它使计算可以进行下去. 但是原来的实验数据所应提供的信息却再也找不回来了. 若缺失数据较多，只好把全部结果报废，勉强分析会得出错误的结论. 因此实验时一定要认真，尽量不丢失数据，不能把希望寄托在用计算方法弥补上.

(3) 弥补的原则是使误差平方和最小，因此处理平方和有偏大的趋势. 这相当于引入了一个额外的误差，降低了结论的可靠性. 若缺失数据不多，对总的检验结果尚不起太大影响；若缺失数据较多，则应放弃这批数据.

(4) 在有重复的方差分析中，一般不必进行弥补，只需改用不等重复的计算方法即可.

5. 随机效应模型

(1) 统计模型

与固定效应模型相比，线性统计模型本身无变化：

$$x_{ijk}=\mu+\alpha_i+\beta_j+(\alpha\beta)_{ij}+\varepsilon_{ijk},\quad \varepsilon_{ijk}\sim NID(0,\sigma^2)$$

但主效应与交互效应变成了随机变量，它们应满足的条件变为

$$\alpha_i\sim NID(0,\sigma_\alpha^2),\ \beta_j\sim NID(0,\sigma_\beta^2),\ (\alpha\beta)_{ij}\sim NID(0,\sigma_{\alpha\beta}^2)$$

因此观察值的方差变为

$$D(x_{ijk})=\sigma_\alpha^2+\sigma_\beta^2+\sigma_{\alpha\beta}^2+\sigma^2$$

零假设：

$$H_{01}:\sigma_\alpha^2=0$$

$$H_{02}: \sigma_\beta^2 = 0$$

$$H_{03}: \sigma_{\alpha\beta}^2 = 0$$

总变差的分解仍同固定模型一样，自由度 df 也不变：

$$\begin{array}{lccccccccc} & SS_T & = & SS_A & + & SS_B & + & SS_{AB} & + & SS_e \\ df: & abn-1 & & a-1 & & b-1 & & (a-1)(b-1) & & ab(n-1) \end{array}$$

(2) 均方期望与统计量

均方数学期望变为

$$\begin{aligned} E(MS_A) &= E\left(\frac{SS_A}{a-1}\right) \\ &= \frac{bn}{a-1}E\sum_{i=1}^{a}(\overline{x}_{i\cdot\cdot} - \overline{x}_{\cdots})^2 \\ &= \frac{bn}{a-1}E\sum_{i=1}^{a}[\mu + \alpha_i + \overline{\beta} + (\overline{\alpha\beta})_{i\cdot} + \overline{\varepsilon}_{i\cdot\cdot} \\ &\quad - (\mu + \overline{\alpha} + \overline{\beta} + (\overline{\alpha\beta})_{\cdot\cdot} + \overline{\varepsilon}_{\cdots})]^2 \\ &= \frac{bn}{a-1}E\sum_{i=1}^{a}[\alpha_i - \overline{\alpha} + (\overline{\alpha\beta})_{i\cdot} - (\overline{\alpha\beta})_{i\cdot\cdot} + \overline{\varepsilon}_{i\cdot\cdot} - \overline{\varepsilon}_{\cdots}]^2 \\ &= \frac{bn}{a-1}\sum_{i=1}^{a}\{E(\alpha_i - \overline{\alpha})^2 + E[(\overline{\alpha\beta})_{i\cdot} - (\overline{\alpha\beta})_{\cdot\cdot}]^2 + E(\overline{\varepsilon}_{i\cdot\cdot} - \overline{\varepsilon}_{\cdots})^2\} \\ &= \frac{bn}{a-1}E\left(\sum_{i=1}^{a}\overline{\varepsilon}_{i\cdot\cdot}^2 - a\overline{\varepsilon}_{\cdots}^2\right) + \frac{bn}{a-1}E\left[\sum_{i=1}^{a}(\overline{\alpha\beta})_{i\cdot}^2 - a(\overline{\alpha\beta})_{\cdot\cdot}^2\right] \\ &\quad + \frac{bn}{a-1}E\left(\sum_{i=1}^{a}\alpha_i^2 - a\overline{\alpha}^2\right) \\ &= \frac{bn}{a-1}\left(\frac{a\sigma^2}{bn} - \frac{a\sigma^2}{abn}\right) + \frac{bn}{a-1}\left(\frac{a\sigma_{\alpha\beta}^2}{b} + \frac{a\sigma_{\alpha\beta}^2}{ab}\right) + \frac{bn}{a-1}(a\sigma_\alpha^2 - \sigma_\alpha^2) \\ &= \sigma^2 + n\sigma_{\alpha\beta}^2 + bn\sigma_\alpha^2 \end{aligned}$$

上述证明过程中，主效应、交互效应、误差之间的三个交叉项为 0，是因为它们都互相独立，且期望都为 0. 此时对交叉项取期望等于分别取期望再相乘，故等于 0. 同理，有

$$E(MS_B) = \sigma^2 + n\sigma_{\alpha\beta}^2 + an\sigma_\beta^2$$

$$\begin{aligned}E(MS_{AB}) &= E\left(\frac{SS_{AB}}{(a-1)(b-1)}\right) \\ &= \frac{n}{(a-1)(b-1)} E\sum_{i=1}^{a}\sum_{j=1}^{b}(\bar{x}_{ij\cdot} - \bar{x}_{i\cdot\cdot} - \bar{x}_{\cdot j\cdot} + \bar{x}_{\cdot\cdot\cdot})^2 \\ &= \frac{n}{(a-1)(b-1)} E\sum_{i=1}^{a}\sum_{j=1}^{b}[(\alpha\beta)_{ij} - (\overline{\alpha\beta})_{i\cdot} - (\overline{\alpha\beta})_{\cdot j} + (\overline{\alpha\beta})_{\cdot\cdot} \\ &\quad + \bar{\varepsilon}_{ij\cdot} - \bar{\varepsilon}_{i\cdot\cdot} - \bar{\varepsilon}_{\cdot j\cdot} + \bar{\varepsilon}_{\cdot\cdot\cdot}]^2 \\ &= \sigma^2 + \frac{n}{(a-1)(b-1)} E\Big[\sum_{i=1}^{a}\sum_{j=1}^{b}(\alpha\beta)_{ij}^2 - b\sum_{i=1}^{a}(\overline{\alpha\beta})_{i\cdot}^2 \\ &\quad - a\sum_{j=1}^{b}(\overline{\alpha\beta})_{\cdot j}^2 + ab(\overline{\alpha\beta})_{\cdot\cdot}^2\Big] \\ &= \sigma^2 + \frac{n}{(a-1)(b-1)}\left(ab\sigma_{\alpha\beta}^2 - \frac{ab\sigma_{\alpha\beta}^2}{b} - \frac{ab\sigma_{\alpha\beta}^2}{a} + \frac{ab\sigma_{\alpha\beta}^2}{ab}\right) \\ &= \sigma^2 + n\sigma_{\alpha\beta}^2\end{aligned}$$

这里交叉项为 0 的原因同前，误差项计算同固定效应模型．省略的证明步骤请读者试试补足．

$$E(MS_e) = \sigma^2$$

注意，上述 MS_A、MS_B 的均方期望中均含有交互作用项 $n\sigma_{\alpha\beta}^2$，这一点与固定模型是完全不同的．其原因就在于现在是随机模型，交互作用应满足的条件变为 $(\alpha\beta)_{ij} \sim NID(0, \sigma_{\alpha\beta}^2)$．由于 $(\alpha\beta)_{ij}$ 现在是随机变量，不再能保证

$$\sum_{i=1}^{a}(\alpha\beta)_{ij} = \sum_{j=1}^{b}(\alpha\beta)_{ij} = 0$$

这样一来，MS_A、MS_B 表达式中 $\bar{x}_{i\cdot\cdot}$，$\bar{x}_{\cdot j\cdot}$，$\bar{x}_{\cdot\cdot\cdot}$ 均不可能把交互作用项完全消掉，从而也就出现在它们的均方期望中．由于 MS_A、MS_B 的均方期望含有交互作用项，检验主效应的统计量也就不能再用 MS_e 做分母，而需要改用 MS_{AB} 了．

因此，检验各假设的统计量变为

$$F_A = \frac{MS_A}{MS_{AB}},\ F_B = \frac{MS_B}{MS_{AB}},\ F_{AB} = \frac{MS_{AB}}{MS_e}$$

对检验结果的解释现在也不局限于参加实验的水平，而是可推广到一切水平上.

(3) 参数估计

如果有必要的话，可以根据均方数学期望算出各方差的估计值

$$\hat{\sigma}^2 = MS_e$$

$$\hat{\sigma}_{\alpha\beta}^2 = \frac{MS_{AB} - MS_e}{n}$$

$$\hat{\sigma}_{\alpha}^2 = \frac{MS_A - MS_{AB}}{bn}$$

$$\hat{\sigma}_{\beta}^2 = \frac{MS_B - MS_{AB}}{an}$$

实际计算公式不变，不再重复. 对于随机效应模型多重比较是无意义的，因为一般来说处理的效果是无法严格重现的.

与固定模型相同，若 F_{AB} 的值小于或约等于 1，说明交互作用不存在，则可把 SS_e 与 SS_{AB} 合并. 合并方法也与固定模型相同，即为式(4.31)：

$$MS'_e = \frac{SS_e + SS_{AB}}{df_e + df_{AB}}$$

然后用 MS'_e 作为分母构造统计量 F_A 与 F_B. 注意，查表时分母自由度也要变为 $df_e + df_{AB}$. 如果满足 F 值小于或约等于 1 的条件，对主效应也可进行类似的合并.

6. 混合模型

(1) 统计模型

不失一般性，我们可假设 A 因素是固定型，B 因素是随机型. 线性统计模型仍不变，即

$$x_{ijk} = \mu + \alpha_i + \beta_j + (\alpha\beta)_{ij} + \varepsilon_{ijk},\quad \varepsilon_{ijk} \sim NID(0, \sigma^2)$$

条件变为

$$\sum_{i=1}^{a} \alpha_i = 0,\quad \beta_j \sim NID(0, \sigma_\beta^2),\quad (\alpha\beta)_{ij} \sim N\left(0, \frac{a-1}{a}\sigma_{\alpha\beta}^2\right)$$

但各 $(\alpha\beta)_{ij}$ 不是完全独立的，它满足

$$\sum_{i=1}^{a}(\alpha\beta)_{ij}=(\alpha\beta)_{\cdot j}=0\qquad(j=1,2,\cdots,b)$$

即在随机因素的任一水平上,$(\alpha\beta)_{ij}$ 均不是独立的.

这里交互效应的方差前边有常数$(a-1)/a$,其目的在于使下面均方期望的表达式简单一些,并且可以和前边的公式统一起来.其原因是交互效应对 i 求和时等于 0,而误差对任何下标求和都不为 0.为了使它们在均方期望表达式中系数都比较简单,只好在交互效应方差前加这个系数.

(2) 均方期望与统计量

$$E(MS_A)=\sigma^2+n\sigma_{\alpha\beta}^2+\frac{bn}{a-1}\sum_{i=1}^{a}\alpha_i^2$$

$$E(MS_B)=\sigma^2+an\sigma_{\beta}^2$$

$$E(MS_{AB})=\sigma^2+n\sigma_{\alpha\beta}^2$$

$$E(MS_e)=\sigma^2$$

注意,上述均方期望中,固定因素 A 的均方期望含有交互作用项 $n\sigma_{\alpha\beta}^2$,而随机因素 B 反而不含,这跟固定模型和随机模型正好是相反的.造成这种差异的原因还是在$(\alpha\beta)_{ij}$ 满足的条件上:对任意固定 j,有:$\sum\limits_{i=1}^{a}(\alpha\beta)_{ij}=(\alpha\beta)_{\cdot j}=0$;而对固定的 i,$\sum\limits_{j=1}^{b}(\alpha\beta)_{ij}\neq0$.这样一来,在 MS_B 的表达式中,$\bar{x}_{\cdot j\cdot}$ 和 $\bar{x}_{\cdots}$ 都可保证交互作用被消除掉,从而 MS_B 的均方期望中也就不会有 $\sigma_{\alpha\beta}^2$ 项;但 MS_A 中的 $\bar{x}_{i\cdot\cdot}$ 却不能使$(\alpha\beta)_{ij}$ 被彻底消去,从而均方期望中也就会出现 $n\sigma_{\alpha\beta}^2$ 项.有兴趣的读者可以推导一下上述几个均方期望.这种均方期望的差异当然会反映在统计量中,即统计量相应变为

$$F_A=\frac{MS_A}{MS_{AB}},\ F_B=\frac{MS_B}{MS_e},\ F_{AB}=\frac{MS_{AB}}{MS_e}$$

注意,上述统计量中由于固定因素的均方期望中有 $\sigma_{\alpha\beta}^2$ 项,要用 MS_{AB} 作 F 统计量的分母;而随机因素的均方期望中没有 $\sigma_{\alpha\beta}^2$ 项,要用 MS_e 作 F 统计量的分母.这正是$(\alpha\beta)_{\cdot j}=0$,而$(\alpha\beta)_{i\cdot}\neq0$ 的结果.

(3) 参数估计

固定因素效应估计：$\hat{\mu}=\overline{x}_{\cdots}$

$$\hat{\alpha}_i=\overline{x}_{i\cdot\cdot}-\overline{x}_{\cdots}\quad(i=1,2,\cdots,a)$$

方差分量的估计：$\hat{\sigma}_{\beta}^2=\dfrac{MS_B-MS_e}{an}$

$$\hat{\sigma}_{\alpha\beta}^2=\frac{MS_{AB}-MS_e}{n}$$

$$\hat{\sigma}^2=MS_e$$

在结果解释方面，固定因素的结论只能适用于参加试验的几个水平，不能推广；而随机因素的结论可推广到它的一切水平上去. 其他如变差分解，自由度分解，计算公式，F_{AB} 小于或约等于 1 的处理等均不变，不再重复.

【例 4.8】 为检验三种配合饲料的效果，从三窝仔猪中各选 9 只，随机分成三组，分别喂以三种饲料. 仔猪日增重列于表 4.11，请对结果作统计分析.

表 4.11 仔猪日均增重

饲料(A)	不同窝别(B)仔猪日增重/kg								
	1			2			3		
1	1.38	1.30	1.25	1.26	1.23	1.30	1.19	1.23	1.25
2	1.29	1.32	1.23	1.22	1.28	1.25	1.23	1.18	1.17
3	1.35	1.40	1.36	1.32	1.28	1.35	1.27	1.31	1.26

解 饲料是固定因素，窝别是随机因素，这是一个两因素交叉分组混合模型. 首先把原始数据改写成处理均值 $\overline{x}_{ij\cdot}$，$\overline{x}_{i\cdot\cdot}$，$\overline{x}_{\cdot j\cdot}$（见下表）：

$\overline{x}_{ij\cdot}$/kg　j ／ i	1	2	3	$\overline{x}_{i\cdot\cdot}$
1	1.31	1.263	1.223	1.266
2	1.28	1.25	1.193	1.241
3	1.37	1.317	1.28	1.322
$\overline{x}_{\cdot j\cdot}$	1.32	1.277	1.232	1.276

① 把各 $\overline{x}_{ij}.$ 输入计算器，算得它们的子样方差为 $S^2_{\overline{x}_{ij}}=0.002765$，根据式(4.26)，有

$$SS_{ST}=n(ab-1)S^2_{\overline{x}_{ij}}=3\times(3\times3-1)\times0.002765=0.06636$$

② 把各 $\overline{x}_{i}..$ 输入，得其子样方差 $S^2_{\overline{x}_{i\cdot}}=0.001731$，根据式(4.27)，得

$$SS_A=bn(a-1)S^2_{\overline{x}_{i\cdot}}=3\times3\times(3-1)\times0.001731=0.03116$$

③ 把各 $\overline{x}_{\cdot j}.$ 输入，得子样方差 $S^2_{\overline{x}_{\cdot j}}=0.001926$，根据式(4.28)，得

$$SS_B=an(b-1)S^2_{\overline{x}_{\cdot j}}=3\times3\times(3-1)\times0.001926=0.03467$$

④ 把各原始数据 x_{ijk} 输入，得子样方差 $S^2=0.003563$. 根据式(4.25)，得

$$SS_T=(abn-1)S^2=(3\times3\times3-1)\times0.003563=0.09264$$

⑤ 由式(4.29)，得

$$SS_e=SS_T-SS_{ST}=0.09264-0.06636=0.02626$$

⑥ 由式(4.30)，得

$$SS_{AB}=SS_{ST}-SS_A-SS_B=0.06636-0.03116-0.03467=0.00053$$

⑦ 由于 $a=b=n=3$，各自由度分别为：

$$df_A=a-1=2$$
$$df_B=b-1=2$$
$$df_T=abn-1=27-1=26$$
$$df_{AB}=(a-1)(b-1)=2\times2=4$$
$$df_e=ab(n-1)=3\times3\times2=18$$

⑧ 把上述计算结果列成方差分析表：

变差来源	平方和	自由度	均　方	F
饲料(A)	0.03116	2	0.01558	117.1**
窝别(B)	0.03467	2	0.01734	11.88**
AB	0.00053	4	0.000133	0.091
误差(e)	0.02626	18	0.00146	
总　和	0.09264	26		

查表，得

$$F_{0.95}(2,4)=6.94, F_{0.99}(2,4)=18.0$$
$$F_{0.95}(2,18)=3.55, F_{0.99}(2,18)=6.01$$
$$F_{0.95}(4,18)=2.93$$

由于 $F_A=117.1>F_{0.99}(2,4)$，因此 A 因素(饲料)主效应达极显著；

由于 $F_B=11.83>F_{0.99}(2,18)$，因此 B 因素(窝别)主效应也达极显著；

由于 $F_{AB}=0.091<F_{0.95}(4,18)$，因此交互效应不显著.

由于 $F_{AB}<1$，为提高检验精度，可将 SS_{AB} 与 SS_e 合并.

由式(4.31)，有

$$MS'_e=\frac{SS_e+SS_{AB}}{df_e+df_{AB}}=\frac{0.02626+0.00053}{18+4}=0.00122$$
$$F_A=MS_A/MS'_e=0.01558/0.00122=12.77$$
$$F_B=MS_B/MS'_e=0.01734/0.00122=14.21$$

查表，得

$$F_{0.95}(2,22)=3.44,\ F_{0.99}(2,22)=5.72$$

由于 $F_A=12.77>F_{0.99}(2,22)$，$F_B=14.21>F_{0.99}(2,22)$，因此两因素(饲料与窝别)的主效应均达极显著水平.交互效应显然不显著.

注意事项

(1) 由于 MS_{AB} 一般要大于 MS_e，尤其是交互作用存在时更是显著地偏大，因此若不注意区分是随机因素还是固定因素，就有可能错用统计量，导致错误的结论.因此在两个以上因素的方差分析中，区分因素类型显得更为重要.

(2) 在随机模型和混合模型中若不设置重复，同样会导致无法把 SS_{AB} 与 SS_e 分开.此时随机模型仍可对主效应进行检验，混合模型中也可以对固定因素的主效应进行检验.但当交互作用存在时，仅检验主效应是意义不大的，因为很可能是交互作用在起主要作用.因此只要条件容许，不论哪一类模型都应设置重复，除非有可靠的证据证明交互作用不存在.

总结

表 4.12 两因素交叉分组方差分析

变差来源	平方和	自由度	固定模型	
			均方期望	F
A	$SS_A=bn\sum_{i=1}^{a}(\overline{x}_{i\cdot\cdot}-\overline{x}_{\cdots})^2$	$a-1$	$\sigma^2+\frac{bn}{a-1}\sum_{i=1}^{a}\alpha_i^2$	$\frac{MS_A}{MS_e}$
B	$SS_B=an\sum_{j=1}^{b}(\overline{x}_{\cdot j\cdot}-\overline{x}_{\cdots})^2$	$b-1$	$\sigma^2+\frac{an}{b-1}\sum_{j=1}^{b}\beta_j^2$	$\frac{MS_B}{MS_e}$
AB	$SS_{AB}=n\sum_{i=1}^{a}\sum_{j=1}^{b}(\overline{x}_{ij\cdot}-\overline{x}_{i\cdot\cdot}-\overline{x}_{\cdot j\cdot}+\overline{x}_{\cdots})^2$	$(a-1)\cdot(b-1)$	$\sigma^2+\frac{n}{(a-1)(b-1)}\sum_{i=1}^{a}\sum_{j=1}^{b}(\alpha\beta)_{ij}^2$	$\frac{MS_{AB}}{MS_e}$
误差	$SS_e=\sum_{i=1}^{a}\sum_{j=1}^{b}\sum_{k=1}^{n}(\overline{x}_{ijk}-\overline{x}_{ij\cdot})^2$	$ab(n-1)$	σ^2	

变差来源	随机模型		混合模型(A 固定,B 随机)	
	均方期望	F	均方期望	F
A	$\sigma^2+n\sigma_{\alpha\beta}^2+bn\sigma_\alpha^2$	$\frac{MS_A}{MS_{AB}}$	$\sigma^2+n\sigma_{\alpha\beta}^2+\frac{bn}{a-1}\sum_{i=1}^{a}\alpha_i^2$	$\frac{MS_A}{MS_{AB}}$
B	$\sigma^2+n\sigma_{\alpha\beta}^2+an\sigma_\beta^2$	$\frac{MS_B}{MS_{AB}}$	$\sigma^2+an\sigma_\beta^2$	$\frac{MS_B}{MS_e}$
AB	$\sigma^2+n\sigma_{\alpha\beta}^2$	$\frac{MS_{AB}}{MS_e}$	$\sigma^2+n\sigma_{\alpha\beta}^2$	$\frac{MS_{AB}}{MS_e}$
误差	σ^2		σ^2	

(三) 两因素系统分组实验的方差分析

前面介绍的方法都只适用于交叉分组的实验设计,即 A 因素的每个水平与 B 因素的每个水平都会遇到,因此 A 因素与 B 因素的地位是完全对称的. 但在某些情况下无法采用这样的实验设计. 比如进行某种农作物的产量对比实验,A 为品种,B 为播种期. 由于不同品种的最适播期也不一样,采用交叉分组就不太合适,比较理想的方法是根据各自的最适播期分别安排 B 的水平. 这样,先按不同品种分组,然后在每一组内安排自己的播期,这种实验设计方法称为系统分组. 其他例如要比较不同菌种的发酵产量,不同酶对同一底物的利用速率等实验中,比较对象对环境条件的要求都是可能有差异的,显然只有让它们各自在自己的最佳条件下工作才能得出正确的结论,因此在这类情况下都需要有系统分组的实验设计方法.

在系统分组实验设计中,首先分组的因素(如上述的品种、菌种等)称为一级因素,其次分组的(如播期、温度、pH 等)称为二级因素. 显然此时两因素不再是对称的,我们的实验目标一般更侧重于测定一级因素的差异. 此时的计算方法与分析方法同交叉分组相比均有所不同. 为叙述简单,我们下面假定对一级因素 A 的各个水平,二级因素 B 的水平数均相同.

1. 线性统计模型

$$x_{ijk} = \mu + \alpha_i + \beta_{j(i)} + \varepsilon_{ijk}$$

其中: $\beta_{j(i)}$ 不仅有下标 j,还有下标 i;表示对于相同的 j、不同的 i, $\beta_{j(i)}$ 所代表的二级因素的水平也是不同的. 在这里, $\beta_{j(i)}$ 代表二级因素主效应与交互效应之和. 由于 i 不同时二级因素水平 j 的意义不同,这两个效应已不可能再分开. 其他各符号意义同前.

与交叉分组类似, A、B 两因素可为固定型,也可为随机型. 其应满足的条件与 H_0 也是类似的.

(1) 固定型

$$\sum_{i=1}^{a} \alpha_i = 0$$

$$H_{01}: \alpha_i = 0 \qquad (i = 1,2,\cdots,a)$$

$$\sum_{j=1}^{b} \beta_{j(i)} = 0 \qquad (i = 1,2,\cdots,a)$$

$$H_{02}: \beta_{j(i)} = 0 \qquad (i = 1,2,\cdots,a; j = 1,2,\cdots,b)$$

(2) 随机型

$$\alpha_i \sim NID(0,\sigma_\alpha^2),\ H_{01}:\sigma_\alpha^2 = 0$$

$$\beta_{j(i)} \sim NID(0,\sigma_{\beta(\alpha)}^2),\ H_{02}:\sigma_{\beta(\alpha)}^2 = 0$$

总变差分解为： $SS_T = SS_A + SS_B + SS_e$

df 相应分解为： $abn-1 \quad (a-1) \quad a(b-1) \quad ab(n-1)$

这里与交叉分组的不同点是 SS_B 代表 B 因素的主效应与交互效应之和，已无法再分开.

计算公式为

$$SS_T = \sum_{i=1}^{a}\sum_{j=1}^{b}\sum_{k=1}^{n} x_{ijk}^2 - \frac{x_{\cdots}^2}{abn} \tag{4.35}$$

$$SS_A = \frac{1}{bn}\sum_{i=1}^{a} x_{i\cdot\cdot}^2 - \frac{x_{\cdots}^2}{abn} \tag{4.36}$$

$$SS_B = \frac{1}{n}\sum_{i=1}^{a}\sum_{j=1}^{b} x_{ij\cdot}^2 - \frac{1}{bn}\sum_{i=1}^{a} x_{i\cdot\cdot}^2 \tag{4.37}$$

$$SS_e = \sum_{i=1}^{a}\sum_{j=1}^{b}\sum_{k=1}^{n} x_{ijk}^2 - \frac{1}{n}\sum_{i=1}^{a}\sum_{j=1}^{b} x_{ij\cdot}^2 \tag{4.38}$$

将上述各式与交叉分组的(4.20)至(4.24)各式加以比较，即可知 SS_T，SS_A 的计算公式没有改变，而 SS_B 的式(4.37)其实是交叉分组中的 $SS_{ST}-SS_A$，因为现在已不需分解 B 因素的主效应与交互效应. SS_e 的式(4.38)与交叉分组的式(4.24)相同.

由于系统分组与交叉分组的差别就是前者不需分解 B 因素的主效应与交互效应，因此采用计算器进行计算时，仍可采用与交叉分组相同的方法计算 SS_T，SS_{ST}，SS_A，即先计算处理平均数 $\bar{x}_{ij\cdot}$，i 水平平均数 $\bar{x}_{i\cdot\cdot}$，然后计算[1]～[3][分别对应于式(4.25)～(4.27)]：

[1] 把所有原始数据放在一起，计算样本方差 S^2，则

$$SS_T=(abn-1)S^2$$

[2] 用处理平均数 $\bar{x}_{ij\cdot}$ 计算样本方差 $S_{\bar{x}_{ij}}^2$，则

$$SS_{ST}=n(ab-1)S_{\bar{x}_{ij}}^2$$

③ 用 i 水平平均数 $\bar{x}_{i\cdot\cdot}$ 计算样本方差 $S^2_{\bar{x}_{i\cdot}}$，则

$$SS_A = bn(a-1)S^2_{\bar{x}_{i\cdot}}$$

④ 令 $$SS_B = SS_{ST} - SS_A \tag{4.39}$$

$$SS_e = SS_T - SS_{ST} \tag{4.40}$$

以下各步骤，如列方差分析表、查表、比较、解释等均与交叉分组相同，不再重复. 统计量按以下方法构建.

2. 均方期望及统计量

对二级因素 B 来说没有变化

$$E(MS_B) = n\sigma^2_{\beta(\alpha)} + \sigma^2$$

$$F_B = \frac{MS_B}{MS_e} \tag{4.41}$$

对一级因素 A 来说，依 B 的类型不同而不同.

(1) B 固定 $E(MS_A) = bn\sigma^2_\alpha + \sigma^2$

$$F_A = \frac{MS_A}{MS_e} \tag{4.42}$$

(2) B 随机 $E(MS_A) = bn\sigma^2_\alpha + n\sigma^2_{\beta(\alpha)} + \sigma^2$

$$F_A = \frac{MS_A}{MS_B} \tag{4.43}$$

上式中，若因素类型为随机型，则 σ^2_α 和 $\sigma^2_{\beta(\alpha)}$ 为方差；若因素类型为固定型，则它们都代表平方和，即

$$\sigma^2_\alpha = \frac{1}{a-1}\sum_{i=1}^{a}\alpha_i^2$$

$$\sigma^2_{\beta(\alpha)} = \frac{1}{a(b-1)}\sum_{i=1}^{a}\sum_{j=1}^{b}\beta^2_{j(i)}$$

【例 4.9】 比较 $A_1 \sim A_4$ 四种酶在不同温度下的催化效率，特设计如下实验：由于文献记载各酶最适温度分别为 30℃，25℃，37℃，40℃，现设定温度水平如下，最适温－5℃，最适温，最适温＋5℃. 其他条件均保持一致. 保温 2 h 后，测定底物消耗量(mg). 全部实验重复 3 次，所得结果列于下表，请做统计分析.

温度	不同种类酶底物消耗量/mg			
	A_1	A_2	A_3	A_4
偏低	14.4，15.2，13.5	13.5，14.4，15.2	14.5，16.3，15.4	11.2，9.8，10.5
适宜	15.9，15.1，14.4	15.1，16.4，15.8	16.4，18.1，16.7	12.5，10.9，11.6
偏高	13.8，12.9，14.6	15.7，14.8，16.0	15.8，14.7，14.1	10.3，11.4，9.9

解　由于各种酶的最适温度不同，上述温度水平偏低、适宜、偏高所代表的实际温度是不同的，应采用两因素系统分组方差分析.酶的种类与温度都应为固定因素.酶为一级因素，温度为二级因素.首先计算各平均值，并列成下表：

酶种类	不同条件下底物消耗量/mg			
	温度偏低	温度适宜	温度偏高	平均($\bar{x}_{i..}$)
A_1	14.37	15.13	13.77	14.42
A_2	14.37	15.77	15.50	15.21
A_3	15.40	17.07	14.87	15.78
A_4	10.50	11.67	10.53	10.90

首先把各处理平均数，即上表中间的12个数输入计算器，得到它们的子样方差为

$$S^2_{\bar{x}_{ij}} = 4.4304$$

由式(4.26)，得

$$SS_{ST} = n(ab-1)S^2_{\bar{x}_{ij}} = 3\times(4\times3-1)\times4.4304 = 146.203$$

再把各酶的平均数 $\bar{x}_{i..}$ 输入，得子样方差为

$$S^2_{\bar{x}_{i.}} = 4.7971$$

由式(4.27)，得

$$SS_A = bn(a-1)S^2_{\bar{x}_{i.}} = 3\times3\times(4-1)\times4.7971 = 129.522$$

再把全部原始数据 x_{ijk} 输入，得子样方差

$$S^2 = 4.6149$$

由式(4.25)，得

$$SS_T = (abn-1)S^2 = (4\times3\times3-1)\times4.6149 = 161.522$$

由式(4.39)，得

$$SS_B = SS_{ST} - SS_A = 146.203 - 129.522 = 16.681$$

由式(4.40)，得

$$SS_e = SS_T - SS_{ST} = 161.522 - 146.203 = 15.319$$

由于 $a=4, b=n=3$，各自由度分别为

$$df_A=a-1=3,\quad df_B=a(b-1)=8,\quad df_e=ab(n-1)=24$$

把上述计算结果列成方差分析表：

变差来源	平方和	自由度	均　方	F
酶种(A)	129.522	3	43.174	67.64**
温度(B)	16.681	8	2.085	3.266*
误差(e)	15.319	24	0.6383	
总和(T)	161.522	35		

其中：均方=平方和/自由度

$$F_A=MS_A/MS_e[\text{式}(4.42)],\ F_B=MS_B/MS_e[\text{式}(4.41)]$$

查表，得

$$F_{0.95}(3,24)=3.01, F_{0.99}(3,24)=4.72$$

$$F_{0.95}(8,24)=2.36, F_{0.99}(8,24)=3.36$$

由于 $F_A \gg F_{0.99}$，因此酶种差异极显著；$F_{0.99}>F_B>F_{0.95}$，因此温度(包括交互作用)造成的差异显著，但未达极显著水平.

如有必要，可对四种酶的 4 个平均数进行多重比较，也可对同一种酶的 3 个温度数据进行比较. 由于各酶的温度设定不同，对三种温度的总平均数进行比较没有意义. 多重比较时，方法同前.

总结

表 4.13 两因素系统分组方差分析

变差来源	自由度	固定模型		随机模型	
		均方期望	F	均方期望	F
A	$a-1$	$bn\eta_\alpha^2+\sigma^2$	$\frac{MS_A}{MS_e}$	$bn\sigma_\alpha^2+n\sigma_{\beta(\alpha)}^2+\sigma^2$	$\frac{MS_A}{MS_B}$
B	$a(b-1)$	$n\eta_{\beta(\alpha)}^2+\sigma^2$	$\frac{MS_B}{MS_e}$	$n\sigma_{\beta(\alpha)}^2+\sigma^2$	$\frac{MS_B}{MS_e}$
误　差	$ab(n-1)$	σ^2		σ^2	

续表

变差来源	A固定,B随机		A随机,B固定	
	均方期望	F	均方期望	F
A	$bn\eta_{\alpha}^2+n\sigma_{\beta(\alpha)}^2+\sigma^2$	$\frac{MS_A}{MS_B}$	$bn\sigma_{\alpha}^2+\sigma^2$	$\frac{MS_A}{MS_e}$
B	$n\sigma_{\beta(\alpha)}^2+\sigma^2$	$\frac{MS_B}{MS_e}$	$n\eta_{\beta(\alpha)}^2+\sigma^2$	$\frac{MS_B}{MS_e}$
误　差	σ^2		σ^2	

上表中：
$$\eta_{\alpha}^2=\frac{1}{a-1}\sum_{i=1}^{a}\alpha_i^2$$
$$\eta_{\beta}^2(\alpha)=\frac{1}{a(b-1)}\sum_{i=1}^{a}\sum_{j=1}^{b}\beta_{j(i)}^2$$
注意,对 B 因素的检验实际包括主效应和交互效应,它的自由度与交叉分组不同.

(四) 两个以上因素的方差分析

把两因素方差分析的方法推广到三个或更多个因素理论上不存在问题,但不仅相应的计算过程明显复杂化,更主要的是所需进行的总实验次数也大大增加,因此一般使用较少.当因素多时,实验设计一般改用正交设计的方法,那样可以大大减少实验次数,分析起来也更为方便.正交设计的方法详见实验设计一章.

现以三因素交叉分组固定效应模型为例,给出其计算公式及方差分析表.

线性统计模型为
$$x_{ijkl}=\mu+\alpha_i+\beta_j+\gamma_k+(\alpha\beta)_{ij}+(\alpha\gamma)_{ik}+(\beta\gamma)_{jk}+(\alpha\beta\gamma)_{ijk}+\varepsilon_{ijkl}$$
其中：$i=1,2,\cdots,a;j=1,2,\cdots,b;\ k=1,2,\cdots,c;\ l=1,2,\ \cdots,n.$

总变差的分解为
$$SS_T=SS_A+SS_B+SS_C+SS_{AB}+SS_{AC}+SS_{BC}+SS_{ABC}+SS_e$$

计算公式和自由度为(见下表)：

计算公式	自由度 df
$SS_T = \sum_{i=1}^{a}\sum_{j=1}^{b}\sum_{k=1}^{c}\sum_{l=1}^{n} x_{ijkl}^2 - \frac{x_{\cdots\cdot}^2}{abcn}$	$abcn-1$
$SS_A = \frac{1}{bcn}\sum_{i=1}^{a} x_{i\cdots}^2 - \frac{x_{\cdots\cdot}^2}{abcn}$	$a-1$
$SS_B = \frac{1}{acn}\sum_{j=1}^{b} x_{\cdot j\cdot\cdot}^2 - \frac{x_{\cdots\cdot}^2}{abcn}$	$b-1$
$SS_C = \frac{1}{abn}\sum_{k=1}^{c} x_{\cdot\cdot k\cdot}^2 - \frac{x_{\cdots\cdot}^2}{abcn}$	$c-1$
$SS_{ST}(AB) = \frac{1}{cn}\sum_{i=1}^{a}\sum_{j=1}^{b} x_{ij\cdot\cdot}^2 - \frac{x_{\cdots\cdot}^2}{abcn}$	
$SS_{ST}(AC) = \frac{1}{bn}\sum_{i=1}^{a}\sum_{k=1}^{c} x_{i\cdot k\cdot}^2 - \frac{x_{\cdots\cdot}^2}{abcn}$	
$SS_{ST}(BC) = \frac{1}{an}\sum_{j=1}^{b}\sum_{k=1}^{c} x_{\cdot jk\cdot}^2 - \frac{x_{\cdots\cdot}^2}{abcn}$	
$SS_{AB} = SS_{ST}(AB) - SS_A - SS_B$	$(a-1)(b-1)$
$SS_{AC} = SS_{ST}(AC) - SS_A - SS_C$	$(a-1)(c-1)$
$SS_{BC} = SS_{ST}(BC) - SS_B - SS_C$	$(b-1)(c-1)$
$SS_{ST}(ABC) = \frac{1}{n}\sum_{i=1}^{a}\sum_{j=1}^{b}\sum_{k=1}^{c} x_{ijk\cdot}^2 - \frac{x_{\cdots\cdot}^2}{abcn}$	
$SS_{ABC} = SS_{ST}(ABC) - SS_A - SS_B - SS_C - SS_{AB} - SS_{AC} - SS_{BC}$	$(a-1)(b-1)(c-1)$
$SS_e = SS_T - SS_{ST}(ABC)$	$abc(n-1)$

统计量及均方期望见表 4.14.

表 4.14 三因素交叉分组固定效应方差分析表

变差来源	平方和	自由度	均方数学期望	F
A	SS_A	$a-1$	$\sigma^2+\frac{bcn}{a-1}\sum_{i=1}^{a}\alpha_i^2$	$\frac{MS_A}{MS_e}$
B	SS_B	$b-1$	$\sigma^2+\frac{acn}{b-1}\sum_{j=1}^{b}\beta_j^2$	$\frac{MS_B}{MS_e}$
C	SS_C	$c-1$	$\sigma^2+\frac{abn}{c-1}\sum_{k=1}^{c}\gamma_k^2$	$\frac{MS_C}{MS_e}$
AB	SS_{AB}	$(a-1)(b-1)$	$\sigma^2+\frac{cn}{(a-1)(b-1)}\sum_{i=1}^{a}\sum_{j=1}^{b}(\alpha\beta)_{ij}^2$	$\frac{MS_{AB}}{MS_e}$
BC	SS_{BC}	$(b-1)(c-1)$	$\sigma^2+\frac{an}{(b-1)(c-1)}\sum_{j=1}^{b}\sum_{k=1}^{c}(\beta\gamma)_{jk}^2$	$\frac{MS_{BC}}{MS_e}$
AC	SS_{AC}	$(a-1)(c-1)$	$\sigma^2+\frac{bn}{(a-1)(c-1)}\sum_{i=1}^{a}\sum_{k=1}^{c}(\alpha\gamma)_{ik}^2$	$\frac{MS_{AC}}{MS_e}$
ABC	SS_{ABC}	$(a-1)(b-1)(c-1)$	$\sigma^2+\frac{n}{(a-1)(b-1)(c-1)}\sum_{i=1}^{a}\sum_{j=1}^{b}\sum_{k=1}^{c}(\alpha\beta\gamma)_{ijk}^2$	$\frac{MS_{ABC}}{MS_e}$
误差	SS_e	$abc(n-1)$	σ^2	
总和	SS_T	$abcn-1$		

4.3 方差分析需要满足的条件

(一) 方差分析应满足的条件

要使方差分析达到预期的效果,实验数据必须满足某些先决条件,主要包括以下三点:

1. 可加性

方差分析的每一次观察值都包含了总体平均数、各因素主效应、各因素间的交互效应、随机误差等许多部分,这些组成部分必须以叠加的方式综合起来,即每一个观察值都可视为这些组成部分的累加和. 在对每种模型进行讨论前我们都给出了适合这种模型的线性统计模型,这正是可加性的数学表达式.以后的理论分析都是建立在线性统计模型的基础上的,这正说明可加性是方差分析的重要先决条件.在某些情况下,例如数据服从对数正态分布(即数据取对数后才服从正态分布)时,各部分是以连乘的形式综合起来,此时就需要先对原始数据进行对数变换,一方面保证误差服从正态分布,另一方面也可保证数据满足可加性的要求.

2. 正态性

即随机误差 ε 必须为相互独立的正态随机变量.这也是很重要的条件,如果它不能满足,则均方期望的推导就不能成立,采用 F 统计量进行检验也就失去了理论基础.如果只是实验材料间有关联,可能影响独立性时,可用随机化的方法破坏其关联性(详见7.6节);如果是正态性不能满足,即误差服从其他分布,则应根据误差服从的理论分布采取适当的数据变换,具体方法将在本节后边介绍.

3. 方差齐性

即要求所有处理随机误差的方差都要相等,换句话说不同处理不能影响随机误差的方差.由于随机误差的期望一定为 0,这实际是要求随机误差有共同的分布.如果方差齐性条件不能满足也可采用数据变换的方法加以弥补.

条件 1 的数学表达式是方差分析的线性统计模型,而条件 2,3 的数学表达式为 $\varepsilon \sim NID(0,\sigma^2)$.在实用中,条件 1,2 的满足主要靠理论分析,即如果我们没有理由怀疑数据的正态性,则认为它们是满足的;而条件 3 则可用一些统计方法进行检验.下面就对具体的检验方法进行介绍.

(二) 方差齐性的检验

在第 3 章中,我们介绍过两个总体方差是否相等的检验:F 检验.但在方差分析中若要对方差齐性进行检验,必然要涉及多个总体方差进行比较的问题.如果一对对进行多次比较,就会像进行多总体均值检验时一样,引起犯第一类错误的可能性大大增高,因此必须采用专门的方法对多个总体的方差一次进行比较.本节中我们介绍三种多总体方差齐性的检验方法,并对它们进行简单比较,读者可根据需要选用.

1. 对数方差分析

对数方差分析主要优点是它针对性很强,即只有当各总体方差有差异时才会出现检验通不过的情况;而对其他一些条件,如总体分布是否正态等并不敏感.它的基本思想是把每个要检验的总体即每个不同处理取出的样本再随机地分解成若干子样本,然后分别计算每个子样本的方差并取对数,最后对这些数据进行单因素方差分析.在分析中,各处理被视为因素的不同水平,而同一处理的几个子样本的对数方差则被视为重复.

由于需要对每个处理的重复观察值都进一步分解成子样本,这种方法要求重复数很多,而这在处理数也较多的情况下是很难实现的,这一点限制了这种方法的应用.

对数方差分析的统计假设为:H_0,各处理方差相同;H_A,各处理方差不完全相同.具体做法为:设共有 a 个不同处理,每个处理的重复数为 n_i,则全部观察值可表示为

$$x_{ij} \quad (i = 1,2,\cdots,a;\ j = 1,2,\cdots,n_i)$$

在对上述的不同处理的样本进一步分割时,应使各子样本的样本含量尽可能接近,且每个处理分割成的子样本组数 m_i 应满足

$$m_i \approx \sqrt{n_i} \qquad (i = 1,2,\cdots,a) \tag{4.44}$$

各子样本的样本含量记为

$$n_{ij} \qquad (i = 1,2,\cdots,a;\ j = 1,2,\cdots,m_i)$$

显然,应有

$$\sum_j n_{ij} = n_i \qquad (i = 1,2,\cdots,a)$$

分割后的数据可表示为

$$x_{ijk} \quad (i = 1,2,\cdots,a;\ j = 1,2,\cdots,m_i;k = 1,2,\cdots,n_{ij})$$

每个子样本的均值和方差分别为

$$\overline{x}_{ij\cdot} = \frac{1}{n_{ij}}\sum_{k=1}^{n_{ij}} x_{ijk}$$

$$S_{ij}^2 = \frac{1}{n_{ij}-1}\sum_{k=1}^{n_{ij}}(x_{ijk} - \overline{x}_{ij\cdot})^2$$

令

$$y_{ij} = \ln S_{ij}^2 \tag{4.45}$$

$$v_{ij} = n_{ij} - 1 \tag{4.46}$$

称 v_{ij} 为 y_{ij} 的自由度. 然后对 y_{ij} 作方差分析,但要以其自由度 v_{ij} 为权重 . 具体公式为

$$\overline{y}_{i\cdot} = \sum_{j=1}^{m_i}(v_{ij}y_{ij})\Big/\sum_{j=1}^{m_i}v_{ij} \tag{4.47}$$

$$\overline{y}_{\cdot\cdot} = \sum_{i=1}^{a}\sum_{j=1}^{m_i}(v_{ij}y_{ij})\Big/\sum_{i=1}^{a}\sum_{j=1}^{m_i}v_{ij} \tag{4.48}$$

$$MS_A = \sum_{i=1}^{a}(n_i - m_i)(\overline{y}_{i\cdot} - \overline{y}_{\cdot\cdot})^2/(a-1) \tag{4.49}$$

$$MS_e = \sum_{i=1}^{a}\sum_{j=1}^{m_i}[v_{ij}(y_{ij} - \overline{y}_{i\cdot})^2] \Big/ \sum_{i=1}^{a}(m_i - 1) \tag{4.50}$$

统计量为

$$F = \frac{MS_A}{MS_e} \tag{4.51}$$

当 H_0 成立时,上述统计量 F 服从 F 分布,其自由度为

$$\left(a-1, \sum_{i=1}^{a}(m_i - 1)\right)$$

当 H_0 不成立时,它有偏大的趋势,因此可用 F 分位数对它进行上单尾检验.

总之,对数方差分析方法的优点是比较严谨,针对性也强,检验目标集中在各总体方差是否相等上;缺点是由于要把各样本进一步分为子样本,需要较大的样本容量.

【例 4.10】 用四种方法测定一个沉积样本中的重金属含量,所得结果列于下表.问这四种测定方法的方差是否相等?

方　法	测定结果
1	372, 380, 382, 368, 374, 366, 360, 376
2	364, 358, 362, 372, 338, 344, 350, 376, 366, 350
3	348, 351, 362, 372, 344, 352, 360, 362, 366, 354, 342, 358, 348
4	342, 372, 374, 376, 344, 360

解　各样本平均样本含量为:(8+10+13+6)/ 4 = 9.125

$$m_i \approx \sqrt{9} = 3$$

即每个样本大约应分为 3 个子样本.考虑到各子样本含量应尽量相等,取子样本含量为 3.由于原数据应是随机的,分割时不再进行随机化.分组结果如下:

方　法	分组结果	m_i
1	(372, 380, 382),(368, 374, 366),(360, 376)	3
2	(364, 358, 362),(372, 338, 344),(350, 376, 366, 350)	3
3	(348, 351, 362),(372, 344, 352),(360, 362, 366),(354, 342, 358, 348)	4
4	(342, 372, 374),(376, 344, 360)	2

根据式(4.45),(4.46)计算各组的对数方差(y_{ij})及自由度(v_{ij}),见下表.

样　本	y_{ij}	m_i	v_{ij}	n_i
1	3.332, 2.853, 4.852	3	2, 2, 1	8
2	4.862, 4.431, 5.098	3	2, 2, 3	10
3	3.995, 5.338, 2.234, 3.892	4	2, 2, 2, 3	13
4	5.772, 5.545	2	2,2	6

以各组自由度为权重,求各组平均数:由式(4.47)

$$\overline{y}_{1\cdot} = \frac{2\times 3.332 + 2\times 2.853 + 1\times 4.852}{2+2+1} = 3.444$$

$$\overline{y}_{2\cdot} = \frac{2\times 4.862 + 2\times 4.431 + 3\times 5.098}{2+2+3} = 4.840$$

$$\overline{y}_{3\cdot} = \frac{2\times 3.995 + 2\times 5.338 + 2\times 2.234 + 3\times 3.892}{2+2+2+3} = 3.868$$

$$\overline{y}_{4\cdot} = \frac{2\times 5.772 + 2\times 5.545}{2+2} = 5.658$$

令 $v_i = \sum_{j=1}^{m_i} v_{ij}$,则有

$$v_1 = 5,\ v_2 = 7,\ v_3 = 9,\ v_4 = 4$$

则式(4.48)可改写为

$$\overline{y}_{\cdot\cdot} = \sum_{i=1}^{a}(v_i\overline{y}_{i\cdot}) \Big/ \sum_{i=1}^{a} v_i$$

代入数据,得

$$\overline{y}_{\cdot\cdot} = \frac{5\times 3.444 + 7\times 4.840 + 9\times 3.868 + 4\times 5.658}{5+7+9+4} = 4.342$$

由式(4.49),得

$$\begin{aligned} MS_A &= \frac{5\times(3.444-4.342)^2 + 7\times(4.840-4.342)^2}{4-1} \\ &\quad + \frac{9\times(3.868-4.342)^2 + 4\times(5.658-4.342)^2}{4-1} \\ &\approx 4.906 \end{aligned}$$

由于 $\sum_{i=1}^{a}(m_i - 1) = 2+2+3+1 = 8$,由式(4.50),得

$$\begin{aligned} MS_e &= \frac{1}{8}[2\times(3.332-3.444)^2 + 2\times(2.853-3.444)^2 + \cdots \\ &\quad + 2\times(5.545-5.658)^2] \\ &\approx 1.624 \end{aligned}$$

由式(4.51),得

$$F = 4.906/1.624 = 3.021$$

查表,得 $F_{0.95}(3,8) = 4.07 > F$,因此接受 H_0,认为各测量方法的方差相等.

2. Barlett(巴勒特)检验

这种方法实际是检验各样本分布的“拖尾”情况是否相同，因此它不仅对各样本方差是否相等敏感，也对各样本是否都服从正态分布敏感. 一般来说这是一个缺点，因为当拒绝 H_0 时，我们无法确定是由于方差不全相等引起的，还是由于不全服从正态分布引起的. 因此如果我们检验的目标只是各方差是否相等，则应首先检验各总体分布是否均服从正态分布，通过后再做 Barlett 检验才比较有把握. 但在方差分析中检验方差齐性时，由于我们既需要保证各总体都服从正态分布(条件 2)，也需要保证方差齐性(条件 3)，因此 Barlett 检验的这一缺点反而变成了优点. 即只要通过了 Barlett 检验，正态性和方差齐性就都有了较好的保证，可以不经数据变换直接进行方差分析. 反之，若通不过 Barlett 检验，则应找出原因并排除，例如排除异常值或进行适当的数据变换.

Barlett 检验的统计假设

$H_0: \sigma_1^2 = \sigma_2^2 = \cdots = \sigma_a^2$　(且各总体分布类型相同)；

H_A：至少有 $\sigma_i^2 \neq \sigma_j^2 \quad 1 \leqslant i < j \leqslant a$(或各总体分布类型不同).

统计量为

$$K^2 = \left[(N-a)\ln S_p^2 - \sum_{i=1}^{a}(n_i - 1)\ln S_{i\cdot}^2\right] \Big/ C \tag{4.52}$$

其中：S_p^2 为各子样方差以其自由度为权重的加权平均，即

$$S_p^2 = \sum_{i=1}^{a}(n_i - 1)S_{i\cdot}^2 \Big/ (N-a) \tag{4.53}$$

$$C = 1 + \frac{1}{3(a-1)}\left[\sum_{i=1}^{a}\frac{1}{n_i - 1} - \frac{1}{N-a}\right] \tag{4.54}$$

其他符号意义同前，例如：N 为总样本含量，a 为方差分析的处理数即 Barlett 检验的总体数，$S_{i\cdot}^2$ 为各总体样本的子样方差，n_i 为各总体样本的样本含量.

Barlett 证明了上述统计量 K^2 近似服从 χ^2 分布，其自由度为

$a-1$. 从式(4.52)易知，当各 $S_{i\cdot}^2$ 相等时，$K^2=0$；当各 $S_{i\cdot}^2$ 差异增大时，K^2 也增大. 因此可用 χ^2 分布对 K^2 进行上单尾检验，即当 $K^2>\chi^2_{1-\alpha}(a-1)$ 时，拒绝 H_0.

当各总体样本含量相等时，上述统计量可简化为

$$K^2=(n-1)\left(a\ln\overline{S}^2-\sum_{i=1}^{a}\ln S_{i\cdot}^2\right)\Big/C \tag{4.55}$$

其中

$$C=1+\frac{a+1}{3a(n-1)} \tag{4.56}$$

a 仍为总体数，即方差分析中的处理数；n 为各总体样本共同的样本含量，即方差分析中的重复数，$\overline{S}^2$ 为各子样方差 $S_{i\cdot}^2$ 的算术平均数.

注意：当进行 Barlett 检验时，一般要求各总体样本含量 n_i 均大于 3.

【例 4.11】 调查不同渔场马面鲀体长，结果如下表. 请检验方差齐性.

渔　场	马面鲀体长/cm
A	22.2，19.1，20.0，18.5，21.4，19.5
B	21.6，22.3，23.0，19.2，20.6，21.7
C	17.6，16.5，18.7，19.0，18.2，19.4

解 由于各样本含量相等，可使用简化的(4.55)、(4.56)式. 由所给数据，可算得

$$S_1^2=2.0057,\quad S_2^2=1.7960,\quad S_3^2=1.1147,\quad a=3,\ n=6$$

由式(4.56)，得

$$C=1+\frac{a+1}{3a(n-1)}=1+\frac{4}{3\times3\times5}=1+\frac{4}{45}=\frac{49}{45}$$

$$\overline{S}^2=\frac{1}{3}(2.0057+1.7960+1.1147)\approx1.6388$$

由式(4.55)，得

$$\begin{aligned}K^2&=\frac{n-1}{C}\left(a\ln\overline{S}^2-\sum_{i=1}^{a}\ln S_{i\cdot}^2\right)\\&=\frac{5\times45}{49}\times[3\times\ln1.6388-(\ln2.0057+\ln1.7960+\ln1.1147)]\end{aligned}$$

$$= \frac{225}{49} \times [3 \times 0.4940 - (0.6960 + 0.5856 + 0.1086)]$$

$$= \frac{225}{49} \times [1.482 - 1.3902]$$

$$\approx 0.4215$$

K^2 的自由度为 $a-1=2$,查表,得:$\chi^2_{0.95}(2)=5.99>K^2$,因此接受 H_0,各渔场马面鲀体长具有方差齐性.

3. $F_{\max}$ 检验

这种方法不如前两种方法严格,它最大的优点是计算简便,只须选取各子样方差中最大的与最小的作一比值,然后再查专门的表格(见书后所附表 C.9)即可.如果只作为方差分析的预备性检验,即检验各处理是否具有方差齐性,它基本上可满足使用要求.

本方法统计量为多个子样方差中最大与最小者的比值,H_0 为各子样方差相等,H_A 为至少有一对方差不等.即使在 H_0 成立的条件下,本统计量也不服从任何常见理论分布,因此必须使用专门编制的临界值表.注意,此临界值表与一般 F 分布表不同,它的相当于普通 F 分布第一自由度即分子自由度位置的参数是总体数 a,而相当于第二自由度即分母自由度位置的则是分子分母自由度中小的一个.具体方法为:

设有取自不同总体的 a 个子样方差 $S_i^2(i=1,2,\cdots,a)$.令

$$S^2_{\max} = \max(S_i^2),\ S^2_{\min} = \min(S_i^2)$$

且记它们的自由度分别为 $V_{\max}$ 和 $V_{\min}$,则

$$F_{\max} = S^2_{\max}/S^2_{\min} \tag{4.57}$$

$$V = \min(V_{\max}, V_{\min}) \tag{4.58}$$

查 $F_{\max}$ 专用临界值表(表 C.9),得 $F_{\max,\alpha}(a,V)$.若 $F_{\max}$ 大于 $F_{\max,\alpha}(a,V)$,则拒绝 H_0,认为各子样方差不具有方差齐性;否则,则接受 H_0,认为它们具有方差齐性.

【例 4.12】 用 $F_{\max}$ 法检验例 4.10 数据的方差齐性.

解 例 4.10 中,$a=4$,$n_1=8$, $n_2=10$,$n_3=13$,$n_4=6$

计算可得

$$S_1^2. = 54.214, S_2^2. = 151.11, S_3^2. = 79.564, S_4^2. = 233.067$$

显然：$S_{max}^2 = 233.067$，$S_{min}^2 = 54.214$，$V_{max} = 5$，$V_{min} = 7$.

由式(4.57)，得

$$F_{max} = 233.067/54.214 = 4.299$$

由式(4.58)，得

$$V = \min(5,7) = 5$$

查表，$F_{max,0.05}(4,5) = 13.7 > F_{max}$，因此应接受 H_0，可认为各子样方差相等.

总结 几种检验方差齐性方法的比较(见表 4.15).

表 4.15 几种检验方差齐性方法的比较

检验方法	优缺点
对数方差分析	针对性强，方法严谨，计算较复杂，所需样本量大
Barlett 检验	除方差齐性外也对偏态敏感，可较好保证正态性及方差齐性.
F_{max} 检验	计算简单，不够严格，需用专门表格.

(三) 数据变换

前边曾提到方差分析应满足的三个条件：可加性，正态性，方差齐性. 若在这三个条件不满足的情况下进行方差分析，很可能会导致错误的结论. 其中第二、第三两条件是互相关联的，因为有些非正态分布，其方差与期望间常有一定的函数关系，如 Poisson 分布的数据，其期望与方差相等；指数分布的数据，期望的平方等于方差等等. 此时显然若均值不等，则方差也不会相等，因此 H_0 不成立时也就不会满足方差分析的条件. 在这种情况下，应在进行方差分析之前对数据进行变换，变换主要是针对方差齐性设计的，但对其他两个条件常也可有所改善. 由于本课程的特点，我们不介绍变换的数学原理，只介绍常用的变换方法及适用的条件.

1. 平方根变换

用于服从 Poisson 分布的数据. 它的方差与均值相等，因此 H_0

不成立时不能满足方差齐性的要求.常见的例子如血球计数值,一定面积内的菌落数,一定体积溶液中的细胞数或细菌数,单位时间内的自发放射数,一定区域内的植物、动物、昆虫数,等等.其特点是每个个体出现在哪里完全是随机的,与其邻居无关.符合这一特点的现象通常服从 Poisson 分布.

方法 把数据换成其平方根,即用 $y_{ij}=\sqrt{x_{ij}}$代替 x_{ij},然后再进行计算.若大多数据值为 10 左右,个别接近 0,可用 $y_{ij}=\sqrt{x_{ij}+1}$代替 x_{ij}.

2. 反正弦变换

用于以百分数形式给出的二项分布数据.即把原二项分布数据除以总数 n 后作为 x_{ij},因此数据应在 0～100%之间.如果数据集中于 30%～70%之间,二项分布本就接近正态分布,此时也可不做变换.但若取值超出上述范围很大则应变换.

方法 令 $y_{ij}=\arcsin\sqrt{x_{ij}}$,即先开平方,再取反正弦.也可直接查表得到 y_{ij}.

取值范围大实际是指 p 与 q 相差很大,此时有相当部分观察值大于 70%或小于 30%.此时分布是偏的,与正态分布差别较大.若 p 与 q 很接近,则数据多在 30%～70%之间,与正态分布差别不大,就可以不变换.

3. 对数变换

主要用于指数分布或对数正态分布数据.这些数据的特点是不能取负值,且其标准差 σ 常与期望 μ 接近.例如一些描述寿命的数据.

方法 令 $y_{ij}=\lg(x_{ij})$,若大部分数据小于 10,个别接近 0,可采用 $y_{ij}=\lg(x_{ij}+1)$的变换.然后对 y_{ij} 做方差分析.

4. Box-Cox 幂变换

前三种变换方法都要求我们对总体分布有一种理论上的了解,即知道总体分布的许多特征,从而知道它们服从什么分布.如果对理论分布一无所知,经检验又不是正态分布,则对它的变换常采用幂变换的方法.只要能找到适当的幂值,常常就能成功地将数据正态化.Box-Cox变换就是常用的一种方法.

它的一般形式为

$$y_i = \frac{x_i^{\lambda} - 1}{\lambda} \qquad (\lambda \neq 0) \tag{4.59}$$

$$y_i = \ln x_i \qquad (\lambda = 0) \tag{4.60}$$

显然,这一方法的关键是确定 λ 的值.理论证明,使以下对数似然函数 L 取最大值的 λ 就是使原始数据正态化的最佳值

$$L = -\frac{v}{2}\ln S_y^2 + (\lambda - 1)\frac{v}{n}\sum_{i=1}^{n}\ln x_i \tag{4.61}$$

其中: n 为样本含量; v 为自由度(其值为: 如果 x_i 是一维数据,则 $v=n-1$;如果是二维数据,则 $v=n-2$;依此类推); S_y^2 为变换后数据的子样方差,而 x_i 则为原始数据.显然,使式(4.61)取最大值的 λ 不可能用解方程的方法解出,只能用一维搜索计算机程序找出.这是一个典型的优化问题,可使用任何搜索程序对它求解.一般情况下,λ 取整数即可.若求出的 $\lambda=0$,则使用式(4.60)进行变换;若 $\lambda\neq0$,则用式(4.59)进行变换.

需要注意的是,并非所有分布形式的数据都可通过数据变换的方法正态化.例如当数据呈双峰状分布(即密度函数有两个峰值)时,就不可能找到一种使它正态化的变换方法.因此变换后的数据仍需要对它是否服从正态分布进行统计检验.

还需要注意一点,即作了变换以后,接着的分析、比较都是对新变量作的.如果希望回到原来的数据上,由于方差、标准差等不能变换回去,因此不能对原数据进行多重比较.

习　题

4.1　下表是 $A\sim F$ 6 种溶液及对照的雌激素活度鉴定,指标是小鼠子宫重量.作方差分析,若差异显著则进一步做多重比较.

鼠号 \ 溶液	不同条件下小鼠子宫重量/g						
	对照	A	B	C	D	E	F
Ⅰ	89.9	84.4	64.4	75.2	88.4	56.4	65.6
Ⅱ	93.8	116.0	79.8	62.4	90.2	83.2	79.4
Ⅲ	88.4	84.0	88.0	62.4	73.2	90.4	65.6
Ⅳ	112.6	68.6	69.4	73.8	87.8	85.6	70.2

4.2 为了调查三块小麦田的出苗情况，在每块麦田中按均匀分布原则设立了一些取样点，每取样点记录 30 cm 垅长的基本苗数，所得结果列于下表. 三块田的出苗情况是否有差异？

田 块	基本苗数									
1	21	29	24	22	25	30	27	26		
2	20	25	25	23	29	31	24	26	20	21
3	24	22	28	25	21	26				

4.3 测量正常儿童组 30 例(1 组)、糖代谢正常肥胖儿童组 50 例(2 组)和伴糖代谢异常肥胖儿童组 20 例(3 组)的体量指数，研究高敏 C 反应蛋白(hs-CRP)与儿童肥胖的相关性. 测量数据如下，其中高敏 C 反应蛋白的数据表示为 $\bar{x}\pm s$. 请统计分析高敏 C 反应蛋白的影响情况.

组 别	高敏 C 反应蛋白浓度/(mg/L)
1 组	0.1±2.5
2 组	2.3±3.6
3 组	2.6±2.8

4.4 为选择合理施肥方式，特设计 $A\sim F$ 6 种施肥方案，各方案施肥成本相同. 实验小区产量如下表所示. 请选择最好的施肥方法.

施肥方案	A	B	C	D	E	F
小区产量/kg	12.9, 13.1	14.0, 13.8	12.6, 13.2	10.5, 11.6	14.5, 15.6	15.5, 14.8
	12.2, 12.5	15.1, 13.1	13.4, 15.0	10.4, 9.9	17.0, 15.0	13.2, 14.4
	13.7, 11.2	14.6, 15.5	12.8, 14.3	12.3, 10.8	16.2, 16.5	13.9, 15.6

4.5 研究病毒蛋白与结膜组织 A_1、角膜组织 A_2、心肌组织 A_3、肺组织 A_4 的体外结合性，流式细胞仪的细胞荧光指数检测结果如下表，请进行统计分析.

组织类型	病毒蛋白结合性的细胞荧光指数检测结果				
A_1	37	45	36	54	49
A_2	35	45	31	36	41
A_3	7	9	11	10	8
A_4	5	7	6	9	4

4.6 通过实验检验玉竹提取物对肝损伤的保护作用.选择 25 只小鼠分成正常对照组、肝损伤对照组、玉竹提取物剂量 A_1 组(0.5 g/kg)、A_2 组(1.0 g/kg)、A_3 组(2.0 g/kg)共 5 组进行试验.正常对照组和肝损伤对照组每天注射生理盐水,其他组注射相应剂量的玉竹提取物.4 天后除正常对照组注射生理盐水外,其余各组均注射刀豆蛋白,制备刀豆蛋白诱导的肝损伤模型.之后,检测各组小鼠血清谷丙转氨酶的含量以分析玉竹提取物对小鼠肝细胞的免疫调节作用,数据如下.请进行统计分析.

	小鼠血清谷丙转氨酶含量(nkat/100 L)					平均值
正常对照组	9.96	10.25	8.26	8.95	12.11	9.9
肝损伤对照组(0.0/kg)	24.88	26.35	25.32	22.86	26.00	25.1
玉竹提取物 A_1 组(0.5 g/kg)	23.10	20.01	19.85	21.44	23.04	21.5
玉竹提取物 A_2 组(1.0 g/kg)	19.78	20.01	18.56	21.00	18.96	19.7
玉竹提取物 A_3 组(2.0 g/kg)	17.56	18.25	20.03	19.45	17.29	18.5

4.7 研究某种病原菌的抗药性,收集了五种药剂进行筛选试验.五种药剂的抑菌效果在药剂浓度变化时的数据如下.请进行方差分析.

浓度/(mg/L) 药　剂	病原菌菌落直径增量/mm			
	10	25	50	250
1	4.6	3.6	1.2	2.5
2	8.7	6.7	5.8	5.2
3	11.9	12.5	6.8	3.8
4	2.4	2.0	2.1	2.3
5	14.6	13.5	7.6	5.8

4.8 随机选取 4 个小麦品种,施以三种肥料,小区产量(单位:kg)如下:

肥料种类 品　种	$(NH_4)_2SO_4$	NH_4NO_3	$Ca(NO_3)_2$
1	21.1	18.0	19.4
2	24.0	22.0	21.7
3	14.2	13.3	12.3
4	31.5	31.4	27.5

该问题属于哪种模型？从方差分析的结果可得出什么结论？

4.9 对枸杞不同树龄6、7月果中的多糖含量进行检测分析，观测结果如下.请进行方差分析.

树龄/年 \ 月份	枸杞中的多糖含量/(%)			
	5	10	15	20
6	4.3	4.8	5.0	4.7
7	3.9	3.6	4.1	2.8

4.10 用两种不同的饲料添加剂 A 和 B，以不同比例搭配饲养大白鼠，每一种饲料添加剂取4个水平，每一处理设两个重复.增重结果(g)如下：

添加剂 B \ 添加剂 A	1	2	3	4
1	32,36	28,22	18,16	23,21
2	26,24	29,33	27,23	17,19
3	33,39	30,24	33,37	23,27
4	39,43	31,35	28,32	36,34

请进行统计分析，并回答下列问题：

(1) 该实验有可能属于哪几种模型？前提是什么？

(2) 如果认为是随机模型，设置重复与不设重复对分析结果有无影响？

(3) 若实现本身是固定模型，但分析时误认为随机模型，对结论有何影响？若不设重复，又有何影响？

4.11 某化工厂用细胞毒理学方法分别检测了接触苯和不接触苯的工人及附近农民的染色体畸变率，结果如下表.请进行统计分析.

组　别	结构畸变/(%)	数目畸变/(%)	两者均发生/(%)
接触工人	4.96,5.73,5.59	8.55,9.27,8.12	1.10,2.11,1.35
不接触工人	1.66,1.40,0.99	3.78,4.60,4.89	0.22,0.19,0.18
农民	0.88,0.90,1.20	2.83,3.55,3.66	0.05,0.07,0.11

4.12 某城市从 4 个排污口取水，经两种不同方法处理后，检测大肠杆菌数量和单位面积内菌落数列于下表. 请检验它们是否有差别.

排污口	A	B	C	D
处理方法 1	9,12,7,5	20,14,18,12	12,7,6,10	23,13,16,21
处理方法 2	13,7,10,9	17,10,9,15	11,5,7,6	18,14,19,11

4.13 采用原子吸收光谱法，对五种不同种苔藓植物体内的 Cu，Pb，Cd，Zn，Cr 五种重金属元素含量进行测定. 重复观测 5 次，测定结果(mg/kg)如下. 请进行方差分析，并说明哪一种苔藓植物适合作为一种生物指示材料用于环境重金属污染监测(表中数据为 $\bar{x}\pm s$).

重金属元素	植物 1	植物 2	植物 3	植物 4	植物 5
Cu	88.12±0.98	36.58±1.58	45.75±1.23	40.74±1.58	25.98±1.69
Pb	76.25±1.23	38.64±1.05	48.36±1.45	47.23±1.68	28.24±1.57
Cd	68.56±1.56	40.56±1.36	51.28±1.56	39.56±0.98	31.25±1.75
Zn	69.36±1.38	29.68±1.59	38.65±1.46	38.95±1.57	26.48±1.39
Cr	81.69±1.65	45.23±1.68	47.69±1.82	41.23±1.69	33.25±1.95

4.14 通过检测常见微量元素的含量，研究儿童热性惊厥的关系. 对 30 例上呼吸道感染所致热性惊厥患儿、30 例上呼吸道感染发热患儿和 30 例正常儿童，分别检测了他们的血清铁、锌、铜含量，数据($\bar{x}\pm s$)如下. 请进行统计分析.

组　别	血清铁	血清锌	血清铜
惊厥组	4.12±3.58	14.58±2.31	17.75±3.23
上感组	7.36±4.10	18.36±3.58	22.74±5.36
正常组	8.69±4.02	13.56±4.54	20.67±2.56

4.15 从转录组水平分析水稻叶、根在赤霉素(GA)处理前后的基因表达差异，进行了基因表达谱实验. 重复观测 3 次，测得数据如下，请进行统计分析，并找出差异表达的基因.

基 因	基因表达量			
	叶—GA	叶—无 GA	根—GA	根—无 GA
基因 A	1.35,1.87,2.01	5.67,6.35,4.56	1.56,2.03,1.46	5.21,5.36,4.58
基因 B	1.56,1.23,1.45	2.01,1.57,1.36	1.25,1.68,1.56	1.54,1.85,1.26
基因 C	2.04,2.35,1.56	1.58,1.59,1.45	4.58,4.68,5.21	1.98,2.36,2.87

4.16 研究不同病种和不同病情严重程度的外科感染病人胰岛素抵抗(IR)状况. 测得感染患者空腹血糖(FBG)数据如下. 请进行统计分析.

病情程度	病种 1	病种 2	病种 3
轻度	5.2,4.8,5.5,5.9,6.1	4.8,5.2,5.9,6.3,6.2	6.2,5.9,6.7,4.9,5.1
中度	5.6,6.3,5.7,6.2,7.1	8.2,7.6,9.1,10.3,11.1	6.8,7.9,8.1,7.5,8.6
重度	7.9,8.2,7.6,8.3,10.2	15.6,11.3,14.2,16.3,15.2	9.2,11.0,10.6,15.6,16.4

4.17 品种对比实验中希望同时选择适宜的播种量. 由于已知的 4 个参试品种小麦中有一个分蘖力强,一个中等,两个偏弱. 因此分蘖力强的品种选择了播种量为 20,25,30 斤/亩,分蘖力中等的选择了 25,30,35 斤/亩,分蘖力弱的选择 30,35,40 斤/亩. 小区产量如下表. 请进行统计分析.

播种量	品种 A	品种 B	品种 C	品种 D
20	25.4,20.9,23.7			
25	28.6,27.2,24.8	30.4,29.8,24.5		
30	27.8,24.2,23.9	32.4,28.9,29.1	20.2,24.1,23.8	26.4,30.1,25.8
35		26.8,29.4,29.1	21.8,23.7,23.5	29.6,27.5,26.4
40			24.3,22.6,20.5	24.7,26.1,30.7

4.18 证明无重复两因素固定效应模型中:

$$E(MS_A) = \sigma^2 + \frac{b}{a-1}\sum_{i=1}^{a}\alpha_i^2$$

第 5 章　回归分析

前几章的方法都只涉及一种变量，主要是比较它的各组值之间的差异．但生物学所涉及的问题是多种多样的，对许多问题的研究需要考虑不止一个变量，例如生物的生长发育速度就与温度、营养、湿度……许多因素有关，我们常常需要研究类似的多个变量之间的关系．本章主要就是讨论其中最简单的情况：线性回归关系．

（一）按两变量的地位分类

这种关系可分为两大类，即相关关系与回归关系．

1．相关关系

两变量 X，Y 均为随机变量，任一变量的每一可能值都有另一变量的一个确定分布与之对应．

2．回归关系

X 是非随机变量或随机变量，Y 是随机变量，对 X 的每一确定值 x_i 都有 Y 的一个确定分布与之对应．

从上述定义可看出，相关关系中的两个变量地位是对称的，可以认为它们互为因果；而回归关系中则不是这样，我们常称回归关系中的 X 是自变量，而 Y 是因变量．即把 X 视为原因，而把 Y 视为结果．

这两种关系尽管有意义上的不同，分析所用的数学概念与推导过程也有所不同，但如果我们使用共同的标准，即使 y 的残差平方和最小（最小二乘法，详见 5.1 节（二）），则不管是回归关系还是相关关系都可以得到相同的参数估计式．因此本章将集中讨论数学处理较简单的回归关系，且 X 限定为非随机变量．从这些讨论中所得到的参数估计式也可用于 X 为随机变量的情况，但我们不再讨论 X 为随机变量时的证明与推导.

另外,回归分析和相关分析的目的也有所不同.回归分析研究的重点是建立 X 与 Y 之间的数学关系式,这种关系式常常用于预测,即知道一个新的 X 取值,然后预测在此情况下的 Y 的取值;而相关分析的重点则放在研究 X 与 Y 两个随机变量之间的共同变化规律,例如当 X 增大时 Y 如何变化,以及这种共变关系的强弱.由于这种研究目的的不同,有时也会引起标准和方法上的不同,我们将在相关分析一节中作进一步介绍.

(二) 按相关中涉及的公式类型分类

按相关中涉及公式类型可把相关关系分为线性相关和非线性相关.在多数情况下,我们提到相关关系时都是指线性相关,这是因为线性相关的理论已经很完善,数学处理也很简单;而非线性问题则需要具体问题具体分析,常常没有什么好的解决方法,理论上能得到的结果也很有限(详见5.4节).因此在一般情况下我们常常只能解决线性相关的问题.也正是因为如此,在不加说明的情况下提到相关时常常是指线性相关;如概率论基础部分曾提到独立可以推出不相关,而逆命题不成立.讨论回归关系时也有类似现象.

(三) 按两变量相关(或回归)的程度分类

从两个变量间相关(或回归)的程度来看,可分为以下三种情况:

1. 完全线性相关

此时一个变量的值确定后,另一个变量的值就可通过某种公式求出来,即一个变量的值可由另一个变量所完全决定.此时相关系数绝对值等于1.这种情况在生物学研究中是不太多见的.

2. 不线性相关

变量之间完全没有线性关系.此时相关系数等于0,即知道一个变量的取值,通过线性公式完全不能预测另一个变量的变化.

3. 统计线性相关(不完全相关)

介于上述两种情况之间.也就是说,知道一个变量的值通过某种线性公式就可以提供关于另一个变量一些信息,通常情况下是提供有关另一个变量的均值的信息.此时知道一个变量的取值并不能完全决定另一个变量的取值,但可或多或少地决定它的分布.这相当于相关系数的绝对值大于0、小于1的情况,也是科研中最常遇到的情况.本章讨论主要针对这种情况进行.为简化数学推导,本章中如无特别说明,一律假设 X 为非随机变量,即 X 只是一般数字,并不包含有随机误差.但所得结果可以推广到 X 为随机变量的情况.

下面我们就来讨论回归关系中最简单的情况:一元线性回归.

5.1 一元线性回归

前边已经说过,回归关系就是对每一个 X 的取值 x_i,都有 Y 的一个分布与之对应.在这种情况下,怎么建立 X 与 Y 的关系呢?一个比较直观的想法就是建立 X 与 Y 的分布的参数间的关系,首先是与 Y 的均值的关系.这就是条件均值的概念,一般以 $\mu_{Y\cdot X=x_1}$ 代表条件均值.它的意思是在 $X=x_1$ 的条件下,求 Y 的均值.更一般地,我们用 $\mu_{Y\cdot X}$ 代表 X 取一切值时,Y 的均值所构成的集合.所谓一元线性回归,就是假定 X 与 $\mu_{Y\cdot X}$ 之间的关系是线性关系,而且满足

$$\mu_{Y\cdot X} = \alpha + \beta X \tag{5.1}$$

此时进行回归分析的目标就是给出参数 α 和 β 的估计值.

【例 5.1】 对大白鼠,如从其出生第6天起,每3天称一次体重,直到第18天.数据见表5.1.试计算日龄 X 与体重 Y 之间的回归方程.

表 5.1 大白鼠 6~18 日龄的体重

序 号	1	2	3	4	5
日龄 x_i/d	6	9	12	15	18
体重 y_i/g	11	16.5	22	26	29

首先,我们可以把数对(x_i, y_i)标在 X-Y 坐标系中,这种图称为散点图. 它的优点是可以使我们对 X、Y 之间的关系有一个直观的、整体上的印象,如它们是否有某种规律性,是接近一条直线还是一条曲线,等等. 我们还可以画很多条接近这些点的直线或曲线,但这些线中的哪一条可以最好的代表 X, Y 之间的关系,就不是凭直观印象可以做出判断的了. 例如对例 5.1,我们可画出如下的散点图:

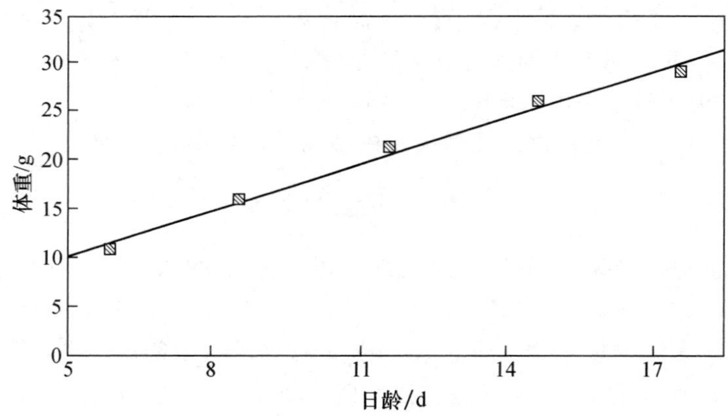

图 5.1 大白鼠日龄-体重关系图

图中的点看来是呈直线关系,但图中的直线是否最好的反映了这种关系? 或者换一种说法, 该如何找到最好的反映这种关系的直线? 这就是我们以下要讨论的问题.

(一) 一元正态线性回归统计模型

线性回归意味着条件平均数与 X 之间的关系是线性函数

$$\mu_{Y \cdot X} = \alpha + \beta X$$

对于每个 Y 的观察值 y_i 来说,由于条件均值由式(5.1)决定,观察值就应该是在条件均值的基础上再加上一个随机误差,即

$$y_i = \alpha + \beta x_i + \varepsilon_i \tag{5.2}$$

其中：$\varepsilon_i \sim NID(0,\sigma^2)$，$NID$ 意为相互独立的正态分布. 正态线性回归中"正态"的意思是随机误差服从正态分布. 式(5.2)就是一元正态线性回归的统计模型.

(二) 参数 $\boldsymbol{\alpha}$ 和 $\boldsymbol{\beta}$ 的估计

统计模型中的 α 和 β 是总体参数，一般是不知道的. 由于只能得到有限的观察数据，我们无法算出准确的 α 与 β 的值，只能求出它们的估计值 a 和 b，并得到 y_i 的估计值为

$$\hat{y}_i = a + bx_i \tag{5.3}$$

那么，什么样的 a 和 b 是 α 和 β 最好的估计？换句话说，选取什么样的 a 和 b 可以最好的反映 X 和 Y 之间的关系？一个合理的想法是使残差 $e_i = y_i - \hat{y}_i$ 最小. 为了避免使正负 e_i 互相抵消，同时又便于数学处理，我们定义使残差平方和 $\sum_{i=1}^{n}(y_i - \hat{y}_i)^2$ 达到最小的直线为回归线，即令 $SS_e = \sum_{i=1}^{n}(y_i - a - bx_i)^2$，且

$$\begin{cases} \dfrac{\partial SS_e}{\partial a} = 0 \\ \dfrac{\partial SS_e}{\partial b} = 0 \end{cases}$$

得

$$\begin{cases} \sum_{i=1}^{n}(-2)(y_i - a - bx_i) = 0 \\ \sum_{i=1}^{n}(-2)x_i(y_i - a - bx_i) = 0 \end{cases}$$

整理后，得

$$\begin{cases} an + b\sum_{i=1}^{n}x_i = \sum_{i=1}^{n}y_i \\ a\sum_{i=1}^{n}x_i + b\sum_{i=1}^{n}x_i^2 = \sum_{i=1}^{n}x_iy_i \end{cases} \tag{5.4}$$

上式称为正规方程. 解此方程，得

$$\begin{cases} b = \dfrac{\sum_{i=1}^{n} x_i y_i - \dfrac{\left(\sum_{i=1}^{n} x_i\right)\left(\sum_{i=1}^{n} y_i\right)}{n}}{\sum_{i=1}^{n} x_i^2 - \left(\sum_{i=1}^{n} x_i\right)^2 / n} = \dfrac{\sum_{i=1}^{n} (x_i - \overline{x})(y_i - \overline{y})}{\sum_{i=1}^{n} (x_i - \overline{x})^2} & (5.5) \\ a = \overline{y} - b\,\overline{x} & (5.6) \end{cases}$$

这种方法称为最小二乘法，它也适用于曲线回归，只要将线性模型式(5.3)换为非线性模型即可. 但要注意，非线性模型的正规方程一般比较复杂，有些情况下甚至没有解析解. 另一方面，不管 X 与 Y 间的真实关系是什么样的，使用线性模型的最小二乘法的解总是存在的. 因此正确选择模型很重要，而且用最小二乘法得出的结果一般应经过检验. 记

X 的校正平方和为　$S_{xx} = \sum_{i=1}^{n} (x_i - \overline{x})^2$

Y 的总校正平方和为　$S_{yy} = \sum_{i=1}^{n} (y_i - \overline{y})^2$

校正交叉乘积和为　$S_{xy} = \sum_{i=1}^{n} (x_i - \overline{x})(y_i - \overline{y})$

则

$$b = \frac{S_{xy}}{S_{xx}} \tag{5.7}$$

在实际计算时，可采用以下公式

$$S_{xx} = \sum_{i=1}^{n} x_i^2 - \frac{1}{n} x_{\cdot}^2$$

$$S_{yy} = \sum_{i=1}^{n} y_i^2 - \frac{1}{n} y_{\cdot}^2$$

$$S_{xy} = \sum_{i=1}^{n} x_i y_i - \frac{1}{n} x_{\cdot}\, y_{\cdot}$$

其中：$x_{\cdot} = \sum_{i=1}^{n} x_i$，$y_{\cdot} = \sum_{i=1}^{n} y_i$.

现在回到例 5.1.

【例 5.1】 对大白鼠,如从其出生第 6 天起,每 3 天称一次体重,直到第 18 天. 数据见表 5.2. 试计算日龄 X 与体重 Y 之间的回归方程.

表 5.2 大白鼠 6～18 日龄的体重

编 号	1	2	3	4	5
日龄 x_i/d	6	9	12	15	18
体重 y_i/g	11	16.5	22	26	29

解 把数据代入上述公式,得

$$\sum_{i=1}^{n} x_i = 60,\ \sum_{i=1}^{n} x_i^2 = 810,\ \sum_{i=1}^{n} y_i = 104.5$$

$$\sum_{i=1}^{n} y_i^2 = 2394.25,\ \sum_{i=1}^{n} x_i y_i = 1390.5$$

故

$$S_{xx} = 810 - \frac{1}{5} \times (60)^2 = 90$$

$$S_{yy} = 2394.25 - \frac{1}{5} \times (104.5)^2 = 210.2$$

$$S_{xy} = 1390.5 - \frac{1}{5} \times 60 \times 104.5 = 136.5$$

则

$$b = \frac{S_{xy}}{S_{xx}} = 136.5/90 = 1.5167$$

$$a = \overline{y} - b\overline{x} = 104.5/5 - 1.5167 \times 12 = 2.6996$$

即所求的回归方程为: $\hat{y} = 2.6996 + 1.5167x$.

带有统计功能的计算器常常也可以作一元线性回归. 对于这样的计算器,只需把数据依次输入,然后按一下键就可得到上述结果.

(三) b 与 a 的期望与方差

在介绍最小二乘法时我们曾提到,不管实际上 X 与 Y 之间有没有线性关系,用这种方法总是可以得到解的. 因此我们必须有一种方法可以检验得到的结果是不是反映了 X 和 Y 之间的真实关系. 为此，我们需要研究 b 与 a 的期望与方差.

$$E(b)=E\left(\frac{S_{xy}}{S_{xx}}\right)=\frac{1}{S_{xx}}E\left[\sum_{i=1}^{n}(x_i-\overline{x})(y_i-\overline{y})\right]$$

$$=\frac{1}{S_{xx}}E\left[\sum_{i=1}^{n}(x_i-\overline{x})y_i\right]$$

$$=\frac{1}{S_{xx}}E\left[\sum_{i=1}^{n}(x_i-\overline{x})(\alpha+\beta x_i+\varepsilon_i)\right]$$

$$=\frac{1}{S_{xx}}E\left[\alpha\sum_{i=1}^{n}(x_i-\overline{x})+\beta\sum_{i=1}^{n}(x_i-\overline{x})x_i+\sum_{i=1}^{n}\varepsilon_i(x_i-\overline{x})\right]$$

注意，由于

$$\sum_{i=1}^{n}(x_i-\overline{x})=0,\quad \sum_{i=1}^{n}(x_i-\overline{x})x_i=\sum_{i=1}^{n}(x_i-\overline{x})^2,\quad E(\varepsilon_i)=0$$

故　原式 $=\frac{1}{S_{xx}}\beta S_{xx}=\beta$

$$D(b)=\frac{1}{S_{xx}^2}D\left[\sum_{i=1}^{n}(x_i-\overline{x})(y_i-\overline{y})\right]=\frac{1}{S_{xx}^2}D\left[\sum_{i=1}^{n}y_i(x_i-\overline{x})\right]$$

因各 y_i 互相独立，且 $D(y_i)=\sigma^2$；各 x_i 为非随机变量，故

$$D(b)=\frac{1}{S_{xx}^2}\sigma^2\left[\sum_{i=1}^{n}(x_i-\overline{x})^2\right]=\sigma^2/S_{xx}$$

$$E(a)=E(\overline{y}-b\,\overline{x})=\alpha+\beta\overline{x}-\beta\overline{x}=\alpha$$

$$D(a)=D(\overline{y}-b\,\overline{x})$$

$$=D\left[\frac{1}{n}\sum_{i=1}^{n}y_i-\frac{\overline{x}\sum_{i=1}^{n}y_i(x_i-\overline{x})}{S_{xx}}\right]$$

$$=D\left[\sum_{i=1}^{n}\left(\frac{1}{n}-\frac{\overline{x}(x_i-\overline{x})}{S_{xx}}\right)y_i\right]$$

$$= \sum_{i=1}^{n}\left(\frac{1}{n}-\frac{\overline{x}(x_i-\overline{x})}{S_{xx}}\right)^2\sigma^2$$

$$= \sigma^2\sum_{i=1}^{n}\left(\frac{1}{n^2}-2\,\frac{\overline{x}(x_i-\overline{x})}{nS_{xx}}+\frac{\overline{x}^2(x_i-\overline{x})^2}{S_{xx}^2}\right)$$

$$= \sigma^2\left(\frac{1}{n}-0+\frac{\overline{x}^2}{S_{xx}^2}\sum_{i=1}^{n}(x_i-\overline{x})^2\right)$$

$$= \sigma^2\left(\frac{1}{n}+\frac{\overline{x}^2}{S_{xx}}\right)$$

为估计 σ^2，令 $e_i=y_i-\hat{y}_i=y_i-a-bx_i$，称其为残差或剩余. 则残差平方和为

$$SS_e=\sum_{i=1}^{n}e_i^2$$

$$=\sum_{i=1}^{n}(y_i-a-bx_i)^2 \quad (\text{因 } a=\overline{y}-b\overline{x})$$

$$=\sum_{i=1}^{n}(y_i-\overline{y}+b\overline{x}-bx_i)^2$$

$$=\sum_{i=1}^{n}[(y_i-\overline{y})-b(x_i-\overline{x})]^2$$

$$=\sum_{i=1}^{n}[(y_i-\overline{y})^2-2b(y_i-\overline{y})(x_i-\overline{x})+b^2(x_i-\overline{x})^2]$$

$$=S_{yy}-2bS_{xy}+b^2S_{xx} \qquad \left(\text{因 } b=\frac{S_{xy}}{S_{xx}}\right)$$

$$=S_{yy}-bS_{xy}$$

故

$$E(SS_e)=E(S_{yy})-\frac{1}{S_{xx}}E(S_{xy}^2)$$

$$=E\left[\sum_{i=1}^{n}(y_i-\overline{y})^2\right]-\frac{1}{S_{xx}}[D(S_{xy})+[E(S_{xy})]^2]$$

由于

$$E\left(\sum_{i=1}^{n}(y_i-\overline{y})^2\right)=E\sum_{i=1}^{n}(\alpha+\beta x_i+\varepsilon_i-\alpha-\beta\overline{x}-\overline{\varepsilon})^2$$

$$=E\sum_{i=1}^{n}[\beta(x_i-\overline{x})+(\varepsilon_i-\overline{\varepsilon})]^2$$

（因交叉项期望为0）

$$=\beta^2\sum_{i=1}^{n}(x_i-\overline{x})^2+E\sum_{i=1}^{n}(\varepsilon_i-\overline{\varepsilon})^2$$

$$=\beta^2 S_{xx}+E\left(\sum_{i=1}^{n}\varepsilon_i^2-n\overline{\varepsilon}^2\right)$$

$$=\beta^2 S_{xx}+n\sigma^2-n\frac{\sigma^2}{n}$$

$$=\beta^2 S_{xx}+(n-1)\sigma^2$$

且

$$D(S_{xy})=S_{xx}\sigma^2,\ E(S_{xy})=\beta S_{xx}\text{（已证）}$$

故 $E(SS_e)=\beta^2 S_{xx}+(n-1)\sigma^2-\dfrac{1}{S_{xx}}(S_{xx}\sigma^2+\beta^2 S_{xx}^2)=(n-2)\sigma^2$

故 $E(MS_e)=E\left(\dfrac{SS_e}{n-2}\right)=\sigma^2$

用 MS_e（剩余均方）代替 σ^2，可得 b 与 a 的样本方差

$$S_b^2=\frac{MS_e}{S_{xx}},\ S_a^2=MS_e\left(\frac{1}{n}+\frac{\overline{x}^2}{S_{xx}}\right)$$

由于MS_e的自由度为$n-2$，因此上述两方差的自由度也均为$n-2$. 有了 a 和 b 的方差与均值，我们就可构造统计量对它们进行检验

$H_0:\beta=0$

$H_A:\beta\neq 0$ （双侧检验）

或 $H_A:\beta>0$ 或 $\beta<0$ （单侧检验）

统计量

$$t_b=\frac{b}{S_b}=\frac{b\sqrt{S_{xx}}}{\sqrt{MS_e}} \qquad (5.8)$$

当 H_0 成立时，$t_b \sim t(n-2)$，可查相应分位数表进行检验.

$H_0: \alpha=0$

$H_A: \alpha \neq 0$ （双侧检验）

或 $H_A: \alpha > 0$ 或 $\alpha < 0$ （单侧检验）

统计量
$$t_a=\frac{a}{S_a}=a\Big/\sqrt{MS_e\left(\frac{1}{n}+\frac{\overline{x}^2}{S_{xx}}\right)} \tag{5.9}$$

当 H_0 成立时，$t_a \sim t(n-2)$，可查相应分位数表进行检验.

在对一个回归方程的统计检验中，我们更关心的是 β 是否为 0，而不是 α 是否为 0. 这是因为若 $\beta=0$，则线性模型变为 $Y=\alpha+\varepsilon$，与 X 无关；这意味着 X 与 Y 间根本没有线性关系. 反之，α 是否为 0 并不影响 X 与 Y 的线性关系. 因此我们常常只对 β 做统计检验.

【例 5.2】 对例 5.1 中的 β 做检验：$H_0: \beta=0$，$H_A: \beta \neq 0$.

解
$$\begin{aligned}MS_e &=\frac{SS_e}{n-2}=\frac{S_{yy}-bS_{xy}}{n-2}=\frac{S_{yy}-S_{xy}^2/S_{xx}}{n-2}\\ &=\frac{210.2-136.5^2/90}{5-2}\\ &=1.0583\end{aligned}$$

$$\begin{aligned}t &=b/S_b=b/\sqrt{MS_e/S_{xx}}\\ &=1.5167/\sqrt{1.0583/90}\\ &=1.5167/0.1084\\ &\approx 13.99\end{aligned}$$

查表，$t_{0.995}(3)=5.841<t$，故差异极显著，应拒绝 H_0，即 $\beta \neq 0$，或 X 与 Y 有着极显著的线性关系.

上述统计量还有一个用途：进行两个回归方程间的比较. 这种比较的目的是检验两组数据是否抽自同一个总体. 如果是抽自同一个总体，则可把数据合并在一起进行回归，这样相当于增加了样本含量，也提高了回归方程的精度. 考虑到 X，Y 之间是线性关系，这里应进行三次检验：方差是否相等，斜率是否相等，截距是否相等. 下面通过例 5.3 对具体方法加以说明.

【例 5.3】 两组实验数据如下表所列. 是否可从它们得到统一的回归方程?

x_1	91	93	94	96	98	102	105	108
y_1	66	68	69	71	73	78	82	85
x_2	80	82	85	87	89	.91	95	
y_2	55	57	60	62	64	67	71	

解 从原始数据计算可得下表中的数据.

组别	n	$\overline{x}$	$\overline{y}$	S_{xx}	S_{yy}	S_{xy}	MS_e	b	a
1	8	98.375	74.0	257.875	336.0	294.0	0.1357	1.140	−38.15
2	7	87.0	62.286	162.0	187.429	174.0	0.1080	1.074	−31.15

(1) 首先,检验总体方差是否相等

$H_0:\sigma_1^2=\sigma_2^2$; $H_A:\sigma_1^2\neq\sigma_2^2$

$$F=\frac{MS_{e1}}{MS_{e2}}=\frac{0.1357}{0.1080}=1.2565$$

查表,$F_{0.975}(6, 5)=6.978>F$,故接受 H_0,可认为两总体方差相等.

计算公共的总体方差

$$MS_e=\frac{(n_1-2)MS_{e1}+(n_2-2)MS_{e2}}{n_1+n_2-4}$$

$$=\frac{6\times 0.1357+5\times 0.1080}{11}$$

$$\approx 0.1231$$

(2) 检验一次项回归系数 β_1 与 β_2 是否相等

$$H_0:\beta_1=\beta_2;\ H_A:\beta_1\neq\beta_2$$

$$t=\frac{b_1-b_2}{\sqrt{S_{b1}^2+S_{b2}^2}}=\frac{b_1-b_2}{\sqrt{MS_e\left(\frac{1}{S_{xx1}}+\frac{1}{S_{xx2}}\right)}}$$

$$=\frac{1.140-1.074}{\sqrt{0.1231\times\left(\frac{1}{257.875}+\frac{1}{162}\right)}}$$

$$\approx\frac{0.066}{0.03517}\approx 1.8766$$

查表,得 $t_{0.975}(11)=2.201>t$,故接受 H_0,可认为两一次回归系数相等,即斜率相等.

(3) 再检验截距 α_1,α_2 是否相等

$$H_0:\alpha_1=\alpha_2;\ H_A:\alpha_1\neq\alpha_2$$

$$t=\frac{a_1-a_2}{\sqrt{S_{a1}^2+S_{a2}^2}}=\frac{a_1-a_2}{\sqrt{MS_e\left(\frac{1}{n_1}+\frac{\overline{x}_1^2}{S_{xx1}}+\frac{1}{n_2}+\frac{\overline{x}_2^2}{S_{xx2}}\right)}}$$

$$=\frac{-38.15+31.15}{\sqrt{0.1231\times\left(\frac{1}{8}+\frac{1}{7}+\frac{98.375^2}{257.875}+\frac{87^2}{162}\right)}}$$

$$\approx\frac{-7}{3.22556}\approx-2.1702$$

查表,$t_{0.975}(11)=2.201$,故 $t_{0.975}(11)>|t|$,接受 H_0,可认为 $\alpha_1=\alpha_2$.

(4) 本题检验结果为方差和斜率、截距都相等,这说明两组实验数据实际是抽自同一个总体,此时需把全部原始数据放在一起,重新进行回归

$$S_{xx}=902.9333,S_{xy}=965.4667,S_{yy}=1035.7333$$

$$\overline{x}=93.067,\overline{y}=68.533$$

$$b=\frac{S_{xy}}{S_{xx}}=1.0693,a=\overline{y}-b\,\overline{x}=-30.98$$

从而得到合并的回归方程:$\hat{y}=-30.98+1.0693x$.

检验回归是否成功:$H_0:\beta=0$;$H_A:\beta\neq 0$

$$t=\frac{b}{\sqrt{MS_e/S_{xx}}}=\frac{1.0693}{0.01703}=62.80>t_{0.995}(13)=3.012$$

故差异极显著,$\beta\neq 0$.

如果检验结果显示方差或斜率 β 不相等,说明两总体没有多少相同之处,完全不能合并.如果方差和 β 相等,但 $\alpha_1\neq\alpha_2$,说明两回归公式有共同的斜率,只是截距不同.此时可用以下公式估计共同斜率

$$b=\frac{S_{xx1}b_1+S_{xx2}b_2}{Sxx_1+S_{xx2}}=\frac{S_{xy1}+S_{xy2}}{S_{xx1}+S_{xx2}}=\frac{294+174}{257.875+162}\approx 1.1146$$

至于两个方程的截距,仍可使用公式 $a=\overline{y}-b\,\overline{x}$ 分别计算,其中 b 应使用上述公共斜率.

(四) 一元回归的方差分析

对 $H_0:\beta=0$ 的统计检验除可用上述 t 检验外，还有一些其他方法. 这里我们再介绍一种方差分析的方法，它的基本思想仍是对平方和的分解.

1. 无重复的情况

y 的总校正平方和可进行如下的分解，即

$$\begin{aligned}&\sum_{i=1}^{n}(y_i-\overline{y})^2\\&=\sum_{i=1}^{n}[(y_i-\hat{y}_i)+(\hat{y}_i-\overline{y})]^2\\&=\sum_{i=1}^{n}(y_i-\hat{y}_i)^2+\sum_{i=1}^{n}(\hat{y}_i-\overline{y})^2+2\sum_{i=1}^{n}(y_i-\hat{y}_i)(\hat{y}_i-\overline{y})\end{aligned}$$

因

$$\begin{aligned}&\sum_{i=1}^{n}(y_i-\hat{y}_i)(\hat{y}_i-\overline{y})\\&=\sum_{i=1}^{n}(y_i-a-bx_i)(a+bx_i-a-b\overline{x})\\&=\sum_{i=1}^{n}(y_i-\overline{y}+b\overline{x}-bx_i)(bx_i-b\overline{x})\\&=b\Big[\sum_{i=1}^{n}(y_i-\overline{y})(x_i-\overline{x})-b\sum_{i=1}^{n}(x_i-\overline{x})^2\Big]\\&=b(S_{xy}-bS_{xx})\\&=0\end{aligned}$$

故

$$\sum_{i=1}^{n}(y_i-\overline{y})^2=\sum_{i=1}^{n}(y_i-\hat{y}_i)^2+\sum_{i=1}^{n}(\hat{y}_i-\overline{y})^2$$

即

$$S_{yy}=SS_e+SS_R$$

	y 的总校正平方和	残差平方和	回归平方和
df：	$n-1$	$n-2$	1

这样就把 y 的总校正平方和分解成了残差平方和与回归平方

和.前已证明,MS_e 可作为总体方差 σ^2 的估计量,而 MS_R 可作为反映回归效果好坏的统计量.在 H_0 成立时,$\beta=0$. b 虽然不等于 0,但它与 0 的差异只是随机误差引起.此时平均值与预测值之间的差异和观测值与预测值之间的差异一样,都只由随机误差造成,因此 MS_R 和 MS_e 均应服从方差相等的卡方分布,它们的比值应服从 F 分布.这说明回归失败,X 和 Y 没有线性关系.否则 $\beta\neq 0$,平均值与预测值之间的差异应该远大于随机误差,MS_R 应显著偏大.因此可用统计量

$$F=\frac{MS_R}{MS_e}=\frac{SS_R}{SS_e/(n-2)} \tag{5.10}$$

对 $H_0:\beta=0$ 进行检验.若 $F<F_{1-\alpha}(1,n-2)$,则接受 H_0,否则拒绝.

现在我们来证明这里的 F 检验与前述的 t 检验是一致的:

前已证明:$SS_e=S_{yy}-bS_{xy}$,故

$$SS_R=S_{yy}-SS_e=bS_{xy}$$

因 $S_b^2=\dfrac{MS_e}{S_{xx}}$,故 $F=\dfrac{MS_R}{MS_e}=\dfrac{bS_{xy}}{S_b^2S_{xx}}=\dfrac{b^2}{S_b^2}=t^2$

【例 5.4】 对例 5.1 做方差分析.

解 由以前计算结果

$$S_{yy}=210.2,\ df=4;\quad SS_e=3.1704,df=3$$

故

$$SS_R=210.2-3.1704=207.03,df=1$$

$$F=\frac{207.03}{3.1704/3}=195.90$$

查表得 $F_{0.95}(1,3)=10.13$,$F_{0.99}(1,3)=34.12$

$F>F_{0.99}(1,3)$,拒绝 H_0,差异极显著.即应认为回归方程有效.

2. 有重复的情况

统计模型 设在每一个 x_i 取值上对 Y 做了 m 次观察,结果记为 $y_{i1},y_{i2},\cdots,y_{im}$,称为一组观察.则线性统计模型变为

$$y_{ij}=\alpha+\beta x_i+\varepsilon_{ij}\quad (i=1,2,\cdots,n;j=1,2,\cdots,m)$$

估计值仍为:$\hat{y}_i=a+bx_i$

现在 y 的总校正平方和可分解为

$$S_{yy}=SS_R+SS_{LOF}+SS_{pe}$$

其中：SS_{LOF}称为失拟平方和，SS_{pe}为纯误差平方和. 它们的表达式和自由度分别为

$$S_{yy}=\sum_{i=1}^{n}\sum_{j=1}^{m}(y_{ij}-\overline{y}_{..})^2 \qquad df=mn-1$$

$$SS_R=m\sum_{i=1}^{n}(\hat{y}_i-\overline{y}_{..})^2 \qquad df=1$$

$$SS_{LOF}=m\sum_{i=1}^{n}(\overline{y}_{i.}-\hat{y}_i)^2 \qquad df=n-2$$

$$SS_{pe}=\sum_{i=1}^{n}\sum_{j=1}^{m}(y_{ij}-\overline{y}_{i.})^2 \qquad df=mn-n$$

读者可试证明上述分解中的三个交叉项均为0.

这实际是把原来的误差平方和进一步做了分解，变成了纯误差平方和(组内观察值与组平均值的差异)和失拟平方和(组平均值与预测值的差异). 前者是纯粹误差，很好理解；后者如果不全是由于误差引起的话，多出来的部分就反映了观察值和根据线性模型得出的预测值之间的差异，也就是线性模型引起的额外误差. 因此后者称为失拟平方和，可用来评价线性模型是否合适.

统计检验步骤

(1) 首先检验失拟平方和是否明显大于随机误差，令

$$F_1=\frac{MS_{LOF}}{MS_{pe}} \tag{5.11}$$

如果失拟平方和只是由随机误差造成，上述统计量应服从$F(n-2,mn-n)$. 若上述F检验差异显著，说明X固定后计算的Y的平均值与我们的预测值之间的差异不能全归因于随机误差. 由于我们的预测值是根据线性统计模型计算出来的，这种额外的差异可视为真实情况与线性统计模型之间的差异. 其可能的原因有：

① 除X以外还有其他变量影响Y的取值，而统计时没有加以考虑；

② 模型不当，即X与Y之间不是线性关系.

此时无必要再进一步对 MS_R 做检验，而应想办法找出原因，并把它消除后重做回归.

若上述检验差异不显著，则把 MS_{LOF} 和 MS_{pe} 合并，一起作为误差的估计量，再对 MS_R 做检验.

(2)
$$F_2=\frac{MS_R}{\dfrac{SS_{LOF}+SS_{pe}}{df_{LOF}+df_{pe}}} \tag{5.12}$$

这实际上回到了无重复时的情况. 如果回归平方和只是随机误差，它服从 $F(1,mn-2)$ 分布.

若差异显著，说明回归是成功的，X、Y 间确有线性关系；若差异仍不显著，则回归失败，其可能的原因为：

1. X、Y 无线性关系；
2. 误差过大，掩盖了 X、Y 间的线性关系.

如有必要，可设法减小实验误差，或增加重复数重做实验后再重新回归并检验.

【例 5.5】 通过实验检验玉竹提取物对肝损伤的保护作用. 选择 20 只小鼠分成 4 组进行试验：肝损伤对照组、玉竹提取物剂量 A_1 组(0.5 g/kg)、A_2 组(1.0 g/kg)、A_3 组(2.0 g/kg). 肝损伤对照组每天注射生理盐水，其他组注射相应剂量的玉竹提取物. 4 天后各组均注射刀豆蛋白，制备刀豆蛋白诱导的肝损伤模型. 如果玉竹提取物的剂量和作用效果存在线性依赖关系，请利用肝损伤对照组(0.0 g/kg)、玉竹提取物剂量 A_1 组(0.5 g/kg)、A_2 组(1.0 g/kg)、A_3 组(2.0 g/kg)共 4 组数据进行回归分析. 数据如下，其中剂量为自变量，小鼠血清谷丙转氨酶含量为因变量.

	小鼠血清谷丙转氨酶含量(nkat/100 L)					平均值
肝损伤对照组(0.0 g/kg)	24.88	26.35	25.32	22.86	26.00	25.082
玉竹提取物 A_1 组(0.5 g/kg)	23.10	20.01	19.85	21.44	23.04	21.488
玉竹提取物 A_2 组(1.0 g/kg)	19.78	20.01	18.56	21.00	18.96	19.662
玉竹提取物 A_3 组(2.0 g/kg)	17.56	18.25	20.03	19.45	17.29	18.516

解　这是有重复的回归分析. 计算可得

$$S_{xx}=10.9,\quad S_{yy}=150.3,\quad S_{xy}=-33.6,\quad SS_{pe}=26.6$$

$$\overline{x}=0.875,\quad \overline{y}=21.2;\quad n=4,\quad m=5$$

$$b=\frac{S_{xy}}{S_{xx}}=-3.08,\quad a=\overline{y}-b\overline{x}=23.9$$

所以回归方程　　$y=23.9-3.08x$

采用方差分析进行检验,即

$$SS_R=b\cdot S_{xy}=103.1;\quad SS_e=S_{yy}-SS_R=47.1$$

$$F_{失拟}=\frac{MS_{Lof}}{MS_{pe}}=\frac{(SS_e-SS_{pe})/(n-2)}{SS_{pe}/(nm-n)}=6.2$$

查表 $F_{0.95}(2,16)=3.63<F$ 失拟,失拟平方和过大,说明线性回归不能反映自变量与因变量之间的关系,应采用非线性回归的方法(参见 5.4 节例 5.10).

【例 5.6】 测量正常儿童组(1 组)、糖代谢正常肥胖儿童组(2 组)和伴糖代谢异常肥胖儿童组(3 组)各 5 例的体重指数,其中每组体重指数大致相同,研究高敏 C 反应蛋白(hs-CRP)与儿童肥胖的相关性. 测量数据如下,其中体量指数的数据表示为($\overline{x}\pm s$). 请以高敏 C 反应蛋白为因变量,体重指数为自变量进行线性回归分析.

组别	体重指数(kg/m²)	高敏 C 反应蛋白/(mg/L)				
1 组	20.1±0.3	0.79	0.75	1.51	1.42	1.63
2 组	27.5±0.3	4.89	0.85	1.57	3.81	3.84
3 组	31.8±0.4	2.76	4.55	2.18	5.98	3.79

解　计算得 $S_{xx}=350.23,\quad S_{yy}=39.33,\quad S_{xy}=79.33;\quad \overline{x}=26.47$

$$\overline{y}=2.69;\quad n=3,\quad m=5;\quad SS_R=b\cdot S_{xy}=17.97$$

$$SS_e=S_{yy}-SS_R=21.36,\quad SS_{pe}=21.32,\quad SS_{Lof}=SS_e-SS_{pe}=0.04$$

$$b=\frac{S_{xy}}{S_{xx}}=0.23,\quad a=\overline{y}-b\overline{x}=-3.31$$

所以回归方程　　$\hat{y}=-3.31+0.23x$

采用方差分析进行检验

$$F_{失拟}=\frac{MS_{Lof}}{MS_{pe}}=\frac{(SS_e-SS_{pe})/(n-2)}{SS_{pe}/(nm-n)}=\frac{0.04}{1.777}=0.02$$

显然差异不显著,线性回归可以较好地反映自变量和因变量之间的关系.

再对回归方程进行检验

$$F=\frac{MS_R}{MS_e}=\frac{17.97/1}{21.36/13}=10.94$$

查表，$F_{0.99}(1,13)=9.07<F$，故差异极显著，回归方程有效.

(五) 点估计与区间估计

前边已经证明 a 和 b 是 α 和 β 的点估计，$a+bx$ 是 y 的点估计；但作为预测值仅给出点估计是不够的，一般要求给出区间估计，即给出置信区间. 本节的重点就是讨论 α、β 及 y 的置信区间.

1. $\boldsymbol{\alpha}$ 和 $\boldsymbol{\beta}$ 的区间估计

我们已经证明 a 和 b 是 α 和 β 的点估计，并求出了它们的方差. 因此就很容易给出置信区间

$$\frac{b-\beta}{\sqrt{MS_e/S_{xx}}}\sim t(n-2)$$

故 β 的 95%置信区间为

$$b\pm t_{0.975}(n-2)\sqrt{MS_e/S_{xx}} \tag{5.13}$$

同理

$$\frac{a-\alpha}{\sqrt{MS_e\left(\frac{1}{n}+\frac{\overline{x}^2}{S_{xx}}\right)}}\sim t(n-2)$$

故 α 的 95%置信区间为

$$a\pm t_{0.975}(n-2)\sqrt{MS_e\left(\frac{1}{n}+\frac{\overline{x}^2}{S_{xx}}\right)} \tag{5.14}$$

这与以前假设检验中的置信区间求法完全一样. 若置信水平为 99%，把分位数相应换为 $t_{0.995}(n-2)$即可.

【例 5.7】 对例5.1中的 α 和 β 给出 95% 置信区间.

解 从前边的计算可知：

$a=2.6996$，$b=1.5167$，$S_{xx}=90$，$MS_e=1.0568$，$n=5$，$\overline{x}=12$

查表，得 $t_{0.975}(3)=3.182$.

故 $t_{0.975}(3)\sqrt{\frac{MS_e}{S_{xx}}}=3.182\times\sqrt{\frac{1.0568}{90}}=0.3448$

$$t_{0.975}(3)\sqrt{MS_e\left(\frac{1}{n}+\frac{\overline{x}^2}{S_{xx}}\right)}=3.182\times\sqrt{1.0568\times\left(\frac{1}{5}+\frac{12^2}{90}\right)}=4.3887$$

故 α 的95%置信区间为：2.6996±4.3887，即(−1.6891，7.0883).

β 的95%置信区间为：1.5167±0.3448，即(1.1719，1.8615).

2. 对条件均值 $\mu_{Y\cdot X}$ 的估计

$\mu_{Y\cdot X=x_0}$ 的点估计：$\hat{y}_0$

证明

$$E(\hat{y}_0)=E(a+bx_0)=E(a)+x_0E(b)=\alpha+\beta x_0=\mu_{Y\cdot X=x_0}$$

故 $\hat{y}_0$ 确实是条件均值 $\mu_{Y\cdot X=x_0}$ 的无偏估计.

区间估计 首先需求出 $\hat{y}_0$ 的方差，即

$$\begin{aligned}
D(\hat{y}_0)&=D(a+bx_0)\\
&=D(\overline{y}-b\overline{x}+bx_0)\\
&=D\left[\frac{1}{n}\sum_{i=1}^{n}y_i+(x_0-\overline{x})\frac{S_{xy}}{S_{xx}}\right]\\
&=D\left[\frac{1}{n}\sum_{i=1}^{n}y_i+\frac{(x_0-\overline{x})}{S_{xx}}\sum_{i=1}^{n}y_i(x_i-\overline{x})\right]\\
&=D\left[\sum_{i=1}^{n}\left(\frac{1}{n}+\frac{(x_0-\overline{x})(x_i-\overline{x})}{S_{xx}}\right)y_i\right]\\
&=\sigma^2\sum_{i=1}^{n}\left[\frac{1}{n}+\frac{(x_0-\overline{x})(x_i-\overline{x})}{S_{xx}}\right]^2\\
&=\sigma^2\left[\sum_{i=1}^{n}\left(\frac{1}{n}\right)^2+2\sum_{i=1}^{n}\frac{(x_0-\overline{x})(x_i-\overline{x})}{nS_{xx}}\right.\\
&\qquad\left.+\sum_{i=1}^{n}\frac{(x_0-\overline{x})^2(x_i-\overline{x})^2}{S_{xx}^2}\right]\\
&=\sigma^2\left[\frac{1}{n}+\frac{(x_0-\overline{x})^2}{S_{xx}}\right]
\end{aligned}$$

故
$$\hat{y}_0\sim N\left(\mu_{Y\cdot X=x_0},\sigma^2\left[\frac{1}{n}+\frac{(x_0-\overline{x})^2}{S_{xx}}\right]\right)$$

用 MS_e 代替 σ^2，可得 $\mu_{Y\cdot X=x_0}$ 的 $1-\alpha$ 置信区间，即

$$\hat{y}_0\pm t_{1-\frac{\alpha}{2}}(n-2)\sqrt{MS_e\left(\frac{1}{n}+\frac{(x_0-\overline{x})^2}{S_{xx}}\right)} \tag{5.15}$$

注意,上述置信区间的宽度与 x_0 有关.当 $x_0=\overline{x}$ 时,其宽度最小;偏离 $\overline{x}$ 后,逐渐加大.

3. 对一次观察值 y_0 的估计

y_0 的点估计:$\hat{y}_0$

证明

$$E(y_0)=E(\alpha+\beta x_0+\varepsilon_0)=\alpha+\beta x_0+E(\varepsilon_0)=\alpha+\beta x_0=E(\hat{y}_0)$$

因此 $\hat{y}_0$ 也是 y_0 的无偏估计.

区间估计 一般情况下,置信区间是指某个总体参数的置信区间,多数是数学期望的置信区间.此时只要考虑已有数据的方差就可以了,因为方差就是描述随机变量和数学期望之间的离散程度的统计量.而现在是求下一次观察值 y_0 的置信区间,y_0 本身也是随机变量,并且是围绕条件均值波动的.由于条件均值是总体参数,其值是未知的,计算中只能以它的估计值代替.因此现在要求置信区间的宽度,就必须考虑一下观察值 y_0 和条件均值的点估计之间的方差.由于下一次观察值 y_0 和以前所有的观察值 y_i 都是互相独立的,而估计值 $\hat{y}_0$ 是从以前的观察值 y_i 计算出来的,因此 $\hat{y}_0$ 与 y_0 独立,从而有

$$\begin{aligned}D(y_0-\hat{y}_0)&=D(y_0)+D(\hat{y}_0)\\&=\sigma^2+\sigma^2\left[\frac{1}{n}+\frac{(x_0-\overline{x})^2}{S_{xx}}\right]\\&=\sigma^2\left[1+\frac{1}{n}+\frac{(x_0-\overline{x})^2}{S_{xx}}\right]\end{aligned}$$

由于 y_0 和 $\hat{y}_0$ 均为正态分布,它们的差也为正态分布.用 MS_e 代替 σ^2 后,为 t 分布,即

$$\frac{y_0-\hat{y}_0}{\sqrt{MS_e\left(1+\frac{1}{n}+\frac{(x_0-\overline{x})^2}{S_{xx}}\right)}}\sim t(n-2)$$

故在 $x=x_0$ 处,y_0 的 $1-\alpha$ 置信区间为

$$\hat{y}_0+t_{1-\frac{\alpha}{2}}(n-2)\sqrt{MS_e\left(1+\frac{1}{n}+\frac{(x_0-\overline{x})^2}{S_{xx}}\right)} \qquad (5.16)$$

显然，y_0 的置信区间宽度也与 x_0 有关. $x_0=\overline{x}$ 时最小，偏离 $\overline{x}$ 时增大. y_0 的置信区间比 $\mu_{Y\cdot X=x_0}$ 的大一点，这是因为 y_0 自己也有一个随机误差 ε.

【例 5.8】 江苏武进县测定 1959～1964 年间 3 月下旬至 4 月中旬平均温度累积值 x 和一代三化螟蛾盛发期 y 的关系列于表 5.3(盛发期以 5 月 10 日为起算日). 试对其做回归分析.

表 5.3 平均温度累积值与一代三化螟盛发期

年 代	1956	1957	1958	1959	1960	1961	1962	1963	1964
累积温 $x/(\mathrm{d}\cdot ℃)$	35.5	34.1	31.7	40.3	36.8	40.2	31.7	39.2	44.2
盛发期 y/d	12	16	9	2	7	3	13	9	−1

解 由原始数据算得

$\overline{x}=37.0778$，$\overline{y}=7.7778$；$S_{xx}=144.6356$，$S_{yy}=249.5556$，$S_{xy}=-159.0444$

故 $b=-1.0996$，$a=\overline{y}-b\overline{x}=48.5485$

$$SS_e=S_{yy}-bS_{xy}=S_{yy}-\frac{S_{xy}^2}{S_{xx}}=74.6670$$

$$SS_R=bS_{xy}=174.8886$$

$$F=\frac{SS_R}{SS_e/7}=16.3957$$

查表，得

$$F_{0.95}(1,7)=5.591,F_{0.99}(1,7)=12.25,F>F_{0.99}(1,7)$$

故拒绝 H_0，差异极显著，即 X,Y 有极显著线性关系.

为把上述回归结果用于预报，可给出观察值 y_0 的 95%置信区间

$$a+bx_0\pm t_{0.975}(7)\sqrt{MS_e\left(1+\frac{1}{n}+\frac{(x_0-\overline{x})^2}{S_{xx}}\right)}$$

查表，得

$$t_{0.975}(7)=2.365$$

把数据代入上式，得

$$48.5485-1.0996x_0\pm 2.365\sqrt{\frac{74.6670}{7}\times\left(1+\frac{1}{9}+\frac{(x_0-37.0778)^2}{144.6356}\right)}$$

$$=48.5485-1.0996x_0\pm 0.6423\ \sqrt{x_0^2-74.1556x_0+1535.4693}$$

条件均值 $\mu_{Y\cdot X=x_0}$ 的 95%置信区间公式为

$$a+bx_0\pm t_{0.975}(7)\sqrt{MS_e\left(\frac{1}{n}+\frac{(x_0-\overline{x})^2}{S_{xx}}\right)}$$

代入数据，得

$$48.5485-1.0996x_0\pm0.6423\sqrt{x_0^2-74.1556x_0+1390.8339}$$

把不同的 x_0 取值代入上述公式，可得置信区间的数据(见表 5.4)及图形(图 5.2).

表 5.4 一代三化螟盛发期置信区间

x_0	y_0	$\mu_{Y\cdot X=x_0}$ 的 95%置信区间		y_0 的 95%置信区间	
		下限	上限	下限	上限
30	15.6	10.3	20.8	6.2	24.9
32	13.4	9.2	17.5	4.6	22.1
34	11.2	7.9	14.4	2.8	19.5
36	9.0	6.3	11.6	0.8	17.1
38	6.8	4.1	9.4	−1.4	14.9
40	4.6	1.4	7.8	−3.8	12.9
42	2.4	−1.7	6.4	−6.4	11.1
44	0.2	−5.0	5.3	−9.1	9.4
46	−2.0	−8.3	4.2	−12.0	7.9

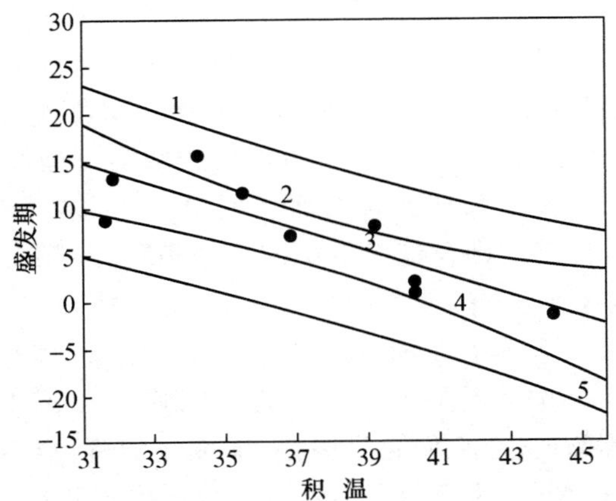

图 5.2 例 5.6 的回归线及置信区间图

图中：● 观测值，1. 预测值上限，2. 均值上限，3. 预测值，4. 均值下限，5. 预测值下限

4. 用估计值预报的注意事项

回归分析的目的常常是为了预报,也就是说下一次我们知道了 x_0 的取值后,在观察前就对 y_0 的取值作出估计.

例如,表 5.4 中的数据就是为了预报用的,下一年度如果我们知道了 3 月下旬至 4 月中旬的平均温度累积值,就可以估计出一代三化螟蛾盛发期是 5 月的什么时候. 要特别注意的一点是预报范围只能是我们研究过的自变量变化范围. 例如在上例中,当积温值是在 32～44 的范围内时,使用这一预报公式比较有把握;30 和 46 使用已有点勉强;再大或小就不能用了. 这是因为一般来说直线关系只是局部的近似,在更大的范围内,变量间常常呈现一种非线性的关系. 因此若贸然把局部研究中发现的线性关系推广到更大的范围,常常是要犯严重错误的. 同时从置信区间的宽度也可看出,即使是在研究的范围内,也是越接近所研究区间的中点($\overline{x}$),预报越准确.

5.2 相关分析

这里的相关分析其实是线性相关分析. 相关分析主要包括两方面的内容,即两个随机变量间回归方程的建立以及相关系数的概念及用途. 前者由于 X 也是随机变量,所用的数学模型及分析方法与前一节中的方法相比都有所不同,而且需要更多的数学知识. 但最终得到的 a 与 b 的公式则与前一节中的完全相同,因此我们不再作严格的数学推导,而是直接使用前一节中的公式. 换句话说,使用那些公式时不必区分 X 是否是随机变量. 但应该注意,a 和 b 的公式推导都是建立在使 Y 的残差平方和最小这一原则上的. 如果 X,Y 真是处在一种对等的地位,它们互为因果,那么我们就可以把 Y 当作自变量,X 当作因变量,重新回归得到另一组系数 a' 和 b'. 它们是建立在使 X 的残差平方和最小这一原则上的. 一般来说,这两组 a,b 和 a',b' 所代表的两条回归线在 X-Y 平面中不可能重合.

这样一来就产生了一个问题: 如果我们的目的就是研究两个处

于对称位置的随机变量之间的关系,那究竟应选取哪一条回归线呢?有一种简单而直观的解决办法,即认为真正代表 X-Y 关系的直线是通过这两条回归线交点并平分它们夹角的那一条.其他方法还有专为解决此问题而发展的主轴法、约化主轴法等,由于使用不多,我们不再详细介绍.需要使用这些方法的读者请参考陶澍先生编著的《应用数理统计方法》(p. 354～360,中国环境科学出版社,1994 年出版).本节将主要集中在介绍相关系数的概念及其应用上.

(一) 相关系数

1. 相关系数的概念

在第 2 章介绍随机变量的数字特征时,曾介绍了协方差及相关系数的概念

$$COV(X,Y) = E[(X-E(X))(Y-E(Y))] \tag{5.17}$$

$$\rho(X,Y) = \frac{COV(X,Y)}{\sigma_x \sigma_y} \tag{5.18}$$

式中:σ_x、σ_y 分别为 X、Y 的标准差.

对 X、Y 的一组观察值 (x_i, y_i), $i=1,2,\cdots,n$,我们可以有相应的样本协方差和样本相关系数:样本协方差定义为交叉乘积和除以它的自由度,即 $S_{xy}/(n-1)$;然后用样本协方差和样本方差代替式(5.18)中的总体协方差和总体方差,可得样本相关系数

$$r_{xy} = \frac{S_{xy}}{\sqrt{S_{xx}S_{yy}}} \tag{5.19}$$

其中:r 的下标 xy 是指明为 x 和 y 的相关系数,在不会引起混淆的情况下常常把它省略.类似地,由于最常用的是样本相关系数而不是总体相关系数,因此常把样本相关系数简称为相关系数.

严格地说,只有当 X、Y 均为随机变量时才能定义相关系数,这一点在式(5.17)及(5.18)中可看得很清楚.这样一来,在本章的大多数情况下,由于我们假设 X 为非随机变量,相关系数根本就无法定义.但一方面不管 X 是不是随机变量,根据式(5.19)样本相关系数

总是可以计算的;另一方面后边关于对样本相关系数进行统计检验的推导中,也并没有受到 X 必须为随机变量的限制,因此在回归分析中我们就借用了相关系数的名称和公式,而不再去区分 X 是否为随机变量.这一点在使用中是很方便的.

2. 相关系数的性质

根据以前的推导结果,有

$$r^2=\frac{S_{xy}^2}{S_{xx}S_{yy}}=\frac{bS_{xy}}{S_{yy}}=\frac{SS_R}{S_{yy}}=1-\frac{SS_e}{S_{yy}}$$

因此, $|r|\leqslant 1$.

(1) 当 $|r|=1$ 时,从上式可看出 $SS_e=0$,即用 $\hat{y}$ 可以准确预测 y 值.此时若 X 不是随机变量,则 Y 也不是随机变量了.这种情况在生物学研究中是不多见的.

(2) 当 $r=0$ 时,$SS_e=S_{yy}$,回归一点作用也没有,即用 X 的线性函数完全不能预测 Y 的变化.但这时 X 与 Y 间还可能存在着非线性的关系.

(3) 当 $0<|r|<1$ 时,情况介于上述二者之间.X 的线性函数对预测 Y 的变化有一定作用,但不能准确预测,这说明 Y 还受其他一些因素,包括随机误差的影响.

综上所述,r 可以作为 X、Y 间线性关系强弱的一种指标.它的优点是非常直观,接近于1就是线性关系强,接近于0就是线性关系弱;而其他统计量都需要查表后才知检验结果.

3. 用相关系数进行统计检验

由于 r 是线性关系强弱的指标,我们当然希望能用它来进行统计检验.在一般情况下 r 不是正态分布,直接检验有困难.但当总体相关系数 $\rho=0$ 时,r 的分布近似于正态分布,此时用 MS_e 代替 σ^2,就可以对 $H_0:\rho=0$ 做 t 检验.这种检验与对回归系数 b 的检验 $H_0:\beta=0$是等价的.

证明

b 的 t 检验统计量为 $t=b/S_b$,且 $b=S_{xy}/S_{xx}$

$$S_b=\sqrt{\frac{MS_e}{S_{xx}}}=\sqrt{\frac{S_{yy}-bS_{xy}}{n-2}\frac{1}{S_{xx}}}$$
$$=\sqrt{S_{yy}\left(1-\frac{S_{xy}^2}{S_{xx}S_{yy}}\right)\frac{1}{(n-2)S_{xx}}}$$
$$=\sqrt{\frac{S_{yy}}{S_{xx}}\cdot\frac{1-r^2}{n-2}}$$

代入 t 的表达式，得

$$t=\frac{S_{xy}}{S_{xx}}\sqrt{\frac{S_{xx}}{S_{yy}}}\sqrt{\frac{n-2}{1-r^2}}=r\sqrt{\frac{n-2}{1-r^2}}=\frac{r\sqrt{n-2}}{\sqrt{1-r^2}}\sim t(n-2)$$

因此我们可用上述统计量对 $H_0:\rho=0$ 做统计检验.

为使用方便，已根据上述公式编制专门的相关系数检验表，可根据剩余自由度及自变量个数直接查出 r 的临界值.

若必须对 $\rho\neq 0$ 的情况作统计检验，可采用反双曲正切变换：

$$Z=\frac{1}{2}\ln\frac{1+r}{1-r} \tag{5.20}$$

当 n 充分大时，可证明 Z 渐近正态分布，即

$$N\left(\xi+\frac{\rho}{2(n-1)},\ \frac{1}{n-3}\right)$$

其中：$\xi=\dfrac{1}{2}\ln\dfrac{1+\rho}{1-\rho}$.

利用统计量 Z，可对 $\rho=\rho_0$，$\rho_1=\rho_2$ 等进行检验. 但这一检验方法用得很少.

【例 5.9】 求出例 5.1 相关系数 r，并对其做统计检验.

解 利用以前的计算结果，可得

$$r=\frac{S_{xy}}{\sqrt{S_{xx}S_{yy}}}=\frac{136.5}{\sqrt{90\times 210.2}}\approx 0.99242$$
$$t=\frac{r\sqrt{n-2}}{\sqrt{1-r^2}}=\frac{0.99242\times\sqrt{5-2}}{\sqrt{1-0.99242^2}}\approx 13.99$$

这里求得的 t 值与例 5.2 中求得的 t 值是相同的，它们本来就是同一个统计量.

查表，$t_{0.995}(3)=5.841<t$，故差异极显著，X 与 Y 有极显著的线性关系.

若直接查相关系数检验表(表C.10),可得：剩余自由度为3,独立自变量为1,$\alpha=0.05$的r临界值为0.878，$\alpha=0.01$的临界值为0.959,故差异仍为极显著.

(二) 相关系数与回归系数间的关系

在X和Y均为随机变量的情况下,我们通常可以X为自变量,Y为因变量建立方程,也可反过来,以Y为自变量,X为因变量建立方程.此时它们的地位是对称的.

取X为自变量,Y为因变量,回归系数b为

$$b=S_{xy}/S_{xx}$$

取Y为自变量,X为因变量,回归系数b'为

$$b' = S_{xy}/S_{yy}$$

故

$$r^2 = \frac{S_{xy}^2}{S_{xx}S_{yy}} = bb',\ |r| = \sqrt{bb'}$$

即相关系数大小实际是两个回归系数的几何平均值.这正反映了相关与回归的不同：相关是双向的关系,而回归是单向的.

现在我们已介绍了三种对回归方程作统计检验的方法,对回归系数b做t检验、方差分析、对相关系数r做检验.对一元线性回归来说,它们的基本公式其实是等价的,因此结果也是一致的,实际工作中选用一种即可.但它们也各有自己的优缺点：对b的t检验可给出置信区间;方差分析在有重复的情况下可分解出纯误差平方和,从而可得到进一步的信息;相关系数则既直观又方便(有专门表格可查),因此使用广泛.

最后要提请注意的一点是,不论采用什么检验方法,数据都应满足以下三个条件：独立,抽自正态总体,方差齐性.

5.3　多元线性回归

前几节我们介绍了只有一个自变量时回归分析的方法.但在实际问题中,因变量常受不止一个自变量的影响.例如植物生长速度就可能受温度、光照、水分、营养等许多因素的影响.在这种情况下,抛开其他因素不管,只考虑一个因素显然是不适当的.因此我们有必要

研究多个自变量的回归分析.

(一) 多元线性回归方程

k 个自变量的情况下,线性回归模型变为

$$y_p = \alpha + \sum_{j=1}^{k} \beta_j x_{jp} + \varepsilon_p \quad (p = 1, 2, \cdots, n) \tag{5.21}$$

其中:$\varepsilon_p \sim NID(0, \sigma^2)$,即它们为独立同分布的正态随机变量.

为求出各回归系数 α 和 β_j, $j=1, 2, \cdots, k$ 的值,同样采用最小二乘法,即用使残差平方和

$$SS_e = \sum_{p=1}^{n} (y_p - \hat{y}_p)^2$$

达到最小的 a 和 $b_j (j=1, 2, \cdots, k)$ 作为 α 和 β_j 的估计值.其中:

$$\hat{y}_p = a + \sum_{j=1}^{k} b_j x_{jp} \quad (p = 1, 2, \cdots, n)$$

令关于 a 和 b_j 的各偏导数为 0,可得

$$\begin{cases} \dfrac{\partial SS_e}{\partial a} = 0 \\ \dfrac{\partial SS_e}{\partial b_j} = 0 \qquad (j = 1, 2, \cdots, k) \end{cases}$$

整理,得下述正规方程组

$$\begin{cases} na + b_1 \sum\limits_{p=1}^{n} x_{1p} + b_2 \sum\limits_{p=1}^{n} x_{2p} + \cdots + b_k \sum\limits_{p=1}^{n} x_{kp} = \sum\limits_{p=1}^{n} y_p \\ a \sum\limits_{p=1}^{n} x_{1p} + b_1 \sum\limits_{p=1}^{n} x_{1p}^2 + b_2 \sum\limits_{p=1}^{n} x_{1p} x_{2p} + \cdots + b_k \sum\limits_{p=1}^{n} x_{1p} x_{kp} = \sum\limits_{p=1}^{n} x_{1p} y_p \\ a \sum\limits_{p=1}^{n} x_{2p} + b_1 \sum\limits_{p=1}^{n} x_{1p} x_{2p} + b_2 \sum\limits_{p=1}^{n} x_{2p}^2 + \cdots + b_k \sum\limits_{p=1}^{n} x_{2p} x_{kp} = \sum\limits_{p=1}^{n} x_{2p} y_p \\ \quad \cdots\cdots\cdots\cdots\cdots\cdots \\ a \sum\limits_{p=1}^{n} x_{kp} + b_1 \sum\limits_{p=1}^{n} x_{kp} x_{1p} + b_2 \sum\limits_{p=1}^{n} x_{kp} x_{2p} + \cdots + b_k \sum\limits_{p=1}^{n} x_{kp}^2 = \sum\limits_{p=1}^{n} x_{kp} y_p \end{cases}$$

解上述方程组中第一个方程,得

$$a = \overline{y} - \sum_{j=1}^{k} b_j \overline{x}_j. \tag{5.22}$$

代入其余方程,得

$$\begin{cases} S_{11}b_1 + S_{12}b_2 + \cdots + S_{1k}b_k = S_{1y} \\ S_{21}b_1 + S_{22}b_2 + \cdots + S_{2k}b_k = S_{2y} \\ \cdots\cdots\cdots\cdots\cdots\cdots\cdots\cdots \\ S_{k1}b_1 + S_{k2}b_2 + \cdots + S_{kk}b_k = S_{ky} \end{cases} \tag{5.23}$$

其中

$$S_{ij} = \sum_{p=1}^{n} (x_{ip}x_{jp}) - \frac{1}{n}\left(\sum_{p=1}^{n} x_{ip}\right)\left(\sum_{p=1}^{n} x_{jp}\right)$$

$$S_{iy} = \sum_{p=1}^{n} (x_{ip}y_p) - \frac{1}{n}\left(\sum_{p=1}^{n} x_{ip}\right)\left(\sum_{p=1}^{n} y_p\right)$$

$$(1 \leqslant i \leqslant k,\ 1 \leqslant j \leqslant k)$$

从上述方程组中可解得 $b_1, b_2, \cdots, b_k$,从而求得 a. 可证明它们分别为 $\beta_1, \beta_2 \cdots, \beta_k$ 和 α 的无偏估计量. b_j 称为 Y 对 X_j 的偏回归系数,它表示其他自变量固定时,X_j 改变一单位所引起的 Y 的平均改变量.

从上述公式可见,多元回归的计算是相当麻烦的,现在通常用计算机完成. 在确有多个因素影响因变量的情况下,应使用多元回归,否则会造成回归分析的失败.

(二) 矩阵解法

由于上述公式过于繁杂,应用及推导都很不方便. 为简化这些表达式,可引入矩阵表示法. 矩阵就是矩形的数表,一般用黑体字母表示. 人们在它上面定义了一些特殊的运算规则,如加法、乘法、转置、求逆、微分等. 它在数学中有许多应用,涉及多元问题时一般都要使用它. 有关矩阵的初步知识可参见书后的附录 A. 较详细的资料请参考"线性代数"教科书.

多元回归可用矩阵表示如下,令

$$\boldsymbol{Y}=\begin{bmatrix} y_1 \\ y_2 \\ \vdots \\ y_n \end{bmatrix} \qquad \boldsymbol{X}=\begin{bmatrix} 1 & x_{11} & x_{21} & \cdots & x_{k1} \\ 1 & x_{12} & x_{22} & \cdots & x_{k2} \\ & & \cdots\cdots & & \\ 1 & x_{1n} & x_{2n} & \cdots & x_{kn} \end{bmatrix}$$

$$\boldsymbol{\beta}=\begin{bmatrix} \beta_0 \\ \beta_1 \\ \vdots \\ \beta_k \end{bmatrix} \qquad \boldsymbol{B}=\begin{bmatrix} b_0 \\ b_1 \\ \vdots \\ b_k \end{bmatrix} \qquad \boldsymbol{\varepsilon}=\begin{bmatrix} \varepsilon_1 \\ \varepsilon_2 \\ \vdots \\ \varepsilon_n \end{bmatrix} \qquad \boldsymbol{e}=\begin{bmatrix} e_1 \\ e_2 \\ \vdots \\ e_n \end{bmatrix}$$

其中:$\beta_0=\alpha, b_0=a$.

使用以上矩阵符号,线性回归模型可表示为

$$\boldsymbol{Y}=\boldsymbol{X\beta}+\boldsymbol{\varepsilon} \tag{5.24}$$

估计值为

$$\hat{\boldsymbol{Y}}=\boldsymbol{XB} \tag{5.25}$$

残差为

$$\boldsymbol{e}=\boldsymbol{Y}-\hat{\boldsymbol{Y}} \tag{5.26}$$

残差平方和为

$$\begin{aligned} SSe &= \boldsymbol{e}'\boldsymbol{e}=(\boldsymbol{Y}-\boldsymbol{XB})'(\boldsymbol{Y}-\boldsymbol{XB}) \\ &=(\boldsymbol{Y}'-\boldsymbol{B}'\boldsymbol{X}')(\boldsymbol{Y}-\boldsymbol{XB}) \\ &=\boldsymbol{Y}'\boldsymbol{Y}-\boldsymbol{B}'\boldsymbol{X}'\boldsymbol{Y}-\boldsymbol{Y}'\boldsymbol{XB}+\boldsymbol{B}'\boldsymbol{X}'\boldsymbol{XB} \\ &=\boldsymbol{Y}'\boldsymbol{Y}-2\boldsymbol{Y}'\boldsymbol{XB}+\boldsymbol{B}'\boldsymbol{X}'\boldsymbol{XB} \end{aligned} \tag{5.27}$$

(注意,上式中每一项均为一个数字,而不是一个矩阵.)

对 $\boldsymbol{B}$ 求偏导,得

$$\frac{\partial SS_e}{\partial \boldsymbol{B}}=-2\boldsymbol{X}'\boldsymbol{Y}+2\boldsymbol{X}'\boldsymbol{XB} \tag{5.28}$$

[根据矩阵微分法则,$\frac{\partial}{\partial \boldsymbol{b}}(\boldsymbol{b}'\boldsymbol{Ab})=(\boldsymbol{A}+\boldsymbol{A}')\boldsymbol{b}$.]

令式(5.28)等于0,得正规方程

$$\boldsymbol{X}'\boldsymbol{XB}=\boldsymbol{X}'\boldsymbol{Y} \tag{5.29}$$

故

$$\boldsymbol{B}=(\boldsymbol{X}'\boldsymbol{X})^{-1}\boldsymbol{X}'\boldsymbol{Y} \tag{5.30}$$

B的期望和方差为

$$\begin{aligned}E(\boldsymbol{B})&=E[(\boldsymbol{X}'\boldsymbol{X})^{-1}\boldsymbol{X}'\boldsymbol{Y}]=(\boldsymbol{X}'\boldsymbol{X})^{-1}\boldsymbol{X}'\cdot E(\boldsymbol{Y})\\&=(\boldsymbol{X}'\boldsymbol{X})^{-1}\boldsymbol{X}'E(\boldsymbol{X\beta}+\boldsymbol{\varepsilon})\\&=(\boldsymbol{X}'\boldsymbol{X})^{-1}\boldsymbol{X}'(\boldsymbol{X\beta}+E(\boldsymbol{\varepsilon}))\\&=(\boldsymbol{X}'\boldsymbol{X})^{-1}\boldsymbol{X}'\boldsymbol{X\beta}\\&=\boldsymbol{\beta}\end{aligned}$$

即 $\boldsymbol{B}$ 为 $\boldsymbol{\beta}$ 的无偏估计.

$$\begin{aligned}D(\boldsymbol{B})&=D[(\boldsymbol{X}'\boldsymbol{X})^{-1}\boldsymbol{X}'\boldsymbol{Y}]=(\boldsymbol{X}'\boldsymbol{X})^{-1}\boldsymbol{X}'\cdot D(\boldsymbol{Y})\boldsymbol{X}(\boldsymbol{X}'\boldsymbol{X})^{-1}\\&=(\boldsymbol{X}'\boldsymbol{X})^{-1}\boldsymbol{X}'\,\mathbf{I}\,\sigma^2\boldsymbol{X}(\boldsymbol{X}'\boldsymbol{X})^{-1}\\&=\sigma^2(\boldsymbol{X}'\boldsymbol{X})^{-1}\end{aligned}$$

（因 $\boldsymbol{Y}$ 的各分量独立，且方差均为 σ^2.）

上述矩阵主对角线上的元素是 b_0，b_1，…，b_k 的方差，其他元素是各回归系数 b_j 两两之间的协方差，因此可写为

$$D(\boldsymbol{B})\triangleq\begin{bmatrix}\sigma_{b0}^2 & COV(b_0,b_1) & \cdots & COV(b_0,b_k)\\ COV(b_1,b_0) & \sigma_{b1}^2 & \cdots & COV(b_1,b_k)\\ \cdots & \cdots & \cdots & \cdots\\ COV(b_k,b_0) & COV(b_k,b_1) & \cdots & \sigma_{bk}^2\end{bmatrix}=\sigma^2(\boldsymbol{X}'\boldsymbol{X})^{-1}\quad(5.31)$$

从上述推导过程可见，采用矩阵表示法后，多元回归的过程确实显得简单了不少.

(三) 多元回归的统计检验

1. 回归方程的显著性检验

回归方程的显著性检验实际是检验所有的 $x_j(j=1,2,\cdots,k)$作为一个整体与 Y 的线性关系是否显著. 其假设为

$H_0:\beta_1=\beta_2=\cdots\beta_k=0$；　H_A：至少一个 $\beta_j\neq0$　$(1\leqslant j\leqslant k)$

检验方法仍为方差分析. 可以证明，在多元回归的情况下 y 的校正平方和仍可分解为回归平方和与残差平方和两部分

$$S_{yy}=\sum_{p=1}^{n}(y_p-\overline{y})^2$$

$$= \sum_{p=1}^{n}(y_p - \hat{y}_p)^2 + \sum_{p=1}^{n}(\hat{y}_p - \overline{y})^2$$
$$= SS_e + SS_R$$

它们的自由度分别为 $n-1$，$n-k-1$ 和 k. 采用式(5.23)中的记号，可得

$$SS_R = \sum_{j=1}^{k} b_j S_{jy}$$

其中：
$$S_{jy} = \sum_{p=1}^{n}(x_{jp}y_p) - \frac{1}{n}\Big(\sum_{p=1}^{n}x_{jp}\Big)\Big(\sum_{p=1}^{n}y_p\Big)$$

因此，我们可用统计量

$$F = \frac{MS_R}{MS_e} = \frac{SS_R/k}{SS_e/(n-k-1)} \tag{5.32}$$

做检验. 当 H_0 成立时，$F \sim F(k,n-k-1)$；H_0 不成立时，SS_R 有增大的趋势，所以应使用上单尾检验.

2. 回归系数的显著性检验

若上述检验拒绝 $H_0:\beta_1=\beta_2=\cdots=\beta_k=0$，则应进一步对各 β_j，$j=1,2,\cdots,k$ 做 t 检验，以剔除不重要的因素. 由于这里只需对各 $\beta_j=0$ 做检验，因此可分别做 t 检验.

前已证明，$\sigma^2(X'X)^{-1}$ 主对角线上的元素是各 b_j 的方差，记 $C=(X'X)^{-1}$，则有

$$\sigma_{bj}^2 = \sigma^2 c_{jj}$$

用 MS_e 代替总体参数 σ^2，得

$$S_{bj}^2 = MS_e c_{jj}$$

在 $H_0:\beta_j=0$ 下，统计量

$$t = \frac{b_j}{\sqrt{MS_e c_{jj}}} \sim t(n-k-1) \tag{5.33}$$

也可采用对偏回归平方和做检验来代替上述 t 检验. 偏回归平方和是取消一个自变量后所引起的回归平方和的减少量，即

$$SSP_i = SS_R - SS_R^* = \sum_{j=1}^{k} b_j S_{jy} - \sum_{\substack{j=1 \\ j \neq i}}^{k} b_j^* S_{jy}^* \tag{5.34}$$

其中：b_j^*、S_{jy}^*为去掉自变量x_i后，用剩下的$k-1$个自变量作回归所得到的计算结果. SSP_i称为Y对X_i的偏回归平方和. 可以证明，$SSP_i = b_i^2/c_{ii}$，自由度为1. 因此，可用统计量

$$F = SSP_i/MS_e \tag{5.35}$$

做上单尾检验. 当H_0成立时，$F \sim F(1, n-k-1)$. 由于

$$F = \frac{SSP_i}{MS_e} = \frac{b_i^2}{MS_e c_{ii}} = t^2$$

因此这一F检验与前述t检验等价.

若对某一β_j的检验不显著，则接受$H_0: \beta_j = 0$，即说明相应的自变量x_j对因变量Y没有明显影响，可将它从变量组中剔除. 每剔除一个自变量后，都应对方程重新进行回归.

在剔除不重要的自变量时，应注意：

(1) 每次只能剔除一个自变量. 这是因为剔除掉一个自变量后，它对Y的影响很可能会转加到别的与它相关的自变量上，这样那些原先不重要的自变量也许会变得重要.

(2) 由于前述原因，在一次检验中，偏回归平方和大到显著的一定应该保留；偏回归平方和最小的若不显著则可剔除，其他的不管显著与否都应待重作回归后再做检验.

(四) 复相关系数和偏相关系数

复相关系数定义为

$$R_{y \cdot 1, 2, \cdots, k} = \sqrt{\frac{SS_R}{S_{yy}}} = \sqrt{1 - \frac{SS_e}{S_{yy}}} \tag{5.36}$$

它实际上是y与$\hat{y}$的相关系数，或y与所有x_j构成的整体的相关系数. 对它的检验相当于对整个回归方程作方差分析. 检验可通过查表进行. 复相关系数与普通相关系数的不同点是它不取负值.

偏相关系数是保持其他变量不变的条件下计算的两个变量间的相关系数. 它的计算公式为

$$r_{ij\cdot 1,2,\cdots,(i-1),(i+1),\cdots,(j-1),(j+1),\cdots,k}=\frac{-c_{ij}}{\sqrt{c_{ii}c_{jj}}} \tag{5.37}$$

其中: $\boldsymbol{C}=(\boldsymbol{X}'\boldsymbol{X})^{-1}$, c_{ij} 为矩阵 $\boldsymbol{C}$ 的元素. 对偏相关系数的检验也可通过查表进行.

偏相关系数和复相关系数查表时均使用 MS_e 的自由度 $n-k-1$. 对它们的检验与对回归平方和及偏回归平方和的检验是等价的.

(五) 逐步回归介绍

最优的回归方程应该是既没有包含多余的(即不显著的)自变量,也没有遗漏任何必要的(即显著的)自变量. 要做到这一点可使用许多方法,而逐步回归是其中较好的一种. 它的基本思想是采用偏回归平方和为检验标准,每次从未进入方程的自变量中选取偏回归平方和最大的一个进行检验. 若显著,则引入回归方程,重作回归;再选已进入方程的自变量中偏回归平方和最小的一个进行检验,若不显著则剔除,并重作回归;……. 反复重复这一步骤,直到不能引入也不能剔除为止,这样就得到了最优的回归方程.

1. 逐步回归的主要步骤

① 首先建立数据的样本相关矩阵 $\boldsymbol{R}^{(0)}$.

② 利用第 $n-1$ 步的相关矩阵 $\boldsymbol{R}^{(n-1)}$,求出未引入方程的各自变量的偏回归平方和. 取其最大的做 F 检验,与给定的 F_α 做比较. 若大于 F_α,则把对应的自变量引入回归方程,即对 $\boldsymbol{R}^{(n-1)}$ 做变换,得 $\boldsymbol{R}^{(n)}$,并建立 Y 与所有已引入的自变量的回归方程.

③ 利用 $\boldsymbol{R}^{(n)}$,计算所有已引入的自变量的偏回归平方和(刚引入的不必算). 选最小的做 F 检验. 若小于给定的 F_α,则把它剔除. 方法仍是对 $\boldsymbol{R}^{(n)}$ 做变换,得到 $\boldsymbol{R}^{(n+1)}$,它给出了新的回归方程及其他一些信息.

④ 重复步骤③,直到没有自变量可以剔除为止.

⑤ 重复步骤②,直到没有自变量可以引入为止.

⑥ 计算出最优回归方程,给出复相关系数.

2. 关于逐步回归的几点说明

① 从介绍中可看出,它的计算工作量是相当大的,不用计算机很难完成.但比起其他方法,逐步回归的计算量还是比较小的.

② F_α 的值不像以前的检验是查表得到的,而是由使用者指定的.这是因为一方面运算过程中自由度一直在变化,因此得反复查表,会增加计算量;另一方面显著性水平 α 本来就是人为指定的,取值非常准确并无统计学上的意义,因此也是不必要的.一般来说,可以试几个不同的 F_α 值,F_α 越大,回归方程中包含的自变量个数越少.应以自变量个数多少为标准选一个你满意的,即在能包括主要有影响的自变量,不明显降低复相关系数的情况下,尽量选取少一些的自变量个数,一般不超过 3～5 个.当然,自变量个数主要依赖于所关注问题的复杂程度.有时也可对引入和剔除设置不同的 F_α,但这样有时会形成一种循环:几个自变量走马灯一样引入又剔除,总也停不下来.此时应重新设置 F_α.

③ 逐步回归是一种很有用的方法,它允许我们尽量多地收集数据,然后由计算机来选择.在问题的机理不十分清楚,无法确定哪些是真正有影响的因素时,这种方法的优越性是十分明显的.

④ 哪一个自变量会进入方程,与所选择的自变量变化范围有关.本来不能进入的,扩大一下范围或换一个范围,就可能进入了.

⑤ 一般来说,逐步回归方法所允许考虑的自变量数应小于 $n-1$,其中 n 为总的数据组数.否则正规方程系数矩阵的逆不存在,计算无法进行.

⑥ 由于在通常情况下我们都是利用现成的程序进行逐步回归,在本书中略去了具体的计算公式.有需要的读者可参考其他有关多元回归的教科书.

5.4 非线性回归

线性回归虽然比较简单,但应用非常广泛.这主要是因为如果我们缩小研究范围,则任意非线性关系最后都可以用线性关系来近似.但是范围缩得太小了使用上会很不方便,一来不能对变量间的关系有一个整体上的把握,二来在不同取值范围内还要换用不同的方程,因此在许多情况下考虑两变量间的非线性关系还是很有用的.

非线性回归可分为两种情况,即已知曲线(公式)类型和未知曲线(公式)类型.这两种情况需要用不同的方法来解决.一般来说,在多数情况下我们对所研究的对象都有一定了解,可以根据理论或经验给出可能的曲线类型;同时,如果已知曲线类型,回归效果会比较有保证,因此常用的还是已知曲线类型的回归.

(一) 已知曲线类型的回归

1. 确定曲线类型的方法

确定曲线类型的方法主要是根据专业知识判断.例如单细胞生物生长初期数量常按指数函数增长,但若考虑的生长时间相当长,后期其生长受到抑制,则会变为“S”形曲线.生态学上种群增长的情况也类似.此时常用逻辑斯蒂(Logistic)曲线进行拟合;反映药物剂量与死亡率之间关系的曲线也呈“S”形,但常用概率对数曲线描述;酶促反应动力学中的米氏方程是一种双曲线;植物叶层中的光强度分布常用指数函数描述;等等.这些公式或者来源于某种理论推导,或者是一种经验公式.

如果没有足够的专业知识可判断变量间的关系是哪种类型,则可用直观的方法,即散点图的方法来判断.方法是把(x,y)数据对标在坐标纸上,然后根据经验判断它们之间是什么类型.如果看来有几种类型可用,但不知哪种较好,也可多做几次回归,然后用后边介绍的方法对结果进行比较,选一种最好的.

确定曲线类型之后，回归的任务就变成确定曲线公式中的参数，因此也可称为曲线拟合. 常用的回归或拟合方法主要有线性化和曲线拟合两种，以下将分别介绍.

2. 线性化的方法

即先对数据进行适当变换，使其关系变为线性之后再按线性回归做. 这种线性化的方法虽然常用，但它的缺点也是十分明显的. 例如它只能保证使变换后数据的线性方程残差最小，而得到的非线性方程对原始数据没有任何最优性可谈. 有时甚至会出现变换后的数据与线性回归方程吻合很好，而原始数据与非线性回归方程的差别大得不可接受的情况. 因此采用线性化的方法进行曲线回归后必须用相关指数进行直观检验（见后边曲线回归的检验）. 另外，也不是所有的非线性方程都能用数据变换的方法线性化. 实际上，只有少数几种简单的非线性方程可用这种方法线性化，对绝大多数非线性方程来说都不行.

下面我们介绍几种生物统计中常用的变换方法.

（1）采用指数、对数、倒数等函数对自变量和因变量进行适当变换，使它们的关系变为线性. 如

非线性函数	变量代换	线性函数
指数函数 $y=ae^{bx}$	$y'=\ln y,\ a'=\ln a$	$y'=a'+bx$
幂函数 $y=ax^b$	$y'=\ln y,\ a'=\ln a,\ x'=\ln x$	$y'=a'+bx'$
对数函数 $y=a+b\ln x$	$x'=\ln x$	$y=a+bx'$
米氏方程 $V=\dfrac{V_{\max}S}{K_m+S}$	$V'=1/V, S'=1/S,$ $a'=1/V_{\max}, b'=K_m/V_{\max}$	$V'=a'+b'S'$
逻辑斯蒂方程 $y=\dfrac{1}{a+be^{-cx}}$	无法用变量代换线性化	

（2）概率对数变换. 主要用于毒理学研究中求半致死剂量. 剂量与死亡率之间的关系一般呈如下曲线：

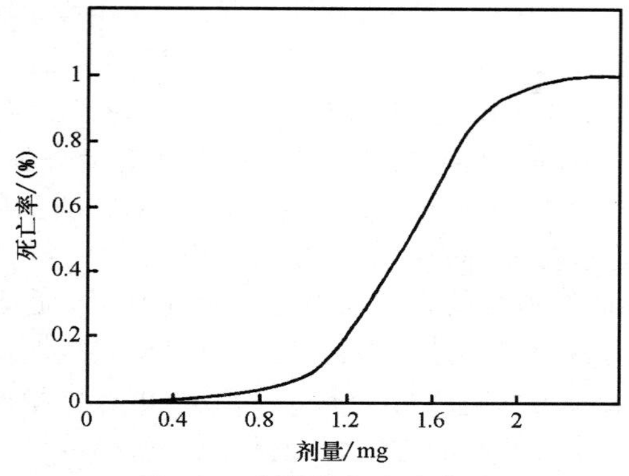

图 5.3 剂量与死亡率关系

该曲线呈"S"形,但两端不对称.对于这种曲线可先把剂量取对数,使曲线对称化;然后对死亡率按标准正态分布作变换,即把死亡率作为累积概率值 P,查正态分布表求出对应的单侧分位数 u_p.它们的数学关系为

$$P(X<u_p)=p$$

其中:$X\sim N(0,1)$.一般来说,u_p 与剂量对数之间可呈现较好的线性关系.

综上所述,线性化方法的主要优点为变量代换后可按线性回归处理,简单方便.其缺点为:

1 不是所有非线性方程都能用变量代换线性化;

2 即使方程类型不对,变量代换与线性回归都可照样进行,但结果没有任何用处,强行使用会导致错误;

3 线性回归效果好并不意味着变换前的非线性回归效果也好,因此必须用下面的方法对所得的非线性方程进行检验;

4 理论上所得回归方程是对线性化后数据最优,而不是对原始数据最优,因此影响回归效果.

3. 曲线拟合的方法

这种方法不需要对方程进行线性化,其基本思想是在所有参数所组成的高维空间中进行搜索,直到找到使目标函数(常为误差平方和或误差绝对值之和)达到极小值的点.具体算法有许多种,如Newton(牛顿)法,Marquardt(麦夸特)法,Powell(包维尔)法等. Newton法除了要给出曲线的公式外,还要给出一阶、二阶导数; Marguardt法也需要公式和一阶导数;而Powell法只需给出公式,不需要导数.这些方法都需要在计算机上实现.

由于这种曲线拟合的方法没有经过变量代换,而是直接使用原始数据,得到的参数至少是局部最优的,一般比用线性化方法得到的参数要好.如果采用不同的初值多拟合几次,更有可能得到接近最优的结果.在各种曲线回归的方法中,曲线拟合所得结果误差之小常是其他方法无法企及的.这种方法的缺点主要是计算量大,如果参数数量较多,甚至现代计算机解起来也有一定困难.另外,有时使用曲线拟合也会碰到迭代不收敛的问题,从而得不到参数的估计值.总起来看,随着计算机技术的发展,计算量大逐渐不成为重要限制条件,而回归误差小的优点则越来越被人们重视,因此曲线拟合的方法使用越来越多.

综上所述,曲线拟合方法的优点可以归纳为:

1 不需变量代换,可保证所得参数至少局部最优,回归误差小于其他方法;

2 常有现成软件可用.

曲线拟合方法的缺点可以归纳为:

1 需要反复搜索,计算量大,必须用计算机;

2 由于结果只是局部最优,一般需要试用多个初值;有时会出现不收敛的情况;

3 参数数量多时,计算量迅速增加;

4 有些拟合方法需要有目标函数的一、二阶导数.

(二) 未知曲线类型的回归:多项式回归

以上我们介绍了已知曲线类型的情况.有些时候所研究的问题

过于复杂,不可能进行理论上的推导;又没有前人的经验公式可利用,从散点图上也看不出明显的规律,此时就只能试用多项式回归的方法.最常用的方法介绍如下.

设自变量与因变量的关系为

$$y = a + b_1 x + b_2 x^2 + \cdots + b_k x^k \tag{5.38}$$

令 $x_1 = x$, $x_2 = x^2$, $x_3 = x^3$, $\cdots$, $x_k = x^k$, 上式可化为

$$y = a + b_1 x_1 + b_2 x_2 + \cdots + b_k x_k \tag{5.39}$$

式(5.39)为多元一次的线性方程,从而可用多元回归的方法求出各参数估计值.

这种方法的优点是不需对曲线类型有任何了解,如有必要,也可加上一些其他超越函数项,如对数、指数、三角函数等.它的缺点是其理论基础是任何曲线都可以在某一邻域中用多项式逼近,而这一邻域可能很小.另一个缺点是多项式的项数受到数据组数的限制:一般来说,当项数等于数据组数时,求回归系数就变成了解方程组,而不是一个优化过程.其结果是最后得到一条曲曲弯弯,但通过各数据点的曲线.此时误差为0(因为曲线通过了所有数据点),但该曲线没有任何用处,因为它根本不能反映自变量和因变量之间的关系.反之,如果项数太少又可能使回归误差变得很大,影响回归效果.因此必须保证数据组数和项数之间有适当的差距,即保证有一定剩余自由度.另外,这种方法得到的系数也很难有什么生物学意义,这也限制了它的应用.

总之,多项式回归现在用得较少.其优点为不需给出曲线类型;其缺点为:

1. 得到的曲线只能用于一个小邻域;
2. 回归误差一般较大;
3. 参数没有生物学意义;
4. 增加了变量数,使方程复杂化.

(三) 曲线回归的检验

对曲线回归好坏的评价一定要根据变换前的原始数据作出，不能只对变换后的直线方程做检验. 这种检验主要针对线性化的方法和多项式逼近的方法，曲线拟合一般就是用剩余平方和作为目标函数，方法本身就保证使它最小，因此就不用检验了.

多项式逼近方法和线性化方法在做回归前都要经过非线性变换，所得结果再变换回去后，各项方差都会有变化，所以线性回归效果好并不意味着原始数据间的非线性方程也效果好. 由于非线性方程的方差等都有变化，原来的一些关系如变差的分解，均方期望等也都不再成立，建立在这些基础上的各种回归分析的统计检验方法，如 t 检验、F 检验等也就都不能用了，只能对不同的结果作直观比较. 比较的标准常用到下面两种.

1. 剩余平方和

它的定义为

$$SS_{剩余} = \sum_{i=1}^{n}(y_i - \hat{y}_i)^2 \tag{5.40}$$

剩余平方和必须用变换前的原始数据计算. 显然剩余平方和越小回归效果越好. 但由于随机误差的影响，它不可能无限减小，又无法确定统计检验的阈值，因此它比较适合用于比较几种不同方法结果的优劣.

2. 相关指数

它的定义为

$$R^2 = 1 - \frac{SS_{剩余}}{S_{yy}} \tag{5.41}$$

它的计算仍需用变换前的原始数据. 由于不知道它的理论分布，因此不能用查表的方法统计检验. 由于此时不能证明交叉项为 0，也就不能使用 $SS_{剩余} = S_{yy} - SS_R$ 的公式计算 $SS_{剩余}$. 与直接使用 $SS_{剩余}$ 相比，它能给人一个比较直观的印象，如越接近 1 越好；如果接近 0，甚至变成负值，则说明变换公式使用不当，或 X 与 Y 没有关系. 它变成负值说明用估计值 $\hat{y}$ 预测的效果还不如用 $\bar{y}$ 预测，这一般是由于使用了错误的变换公式.

【例 5.10】 完成例 5.5 的非线性回归. 原题为：通过实验检验玉竹提取物对肝损伤的保护作用. 选择 20 只小鼠分成 4 组进行试验：肝损伤对照组、玉竹提取物剂量 A_1 组(0.5 g/kg)、A_2 组(1.0 g/kg)、A_3 组(2.0 g/kg). 肝损伤对照组每天注射生理盐水，其他组注射相应剂量的玉竹提取物. 4 天后各组均注射刀豆蛋白，制备刀豆蛋白诱导的肝损伤模型. 如果玉竹提取物的剂量和作用效果存在线性依赖关系，请利用肝损伤对照组(0.0 g/kg)、玉竹提取物剂量 A_1 组(0.5 g/kg)、A_2 组(1.0 g/kg)、A_3 组(2.0 g/kg)这 4 组数据进行回归分析. 数据如下表所列，其中剂量为自变量，小鼠血清谷丙转氨酶含量为因变量.

	小鼠血清谷丙转氨酶含量(nkat/100 L)					平均值
肝损伤对照组(0.0 g/kg)	24.88	26.35	25.32	22.86	26.00	25.082
玉竹提取物 A_1 组(0.5 g/kg)	23.10	20.01	19.85	21.44	23.04	21.488
玉竹提取物 A_2 组(1.0 g/kg)	19.78	20.01	18.56	21.00	18.96	19.662
玉竹提取物 A_3 组(2.0 g/kg)	17.56	18.25	20.03	19.45	17.29	18.516

解 经检验，发现上述数据采用线性回归失拟平方和过大，应采用非线性回归(见例 5.5). 因不知道曲线类型，故先画出平均数的散点图，对曲线类型做直观估计：

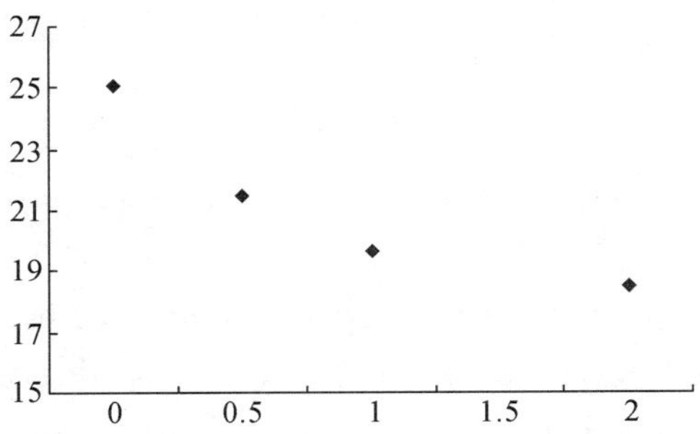

可见，自变量与因变量之间的关系比较简单，很可能用二次函数即可描述. 故自变量增加 X^2 项，直接对因变量进行二元回归，数据变为

x	x^2	y				
0	0	24.88	26.35	25.32	22.86	26.00
0.5	0.25	23.10	20.01	19.85	21.44	23.04
1	1	19.78	20.01	18.56	21.00	18.96
2	4	17.56	18.25	20.03	19.45	17.29

可得回归方程为

$$y=25.01-7.76x+2.26x^2$$

其回归平方和为123.25,残差平方和为27.00,相关指数为0.82;回归方程的F统计量为38.80,自由度(2,17),尾区概率4.61×10^{-7}.可见,回归效果可以满意.

习　　题

5.1　某县儿童年龄与平均身高数据如下表所列.试做回归分析.

年龄 x_i/岁	4.5	5.5	6.5	7.5	8.5	9.5	10.5
身高 y_i/cm	101.1	106.6	112.1	116.1	121.0	125.5	129.2

5.2　两个品系小麦的穗长与穗重如下表所示.做回归分析,并检验两回归方程能否合并.

品系											
品系I	穗长/cm	47	38	35	41	36	46	46	38	44	44
	穗重/g	1.9	1.5	1.1	1.4	1.2	1.8	1.7	1.3	1.7	1.8
品系II	穗长/cm	35	35	40	50	20	25	44	48	43	44
	穗重/g	1.2	1.4	1.6	2.0	0.6	0.7	1.7	1.9	1.6	1.8

5.3　根据S_b的公式考虑回归分析中,自变量取值范围大些好,还是小些好?

5.4　某项关于眼睛聚焦时间的实验研究.研究者感兴趣于目标与眼睛距离在聚焦时间上的效应.研究四种不同的距离,并在每个距离上得到5个观测数据.实验过程中保证数据的独立性.请统计分析四种不同距离下眼睛的聚焦时间是否有差异,并以聚焦时间为响应值,以距离为自变量进行线性回归分析.

距离/cm	聚焦时间 t/s				
	1	2	3	4	5
2	4.1	4.2	4	3.9	3.8
4	4.8	3.9	3.8	4.8	3.9
8	5.7	5.9	4.9	5.7	5.5
16	13.5	13.7	13.2	12.8	11.8

5.5　证明有重复一元线性回归中有：$S_{yy}=SS_R+SS_{LOF}+SS_{pe}$.

5.6　植株生长周数与高度数据如下：

周数 X	1	2	3	4	5	6	7
高度 Y/cm	5	13	16	23	33	38	40

做回归分析，并画出散点图，标出回归线，条件平均值及下次观察值的 95% 置信区间.

5.7　棉田调查资料数据如下，其中 X_1 为千株/亩，X_2 为铃数/株，Y 为皮棉产量(斤/亩)：

X_1	6.21	6.29	6.38	6.50	6.52	6.55	6.61	6.77	6.82	6.96
X_2	10.2	11.8	9.9	11.7	11.1	9.3	10.3	9.8	8.8	9.6
Y	190	221	190	214	219	189	183	199	182	201

试行进回归分析并检验。

5.8　比较研究女性血浆转铁蛋白受体(TfR)与铁蛋白(SF)浓度、总铁结合力(TIBC)及年龄的相关性. 测得 3 组健康人群(3～6 岁学龄前女童 99 名，11～12岁青春前期女孩 122 名，22～45 岁育龄妇女 130 名)的相关数据($\bar{x}\pm s$)列于下表. 请统计比较 3 组人群中 TfR、SF 浓度和 TIBC 的差异情况. 另外，每组人群中各选 5 人测得的数据也列在下表中，请以 TfR 为因变量，以年龄、SF 和 TIBC 为自变量进行多元线性回归分析.

组　别	$\frac{c(\text{TfR})}{\text{mmol/L}}$	年龄/年	$\frac{c(\text{SF})}{\mu\text{g/L}}$	$\frac{c(\text{TIBC})}{\mu\text{mol/L}}$
1 组(3～6 岁)	23.56±5.89	5.0±1.2	48.56±20.87	65.12±18.21
2 组(11～12 岁)	20.75±6.23	11.5±0.2	64.98±30.25	61.23±15.85
3 组(22～45 岁)	18.23±7.58	35.6±5.8	60.12±28.45	60.23±17.45

用于多元线性回归的数据：

1组 (3～6岁)	年龄(x_1)	3.0	5.5	6.5	4.5	6.0
	c(SF)(x_2)	36.49	54.57	45.89	37.29	32.61
	c(TIBC)(x_3)	54.08	76.27	44.46	89.55	51.76
	c(TfR)(y)	25.22	26.89	18.84	29.84	25.84
2组 (11～12岁)	年龄(x_1)	11.0	11.5	12.5	12.5	12.0
	c(SF)(x_2)	56.45	84.45	67.58	42.31	88.11
	c(TIBC)(x_3)	67.59	60.23	63.43	62.81	32.83
	c(TfR)(y)	25.67	28.61	19.56	18.23	22.05
3组 (22～45岁)	年龄(x_1)	35.0	26.0	42.0	38.0	39.0
	c(SF)(x_2)	57.25	75.59	40.35	67.23	56.78
	c(TIBC)(x_3)	55.85	59.49	74.56	55.18	58.28
	c(TfR)(y)	17.23	20.96	20.97	17.50	13.56

5.9 烟草经X射线照射，不同时间后烟草的病斑数如下：

照射时间/min	0	3	7.5	15	30	45	60
病斑数/个	271	226	209	108	59	29	12

标出散点图，并进行曲线回归(提示：曲线类型为 $y=ae^{bx}$).

5.10 将蟑象暴露在-12.2℃低温下，其暴露时间 x 与死亡率关系如下：

时间 x/h	0.25	0.5	1	4	12	24	48	72
死亡率 y/(%)	59	63	65	68	70	73	74	75

试进行曲线回归.

5.11 实验上观测到一组脑干听觉诱发电位潜伏期(L)与刺激声强(I)的数据，用来研究耳部疾病和脑部病变的情况.

声强 I/db	90	80	70	60	50	40	30
潜伏期 L/ms	5.27	5.44	5.65	5.84	6.05	6.18	6.25

从观测数据可以看到 L-I 具有单调下降非线性关系，数学上可以用倒数函数($y=a+b/x$)、指数函数[$y=ae^{bx}$ ($b<0$)]、对数函数[$y=a+b\log x$($b<0$)]等来拟合这类曲线，其中声强(I)作为自变量，潜伏期(L)作为因变量. 试判断应

该用哪种曲线拟合数据.

5.12 田间生长的大麦有如下生长曲线，计算它的回归方程[参考习题5.14中之(3)].

日数/d	15	20	25	30	35	40	50	60	70	80	90	100	110	120
高度/cm	4	5	6	7.5	8	10	15	20	30	48	60	65	67	69

5.13 研究超高压处理时压力和温度对枯草杆菌胞外蛋白酶活性的影响及超高压处理后枯草杆菌的致死率与胞外蛋白酶活性的变化情况，数据列于下表. 请进行统计分析，研究压力和温度对蛋白酶活性的影响，并以枯草杆菌的致死率为自变量，以蛋白酶活性为因变量进行回归分析.

压力/MPa 温度/℃	枯草杆菌胞外蛋白酶活性/U		
	100	200	300
10	78.4 68.1 80.2 76.3	75.6 76.8 84.8 68.2	48.9 52.1 60.2 52.3
30	85.9 78.5 69.8 77.4	79.6 68.6 78.4 66.3	38.7 42.5 46.7 50.1
50	56.8 63.5 57.9 62.3	45.2 50.2 39.7 52.1	35.8 40.3 39.4 42.3

超高压处理后，枯草杆菌的致死数与胞外蛋白酶活性的变化情况

致死个数/mL	36000	56000	45000	85000	75900	52000	25000	45000	96000
酶活性/U	52.9	85.6	56.3	26.8	36.8	78.6	96.5	85.6	18.5

5.14 以下为几种常见曲线，试将它们直线化.

(1) 双曲线：$\frac{1}{y}=a+\frac{b}{x}$

(2) 指数函数：$y=ae^{\frac{b}{x}}$

(3) S形曲线：$y=\frac{1}{a+be^{-x}}$

第 6 章　协方差分析

协方差分析是把方差分析与回归分析结合起来的一种统计分析方法. 它用于比较一个变量 Y 在一个或几个因素不同水平上的差异,但 Y 在受这些因素影响的同时,还受到另一个变量 X 的影响,而且 X 变量的取值难以人为控制,不能作为方差分析中的一个因素处理. 此时如果 X 与 Y 之间可以建立回归关系,则可用回归分析的方法排除 X 对 Y 的影响,然后用方差分析的方法对各因素水平的影响作出统计推断,这两种方法的综合使用就称为协方差分析. 在协方差分析中,我们称 Y 为因变量,X 为协变量.

也许有人会问随机因素的影响也是不能人为控制的,为什么不能把 X 作为一种随机因素处理呢? 这里的差异主要在于,作为随机因素处理时虽然每一水平的影响是不能人为控制的,但我们至少可以得到几个属于同一水平的重复,因此可以把它们分别用另一因素的不同水平处理. 最后在进行方差分析时,才能排除这一随机因素的影响,对另一因素的各水平进行比较. 这一点可从以下计算公式中看出来:

$$SS_A = \sum_i (\bar{x}_{i\cdot} - \bar{x}_{\cdot\cdot})^2 \tag{6.1}$$

$$SS_B = \sum_j (\bar{x}_{\cdot j} - \bar{x}_{\cdot\cdot})^2 \tag{6.2}$$

在上述公式中,式(6.1)不含有 B 因素的主效应,是因为 $\bar{x}_{i\cdot}$ 和 $\bar{x}_{\cdot\cdot}$ 在对 j 求和时,B 因素的主效应被消去了. 式(6.2)不含 A 因素主效应的原因相同. 对于系统分组的方差分析,虽然不同的 i 中同一个 j 的取值可以不同,但仍要求

$$\sum_{j=1}^{b} \beta_j(i) = 0 \qquad (i = 1,2,\cdots,a) \tag{6.3}$$

这样就保证了在 $\overline{x}_{i\cdot}$ 中可以消去第二个因素的主效应. 如果我们对第二个因素的取值完全无法控制,那就意味着对于不同的 i,β_j 的变化是完全没有规律的,当然也就不可能满足上述的式(6.3),此时就无法把两个主效应完全分开,也就不可能采用方差分析的方法,只能把第二个因素视为另一个变量 X,试试用协方差分析的方法排除它的影响了.

例如当我们考虑动物窝别对增重的影响时,一般我们可把它当作随机因素处理,这一方面是由于它不容易数量化,另一方面是同一窝一般有几只动物,可分别接受另一因素不同水平的处理;如果我们考虑试验开始前动物初始体重的影响,这时一般方法是选初始重量相同的动物作为一组,分别接受另一因素的不同水平处理,此时用方差分析也无问题. 但若可供试验的动物很少,初始体重又有明显差异,无法选到相同体重的动物,那就只好认为初始体重 X 与最终体重 Y 有回归关系,采用协方差分析的方法排除初始体重的影响,再来比较其他因素例如饲料种类,数量对增重的影响了.

消除初始体重影响的另一种方法是对最终体重与初始体重的差值(即 $y-x$)进行统计分析. 这种方法与协方差分析的生物学意义是不同的. 对差值进行分析是假设初始体重对以后的体重增量没有任何影响,而协方差分析则是假设最终体重中包含初始体重的影响,这种影响的大小与初始体重成正比. 如果这一比值为 1,协方差分析与对差值进行方差分析是相同的. 但如果比值不为 1,它们的结果将是不同的. 也就是说协方差分析是假设使初始体重不同的因素在以后的生长过程中也会发挥作用,而对差值进行方差分析是假设这些因素以后不再发挥作用;这两种生物学假设显然是不同. 希望读者在学习一种统计方法时不仅要注意它与其他方法算法上有什么不同,更要注意算法背后的生物学假设有什么不同,这种深层次的理解有助于我们在今后的工作中选取正确的统计方法.

由于协方差分析的过程包含了对协变量影响是否存在及其大小

等一系列统计检验与估计,它显然比对差值进行分析等方法有更广泛的适用范围,因此除非有明显证据说明对差值进行分析的生物学假设是正确的,一般情况下还是应采用协方差分析的方法.

协方差分析的计算是比较复杂的.本章重点介绍最简单的协方差分析的算法,即一个协变量、单因素的协方差分析.

6.1 协方差分析的基本原理

本节以最简单的情况:一个协变量、单因素的协方差分析为例,对协方差分析的基本原理加以说明.

(一)统计模型

在协方差分析中,各因变量的观察值可分解为以下部分的和

$$y_{ij}=\mu+\alpha_i+\beta(x_{ij}-\bar{x}_{..})+\varepsilon_{ij} \tag{6.4}$$

$$(i=1,2,\cdots,a;j=1,2,\cdots,n)$$

其中:y_{ij}为第i水平的第j次观察值;x_{ij}为i水平的j次观察的协变量取值;$\bar{x}_{..}$为x_{ij}的总平均数;μ为y_{ij}的总平均数;α_i为第i水平的效应;β为Y对X的线性回归系数;ε_{ij}为随机误差.

统计模型需要满足的条件为:

[1] $\varepsilon_{ij}\sim NID(0,\ \sigma^2)$.

[2] $\beta\neq 0$,即Y与X存在线性关系,且各水平回归系数相等,即协变量的影响不随水平的变化而改变.

[3] 处理效应之和为0,即$\sum\limits_{i=1}^{a}\alpha_i=0$.

上述第三个条件说明该因素为固定因素.若为随机因素,则应为处理效应的方差为0.

模型式(6.4)也可写为

$$y_{ij}=\mu'+\alpha_i+\beta x_{ij}+\varepsilon_{ij} \tag{6.5}$$

这种写法看起来简单一点,它的缺点是μ'不再是Y的总平均值,因

为 $\overline{y}_{\cdot\cdot}=\mu'+\beta\overline{x}_{\cdot\cdot}$，我们以后的讨论针对式(6.4)进行.

(二) 协方差分析的统计量

进行协方差分析需计算以下统计量

$$S_{yy}=\sum_{i=1}^{a}\sum_{j=1}^{n}(y_{ij}-\overline{y}_{\cdot\cdot})^2=\sum_{i=1}^{a}\sum_{j=1}^{n}y_{ij}^2-y_{\cdot\cdot}^2/an$$

$$S_{xx}=\sum_{i=1}^{a}\sum_{j=1}^{n}(x_{ij}-\overline{x}_{\cdot\cdot})^2=\sum_{i=1}^{a}\sum_{j=1}^{n}x_{ij}^2-x_{\cdot\cdot}^2/an$$

$$S_{xy}=\sum_{i=1}^{a}\sum_{j=1}^{n}(x_{ij}-\overline{x}_{\cdot\cdot})(y_{ij}-\overline{y}_{\cdot\cdot})=\sum_{i=1}^{a}\sum_{j=1}^{n}x_{ij}y_{ij}-\frac{x_{\cdot\cdot}y_{\cdot\cdot}}{an}$$

$$T_{yy}=\sum_{i=1}^{a}\sum_{j=1}^{n}(\overline{y}_{i\cdot}-\overline{y}_{\cdot\cdot})^2=\frac{1}{n}\sum_{i=1}^{a}y_{i\cdot}^2-y_{\cdot\cdot}^2/an$$

$$T_{xx}=\sum_{i=1}^{a}\sum_{j=1}^{n}(\overline{x}_{i\cdot}-\overline{x}_{\cdot\cdot})^2=\frac{1}{n}\sum_{i=1}^{a}x_{i\cdot}^2-x_{\cdot\cdot}^2/an$$

$$T_{xy}=\sum_{i=1}^{a}\sum_{j=1}^{n}(\overline{x}_{i\cdot}-\overline{x}_{\cdot\cdot})(\overline{y}_{i\cdot}-\overline{y}_{\cdot\cdot})=\frac{1}{n}\sum_{i=1}^{a}x_{i\cdot}y_{i\cdot}-\frac{1}{an}x_{\cdot\cdot}y_{\cdot\cdot}$$

$$E_{yy}=\sum_{i=1}^{a}\sum_{j=1}^{n}(y_{ij}-\overline{y}_{i\cdot})^2=S_{yy}-T_{yy}$$

$$E_{xx}=\sum_{i=1}^{a}\sum_{j=1}^{n}(x_{ij}-\overline{x}_{i\cdot})^2=S_{xx}-T_{xx}$$

$$E_{xy}=\sum_{i=1}^{a}\sum_{j=1}^{n}(x_{ij}-\overline{x}_{i\cdot})(y_{ij}-\overline{y}_{i\cdot})=S_{xy}-T_{xy}$$

其中：S,T,E 分别代表总的，处理的（即组间的）和误差的（即组内的）平方和及交叉乘积和. 它们的关系可表示为

$$S=T+E$$

这实际是平方和的分解，读者可自行证明其交叉项为 0.

(三) 协方差分析的原理

1. 协方差分析的核心思想

协方差分析的核心思想是通过对因变量 Y 进行调整,消去协变量 X 的影响,从而能对另一因素不同水平的影响进行统计检验. 为了做到这一点,首先要求出因变量对协变量的回归系数. 方法是对因素的每一个水平作一次回归,求出各自的回归系数和误差. 如果误差具有方差齐性,回归系数也相等,则可以把各水平的误差与回归系数合并,得到共同的误差与回归系数. 由于是各水平分别进行回归,即使各水平的主效应不同也不会受到影响. 换句话说,这是排除了主效应影响的回归系数和误差. 另一方面,如果主效应不存在,我们就不必这样麻烦,而可以直接用全部数据进行回归分析,并得到代表误差的残差平方和. 如果主效应真的不存在,这两种方法计算出的都应该是误差估计量,我们的比值应该服从 F 分布;反之,若主效应存在,直接用全部数据回归得到的残差平方和中除了误差外,还应该有主效应的影响,会明显偏大. 因此,我们可以利用这一点检验因素的主效应是否存在.

综上所述,协方差分析实际是先在假设主效应存在的情况下分水平进行回归,排除协变量影响,得到误差的估计值;然后假设主效应不存在,再用全部数据一起进行回归,得到另一个残差平方和. 可以证明,它可以分解成两部分,一部分是误差,还有一部分就是主效应的影响. 因此,可用后者除以前者构成统计量. 如果主效应真的不存在,后者也是误差估计值,上述统计量应该服从 F 分布;否则,若主效应存在,后者偏大,统计量也会有偏大的趋势,从而可用上单尾检验判断主效应是否存在.

2. 协方差分析的主要计算公式

在模型中,各参数的估计量为:

$$\hat{\mu} = \overline{y}_{..}$$

$$\hat{\beta} = b^{*}$$

$$\hat{\alpha}_i = \overline{y}_{i.} - \overline{y}_{..} - b^*(\overline{x}_{i.} - \overline{x}_{..})$$

其中：$b^* = \dfrac{E_{xy}}{E_{xx}}$. 误差平方和为

$$SS_e = E_{yy} - b^* E_{xy} = E_{yy} - E_{xy}^2 / E_{xx} \tag{6.6}$$

SS_e 的自由度为：$df_e = a(n-1) - 1$. 这是因为 S_{yy} 的自由度为 $an-1$，T_{yy} 的自由度为 $a-1$，所以 E_{yy} 的自由度为

$$an - 1 - a + 1 = a(n-1)$$

而 $b^* E_{xy}$ 为一个一元回归平方和，自由度为 1，所以 SS_e 的自由度为 $a(n-1)-1$.

$$MS_e = SS_e / [a(n-1) - 1]$$

注意，上述计算中用的是 E 而不是 S，即对每一个水平分别计算后再加起来的，因此是排除了 α_i 影响的回归.

我们希望检验 $H_0: \alpha_i = 0, i = 1, 2, \cdots, a$. 在此假设下，统计模型变为

$$y_{ij} = \mu + \beta(x_{ij} - \overline{x}_{..}) + \varepsilon_{ij}$$

这是一个一元回归问题，此时 μ 和 β 的最小二乘估计为

$$\hat{\mu} = \overline{y}_{..}$$

$$\hat{\beta} = b = \frac{S_{xy}}{S_{xx}}$$

误差平方和为

$$SS_e' = S_{yy} - \frac{S_{xy}^2}{S_{xx}}, \quad df = an - 2$$

其中：S_{xy}^2 / S_{xx} 为 Y 对 X 的回归平方和.

若 H_0 不成立，则 SS_e' 中会有 α_i 的影响，因此会明显偏大. 它们的差 $SS_e' - SS_e$ 就是各 α_i 对总变差的贡献，自由度为 $a-1$. 所以可用下述统计量对 H_0 做检验

$$F = \frac{\dfrac{SS_e' - SS_e}{a-1}}{\dfrac{SS_e}{a(n-1)-1}} \sim F(a-1, an-a-1) \tag{6.7}$$

若 F 大于查表得到的上单尾分位数，则拒绝 H_0，即各水平效应明显不同.

3. 协方差分析与方差分析的比较

(1) 若不存在协变量影响，即 $\beta=0$，模型变为

$$y_{ij} = \mu + \alpha_i + \varepsilon_{ij}$$

这是单因素方差分析. 总变差为 S_{yy}，误差平方和为 E_{yy}，处理平方和 $T_{yy}=S_{yy}-E_{yy}$，我们用

$$F = \frac{MT_{yy}}{ME_{yy}} = \frac{T_{yy}/(a-1)}{E_{yy}/(a(n-1))} \sim F(a-1,\ an-a)$$

做统计检验.

(2) 若 $\beta\neq 0$，我们用它对 S_{yy} 和 E_{yy} 做调整：把 E_{yy} 调整为 SS_e 作为误差估计，由于又用了一个估计量 b^*，又减少了一个自由度，SS_e 的自由度变为 $a(n-1)-1$；S_{yy} 调整为 SS_e'，它与 SS_e 的差作为处理平方和的估计，其自由度仍为 $a-1$. 因此，调整后的统计量变为式(6.7).

从上面的分析可见，处理平均数实际上包括了处理效应和协变量的回归效应，经过调整后变为

$$\overline{y}'_{i.} = \overline{y}_{i.} - b^*(\overline{x}_{i.} - \overline{x}_{..}) \qquad (i = 1,2,\cdots,a)$$

$\overline{y}'_{i.}$ 已消去了协变量的影响，只有处理效应了. 它是模型中 $\mu+\alpha_i$ 的最小二乘估计. 可以证明，它的标准误差为

$$S_{\overline{y}'_{i.}} = \sqrt{MS_e\left[\frac{1}{n} + \frac{(\overline{x}_{i.} - \overline{x}_{..})^2}{E_{xx}}\right]}$$

这实际上是一元回归中条件均值估计的标准误差.

4. 协方差分析的条件

进行协方差分析应满足的条件：

(1) $\varepsilon_{ij} \sim NID(0,\ \sigma^2)$.

(2) $\beta_1=\beta_2=\cdots=\beta_a=\beta$.

(3) $\beta\neq 0$.

在做协方差分析过程中,应对上述条件进行检验.

6.2 协方差分析的计算过程

本节将给出较详细的协方差分析计算过程,包括全部应进行的条件检验.

(一) 协方差分析计算过程

(1) 对各处理水平,分别计算协变量与因变量的回归方程,并求出各处理内的剩余平方和 SS_e^{Gi},令 $SS_e^G=\sum_{i=1}^{a}SS_e^{Gi}$,称其为组内剩余平方和,其自由度 $df_e^G=a(n-2)$.

(2) 令 $MS_e^{Gi}=SS_e^{Gi}/(n-2)$,$i=1,2,\cdots,a$,并利用它们检验方差齐性.可选取差异最大的两个的比值做 $F_{\max}$ 统计检验.若无显著差异,则可认为具有方差齐性.

(3) 把各处理水平的平方和及交叉乘积和合并得到 E_{yy},E_{xx},E_{xy};并求得公共回归系数 $b^*=\dfrac{E_{xy}}{E_{xx}}$,及 $SS_e=E_{yy}-E_{xy}^2/E_{xx}$,称为误差平方和,它的自由度为 $df_e=a(n-1)-1$.

(4) 检验各处理水平的回归线是否平行

$H_0:\beta_1=\beta_2=\cdots=\beta_a=\beta$.由于组内剩余平方和 SS_e^G 完全是由随机误差引起,而用共同的 b^* 计算出的 SS_e 则包含了随机误差及各水平回归系数 b_i 的差异的影响,而且可证明它是可以分解的,所以有

$$SS_b=SS_e-SS_e^G$$

其自由度 $df_b=df_e-df_e^G=a-1$,令

$$MS_b=SS_b/df_b$$

然后用

$$F=MS_b/MS_e^G$$

做检验.若差异不显著,则可认为各 β_i 相等.

(5) 检验回归是否显著

$H_0:\beta=0$. 利用(3)中的结果,即

$$SS_R=E_{xy}^2/E_{xx},\quad df_R=1$$

$$SS_e=E_{yy}-SS_R,\quad df_e=a(n-1)-1$$

令

$$MS_e=SS_e/(an-a-1)$$

可用

$$F=SS_R/MS_e\sim F(1,an-a-1)$$

对上述 H_0 做检验.若差异显著,则做协方差分析;若差异不显著,则直接做单因素方差分析.

(6) 协方差分析

计算:

$$S_{yy}=\sum_{i=1}^{a}\sum_{j=1}^{n}y_{ij}^2-\frac{1}{an}y_{..}^2$$

$$S_{xx}=\sum_{i=1}^{a}\sum_{j=1}^{n}x_{ij}^2-\frac{1}{an}x_{..}^2$$

$$S_{xy}=\sum_{i=1}^{a}\sum_{j=1}^{n}x_{ij}y_{ij}-\frac{1}{an}(x_{..})\cdot(y_{..})$$

令 $SS_e'=S_{yy}-S_{xy}^2/S_{xx}$,则

$$F=\frac{\dfrac{SS_e'-SS_e}{a-1}}{MS_e}\sim F(a-1,\ an-a-1)$$

利用上述统计量 F 对 $H_0:\alpha_i=0,\ i=1,2,\cdots,a$ 做上单尾检验.若差异显著,则认为各处理水平间效果有显著差异.

(7) 计算调整平均数,即 $\mu+\alpha_i$ 的估计值

$$\overline{y}_{i.}'=\overline{y}_{i.}-b^*(\overline{x}_{i.}-\overline{x}_{..})\qquad i=1,2,\cdots,a$$

在 i 固定的情况下,我们实际是做了一个回归,因此求这个估计值其实是求回归的条件均值,然后再把 X 的影响消掉.其标准差为

$$S_{\overline{y}_{i.}'}=\sqrt{MS_e\left[\frac{1}{n}+\frac{(\overline{x}_{i.}-\overline{x}_{..})^2}{E_{xx}}\right]}$$

这就是条件均值的标准差.必要时,可用它对上述估计值间差异

是否显著做检验.

(二) 总结: 协方差分析的原理及步骤(设 $a=3$)

(1) 检验条件

① 先作三条回归线,求出各组的误差估计 SS_e^{Gi} 并检验是否相等(方差齐性),通过检验后合并各 SS_e^{Gi} 求出 MS_e^G 为误差估计.

② 再假设三线平行(有共同的 b^*),在此假设下求出 SS_e,用 $SS_e-SS_e^G$ 对 SS_e^G 检验上述假设. 通过检验后用 MS_e 代替 MS_e^G.

③ 再检验 β 是否为 0. 令 $SS_R=E_{xy}^2/E_{xx}$, $F=SS_R/MS_e$;通过检验则直接做方差分析,否则做协方差分析.

(2) 协方差分析

检验各水平效应是否均为 0,即 $H_0:\alpha_i=0$. 在此假设下,可把三组数据合并,做一个回归方程,它的剩余平方和 SS_e' 包含了 α_i 的影响. 令

$$F=\frac{\dfrac{SS_e'-SS_e}{a-1}}{MS_e}$$

这一统计量实际是检验 α_i 影响是否明显比随机误差大.

(3) 对平均数进行调整,即对 α_i 做出估计,必要时进行多重比较.

【例 6.1】 比较三种猪饲料 A_1,A_2,A_3 的效果. x_{ij} 为猪的初始重量,y_{ij} 为猪的增加重量,数据见下表. 请做统计检验.

A_1	x_{1j}/kg	15	13	11	12	12	16	14	17	$\bar{x}_1=13.750$
	y_{1j}/kg	85	83	65	76	80	91	84	90	$\bar{y}_1=81.750$
A_2	x_{2j}/kg	17	16	18	18	21	22	19	18	$\bar{x}_2=18.625$
	y_{2j}/kg	97	90	100	95	103	106	99	94	$\bar{y}_2=98.000$
A_3	x_{3j}/kg	22	24	20	23	25	27	30	32	$\bar{x}_3=25.375$
	y_{3j}/kg	89	91	83	95	100	102	105	110	$\bar{y}_3=96.875$

解 首先进行条件的检验.

(1) 对每一种饲料分别做回归分析,得

$$S_{yy1}=487.5,\ S_{xy1}=110.5,\ S_{xx1}=31.5$$

$$a_1=33.516,\ b_1=3.506,\ SS_e^{G1}=99.873$$

$$S_{yy2}=184,\ S_{xy2}=65,\ S_{xx2}=27.875$$

$$a_2=54.570,\ b_2=2.332,\ SS_e^{G2}=32.431$$

$$S_{yy3}=566.875,\ S_{xy3}=245.375,\ S_{xx3}=115.875$$

$$a_3=43.131,\ b_3=2.118,\ SS_e^{G3}=47.273$$

组内剩余平方和：$SS_e^G=\sum_{i=1}^{3} SS_e^{Gi}=179.577$

(2) 检验方差齐性.由于各水平重复数均为8,误差自由度均为6.可选差异最大的 SS_e^{G1} 和 SS_e^{G2} 做检验,即

$$F_{\max}=99.873/32.431=3.080$$

由于共有3组,因此 $a=3$;各组自由度均为6,因此 $v=6$.查 $F_{\max}$临界值表,得

$$F_{\max,\,0.05}(3,\ 6)=8.38>F_{\max}$$

可认为具有方差齐性.

(3) 合并各水平的平方和及交叉乘积和,即

$$E_{yy}=1238.375,\ E_{xy}=420.875,\ E_{xx}=175.25$$

$$b^*=E_{xy}/E_{xx}=2.402,\ SS_e=E_{yy}-E_{xy}^2/E_{xx}=227.615$$

(4) 检验回归线是否平行,即 $H_0:\beta_1=\beta_2=\beta_3=\beta^*$

$$SS_b=SS_e-SS_e^G=48.038$$

$$F=\frac{MS_b}{MS_e^G}=\frac{SS_b/2}{SS_e^G/18}=\frac{48.038/2}{179.577/18}=2.408$$

查表,$F_{0.95}(2,\ 18)=3.55>F$,故接受 H_0,可认为三回归线平行,即有公共回归系数 β, b^* 为其估计值.

(5) 检验回归是否显著,即 $H_0:\beta=0$

$$SS_R=E_{yy}-SS_e=1010.76$$

$$F=SS_R/MS_e=\frac{1010.76}{227.615/(3\times(8-1)-1)}=88.81$$

查表,$F_{0.99}(1,\ 20)=8.096<F$,故差异极显著,X 与 Y 有极显著线性关系,应做协方差分析.

(6) 把所有数据放在一起,算得

$$S_{yy}=2555.958,\ S_{xy}=1080.75,\ S_{xx}=720.5$$

(7) 协方差分析，即 $H_0: \alpha_1=\alpha_2=\alpha_3=0$

$$SS_e'=S_{yy}-S_{xy}^2/S_{xx}=934.833$$

$$F=\frac{\dfrac{SS_e'-SS_e}{a-1}}{MS_e}=\frac{(934.833-227.615)/2}{227.615/20}=31.071$$

查表，$F_{0.99}(2, 20)=5.849<F$，故拒绝 H_0，各不同饲料增重效果差异极显著.

(8) 为比较各饲料好坏，计算调整平均数 $\overline{y}'_{i}.$

$$\overline{y}'_{i}.=\overline{y}_{i}.-b^*(\overline{x}_{i}.-\overline{x}_{..}),\ i=1,2,3$$

代入数据，得

$$\overline{y}'_{1}.=81.750-2.402\times(13.750-19.25)=94.961$$

$$\overline{y}'_{2}.=98.000-2.402\times(18.625-19.25)=99.501$$

$$\overline{y}'_{3}.=96.875-2.402\times(25.375-19.25)=82.163$$

从调整后的数据看来，第二种饲料效果最好，第一种稍差，而第三种差得较多. 但从调整前的数据看是第二种最好，第三种几乎与第二种相同，而第一种差得多. 这种调整前的差异是不正确的，因为它包含了初始体重的影响. 第三组初始体重明显偏大，而第一组偏小，这影响了对两种饲料的正确评价.

如果希望对各调整后的平均数据做统计比较，可用公式

$$S^2_{\overline{y}'_{i}.}=MS_e\left[\frac{1}{n}+\frac{(\overline{x}_{i}.-\overline{x}_{..})^2}{E_{xx}}\right]$$

计算它们的样本方差 (分别记为 S_1^2, S_2^2, S_3^2)，即

$$S_1^2=11.38075\times[1/8+(13.750-19.25)^2/175.25]=3.3870$$

$$S_2^2=11.38075\times[1/8+(18.625-19.25)^2/175.25]=1.4480$$

$$S_3^2=11.38075\times[1/8+(25.375-19.25)^2/175.25]=3.8589$$

自由度均为 20.

先比较 $\overline{y}'_{1}.$ 和 $\overline{y}'_{2}.$，即

$$t=\frac{99.501-94.961}{\sqrt{3.3870+1.4480}}=2.065$$

查表，得：$t_{0.979}(20)=2.086$，$t_{0.995}(20)=2.845$.

差异已接近显著水平，但仍未达到. 故应认为第二种饲料近似地与第一种相同. 再比较 $\overline{y}'_{1}.$ 和 $\overline{y}'_{3}.$，即

$$t=\frac{94.961-82.163}{\sqrt{3.3870+3.8589}}=4.754>t_{0.995}(20)$$

差异极显著.第三种饲料极明显地差于第一种.由于第二种平均值大于第一种,方差小于第一种,故第二种与第三种的差异更大,即第三种极明显地差于其他两种.

注意,由于 MS_e 是用全部数据算出的公共的误差估计,其自由度为20,因此 $\overline{y}'_{1}.-\overline{y}'_{2}.$ 的子样方差为

$$MS_e\left[\frac{1}{n}+\frac{(\overline{x}_1.-\overline{x}..)^2}{E_{xx}}+\frac{1}{n}+\frac{(\overline{x}_2.-\overline{x}..)^2}{E_{xx}}\right]$$

其自由度仍应为20,而不是40.

习 题

6.1 为使小麦变矮、增强其抗倒伏力,喷洒了三种药物. x_{ij} 为喷药前株高,y_{ij} 为喷后株高.请据下表中的数据,先做单因素方差分析,再做协方差分析,并对结果加以比较.

药物1	x_{1j}/cm	29	31	33	33	37	40
	y_{1j}/cm	112	106	115	117	120	117
药物2	x_{2j}/cm	40	41	43	46	48	49
	y_{2j}/cm	112	106	110	117	121	114
药物3	x_{3j}/cm	33	34	37	37	41	42
	y_{3j}/cm	107	112	117	109	120	116

6.2 为比较三头公牛后代产奶量,收集到下表中的数据数据: y_{ij} 为头胎产奶量,x_{ij} 为产奶期间的平均体重.请进行统计检验.

公牛		女儿1	女儿2	女儿3	女儿4	女儿5	女儿6	女儿7
A	x_{1j}/kg	364	368	397	317	348	407	319
	y_{1j}/kg	4370	4720	5310	3340	4360	5560	3360
B	x_{2j}/kg	344	330	336	352	267	315	
	y_{2j}/kg	2990	3820	4200	4490	3740	3920	
C	x_{3j}/kg	377	325	324	347	324		
	y_{3j}/kg	4700	5010	4160	3870	5510		

6.3 比较吸烟和被动吸烟对原发性高血压病人基线血压的影响. x_{ij} 为被调查者的年龄,y_{ij} 和 z_{ij} 分别收缩压和舒张压,数据见下表,请进行统计分析.

(提示：以年龄为协变量,以收缩压和舒张压为因变量,分别进行协方差分析.)

不吸烟	x_{1j}/年龄	25	36	45	52	59	62	65
	y_{1j}/mmHg	135	138	141	139	145	151	156
	z_{1j}/mmHg	92	95	100	105	121	106	125
吸烟	x_{2j}/年龄	22	35	39	45	52	63	66
	y_{2j}/mmHg	145	143	158	156	162	157	169
	z_{2j}/mmHg	96	98	106	125	135	137	126
被动吸烟	x_{3j}/年龄	21	28	34	46	50	57	63
	y_{3j}/mmHg	138	146	138	157	168	159	169
	z_{3j}/mmHg	97	95	106	124	136	137	142

6.4　测量正常儿童组(1 组)、糖代谢正常肥胖儿童组(2 组)和伴糖代谢异常肥胖儿童组(3 组)各 5 例的体量指数,研究高敏 C 反应蛋白(hs-CRP)与儿童肥胖的相关性.测量数据列于下表.请分析高敏 C 反应蛋白在各组间的差异情况,其中高敏 C 反应蛋白为响应值,体重指数为协变量.

1 组	体重指数/(kg/m^2)	18.92	18.41	13.75	20.68	19.41
	高敏 C 反应蛋白/(mg/L)	1.51	1.85	0.79	2.01	1.63
2 组	体重指数/(kg/m^2)	23.56	27.99	27.12	27.78	29.61
	高敏 C 反应蛋白/(mg/L)	3.21	4.85	3.84	3.81	4.89
3 组	体重指数/(kg/m^2)	32.87	37.74	37.01	30.75	28.49
	高敏 C 反应蛋白/(mg/L)	4.76	5.89	4.55	3.18	3.79

第 7 章　实 验 设 计

生物学是一门实验性科学. 进行生物学研究,一般要经过以下几个阶段:

(1) 收集前人有关资料,找出还不够清楚或能更深入研究的地方,结合自己的知识结构,已有仪器设备、实验材料等物质条件,确定适当的研究课题.

(2) 制订初步实验方案,并进行可行性分析,主要包括:

① 方案中所需物质条件能否满足? 技术上有何难关? 能否克服? 如有必要,可进行预备实验.

② 所要观察的变化或差异大约在何种数量级上? 现有仪器设备精度是否足以测出这样的变化? 或希望提取的物质浓度大约有多大? 能否得到足够数量供进一步研究?

(3) 从数据分析的角度作出实验方案,既不能丢掉有用的数据,也不必收集无用的数据,还要注意有适当数量重复及足够大的样本,保证能达到所需要的精度.

(4) 从实验技术的角度作出详细的实验方案. 注意消除系统误差,提高实验精度. 如需要摸索实验条件,则应进行预实验.

(5) 进行实验,收集数据,再经过整理,思考,统计学分析,最后得出结论.

当然,上述步骤并不是一成不变的,在实际工作中常会出现反复,如根据阶段成果调整实验设计,在整理、分析数据时也可能发现需要补充实验等等.

从统计学角度看,我们更关心第三步,即从数据处理与分析的角度做好实验设计. 一个好的实验设计,应当是既不丢掉有用信息,又不浪费人力物力去收集无用数据,并保证以最小的工作量获取能满足使用需求精度的数据.从前边的一些课程中也可看到实验设计的重要性.例如,二因素方差分析有交互作用,但实验未设重复;或本应进行协方差分析,却未记录协变量的数据,等等.这样的失误有可能使整组的实验数据不得不报废.另一方面,也可能花了大量人力物力取得了许多数据,分析时却发现它们并不全是必要的,从而造成了浪费.在实际工作中,可能遇到各种不同的情况,必须根据实际情况选择适当的实验设计方法,才能保证取得事半功倍的效果.本章将介绍一些最基本的实验设计方法,希望对大家未来的工作能有所帮助.

7.1　实验设计的基本原理及注意事项

科学实验是探索未知世界的主要手段.要使实验达到预期的目的,科学、周到的实验设计是必要条件.一般来说,广义的实验设计包括对前述科学研究各个阶段的调研与计划;而狭义的实验设计则把注意力集中在数据处理方面,即根据条件与目标选定适当的数据处理方法;保证在实验过程中能收集到全部需要的数据资料;并把实验的工作量以及物质消耗降到最小.本章的内容集中在这种狭义实验设计上,在这一过程中,以下几个原则是我们应当注意的:

(一) 误差的产生与控制

1. 误差的概念与其产生原因

误差可分为随机误差与系统误差.前者由一些无法控制的因素产生,例如实验材料个体间的差异、实验环境的一些微小变化、测量仪器最小刻度以下的读数估计误差等等.这些因素不受我们控制,因此这些误差也无法消除,其大小与方向也是无法预测的.后者则是由一些相对固定的因素引起,例如仪器调校的差异、各批药品间的差异、不同操作者操作习惯的差异,等等.这种误差常常在某种程度上是可控的,实验中应尽可能消除;其大小也常可估计,方向也常是固定的.还有一种差错是人为造成,例如操作错误、遗漏或丢失数据,等等.这类差错原则上是不允许产生的,一旦发现差错相关数据即应舍去,不属于误差的范围.

2. 误差的表示

在不同场合,误差有许多不同的表示法.例如已经介绍过的标准差、变异系数等也可表示误差大小.在日常工作中,常用以下术语:

(1) 绝对误差,即观测值与真值之差.

(2) 相对误差,即绝对误差与真值之比.当真值未知时,分母可用观测值代替.

在科学论文中,则常使用以下方法:

(3) 有效数字,指从左边第一位非零数起的全部数字.其中最后一位是估计值,其他都是准确值.在表示原始读数时,倒数第二位是仪器的最小刻度读数,倒数第一位是估计值,如:12.0、1.50×10^5等.注意,12.0与12.00是不同的,1.50×10^5也不能写为150 000.

(4) 平均值加减标准差.如3.78 ± 0.65,其中前一个数字是总体平均数的估计值,常为样本均值;后一个则是总体标准差的估计值,常为样本标准差.

3. 误差的控制

从以前介绍的统计方法可知,统计学的基本思想就是将我们要检测的差异与误差相比.如果差异明显大于误差,则承认差异存在;否则认为差异不存在.这样显然实验误差的大小就直接影响能否得到预期的实验结果.因此在实验设计阶段就应该仔细考虑如何控制误差.一般来说,控制误差的方法主要有:

(1) 保证实验材料的均一性及实验环境的稳定性.实验材料与实验环境的差异常常被归入随机误差,减小这种差异也就减小了误差.如果受到条件限制这种均一性与稳定性不能满足,则可采用划分区组等方法将这些差异从随机误差中分离出来,具体方法将在后面介绍.

(2) 统一操作程序，必要时事先对操作人员进行培训，达到统一要求再上岗工作. 当必须有多人参加工作时，这一点非常重要，常常影响实验的成败.

(3) 注意尽量消除系统误差. 如使用同一批药品，增加仪器调校次数，等等.

(二) 设置必要数量的重复

重复指实验中同一处理的重复次数. 由于随机误差是不可能完全消除的，重复就成为分离误差及提高检验精度的主要方法. 在实验设计阶段，一般需要根据所要检验的差异大小及误差大小的估计确定重复数. 确定重复数的依据主要有两种：一种是根据置信区间的宽度估计，其主要着眼于保证估计值的精度；另一种是根据检验功效估计，它的着眼点是保证实验的成功率. 下面分别介绍.

1. 根据置信区间宽度估计所需重复数

这种方法主要是为了保证得到的平均数估计值有足够的精度. 在单双样本假设检验的情况下，通常采用 95％置信区间的公式来计算所需的样本含量. 即将所容许误差大小 L 视为 95％置信区间宽度的一半，在知道总体标准差估计值的情况下，可代入置信区间的计算公式，求出所需重复数 n 的估计值.

(1) 单样本检验所需样本含量的估计

总体标准差 σ 已知，由置信区间计算公式

$$L = \frac{u_{0.975}\sigma}{\sqrt{n}}$$

解得

$$n = \frac{u_{0.975}^2\sigma^2}{L^2} \tag{7.1}$$

若总体标准差 σ 未知，则需要根据过去资料或预备实验得到 σ 的估计值样本标准差 S，并将上述公式中正态分布分位数 $u_{0.975}$ 相应

改为 t 分布分位数 $t_{0.975}(n-1)$. 由于 t 分位数与自由度有关,此时常需先根据 n 的估值选取 t 分位数,算得所需 n 后,若与估值相差较远,则代入新的分位数重算.

【例 7.1】 已知服用某种药物后样本中血红蛋白含量降低值的标准差为 $S=2.6$ g/100 mL. 现希望估计值误差不超过 2 g/100 mL 的可能性为 95%,需要多大的样本含量 n?

解 先假设 $n>30$, 此时可取 $t_{0.975}(29)=2.0$. 代入式(7.1),得

$$n = 4 \times 2.6^2/2^2 = 6.76 \approx 7$$

由于 7 与先前估计的 $n>30$ 相差甚远,应重新计算. 考虑到 n 减小后 $t_{0.975}$ 变大,可采用 $n=8$ 或 $n=9$ 进一步试算. 取 $n=9$,查表得 $t_{0.975}(8)=2.306$,重新代入式(7.1),得

$$n = 2.306^2 \times 2.6^2/4 = 8.987 \approx 9$$

故需要至少调查 9 位病人服药前后的血红蛋白差值,才能以 95%的把握说估计值误差不超过 2 mg/100 mL.

(2) 双样本检验所需样本含量的估计

当两总体标准差 σ_1、σ_2 已知时,其平均值之差的标准差为

$$\sqrt{\frac{\sigma_1^2}{n_1}+\frac{\sigma_2^2}{n_2}}$$

因此有

$$L = u_{0.975}\sqrt{\frac{\sigma_1^2}{n_1}+\frac{\sigma_2^2}{n_2}}$$

令

$$\begin{cases} n_1 = \dfrac{\sigma_1}{\sigma_1+\sigma_2}N \\ n_2 = \dfrac{\sigma_2}{\sigma_1+\sigma_2}N \end{cases} \tag{7.2}$$

则有 $N=n_1+n_2$, 且

$$L=u_{0.975}\sqrt{\frac{\sigma_1^2(\sigma_1+\sigma_2)}{\sigma_1 N}+\frac{\sigma_2^2(\sigma_1+\sigma_2)}{\sigma_2 N}}=u_{0.975}\sqrt{\frac{1}{N}(\sigma_1+\sigma_2)^2} \tag{7.3}$$

即总样本容量 N 由式(7.3)决定,而两总体各自抽样数 n_1 和 n_2 由式(7.2)决定.

当两总体标准差未知时，仍需先得到它们的估计值 s_1 和 s_2，经 F 检验后若相等，则可用 s_i 代替 σ_i，用 $t_{0.975}(N-2)$ 代替 $u_{0.975}$，并采用例 7.1 的方法代入公式(7.3)求得 N，再令 $n_1=n_2=N/2$ 即可. 若 F 检验表明 $\sigma_1 \neq \sigma_2$，仍可用上法求得 N 后，再用 S 代替 σ，按式(7.2)求 n_1 和 n_2 即可.

【例 7.2】 从两总体各抽容量为 15 的预备样本，得 $S_1^2=10.6$，$S_2^2=3.5$，希望当估计两总体均值差异时，能以 95%的把握说误差不超过 3，问各应抽取多大样本?

解 首先检验方差是否相等，即 $H_0:\sigma_1=\sigma_2$， $H_A:\sigma_1 \neq \sigma_2$

$$F=\frac{10.6}{3.5}=3.029$$

查表，得

$$F_{0.975}(14,14) \approx F_{0.975}(15,14)=2.95<F$$

故拒绝 H_0，应认为 $\sigma_1 \neq \sigma_2$.

设所需总样本含量为 $N \geqslant 30$. 查表，得 $t_{0.975}(28)=2.048$，代入式(7.3)，得

$$\begin{aligned} N &= \frac{(S_1+S_2)^2 t_{0.975}^2(28)}{L^2} \\ &= \frac{(\sqrt{10.6}+\sqrt{3.5})^2 \times 2.048^2}{3^2} \\ &= \frac{(3.257+1.871)^2 \times 2.048^2}{9} \\ &= 12.254 \approx 13 \end{aligned}$$

由于所得的 13 与假设的 30 差异较大，应进一步计算.

设 $N=13$，则 $df=13-2=11$. 查表，得 $t_{0.975}(11)=2.201$，代入式(7.3)，得

$$N=\frac{(3.257+1.871)^2 \times 2.201^2}{9}=14.15$$

由于只是近似的估计，不必再进一步计算，取 $N=14$ 或 $N=15$ 均可.

取 $N=14$，代入式(7.2)，得

$$n_1=\frac{3.257 \times 14}{3.257+1.871}=\frac{45.598}{5.128}=8.89 \approx 9$$

$$n_2=N-n_1=14-9=5$$

因此应从第一个总体抽 9 个样品，第二个总体抽 5 个样品.

2. 根据检验功效估计所需重复数量

这种方法主要是为了保证实验的成功率，即差异确实存在时，我

们要有一定把握把它检测出来. 这正是功效 $1-\beta$ 的定义. 因此这种估计方法就是在给定零假设中的理论值 μ_0,备择假设中的真值 μ_1,犯第一类错误、第二类错误的概率 α、β,总体标准差 σ 的情况下,计算需要的重复数量,即样本含量 n. 具体计算方法其实在例 3.3 中已经使用过,下面给出理论推导.

设 u_α、u_β 分别为 α 和 β 的分位数. 先看上单侧检验的情况(见图 7.1). H_0 成立时,分布曲线为曲线Ⅰ. 此时,接受域与拒绝域的分界点 x 应满足

$$\frac{x-\mu_0}{\sigma/\sqrt{n}}=-u_\alpha$$

注意,由于是上单尾,且正态分布有对称性,故分位数可采用 $-u_\alpha$. 如果要检验的差异确实存在,则真实分布的均值变为 μ_1,分布曲线为曲线Ⅱ. 检验的功效 $1-\beta$ 是曲线Ⅱ下 x 线右边的面积(图 7.1 阴影部分). 在曲线Ⅱ下,x 应满足

$$\frac{x-\mu_1}{\sigma/\sqrt{n}}=u_\beta$$

注意,曲线Ⅱ是下单尾,因此分位数没有负号. 利用上述两式消去 x,可得

$$\frac{\mu_0-\mu_1}{\sigma/\sqrt{n}}=u_\alpha+u_\beta$$

即

$$n=\left(\frac{\sigma(u_\alpha+u_\beta)}{\mu_0-\mu_1}\right)^2 \tag{7.4}$$

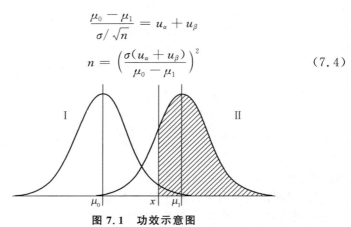

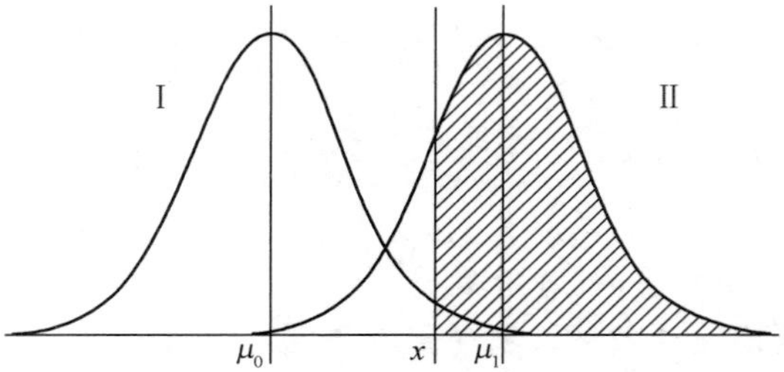

图 7.1　功效示意图

如果曲线Ⅰ是下单侧检验,只是改变两个分位数的符号,不影响最后的结果.如果曲线Ⅰ是双侧检验,只需将 μ_α 换成 $\mu_{\alpha/2}$ 即可.

如果总体标准差未知,也需要用样本标准差代替,同时分位数换为 t 分位数.具体处理方法与根据置信区间估计所需样本含量相同,不再重复.

【例 7.3】 研究表明,在晚间服用阿司匹林有助于降低血压.报告显示成年男性高血压病人在服用阿司匹林后舒张压平均下降了 5 mmHg,标准差没有变化.现希望验证前人的上述实验结果.已知实验前志愿者舒张压的均值为 100 mmHg,标准差为 28 mmHg.若要求实验的功效不低于 80%,问需要多少志愿者?

解 本题是单侧检验.按常规,取 $\alpha=0.05$.查表,得

$$u_{0.05}=-1.645, u_{0.20}=-0.842$$

代入式(7.4),得

$$n=\left(\frac{28\times(1.645+0.842)}{5}\right)^2=13.927^2\approx 194$$

故需要 194 名志愿者.

以上介绍了单双样本假设检验中所需样本含量的估计方法.实践中可能需要其他一些较复杂的抽样方法,它们的样本量估计方法将在下一节中介绍.

(三) 保证样本的随机性

我们一般都要求样本中的个体相互独立,这样它们的联合分布就会大大简化,也就简化了统计计算.前边介绍的统计方法都要求样本为简单随机样本,即样本中的个体都具有与总体相同的分布,且相互独立.这种独立性主要就是靠随机化来保证的.所谓随机化就是实验材料的配置,处理的顺序等都要随机确定,如采用随机数表,计算机产生的随机数,或抽签等方法决定(见 7.6 节).这样可有效地消除材料间的关联,并可减小某些系统误差,从而保证结果的可靠性.

(四) 设置适当对照(包括阴性对照与阳性对照)

在生命科学的研究中,常常很难事先根据理论或经验确定一个标准值,然后再检验样本是否与它相同. 常用的方法是设置一个对照,通过与对照的比较来检验是否达到了目的. 这种对照又可分为阴性对照与阳性对照.

1. 阴性对照

所谓阴性对照,是指实验中常常留出一定量实验材料不加特殊处理,其他条件则尽可能保持与经过特殊处理的材料相同;而另一部分材料则按预定程序加以特定处理,然后对处理和不处理的结果加以比较,看它们是否有差异,从而判断处理是否有效.

这种方法主要用于排除一些假阳性的情况. 例如为检验某种转基因植物是否具有抗虫性,常用采用虫测的办法,即采取植物组织,如叶片,在实验室内接入指定昆虫,过一段时间后检查虫子的死亡率. 此时设置阴性对照就是绝对必需的. 这是因为用于测试的昆虫本身就会有一定的自然死亡率,而实验室条件与自然界也会有一定差异,当你观察到虫子死了的时候,并无准确方法判断它是自然死亡还是由于抗虫性而死亡. 因此必须有一部分虫子是喂饲普通植物或饲料,这就是阴性对照,然后用它的死亡率对喂转基因植物组的死亡率进行校正,才能对转基因植物的抗虫性作出正确的评价.

2. 阳性对照

在某些情况下,我们不仅需要排除假阳性,还需要排除假阴性. 此时就需要设置阳性对照了. 阳性对照主要用于我们对实验材料是否会产生我们所希望的变化并无十分把握的情况. 例如在遗传毒理实验中,常以靶细胞染色体是否受到损害为指标. 如果我们选用了一类新的靶细胞,那对它是否会出可观察到的明显的染色体损害就不是非常肯定. 此时则不仅需要阴性对照,也需要阳性对照,即留出部分实验材料采用一些已知的强诱变剂,促使它们发生可见的变化. 这样,我们既有没有变化或只有很少数变化的阴性对照,又有发生明显变化的阳性对照,那么不管正式的处理有没有变化,我们都能对它的遗传毒性给出一个较有把握的判断.当然还有一些情况设置阳性对照的目的是看新的药物或方法与旧有的相比是否有明显改进,从某种意义上说这也许是我们更常面对的情况.

基因芯片是设置对照的另一个例子。在使用芯片研究某种特定细胞中基因表达情况时,需要同时设置阴性对照和阳性对照.这是因为芯片实验的过程比较长,操作也比较复杂:首先需要从特定细胞中提取 mRNA;然后反转录成 cDNA;加上荧光标记;与芯片杂交;读取荧光强度信息;进行数据分析.这个过程中任何一个步骤出问题,都会造成实验的失败.为了保证数据的可靠性,设计芯片时都会加上阴性对照和阳性对照.其中阴性对照是采用样本不会有的 DNA,例如若是人的基因芯片,可以采用植物基因作为阴性对照;也可以用人的基因间区域 DNA,或实验室中可能出现的其他 DNA 污染等.在正常情况下,这些基因是不会有荧光信号的.如果某次实验结果这些阴性对照点也亮了,那说明样品受到了污染,或杂交过程发生了非特异性结合.此时其他基因即使有信号,也完全可能是由于同样原因引起的假阳性,因此结果是不可靠的,应该舍弃.而阳性对照常常是一些看家基因,它们在任何组织、任何情况下都有表达.这些基因在每次实验中都应该有较强荧光信号.如果某次实验这些看家基因也没有亮,说明实验过程出了问题,如样品不够、杂交不好等等.此时其他基因没有信号很可能也是同样原因导致的假阴性,这样的数据也应舍弃.只有当阴性对照基因都没有信号,且阳性对照基因都有正常强度荧光信号时,这张片子上取得的数据才是可以用于进一步分析的可靠数据.

综上所述,精心设置的对照常常能大大提高实验结果的可靠性与说服力,因此是实验设计中必须加以注意的一个方面.

7.2 抽样方法简介[①]

抽样通常是真正开始实验后的第一步，它的结果是以后进行统计计算的基础. 因此抽样论已成为统计学中的一个重要分支，统计教科书中常作为一章的内容来介绍. 由于本课程学时的限制，我们不打算对抽样涉及的统计理论进行系统介绍，而只准备介绍一些常用的抽样方法以及有关的公式，以备读者在实际工作中选用. 对于所涉及的理论推导则尽量略去不讲，只把它们的结果介绍给大家.

在上一节中已经提到，以前介绍的各种统计方法基本上都是针对简单随机样本设计的；在简单随机样本中由于组成样本的各个体相互独立，因此大大简化了统计计算. 但我们面对的实际问题是多种多样的，有时我们能得到的样本并不满足简单随机样本的条件；在另一些情况下简单随机样本也并不是最好的抽样方案，我们完全可以采用另一些较复杂的抽样方法使得到的样本有更好的代表性，从而使统计结果有更好的精确度和准确性；或者是在满足精度要求的情况下减小样本含量，从而减少成本与工作量. 这些方法就是本节所要介绍的主要内容.

(一) 有限总体的抽样

对于无限总体来说，简单随机样本很容易得到，只要随机抽样就可以了. 但若总体有限，只保证抽样的随机性就不行了，因为每一次不放回的抽样都改变了剩余总体的组成，从而破坏了各样本观测值间的独立性. 在总体有限的条件下，必须用有放回的随机抽样才能得到简单随机样本，但这又意味着某些个体可能被抽取两次或更多次，另一些却一次也没抽到. 对于固定的样本含量 n 来说，这样的重复观

---

① 本节介绍的方法主要适用于正态总体，且抽样数小于 30 的情况. 在抽样数大于 30 的情况下，由于中心极限定理保证平均数近似服从正态分布，故可放宽对总体正态性的要求，且可用正态分布分位数代替 t 分位数.

测意味着一部分观测值并没有提供多少新的信息，降低了整个抽样方案的效率. 因此在实际工作中使用有放回抽样的并不太多见. 这样一来，我们必须对有限总体随机抽样产生的不独立样本进行研究.

定理 7.1 有限总体随机抽样得到的样本均值与样本方差 S^2 分别为总体均值 μ 及总体方差 σ^2 的无偏估计. 其样本均值 $\bar{x}$ 的方差估计值为

$$S_{\bar{x}}^2 = \frac{S^2}{n}\frac{N-n}{N} \tag{7.5a}$$

其中：N 为总体所包含个体数，n 为样本含量.

此处不再介绍上述定理的证明，而是把它作为一个结论来接受. 这一定理一方面说明有限总体随机抽样样本的均值和方差具有与简单随机样本类似的性质，即它们是总体均值与方差的无偏估计；另一方面，也说明了这两类样本的不同，即它们的样本均值的方差估计值表达式是不同的.

将式(7.5a)与简单随机样本的式(3.5)相比较，可知它们的差别就是式(7.5a)多了一个因子：$\frac{N-n}{N}$. 若令 $f=\frac{n}{N}$，显然 f 是抽样比例，即样本含量与总体包含个体数的比值. 引入 f 后，式(7.5a)可改写为

$$S_{\bar{x}}^2 = \frac{S^2}{n}(1-f) \tag{7.5b}$$

式(7.5b)中，因子$(1-f)$称为有限总体的矫正值. 它集中体现了有限总体与无限总体的差别：当 N 趋于无穷时，f 趋近于 0，有限总体就逐渐变成了无限总体；而当 $n=N$ 时，$f=1$，矫正值为 0，此时样本包括了总体中的全部个体，$\bar{x}$ 自然就变成了总体均值 μ，不再是随机变量，它的方差也就变成了 0. 一般来说，当抽样比例 f 小于 5%时，常将上述矫正值忽略不计，即可认为样本近似于简单随机样本. 此时样本均值 $\bar{x}$ 的方差的估计稍有偏大.

有了样本均值 $\bar{x}$ 的期望与方差，就可以采用与第 3 章相同的方法进行各种假设检验以及置信区间的计算等等. 需要说明的是由于

样本中各观测值互相不独立，S^2 不再严格服从 χ^2 分布，t 统计量 $(\overline{x}-\mu)/S_{\overline{x}}$ 也不再严格服从 t 分布. 但在一般情况下它们与标准分布的差别不大，我们仍可使用相应的分位数进行近似检验.

【例 7.4】 要估计一块面积为3亩（1亩≈666.7 m^2）的麦田的产量，从中随机抽取40个面积为1 m^2 的小区分别测定产量，得 $\overline{x}=1.03$ 斤，$S^2=0.0366$. 求这块麦田亩产量的95%置信区间.

解 3亩麦田共2000 m^2，可视为共有2000个1 m^2 的小区. 现抽取40个测产，即 $n=40$，$f=40/2000=0.02$，由式(7.5)，得

$$S_{\overline{x}}^2 = \frac{0.0366}{40} \times (1-0.02) = 0.000897$$

$$S_{\overline{x}} = \sqrt{S_{\overline{x}}^2} = 0.0299$$

查表，得 $t_{0.975}(39)=2.023$. 每平方米产量 y 的95%置信区间为：

$$1.03 \pm 2.023 \times 0.0299 = 1.03 \pm 0.0605$$

由于每亩相当于666.7 m^2，因此亩产量的95%置信区间为：

$$(1.03 \pm 0.0605) \times 666.7 = 687 \pm 40.3$$

如果忽略矫正值 $f=0.02$，则置信区间为：687±40.7斤.

(二) 分层随机抽样

有时在正式抽样前我们对所要研究的总体就有一些了解，比如知道它不是均一的. 显然，如果把它分成几个亚总体，则每个亚总体内的均一性会有改善. 此时如果仍然采用随机抽样的方法，就很难保证样本有良好的代表性，因而会增大误差. 在这种情况下，常常采取的办法是按照尽可能保证亚总体内均一性的原则划分若干亚总体，然后对每个亚总体分别进行抽样. 这种方法就称为分层抽样.

1. 分层抽样的数学表示及比例分配

设含有 N 个个体的总体能划分为 L 个互相没有交集的亚总体，各亚总体所含个体数分别记为 N_1，N_2，…，N_L，显然有

$$N_1 + N_2 + \cdots + N_L = N$$

从每个亚总体随机抽取含量为 n_i 的样本 x_{ij}（$i=1, 2, \cdots, L; j=1,$

$2,\cdots,n_i$),这样的样本就称为分层随机样本,各亚总体称为区层.令

$$W_i = N_i/N \tag{7.6}$$

称 W_i 为第 i 区层的权重;

$$w_i = n_i/n \tag{7.7}$$

称 w_i 为第 i 区层的抽样权重,其中 $n = \sum_{i=1}^{L} n_i$,为抽样总量;

$$f_i = n_i/N_i \tag{7.8}$$

称 f_i 为第 i 区层的样本比例;

$$\mu_i = \frac{1}{N_i}\sum_{j=1}^{N_i} x_{ij} \tag{7.9}$$

称 μ_i 为第 i 区层的(亚)总体平均值(注意这里包含了该区层的全部个体);

$$\overline{x}_{i\cdot} = \frac{1}{n_i}\sum_{j=1}^{n_i} x_{ij} \tag{7.10}$$

称 $\overline{x}_{i\cdot}$ 为第 i 区层的样本平均值(注意,这里仅包含了该区层抽取的样本);

$$\overline{x}_{st} = \frac{1}{N}\sum_{i=1}^{L} N_i\overline{x}_{i\cdot} = \sum_{i=1}^{L} W_i\overline{x}_{i\cdot} \tag{7.11}$$

称 $\overline{x}_{st}$ 为分层抽样的总体平均估计值.

注意,如上定义的 $\overline{x}_{st}$ 与通常定义的样本均值是不同的.在分层抽样的情况下,有

$$\overline{x} = \frac{1}{n}\sum_{i=1}^{L} n_i\overline{x}_{i\cdot} \tag{7.12}$$

其中:$n = \sum_{i=1}^{L} n_i$ 为各层抽样总数.$\overline{x}_{st}$ 与 $\overline{x}$ 在一般情况下是不相等的,但若有下式成立

$$\frac{n_i}{n} = \frac{N_i}{N} \quad (i = 1,\ 2,\ \cdots,\ L) \tag{7.13}$$

上式等价于 $w_i = W_i \quad (i=1, 2, \cdots, L)$，此时 $\overline{x}_{st}$ 与 $\overline{x}$ 相等. 显然，式(7.13)也等价于

$$f_1 = f_2 = \cdots = f_L = f$$

即各区层的抽样比例相等. 总样本含量在各区层间的这种分配方式称为比例分配.

对于分层抽样，可以得到下述主要结论：

定理 7.2 对于分层随机样本，$\overline{x}_{st}$ 是总体均值 μ 的无偏估计，且 $\overline{x}_{st}$ 的样本方差为

$$S^2(\overline{x}_{st}) = \sum_{i=1}^{L}\left[W_i^2 \frac{S_i^2}{n_i}(1-f_i)\right] \tag{7.14}$$

其中：S_i^2 为第 i 区层的样本方差.

由于来自不同区层的样本是互相独立的，上述定理不难证明. 对于比例分配的样本来说，各 f_i 相等，且有

$$n_i = n\frac{N_i}{N} = nW_i \quad (i = 1, 2, \cdots, L)$$

代入式(7.14)，得

$$S^2(\overline{x}_{st}) = \sum_{i=1}^{L} W_i \frac{S_i^2}{n}(1-f) \tag{7.15}$$

若再有各区层总体方差相等，则可把各区层样本方差统一换成它们的加权平均数据(以自由度为权重)S^2. 此时，式(7.15)可进一步化简为

$$S^2(\overline{x}_{st}) = \frac{S^2}{n}(1-f)$$

此时就与简单随机样本的方差相同了.

分层抽样总体均值 μ 的置信区间为

$$\overline{x}_{st} \pm t_{1-\frac{\alpha}{2}}(n_e)S(\overline{x}_{st}) \tag{7.16}$$

其中：t 分位数的自由度 n_e 由式(7.17)近似给出.

把式(7.14)改写为

$$S^2(\overline{x}_{st}) = \frac{1}{N^2}\sum_{i=1}^{L} g_i S_i^2$$

其中：$g_i=\frac{N_i}{n_i}(N_i-n_i)$，则 n_e 为

$$n_e = \left(\sum_{i=1}^{L} g_i S_i^2\right)^2 \Big/ \sum_{i=1}^{L} \frac{g_i^2 S_i^4}{n_i - 1} \tag{7.17}$$

可以证明：$\min\limits_i(n_i-1)\leqslant n_e\leqslant \sum\limits_{i=1}^{L}(n_i-1)$.

有了式(7.14)，再根据给定的抽样精度(即所得样本均值 $\overline{x}_{st}$ 的方差)就可估计分层抽样所需的样本含量 n.

首先，改写式(7.14)，将(7.6)～(7.8)各式代入，得

$$\begin{aligned} S^2(\overline{x}_{st}) &= \sum_{i=1}^{L}(W_i^2 S_i^2/n_i) - \sum_{i=1}^{L} \frac{W_i^2 S_i^2}{n_i}\frac{n_i}{N_i} \\ &= \frac{1}{n}\sum_{i=1}^{L}(W_i^2 S_i^2/w_i) - \frac{1}{N}\sum_{i=1}^{L} W_i S_i^2 \end{aligned} \tag{7.18}$$

再用给定的方差 V(即抽样精度)代替 $S^2(\overline{x}_{st})$，可得

$$n = \frac{\sum\limits_{i=1}^{L}(W_i^2 S_i^2/w_i)}{V + \frac{1}{N}\sum\limits_{i=1}^{L} W_i S_i^2} \tag{7.19}$$

这就是分层抽样所需样本含量的估计式.在比例分配的情况下，由于有 $W_i=w_i$，因此式(7.19)变为

$$n = \frac{\sum\limits_{i=1}^{L} W_i S_i^2}{V + \frac{1}{N}\sum\limits_{i=1}^{L} W_i S_i^2} \tag{7.20}$$

有了总样本含量 n、各区层抽样权重 w_i，就不难求各区层样本含量 n_i 了.

2. 抽样数在各区层间的最优分配

前边我们介绍了比例分配.它可以使得分层抽样的期望和方差变得与简单随机样本相似.但它并不是最优的抽样方法，最优抽样方

法应当是在保持总抽样成本一定时,使得抽样的精度最高(即样本平均数的方差最小),或满足规定的抽样精度的条件下,使总抽样成本达到最小.本节将使用最简单的线性费用函数 C:

$$C = C_0 + \sum_{i=1}^{L} C_i n_i \tag{7.21}$$

其中:C_0 为抽样的基本费用,而 C_i 为第 i 区层每抽取一个个体的费用.

定理 7.3　在具有线性费用函数的分层随机抽样中,当 n_i 与 $W_iS_i/\sqrt{C_i}$ 成比例时对特定的费用 C 平均数 $\bar{x}_{st}$ 的方差最小,对特定方差抽样费用也最小.

由定理 7.3 可知,最优分配各区层样本权重为

$$w_i = \frac{W_iS_i/\sqrt{C_i}}{\sum_{i=1}^{L}(W_iS_i/\sqrt{C_i})} = \frac{N_iS_i/\sqrt{C_i}}{\sum_{i=1}^{L}(N_iS_i/\sqrt{C_i})} \tag{7.22}$$

总样本含量 n 可由总费用 C 或给定方差 V 求出.将式(7.22)中的最后一式代入式(7.21),可得给定费用 C 时的总样本含量

$$n = \frac{(C - C_0)\sum_{i=1}^{L}(N_iS_i/\sqrt{C_i})}{\sum_{i=1}^{L}(N_iS_i\sqrt{C_i})} \tag{7.23}$$

若给定的是方差 V,则把式(7.22)中的第一式代入式(7.19),可得

$$n = \frac{\left(\sum_{i=1}^{L}W_iS_i\sqrt{C_i}\right)\left(\sum_{i=1}^{L}W_iS_i/\sqrt{C_i}\right)}{V + \left(\sum_{i=1}^{L}W_iS_i^2\right)/N} \tag{7.24}$$

求出总样本含量 n 后,再利用式(7.22),则各区层的样本含量 n_i 均可求出.

若各区层抽取每个个体所需费用 C_i 都相同,则固定总费用等价于固定总样本容量 n.此时有如下定理.

定理 7.4 在分层随机抽样中，若令

$$n_i = \frac{nW_iS_i}{\sum_{i=1}^{L} W_iS_i} = \frac{nN_iS_i}{\sum_{i=1}^{L} N_iS_i} \tag{7.25}$$

则对固定的 n，样本均值 $\overline{x}_{st}$ 的方差达到最小值，为

$$S^2(\overline{x}_{st}) = \frac{1}{n}\Big(\sum_{i=1}^{L} W_iS_i\Big)^2 - \frac{1}{N}\sum_{i=1}^{L} W_iS_i^2 \tag{7.26}$$

满足上述条件的分配称为 Newman 分配.

显然，在各区层抽样费用相同时，若给定 $\overline{x}_{st}$ 的方差 V，则总样本含量 n 的估计式为

$$n = \frac{\Big(\sum_{i=1}^{L} W_iS_i\Big)^2}{V + \sum_{i=1}^{L} W_iS_i^2/N} \tag{7.27}$$

由式(7.25)易知，当各区层方差及抽取每个个体的费用均相同时，比例分配就成为最优分配.

3. 随机抽样与分层抽样的精度比较

抽样精度主要依赖于样本平均数的方差. 当这一方差越小，就说明我们用样本平均数估计总体平均数时，误差越小. 用 V_r，V_p，V_o 分别代表随机抽样，分层抽样比例分配，分层抽样最优分配所得样本平均数之方差. 由于随机抽样及比例分配抽样均没有考虑各区层抽样成本(即每抽一个个体所花费用)的差异，我们现在假定各区层抽样成本相同. 此时，有如下定理.

定理 7.5 若各 $\frac{1}{N_i}$ 相对于 1 可忽略不计，则有

$$V_o \leqslant V_p \leqslant V_r$$

但若 $\frac{1}{N_i}$ 不能忽略，则当 $\sum N_i(\mu_i - \mu)^2 < \frac{1}{N}\sum (N - N_i)\sigma_i^2$ 时，

$$V_p = V_r$$

其中：μ_i、σ_i^2 为各区层期望与方差，μ 为总体期望.

可以证明，当$\frac{1}{N_i}$可忽略，则只有各区层期望与方差都相等时，才有$V_o=V_r$，否则将有$V_o<V_r$. 因此当我们确实知道各区层间有差异时，分层抽样最优分配可得到最好的抽样精度.

【例7.5】 欲调查某地区10岁孩子的平均身高. 该地区共有5所小学(用$A\sim E$代表)，各校10岁孩子的人数及上次调查身高标准差列于下表. 如欲使本次调查所得身高平均数误差不超过0.5 cm的可能性达到95%，请设计调查方案.

学　校	A	B	C	D	E
人　数	105	86	74	94	56
身高标准差/cm	3.3	2.6	1.5	2.8	3.7

解　要求身高平均数误差不超过0.5 cm的可能性达95%，实际是要求身高平均数95%置信区间的宽度的一半为0.5 cm. 设身高平均数的方差为V，则由置信区间公式，有

$$0.5 = t_{0.975}\sqrt{V}$$

设所需的样本含量$n>30$，可认为$t_{0.975}\approx 2$，因此有

$$V = 0.5^2/2^2 = 0.0625$$

把每个学校视为一个区层，利用式(7.6)，计算各校的权重W_i. 把上次调查的标准差记为S_i，计算W_iS_i，$W_iS_i^2$，以及$\sum W_iS_i$，$\sum W_iS_i^2$，填入下表. 再把V、N、$\sum W_iS_i^2$代入式(7.20)，求得比例分配的总样本含量n

$$n = \frac{\sum_i W_iS_i^2}{V+\frac{1}{N}\sum_i W_iS_i^2} = \frac{8.1805}{0.0625+8.1805/415} \approx 99.5 \approx 100$$

再利用公式$n_i=W_in$，求出各校的比例分配抽样数n_i，也填入下表中.

再把V,N，$\sum W_iS_i$，$\sum W_iS_i^2$的值代入式(7.27)，求得最优分配的总样本含量n^*

$$n^* = \frac{(\sum_i W_iS_i)^2}{V+\sum_i W_iS_i^2/N} = \frac{(2.7747)^2}{0.0625+8.1805/415} \approx 93.6 \approx 94$$

利用式(7.25),求出各校的最优分配抽样数,结果填入下表中.

学校	人数	标准差 S_i	W_i	W_iS_i	$W_iS_i^2$	比例抽样数	最优抽样数
A	105	3.3	0.2530	0.8349	2.7553	25	28
B	86	2.6	0.2072	0.5388	1.4009	21	18
C	74	1.5	0.1783	0.2675	0.4012	18	9
D	94	2.8	0.2265	0.6342	1.7758	23	22
E	56	3.7	0.1349	0.4993	1.8473	13	17
总和	415			2.7747	8.1805	100	94

从上述结果可知,若各区层标准差不同,则最优分配的抽样数确实与比例分配不同;且抽样精度相同时,最优分配的总抽样数小于比例分配.

(三) 分级抽样

1. 分级抽样的概念与数学表示

与分层抽样类似,现在要考虑的总体仍然可以被分为一些亚总体.在分层抽样中,我们是从每一个亚总体中都抽取一些个体组成样本;而在分级抽样中,则是先随机抽取一些亚总体,然后再从每个抽中的亚总体中进一步随机抽取一些个体组成样本.这种在不同级别上进行多次抽样的方法就称为分级抽样.显然,当亚总体数目很多,彼此间又很相似时,这种方法可以大大减少抽样成本或工作量.它的缺点是由于没有抽取全部的亚总体,这样就又引入了一个由于抽取不同亚总体而带来的不确定性,从而增加了抽样的误差.本节只讨论一种最简单的情况,即只有两级,且每个亚总体所包含个体数与抽样比例均相同的情况.

设共有 N 个亚总体,抽取其中几个进一步抽样;每个亚总体含 M 个个体,抽取 m 个为样本.下表列出各符号的计算公式及其意义.

符号及计算公式	意　　义
x_{ij}	为第 i 个亚总体中第 j 个个体的观测值
$\overline{x}_{i\cdot}=\frac{1}{m}\sum_{j=1}^{m}x_{ij}$	为第 i 个亚总体的样本均值
$\overline{x}=\frac{1}{n}\sum_{i=1}^{n}\overline{x}_{i\cdot}$	样本总平均值
$S_1^2=\frac{1}{n-1}\sum_{i=1}^{n}(\overline{x}_{i\cdot}-\overline{x})^2$	亚总体间的样本方差
$S_2^2=\frac{1}{n(m-1)}\sum_{i=1}^{n}\sum_{j=1}^{m}(x_{ij}-\overline{x}_{i\cdot})^2$	为亚总体内样本方差的平均值

由于是有限总体，只需将以上各式中的 m，n 从小写改为大写即可得到总体均值 μ 的表达式.若要求总体方差 σ^2，则除把 m，n 从小写改为大写外，还须把分母中的“-1”去掉.

再令 $f_1=\frac{n}{N}$，$f_2=\frac{m}{M}$，分别为一级和二级抽样比例，则对于亚总体大小和抽样比例均相同的二级抽样，有以下定理.

定理 7.6 若二级抽样都是随机的，则 $\overline{x}$ 为总体均值 μ 的无偏估计，且其方差为

$$D(\overline{x})=\frac{1-f_1}{n}\sigma_1^2+\frac{1-f_2}{mn}\sigma_2^2 \tag{7.28}$$

其中：σ_1^2 为亚总体间的方差，σ_2^2 为亚总体内方差的平均值. $D(\overline{x})$的无偏估计为

$$S^2(\overline{x})=\frac{1-f_1}{n}S_1^2+\frac{f_1(1-f_2)}{mn}S_2^2 \tag{7.29}$$

注意，定理 7.6 中式(7.28)与(7.29)中第二项系数是不同的，它们相差一个因子 f_1. 其原因在于根据 σ^2 与 S^2 的定义，σ_1^2 只与各亚总体平均数间的差异有关，与亚总体内的方差无关；但 S_1^2 则不只受亚总体平均数间差异的影响，而且也受到亚总体内抽到哪些个体的影响，因此与亚总体内的方差也有关系.实际上，可证明 S_1^2，S_2^2 的期望分别为

$$E(S_1^2) = \sigma_1^2 + \frac{1-f_2}{m}\sigma_2^2 \tag{7.30a}$$

$$E(S_2^2) = \sigma_2^2 \tag{7.30b}$$

因此 σ_1^2 的无偏估计不是 S_1^2，而是 $S_1^2 - \frac{1-f_2}{m}S_2^2$.

(1) 当 $m=M$，即 $f_2=1$ 时，抽中的亚总体中每一个个体都将被测量. 此时的两级抽样称为整群抽样. 在这种情况下，计算出的样本均值当然就不再受亚总体内方差的影响，即式(7.28)及(7.29)中都只剩下了第一项.

(2) 当 $n=N$，即 $f_1=1$ 时，所有亚总体都被抽中，分级抽样变成了分层抽样. 由于各亚总体所含个体数及抽样比例均相同，实际是分层抽样的比例分配. 此时式(7.28)与(7.29)都只剩下第二项，容易验证式(7.29)的第二项与式(7.15)是完全一样的.

2. 最优分级抽样

这里最优的标准仍与以前一样，即在费用固定时使方差最小，或方差固定时使费用最小. 仍使用线性费用函数

$$C = C_1 n + C_2 nm \tag{7.31}$$

其中：第一项正比于抽中的亚总体数，第二项正比于抽中的个体总数.

定理 7.7 在定理 7.6 的条件下，当 $\sigma_1^2 > \sigma_2^2/M$ 时，各亚总体内的最优抽样量 m_{opt} 为

$$m_{opt} = \frac{\sigma_2}{\sqrt{\sigma_1^2 - \sigma_2^2/M}}\sqrt{\frac{C_1}{C_2}} \tag{7.32}$$

若式(7.32)给出的不是整数，记其值为 $\widetilde{m}$，令 m' 为 $\widetilde{m}$ 的整数部分，则

$$m_{opt} = \begin{cases} m'+1 & \text{若 } \widetilde{m}^2 > m'(m'+1) \\ m' & \text{若 } \widetilde{m}^2 \leqslant m'(m'+1) \end{cases} \tag{7.33}$$

若 $\sigma_1^2 < \sigma_2^2/M$ 或式(7.32)得到的 $\widetilde{m} > M$，则令

$$m_{opt} = M$$

即按整群抽样处理.

得到 m_{opt} 后，可用解费用方程式(7.31)或方差方程式(7.28)的方法求得最优的亚总体抽样数 n_{opt}，使用哪个方程取决于事先给定的是费用还是方差.

使用定理 7.7，需知道总体参数 σ_1^2 和 σ_2^2. 若 σ_1^2 和 σ_2^2 未知，而是通过预实验得到样本方差 S_1^2 和 S_2^2，则可用由式(7.30a)和 (7.30b)得到

$$\hat{\sigma}_1^2 = S_1^2 - \frac{1-f_2}{m} S_2^2 \tag{7.34a}$$

$$\hat{\sigma}_2^2 = S_2^2 \tag{7.34b}$$

将式(7.34a)及(7.34b)代入式(7.32)，求 m_{opt} 的估计值. 注意，据

$$\frac{1-f_2}{m} = \frac{1}{m} - \frac{1}{M}$$

不难求得

$$\hat{m}_{opt} = \frac{\sqrt{m''}}{\sqrt{m'' S_1^2 / S_2^2 - 1}} \sqrt{\frac{C_1}{C_2}} \tag{7.35}$$

其中：m''为预实验中从各亚总体中抽取的个体数.

(四) 序贯抽样

根据假设检验的基本原理可知，如果统计量的值恰好落在选定的分位数附近，则我们作出的统计判断的可靠性就会较低，换句话说就是犯错误的可能性较大；反之，若统计量的值离分位数很远，作出的统计判断就比较可靠. 因此在前边介绍各种统计方法时，如果例题计算出的统计量值接近分位数，我们常常劝告大家最好不要匆忙下结论，而是要增加样本含量，即进行补充实验，以便用更多的数据作出较可靠的判断. 受这种现象的启发，我们很自然地想到能否建立这样一种抽样方法：先抽少量样品进行检验，为弥补样品量少检验精度差的缺点，我们不是设置一个阈值并根据统计量大于或小于它决定接受 H_0 还是 H_A，而是根据犯两类错误的可能性 α 和 β 分别建立两个阈值 u_α 和 u_β($u_\alpha < u_\beta$)：(i) 当统计量 $u \leqslant u_\alpha$ 时，接受 H_0；(ii) 当 $u \geqslant u_\beta$时，接受 H_A；(iii) 当 $u_\alpha < u < u_\beta$ 时暂不作出判断，而是增加样

本含量，即进行补充抽样，得到新的数据后与原数据一起计算新的统计量 u，并建立新的阈值 u_α 和 u_β，再重复上述过程，直到最后能作出判断为止. 这就是序贯抽样的基本思想. 要使这一思想变成一种可行的抽样方法，还需解决以下几个问题：

(1) 构造适当的统计量，并确定计算两个阈值的公式；

(2) 证明这种抽样过程一定会终止；

(3) 证明这一抽样过程所需的总样本容量比同样精度的固定容量抽样要少.

本节的主要内容就是对以上问题做出回答，但对许多问题我们将只给出答案，而略去了较复杂的证明.

1. 序贯抽样统计量的构造：似然比

序贯抽样一般采用似然比为统计量. 似然比是这样定义的：

定义 设总体 X 的分布依赖于某个参数 θ. 以函数 $f(x,\theta)$ 表示它的分布密度或概率分布，以 $(x_1, x_2, \cdots, x_n)$ 表示从总体 X 中抽取的一个容量为 n 的样本的测量值. 考虑对零假设 $H_0:\theta=\theta_0$ 和备择假设[①] $H_A:\theta=\theta_1$ 进行统计检验，令

$$\lambda_n = \frac{\prod_{i=1}^{n} f(x_i,\theta_1)}{\prod_{i=1}^{n} f(x_i,\theta_0)} \tag{7.36}$$

则 λ_n 称为似然比. 若有数 k，使 $\lambda_n \leqslant k$，则接受 H_0；$\lambda_n > k$，则拒绝 H_0，那么这种统计检验就称为似然比检验.

【**例 7.6**】 设 $X \sim N(\mu, 1)$，为正态总体；$x_1, x_2, \cdots, x_n$ 为从总体 X 中抽取的样本. 现在要用似然比检验 $H_0:\mu=0$ 与 $H_A:\mu=1$，且希望犯两类错误的概率均为 0.05. 问需要多大样本，且应如何选定阈值？

解 设 n 为所需样本容量. 由似然比定义式(7.36)，有

① 注意，这里的统计假设与以前有所不同，即 H_A 不再包括除 H_0 以外的一切可能. 这是因为序贯抽样允许暂不作结论，继续抽样.

$$\lambda_n=\frac{\prod_{i=1}^{n} f(x_i,1)}{\prod_{i=1}^{n} f(x_i,0)}=\frac{\prod_{i=1}^{n}\left(\frac{1}{\sqrt{2\pi}}e^{-\frac{1}{2}(x_i-1)^2}\right)}{\prod_{i=1}^{n}\left(\frac{1}{\sqrt{2\pi}}e^{-\frac{1}{2}x_i^2}\right)}$$

$$=\frac{\exp\left(-\frac{1}{2}\sum_{i=1}^{n}(x_i-1)^2\right)}{\exp\left(-\frac{1}{2}\sum_{i=1}^{n}x_i^2\right)}$$

$$=\exp\left(-\frac{1}{2}\left[\sum_{i=1}^{n}(x_i-1)^2-\sum_{i=1}^{n}x_i^2\right]\right)$$

$$=\exp\left(\sum_{i=1}^{n}x_i-\frac{n}{2}\right)$$

$$=\exp\left(n\overline{x}-\frac{n}{2}\right)$$

由于自然对数为单调递增函数，设 k 为所需的阈值，则 $e^{n\overline{x}-\frac{n}{2}}>k$ 等价于 $n\,\overline{x}-\frac{n}{2}>\ln k$，即 $\overline{x}>\frac{1}{n}\ln k+\frac{1}{2}$. 又由于 $\overline{x}\sim N\left(\mu,\frac{1}{n}\right)$，且犯第一类错误就是 H_0 成立，但 $\lambda_n>k$，所以要求犯第一类错误的概率为 0.05，即要求

$$P\left(\overline{x}>\frac{1}{n}\ln k+\frac{1}{2}\,\middle|\,\mu=0\right)=0.05$$

把 $\overline{x}$ 标准化，可得

$$P\left[\sqrt{n}\overline{x}>\sqrt{n}\left(\frac{1}{n}\ln k+\frac{1}{2}\right)\right]=0.05$$

故
$$\sqrt{n}\left(\frac{1}{n}\ln k+\frac{1}{2}\right)=u_{0.95}=1.65 \tag{7.37}$$

与上述类似，由于犯第二类错误就是 H_A 成立，但 $\lambda_n<k$，所以要求犯第二类错误的概率为 0.05，即

$$P\left(\overline{x}<\frac{1}{n}\ln k+\frac{1}{2}\,\middle|\,\mu=1\right)=0.05$$

同样标准化 $\overline{x}$，得

$$P\left[\sqrt{n}(\overline{x}-1)<\sqrt{n}\left(\frac{1}{n}\ln k+\frac{1}{2}-1\right)\right]=0.05$$

故
$$\sqrt{n}\left(\frac{1}{n}\ln k-\frac{1}{2}\right)=u_{0.05}=-1.65 \tag{7.38}$$

令式(7.37)减去式(7.38)两端，可得

$$\sqrt{n} = 3.30,\ n = 10.89$$

把$\sqrt{n}$的值代入式(7.37)，得

$$\frac{1}{n}\ln k = 0,\ k = 1$$

由于$\lambda_n > k$等价于$\overline{x} > \frac{1}{n}\ln k + \frac{1}{2} = \frac{1}{2}$，因此可取样本含量为11，阈值为1/2. 即当观测到的$\overline{x} \leqslant 1/2$时，接受$H_0: \mu=0$；当观测到$\overline{x} > 1/2$时，接受$H_A: \mu=1$. 此时犯两类错误的概率均为0.05.

从上述例题可看到，似然比统计量表达式比较复杂，但代入f的具体表达式后，常可采用不同方法进行简化，最后使用时常常还是很方便的.

2. 序贯抽样阈值的选取

在例7.5中，我们只使用了一个阈值. 但在序贯抽样中，我们要使用两个阈值，这是因为若只用一个阈值，而统计量又恰好落在阈值附近，此时实际上两个统计假设为真的概率都不高，而且相差不大，因此判定哪个为真理由均不充分. 如果采用两个阈值$A, B(A<B)$，则可避免这种情况：当$\lambda_n < A$时，接受H_0；当$\lambda_n > B$时，接受H_A；否则，就继续抽样. 这样就保证了当判定某个假设为真时它发生的概率明显大于另一个，从而保证了结果有较高的可靠性，但如何确定A、B的值呢？显然，A、B的取值是与α、β是有关的. 由于序贯抽样中每次计算出来的λ_n都会有变化，我们不妨把λ_n视为一个动点的一维随机游动，而A和B可视为两个吸收壁，即动点一但碰到其中之一就不能继续游动，抽样也就停止了. 这样一来，犯第一类错误的概率α就是动点在H_0成立的条件下游动时，首先碰到的是B的概率；而β则是动点在H_A成立的条件下游动，首先碰到A的概率. 它们的数学表达式为

$$\begin{aligned}\alpha = & P(\lambda_1 \geqslant B \mid H_0) + P(A < \lambda_1 < B, \lambda_2 \geqslant B \mid H_0) \\ & + P(A < \lambda_1 < B, A < \lambda_2 < B, \lambda_3 \geqslant B \mid H_0) + \cdots\end{aligned}$$

$$\beta = P(\lambda_1 \leqslant A \mid H_A) + P(A < \lambda_1 < B, \lambda_2 \leqslant A \mid H_A) + P(A < \lambda_1 < B, A < \lambda_2 < B, \lambda_3 \leqslant A \mid H_A) + \cdots$$

在给定分布密度 f 的表达式的情况下，上述两式在理论上是可以计算的，即可以在给定 α、β 时解出 A、B. 但这种计算显然是十分复杂，因此，在实践中使用的是两个简单的近似公式

$$A' = \frac{\beta}{1-\alpha} \tag{7.39}$$

$$B' = \frac{1-\beta}{\alpha} \tag{7.40}$$

当然使用 A'，B' 为阈值时，犯两类错误的概率也不再是 α 和 β，不妨记为 α' 与 β'. 在理论上可以证明

$$\alpha' + \beta' \leqslant \alpha + \beta \tag{7.41}$$

换句话说，使用近似公式后犯两类错误的概率之和不会增大，因此这是一组很不错的近似公式.

3. 序贯抽样的可行性与优越性

序贯抽样的可行性是指这种抽样过程一定会终止；而优越性则是指在同样精度下序贯抽样所需的总样本容量比固定样本容量的抽样方法要少. 这两个问题，即序贯抽样是否可行与优越，答案都是肯定的. 此处不再给出详细的证明，而直接给出这两个结论.

结论1 不论总体 X 有何种概率分布，只要采用似然比为统计量，且阈值 A、B 满足

$$0 < A < 1 \tag{7.42}$$

$$B > 1 \tag{7.43}$$

则序贯抽样进行有限次就能作出判断的概率为 1.

结论2 序贯抽样所需的总样本含量 n 实际是一个随机变量. 对于相同的 α、β，设固定样本含量随机抽样所需样本数为 N，我们不能保证每次都有 $n<N$，但可证明 n 的数学期望约等于 $N/2$.

这两个结论在数学上都可以严格证明. 有了它们，我们就可以放

心地使用序贯抽样了.

4. 几种常见分布序贯抽样公式的推导

(1) 二项分布

$$P(k;n,p) = C_n^k p^k (1-p)^{n-k}$$

$$H_0: p = p_0;\ H_A: p = p_1$$

似然比统计量为

$$\lambda_n = \frac{C_n^k p_1^k (1-p_1)^{n-k}}{C_n^k p_0^k (1-p_0)^{n-k}} = \left(\frac{p_1}{p_0}\right)^k \left(\frac{1-p_1}{1-p_0}\right)^{n-k}$$

若现在已进行了 i 次序贯抽样,共抽取了 n 个个体,发现 k 次成功,但仍未能作出判断,则应有

$$A < \left(\frac{p_1}{p_0}\right)^k \left(\frac{1-p_1}{1-p_0}\right)^{n-k} < B$$

上式中 A、B 可由式(7.39)、(7.40)近似确定.取对数,可得

$$\ln A < k(\ln p_1 - \ln p_0) + (n-k)[\ln(1-p_1) - \ln(1-p_0)] < \ln B$$

解出 k,可得

$$\frac{\ln A - n[\ln(1-p_1) - \ln(1-p_0)]}{\ln p_1 - \ln p_0 + \ln(1-p_0) - \ln(1-p_1)} < k < \frac{\ln B - n[\ln(1-p_1) - \ln(1-p_0)]}{\ln p_1 - \ln p_0 + \ln(1-p_0) - \ln(1-p_1)}$$

令

$$a = \frac{\ln A}{\ln p_1 - \ln p_0 + \ln(1-p_0) - \ln(1-p_1)} \tag{7.44}$$

$$b = \frac{\ln B}{\ln p_1 - \ln p_0 + \ln(1-p_0) - \ln(1-p_1)} \tag{7.45}$$

$$c = \frac{\ln(1-p_0) - \ln(1-p_1)}{\ln p_1 - \ln p_0 + \ln(1-p_0) - \ln(1-p_1)} \tag{7.46}$$

则上述不等式可写为

$$a + cn < k < b + cn \tag{7.47}$$

(7.39),(7.40),(7.44)～(7.47)各式构成了二项分布总体序贯抽样

设计的一般公式. 每次抽样后,若 $k \leqslant a+cn$,则接受 H_0;若$k \geqslant b+cn$,则接受 H_A;若式(7.47)成立,则继续抽样. 由于上述各式计算比较复杂,在使用中一般都是根据给定的 α、β、p_0、p_1 各值,事先计算出对应于不同 n 的 $a+cn$ 和 $b+cn$ 的值,并把它们制成表格. 实际抽样时得到 k 后,就可从表中知道是应作出判断还是进一步抽样.

【例 7.7】 棉花苗期的虫情调查中,若有蚜株率$\leqslant$20%,则可暂时不采取防治措施;若有蚜株率大于等于 50%,则须立即防治;现选取犯两类错误的概率均为 0.05,请设计序贯抽样调查方案.

解 设在每株棉花上发现蚜虫的可能性是相等的,则在 n 株棉花中发现 k 株有虫的可能性服从二项分布

$$P(k;n,p)=C_n^k p^k(1-p)^{n-k}$$

设不需要防治的有蚜株率为 p_0,需要防治的为 p_1,把 $\alpha=\beta=0.05$ 及 $p_0=0.2$,$p_1=0.5$ 代入各式.

由式(7.39)和(7.40),得

$$A=\frac{\beta}{1-\alpha}=\frac{0.05}{0.95}=0.05263$$

$$B=\frac{1-\beta}{\alpha}=\frac{0.95}{0.05}=19$$

由式(7.44),得

$$a=\frac{\ln 0.05263}{\ln 0.5-\ln 0.2+\ln(1-0.2)-\ln(1-0.5)}=-2.124$$

由式(7.45),得

$$b=\frac{\ln 19}{\ln 0.5-\ln 0.2+\ln(1-0.2)-\ln(1-0.5)}=2.124$$

由式(7.46),得

$$c=\frac{\ln(1-0.2)-\ln(1-0.5)}{\ln 0.5-\ln 0.2+\ln(1-0.2)-\ln(1-0.5)}=0.3390$$

把上述计算结果代入式(7.47),求出不防治阈值 $a+cn$ 和防治阈值 $b+cn$. 注意,对不防治阈值的取整原则是把小数位舍去,即取不大于原值的最大整数;而对防治阈值的取整原则是只要有小数就进1,即取不小于原值的最小整数. 采用这样的取整原则而不采用通常的四舍五入的原则,是为了保证犯两类错误的概率分别不大于 α 和 β. 计算结果可制成如下表格备查.

表 7.1 麦蚜防治序贯抽样阈值表

抽样数 n	10	15	20	25	30	35	40	45	50
$a+cn$	1.27	2.96	4.65	6.35	8.05	9.74	11.44	13.13	14.83
不防治阈值	1	2	4	6	8	9	11	13	14
防治阈值	6	8	9	11	13	14	16	18	20
$b+cn$	5.51	7.21	8.90	10.60	12.30	13.99	15.69	17.38	19.08

抽样数 n	55	60	65	70	75	80	85	90	95	100
$a+cn$	16.52	18.22	19.91	21.61	23.30	25.00	26.69	28.39	30.08	31.78
不防治阈值	16	18	19	21	23	25	26	28	30	31
防治阈值	21	23	25	26	28	30	31	33	35	37
$b+cn$	20.77	22.47	24.16	25.86	27.55	29.25	30.94	32.64	34.33	36.03

在实际使用中,只要有抽样数 n、不防治阈值和防治阈值三行就可以了. 这里列出 $a+cn$ 和 $b+cn$ 两行只是为了说明计算过程.

使用上述计算结果的另一种方法是图像法. 即把 $a+cn$ 和 $b+cn$ 两条直线标在 $n-k$ 平面上,每次调查后,只需将结果(n, k)点也标在图上: 若该点在 $a+cn$线下方,则接受 H_0;若在$b+cn$线上方,则接受 H_A;若在两线之间,则需进一步抽样调查.

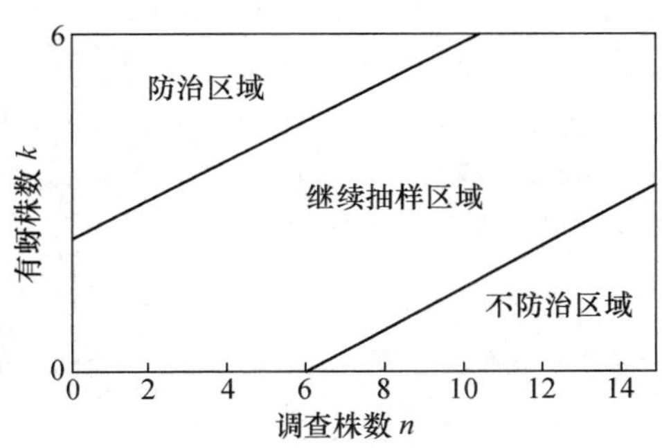

图 7.2 麦蚜防治序贯抽样阈值图

（2）Poisson 分布

$$P(X=k)=\frac{\lambda^k}{k!}e^{-\lambda} \quad (\lambda>0;\ k=0,1,2,\cdots)$$

参数 λ 可近似表示为：　　$\lambda=np$.

$$H_0: p=p_0;\ H_A: p=p_1$$

若第 i 次抽样后总样本含量为 n，若仍不能作出结论，则应有

$$A<\frac{(np_1)^k e^{-np_1}/k!}{(np_0)^k e^{-np_0}/k!}<B$$

即

$$A<(p_1/p_0)^k e^{-n(p_1-p_0)}<B$$

取对数，得

$$\ln A<k(\ln p_1-\ln p_0)-n(p_1-p_0)<\ln B$$

对 k 解不等式，得

$$\frac{\ln A+n(p_1-p_0)}{\ln p_1-\ln p_0}<k<\frac{\ln B+n(p_1-p_0)}{\ln p_1-\ln p_0}$$

令

$$a=\ln A/(\ln p_1-\ln p_0) \quad (7.48)$$

$$b=\ln B/(\ln p_1-\ln p_0) \quad (7.49)$$

$$c=(p_1-p_0)/(\ln p_1-\ln p_0) \quad (7.50)$$

则可得到与二项分布相同的式(7.47)：

$$a+cn<k<b+cn$$

上述(7.39)、(7.40)、(7.47)～(7.50)各式构成了 Poisson 分布总体序贯抽样的一般公式.

【例 7.8】 玉米螟防治指标为：若百株卵块在 30 块以上，则应防治；在 20 块以下，则不必防治. 卵块分布服从 Poisson 分布

$$P(X=k)=\frac{\lambda^k}{k!}e^{-\lambda} \quad (\lambda>0; k=0,1,2,\cdots)$$

取两类错误概率为：该防治但未防治的为 0.05，不该防治但防治的为 0.1，请设计序贯抽样方案.

解 Poisson 分布的参数 λ 既是方差，又是均值. 它的取值与样本含量 n 有关，可表示为：$\lambda=np$，其中 p 为每株玉米发现卵块的概率. 由题目给出的防治指标，可建立统计假设为：$H_0: p=p_0=0.2$；$H_A: p=p_1=0.3$. 设 A，B 分别为

不防治与防治阈值,把数值代入(7.39)、(7.40)、(7.47)~(7.50)各式,有

$$A = \frac{\beta}{1-\alpha} = \frac{0.05}{1-0.1} = 0.0556$$

$$B = \frac{1-\beta}{\alpha} = \frac{1-0.05}{0.1} = 9.5$$

$$a = \ln 0.0556/(\ln 0.3 - \ln 0.2) = -2.890/0.4055 = -7.127$$

$$b = \ln 9.5/(\ln 0.3 - \ln 0.2) = 2.251/0.4055 = 5.551$$

$$c = (0.3 - 0.2)/(\ln 0.3 - \ln 0.2) = 0.1/0.4055 = 0.2466$$

把上述结果制成表 7.2.注意,取整原则同例 7.6.

表 7.2 玉米螟防治序贯抽样阈值表

抽样数 n	20	25	30	35	40	45	50	55	60
$a+cn$	−2.2	−1.0	0.3	1.5	2.7	4.0	5.2	6.4	7.7
不防治阈值	——	——	0	1	2	4	5	6	7
防治阈值	11	12	13	15	16	17	18	20	21
$b+cn$	10.5	11.7	12.9	14.2	15.4	16.6	17.9	19.1	20.3

抽样数 n	65	70	75	80	85	90	95	100
$a+cn$	8.9	10.1	11.4	12.6	13.8	15.1	16.3	17.5
不防治阈值	8	10	11	12	13	15	16	17
防治阈值	22	23	24	26	27	28	29	31
$b+cn$	21.6	22.8	24.0	25.3	26.5	27.7	29.0	30.2

表 7.2 中对应于 n 等于 20、25 的 $a+cn$ 值为负,这说明当样本含量仅为 20 或 25 时,即使一个卵块都没有查到,也不能确定不需防治,故此时的不防治阈值不存在.但相应的防治阈值还是有用的.有了表 7.2,即可进行实际调查:(i) 若所得卵块数小于等于不防治阈值,就可确定暂时不需防治;(ii) 若大于等于防治阈值,则应立即采取防治措施;(iii) 若在两阈值之间,则应增大样本含量 n,即继续调查.

如有必要,也可利用 a、b、c 的值画出类似图 7.2 的阈值图,它与表的作用是

一样的,只是不必拘泥于给定的 n 值罢了.

(3) 正态分布

$$f(x;\mu,\sigma)=\frac{1}{\sqrt{2\pi}\sigma}e^{-\frac{1}{2\sigma^2}(x-\mu)^2}$$

$$H_0:\mu=\mu_0;\ H_A:\mu=\mu_1$$

设抽取容量为 n 的样本 $x_1,x_2,\cdots,x_n$ 后仍不能作出判断,则由似然比定义式(7.36),有

$$A<\frac{\left(\frac{1}{\sqrt{2\pi}\sigma}\right)^n e^{-\frac{1}{2\sigma^2}\sum_{i=1}^{n}(x_i-\mu_1)^2}}{\left(\frac{1}{\sqrt{2\pi}\sigma}\right)^n e^{-\frac{1}{2\sigma^2}\sum_{i=1}^{n}(x_i-\mu_0)^2}}<B$$

两边取自然对数并化简,得

$$\ln A<-\frac{1}{2\sigma^2}\left[\sum(x_i-\mu_1)^2-\sum(x_i-\mu_0)^2\right]<\ln B$$

$$\ln A<-\frac{1}{2\sigma^2}\sum\left[-2x_i\mu_1+\mu_1^2+2x_i\mu_0-\mu_0^2\right]<\ln B$$

$$\ln A<\frac{1}{\sigma^2}(\mu_1-\mu_0)\sum x_i-\frac{n}{2\sigma^2}(\mu_1^2-\mu_0^2)<\ln B$$

$$\frac{\sigma^2\ln A}{\mu_1-\mu_0}+\frac{n}{2}(\mu_1+\mu_0)<\sum x_i<\frac{\sigma^2\ln B}{\mu_1-\mu_0}+\frac{n}{2}(\mu_1+\mu_0) \tag{7.51}$$

若采用 $\bar{x}$ 为统计量,则有

$$\frac{\sigma^2\ln A}{n(\mu_1-\mu_0)}+\frac{\mu_1+\mu_0}{2}<\bar{x}<\frac{\sigma^2\ln B}{n(\mu_1-\mu_0)}+\frac{\mu_1+\mu_0}{2} \tag{7.52}$$

式(7.39)、(7.40)和(7.51)或(7.52)构成正态分布总体序贯抽样的一般公式.

【例 7.9】 设总体为 $X\sim N(\mu,2)$. 现要检验 $H_0:\mu=0$ 和 $H_A:\mu=1$,且希望犯两类错误的概率均为 0.05,请设计序贯抽样方案.

解 现选用样本均值为统计量,并代入数值,可得

$$A=\frac{\beta}{1-\alpha}=\frac{0.05}{1-0.05}=0.05263$$

$$B=\frac{1-\beta}{\alpha}=\frac{1-0.05}{0.05}=19$$

接受 H_0 的阈值公式为

$$\frac{2\ \ln 0.05263}{n(1-0)}+\frac{1+0}{2}=0.5-\frac{5.8889}{n}$$

接受 H_A 的阈值公式为

$$\frac{2\ \ln 19}{n(1-0)}+\frac{1+0}{2}=0.5+\frac{5.8889}{n}$$

把上述公式的结果制成表 7.3，其最后一位小数的取舍原则仍与以前一样：H_0 的阈值舍，H_A 的阈值进.

表 7.3 正态分布总体序贯抽样阈值($\bar{x}$ 为统计量)

抽样数 n	5	10	15	20	25	30	35	40	45	50
接受 H_0 阈值	−0.678	−0.089	0.107	0.205	0.264	0.303	0.331	0.352	0.369	0.382
接受 H_A 阈值	1.678	1.089	0.893	0.795	0.736	0.697	0.669	0.648	0.631	0.618
抽样数 n	55	60	65	70	75	80	85	90	95	100
接受 H_0 阈值	0.392	0.401	0.409	0.415	0.421	0.426	0.430	0.434	0.438	0.441
接受 H_A 阈值	0.608	0.599	0.591	0.585	0.579	0.574	0.570	0.566	0.562	0.559

上述表格的用法仍与以前一样：抽样得到的均值若小于接受 H_0 阈值，则接受 H_0；若大于接受 H_A 阈值，则接受 H_A；若在两阈值之间，则继续抽样.

7.3 调查数据的收集与整理

调查是科学研究中收集数据的重要方法，它在生态学、医学、社会学等领域都有着无法替代的作用. 这种收集数据的方法与通常通过实验收集数据的方法有所不同，其特点主要是我们所关心的常常是对所研究总体的一种全局性的描述，这种信息常常分布在一个很大的时空范围内，单个信息的获取过程常相对简单，但只有获取大量信息，并经过适当的统计学处理后，我们需要的知识才能得到. 例如，生态学上对某种生境的本底调查,对某一特定物种如熊猫种群的调查,医学上对某个群体的健康状况的调查;对某种疾病流行情况的调查,社会学上的人口普查等等.由于这种信息分布的分散性,只有周密计划,细致实施才能做到所收集的信息准确、完整和及时,也才能为下一步的统计打下可靠的基础.

通过调查收集数据主要有两种方式,即统计调查与登记调查,其需要注意的事项下面将逐一介绍.

(一) 统计调查

统计调查是指集中一定数量人员,在一个相对短暂的指定时间内,对分布在较大范围内的信息进行收集的活动.统计调查一般都要涉及大量的调查者和被调查者,因此做好规划、组织、训练、宣传、管理等各个环节就显得特别重要,否则辛辛苦苦得到的数据可能由于可信度太低而变得没有使用价值.

若按调查所考虑的时间范围分类,可把统计调查分为现状调查、回顾调查、前瞻调查.其特点分别为:

现状调查 也称横断面调查,是对一个时间点上总体所处情况的调查.如人口普查、青少年发育情况调查、某种疾病患病率调查等.调查结果比较可靠,所需时间也短,但难以反映累积的效果和随时间的变化.

回顾调查 通过调查对象的回忆、查阅已有资料等对过去一段时间发生的事件进行调查.常用于少发病的病因推测,例如可调查某些病例和类似条件正常人的差别,以便推测病因.这种方法简单快速,但可靠性、资料完整性常不能令人满意.

前瞻调查 是指按预定的调查方案,观察和记录一定数量感兴趣的个体未来一段时间(常为几年或更长)的变化情况,如发病、死亡等.这种方法所得资料完整,结果准确可靠,但耗时很长,无法迅速得出结果.常用于病因确证研究.

统计调查工作可分为两个大阶段，即计划阶段和实施阶段.每一阶段中需要完成的工作和要注意的事项分别为：

1. 计划阶段

这一阶段主要是调查正式开展前的预备工作，由调查主持者和他的少数助手完成，涉及的人员是比较少的.应完成的工作有：

(1) 明确调查目的，并根据目的确定需要调查的指标

显然，不同的调查目的需要有不同的调查指标.例如同是人口调查，如果目的是全面掌握当地的社会经济状况，那调查项目可能有上百甚至数百之多；但若是作为生态环境本底调查中的一项，也许只有居民人数等少数几项就可以了.再比如，若目的是分析某种地方病可能的病因，由于对病因并不了解，就需要在调查中记录一切可能与该病有关的因素，如环境因素(水、土、气等)、生活习惯(饮食、居住等)、家族亲缘关系、病史等等.若对该病已有相当了解，则可把调查项目集中在有关因素上，从而大大节省调查的人力物力.要特别注意的是，一定不要漏掉可能对调查目的产生影响的因素，否则可能使调查结果变得一无用处.因此调查目的和指标的确定需要较多的专业知识，要经过充分论证后慎重确定.

(2) 根据调查指标设计调查表格

设计调查表格是一项非常重要的工作，好的调查表可以大大节省调查的人力物力，又能方便地进行统计，可起到事半功倍的效果.调查表中的项目一般可分为以下两类：

① 一般项目.例如调查表编号、被调查人姓名、住址等必要的个人资料、调查日期、调查人等，这些项目主要根据数据管理和核对的需要设计.

② 统计项目.这是我们要调查的真正内容，应包含能全面反映调查对象在指定调查指标上现状的信息.设计统计项目时要遵循全面性、明确性、客观性及可统计性等原则：

- 全面性.即要包含所有与指定指标有关的项目，不能有遗漏.否则将得到错误的统计结果.例如若某地方病主要与当地土壤或

水源中某种微量元素的含量有关,但调查表中没有有关项目,则显然无法得到正确结果.

● 明确性.即项目要明确具体,不会产生歧义.例如“籍贯”就不如“出生地”或“祖籍”明确.若需要调查祖籍,则还应确定具体标准,如多长时间或几代人之前的居住地.

● 客观性.这一项不是绝对的,因为在某些情况下一些主观指标也有重要参考意义.但一般来说不受主观意识影响的客观指标或测量指标的可靠性明显要高于主观指标.

● 可统计性.尽量采用固定的几个可选择答案,让被调查者从中选一个,而不要让他们自由回答.自由回答的答案将很难进行统计分析.

调查表中的项目都设计好后,可根据项目的多少把多个调查对象放在一张表上,也可每个对象用一张或几张表.为便于数据的统计处理,在有条件的情况下最好采用可机读的卡片作为调查表,这样可大大减少后期处理数据时的汇总、录入、统计等工作量.

(3) 确定调查对象与调查范围

要根据已定的调查目的和调查指标确定调查对象与调查范围.这里的确定调查对象主要是指确定本次调查中我们感兴趣的对象所应具有的某些特征,只有具有这些特征的人或物才属于这次调查所考虑的总体.至于某个具体人或物是否应被调查则常常要经过抽样过程后才能知道.例如在人口普查中,某个时间点上在某个地区内的所有人都属于要调查的总体;若进行高血压调查,则可能只有大于某一年龄,例如15岁以上的才属于要调查的总体,等等.至于调查范围,则是指时间、空间以及数量范围.前两者容易理解,是指在什么时间、到什么地点进行调查;而数量范围则是指是全面调查还是抽样调查.全面调查就是对符合条件的每个个体都进行调查,这当然可得到最准确的结果,但其所需要的人力物力常常是无法承担的.抽样调查则是从符合条件的总体中抽出一部分个体进行调查,具体方法可参见7.2节.

(4) 制订实施调查的程序和步骤

主要指根据调查对象和地区的实际情况制订调查的具体步骤和

方法.例如人口调查的时间点常选在午夜,因为此时人口流动性较小;牧区调查最好选择牧民集中时进行,如冬牧场、夏牧场,或防疫、消毒等时间;进行生态调查时要根据目标生物的密度确定样方大小、数量、取样方法、计数方法等.制订程序和步骤最重要的原则就是因地制宜,切忌想当然和闭门造车.

(5) 规定资料核实、整理、汇总的步骤

调查过程中难免会出现一些人为的差错,所以一定要建立核实、整理的具体步骤和方法.一般应在收集数据后就有专人负责进行核对,一旦发现疑问可及时进行复查及纠正.数据输入计算机后则可利用程序对一些不可能出现的情况进行检测,一旦发现能纠正的纠正,不能纠正的只好把有关资料舍弃.

2. 实施阶段

本阶段的主要任务就是按照制订好的程序和步骤完成调查.一般来说会有以下步骤:

(1) 建立调查工作的组织领导和技术领导班子

调查工作常常涉及大量的人和物,常常也会给当地群众的生产和生活造成一定影响,因此应尽量取得当地政府的支持,最好能与当地领导共同组成组织领导的班子,这样会极大地有利于工作的开展.同时,调查中总会出现一些事先未料到的情况,影响调查的顺利进行.此时就需要有技术方面的指导力量及时调整方案解决问题,以保证调查的顺利实施.

(2) 培训人员,统一方法,标准化用具

调查常常涉及大量工作人员,若不事先进行培训,则调查人员间的差异就完全可能使得到的资料失去使用价值.培训时主要目的是使工作人员都能了解调查的目的、意义、内容,能够有统一的工作方法,执行共同的调查标准,使用标准化的测量工具.这样收集的资料才具有可比性.培训工作一般应结合试点进行,借以发现和纠正程序和方法中的缺点与不足,积累工作经验.若涉及工作人员很多,则可采用分级培训的方法.

(3) 向调查对象开展适当的宣传工作

由于调查一般会对调查对象的生活和工作造成某种不便,因此开展宣传工作,使他们了解调查的目的和意义,以积极的态度配合调查就成了调查成功的重要保证.宣传的方式可多种多样,如文艺演出、墙报、宣传材料、报纸、电视、广播等,也应注意因地制宜.

(4) 严格按照程序和步骤实施调查

由于调查是由多人同时完成,因此统一的程序、方法、标准就有了非常重要的意义.只有保证这些统一性,才能确保得到的数据具有可比性,也才有可能得到正确的统计结果.如果调查中出现未预料到的异常情况影响调查进行,则必须迅速报告给技术负责人,在确定解决办法后通知全体调查人员统一进行修正.如果擅自修改程序和方法,常会严重影响调查结果的正确性和准确性.

(5) 对调查得到的资料进行整理与统计

以前对调查资料进行的整理与汇总常常是手工进行,既繁琐又容易出现错误.调查得到的原始资料常是每个对象的特性,如性别、年龄、工作、民族、生活习惯(如饮食、吸烟、饮酒、运动等)、体检数据等等.要利用这些数据,就需要首先把它们转换成统计资料,如不同年龄、性别、生活条件下的血压值分布、生理生化检验值分布、发病率分布等等,然后再用适当统计方法对这些资料进行分析,从而得出我们感兴趣的结论.这一过程若全靠手工完成工作量既大,也难以保证准确性.理想的办法应该是把调查得到的原始数据都存入数据库,然后就可以根据需要编写程序对数据进行各种处理.有关数据库和编程的过程涉及的专业知识超出了本课程的范围,不再详细介绍.

(二) 登记调查

登记调查与统计调查最大的不同点,就是它不是一项临时的、突击性的工作,而是一项长期持续的工作.其目的是积累一些基础资料，因此这项工作常由政府机构负责完成. 常见的例子有出生与死亡登记，户籍登记，流行病报告制度等. 登记调查的资料累积时间越长，记录项目越详细，研究价值也就越大. 相对统计调查它的组织和实施都简单一些，这主要是因为它是一项由专业人员负责完成的日常工作，因此更容易标准化、制度化. 要做好一项登记调查，主要应注意以下几点：

1. 登记内容的选择和登记表的设计

这一部分的内容与统计调查中基本相同，只是要照顾到长时间持续登记的特点. 有些项目短时间看没什么价值，但长时间积累后，则会显示社会或自然的一种长期变化，成为珍贵的资料. 例如，竺可桢先生几十年的物候记录、长江三峡白鹤梁上几千年的水文记录都是典型例子. 另外，随着时间的推移科学的进步，登记项目也应相应改变，补充和完善. 但这种改变应尽可能照顾到资料的兼容性和连续性，使以前的资料还可发挥它的作用.

2. 建立有效的登记制度

由于登记调查是一种需长期坚持的工作，而且经常由政府部门进行，要保证不遗漏地得到全部资料，就必须由政府部门建立详尽、周到的登记制度，明确责任. 例如我国的死亡登记制度就规定，在医院死亡的应由医院填写死因通知卡片，由家属向派出所申报，派出所登记；在家中死亡的，应由家属向当地派出所申报登记后，区卫生局要负责核对，进行死因调查并填写死亡原因等有关项目. 传染病的报告则应由作出诊断的医生填写卡片，每天再汇总报告给防疫站. 这类登记制度应考虑到各种情况，并均有明确的责任单位和责任人，才能防止遗漏.

3. 建立有效的核查制度

由于登记调查的长期性，难免会有疏漏、错误产生. 为尽量减少差错，有关单位应建立定期核查制度，检查资料的完整性及正确性，发现问题及时弥补. 只有这样才能保证长期积累的资料真实可靠.

7.4 异常值的判断和处理

(一) 异常值的概念与处理原则

所谓异常值，是指样本中的个别值，其数值明显偏离其所属样本的其余观测值.异常值产生的原因通常有：(i) 可能是观测值本身随机性的极端表现，这样的异常值与样本中其余观测值属于同一总体；(ii) 可能是由于实验方法或条件偶然变化所产生的后果，或者是由于观测、计算、记录等过程中的差错造成的.这种异常值与样本中其余观测值不属于同一总体.

从理论上看，显然应依据异常值不同产生原因作不同处理：对第一种情况，一般应予保留；而对第二种情况，则应予以剔除或修正.

应该强调指出，对于异常值的处理一定要非常慎重.科学研究必须尊重事实，因此除有充分的技术上、理论上的理由可以说明它确实属于第二种情况者外，不得轻易对数据进行剔除或修正.另一方面，这种表面上看起来的异常值后面也常常隐藏着科学上未发现的新的事实.作为一名科学工作者，如果轻易地抛弃一切不符合预期的观测数据，你将永远不会有新的发现.如化学家瑞利发现大气氮密度与化学制品不符(达 23σ)，由此发现了元素氩；居里夫妇从铀矿石放射强度与铀含量不符出发，发现了镭，等等.

显然，如果不是在测量现场就发现了数据异常，要寻找技术上或理论上的原因有时是非常困难的，尤其是对某些无法重复的试验来说更是这样.因此人们还建立了一些统计学的方法以检查所得数据中是否有高度异常的数据，如果有，一般也允许剔除.但进行这种检验前都要确定一个最高剔除数量，如果检测出高度异常值个数超过这一数量，则全组数据只好报废.这一最高剔除数量一般只能占总数据个数的10%～15%左右.这种采用统计学理论检验是否有异常值的方法也有很多种，目前我们国家已经在1985、1987年分别制定了两个国家标准,规定了对正态样本和指数样本异常值的检验和处理办法,这构成了本节主要内容.

判断和处理异常值一般来说有下述 3 个目的:

1 识别与诊断. 目的为找出异常值,从而进行生产诊断、新规律探索、技术考查等.

2 估计参数. 找出异常值的目的是决定是否把它计入样本,以便更准确地估计参数.

3 检验假设. 目的是判断总体是否符合要求,找异常值也是为了决定是否计入样本,以便使判断更准确.

由于这几种目的不同,在选择方法方面也带来不同标准. 若为了识别,选择标准主要应着眼于准确性,并要考虑两种错误的不同风险. 若以估计和检验为目的,有时也可不经判断异常值的步骤,而采取稳健的方法,即直接舍去最大最小值,用余下的进行估计. 例如体操等裁判计分方法就采用这一策略.

还要强调一点,即检出的异常值,剔除的或修正的观测值都应予以记录,并应记录剔除或修正的理由,以备查询.

(二) 正态样本异常值的判断和处理(GB 4883-85)

在检验前,首先应确定异常值个数的上限(一般可取为总个数的10%~15%),异常值检出水平($\alpha=0.05$ 或更大一点),异常值剔除水平($\alpha^*=0.01$或更小). 然后根据不同情况选择合适的方法进行检验:

1. 标准差 σ 已知——Nair(奈尔)检验法

检验步骤

(1) 把观测值按大小排列,即

$$x(1)\leqslant x(2)\leqslant\cdots\leqslant x(n)$$

(2) 计算统计量

1 对上单尾:　$R_n=(x(n)-\bar{x})/\sigma.$

[2] 对下单尾：　$R'_n=(\overline{x}-x(1))/\sigma$.

[3] 对双侧：分别计算上述两统计量.

(3) 确定临界值

根据 α,α^*,n 查所附表 C. 14，可得到检出临界值 $R_{1-\alpha}(n)$（单侧）或 $R_{1-\frac{\alpha}{2}}(n)$（双侧），以及剔除临界值 $R_{1-\alpha^*}(n)$（单侧）或 $R_{1-\frac{\alpha}{2}^*}(n)$（双侧）.

(4) 判断

当 R_n 或 R'_n 大于上述临界值时，$x(n)$ 或 $x(1)$ 为异常或高度异常值，高度异常值通常应予以剔除.

双侧情况下，应取 R_n、R'_n 中大的一个进行检验.

【例 7.10】 化纤干收缩率的 25 个独立观测值为：3.13，3.49，4.01，4.48，4.61，4.76，4.98，5.25，5.32，5.39，5.42，5.57，5.59，5.59，5.63，5.63，5.65，5.66，5.67，5.69，5.71，6.00，6.03，6.12，6.76. 已知 $\sigma=0.65$，正态分布，考查是否有下单侧异常值.

解　共 25 个数据. 可考虑规定最多检出 3 个异常值.

取 $\alpha=0.05$，$\alpha^*=0.01$. $n=25$ 时算得 $\overline{x}=5.2856$，则

$$R'_{25}=(5.2865-3.13)/0.65=3.316$$

查表，得

$$R_{0.95}(25)=2.815, R_{0.99}(25)=3.282$$

$R'>R_{0.99}$，为高度异常值，可考虑剔除.

去掉 3.13，重新计算，得 $\overline{x}=5.375$，则

$$R'_{24}=(5.375-3.49)/0.65=2.90$$

查表，得

$$R_{0.95}(24)=2.800, R_{0.99}(24)=3.269$$

$R_{0.99}>R'>R_{0.95}$，3.49 为异常值.

去掉 3.49 后，再计算，得 $\overline{x}=5.457$，则

$$R'_{23}=(5.457-4.01)/0.65=2.227$$

查表，得

$R_{0.95}(23)=2.784$，$R'_{23}<R$，不是异常值

故 3.13 高度异常，可考虑剔除；3.49 异常，其余没有异常值.

2. 标准差未知

此时又可分为两种情况：当检出异常值数不超过 1 时，国家标准规定可采用 Grubbs（格拉布斯）或 Dixon（狄克逊）检验法；如果检出个数上限大于 1，则应重复使用 Dixon 法或偏度-峰度检验法. 现分别加以介绍.

（1）Grubbs 检验法

它的统计量、使用方法完全与奈尔检验法相同，只是用样本标准差 S 代替了母体标准差 σ，当然统计用表（见附录表 C.15）中数值是不同的.

（2）Dixon 检验法

它的特点是不计算样本方差，而用极差的方法，这样统计量的计算就较简单了. 但对不同的观测次数 n，应采用不同的统计量计算公式（见下表）：

n	检验高端异常值	检验低端异常值
3～7	$D=\dfrac{x(n)-x(n-1)}{x(n)-x(1)}$	$D'=\dfrac{x(2)-x(1)}{x(n)-x(1)}$
8～10	$D=\dfrac{x(n)-x(n-1)}{x(n)-x(2)}$	$D'=\dfrac{x(2)-x(1)}{x(n-1)-x(1)}$
11～13	$D=\dfrac{x(n)-x(n-2)}{x(n)-x(2)}$	$D'=\dfrac{x(3)-x(1)}{x(n-1)-x(1)}$
14～30	$D=\dfrac{x(n)-x(n-2)}{x(n)-x(3)}$	$D'=\dfrac{x(3)-x(1)}{x(n-2)-x(1)}$

步骤

1 把观察值从小到大排列，有

$$x(1)\leqslant x(2)\leqslant\cdots\leqslant x(n)$$

2 根据 n 选择适当公式计算统计量 D, D'.

3 确定 α, α^*. 查表确定临界值 $D_{1-\alpha}(n)$ 和 $D_{1-\alpha^*}(n)$，但要注意，这里单双侧检验是两个不同的表（见书后附录部分表 C.16a 和 C.16b），不是用 $1-(\alpha/2)$ 代替 $1-\alpha$.

④ 判断. D 或 D' 大于 $D_{1-\alpha}(n)$ 时为异常，大于 $D_{1-\alpha^*}(n)$ 时可剔除.

双侧用 D 和 D' 中大的一个检验. 如果重复使用，每次去掉一个数后都应对余下的 $n-1$ 个数重新进行计算.

(3) 峰度-偏度检验法

使用条件 必须确认大多数样本取自正态分布母体.

① 单侧. 采用偏度检验. 统计量为

$$b_s = \frac{\sqrt{n}\sum_{i=1}^{n}(x_i - \bar{x})^3}{\left[\sum_{i=1}^{n}(x_i - \bar{x})^2\right]^{\frac{3}{2}}} = \frac{\sqrt{n}\left[\sum_{i=1}^{n}x_i^3 - 3\bar{x}\sum_{i=1}^{n}x_i^2 + 2n(\bar{x})^3\right]}{\left[\sum_{i=1}^{n}x_i^2 - n\bar{x}^2\right]^{\frac{3}{2}}}$$

确定 α,α^*. 由 n 及 α 和 α^* 查表 C. 17(附录)，得 $b'_{1-\alpha}(n)$ 及 $b'_{1-\alpha^*}(n)$. 若 $b_s > b'$，$x(n)$ 异常(上侧)；若 $-b_s > b'$，$x(1)$ 异常(下侧).

② 双侧. 采用峰度检验. 统计量为

$$b_k = \frac{n\sum_{i=1}^{n}(x_i - \bar{x})^4}{\left[\sum_{i=1}^{n}(x_i - \bar{x})^2\right]^2} = \frac{n\left[\sum_{i=1}^{n}x_i^4 - 4\bar{x}\sum_{i=1}^{n}x_i^3 + 6\bar{x}^2\sum_{i=1}^{n}x_i^2 - 3n\bar{x}^4\right]}{\left[\sum_{i=1}^{n}x_i^2 - n\bar{x}^2\right]^2}$$

确定 α,α^*. 查表 C. 18(附录)，得 $b''_{1-\alpha}(n)$ 和 $b''_{1-\alpha^*}(n)$. $b_k > b''$ 时，离 $\bar{x}$ 最远的为异常.

【例 7.11】 检验 10 个样品提取液的某种酶比活力 E，数据列于下表. 请检验其中的最大值是否异常，取检出水平 $\alpha=0.05$.

$\frac{E}{\text{U/mL}}$	4.7	5.4	6.0	6.5	7.3	7.7	8.2	9.0	10.1	14.0

解 (1) Grubbs 检验法

根据上述原始数据，算得

$$\bar{x}=7.89, S^2=7.312, S=2.704$$

$$G_{10}=(x(10)-\bar{x})/S=(14.0-7.89)/2.704=2.260$$

对 $n=10$，查表得 $G_{0.95}(10)=2.176$，$G_{10}>G_{0.95}(10)$，故判断 $x(10)=14.0$ 为异常值.

（2）Dixon 检验法

由于 $n=10$，且要检验最大值是否异常，因此统计量为

$$
\begin{aligned}
D &= [x(n)-x(n-1)]/[x(n)-x(2)] \\
&= (14.0-10.1)/(14.0-5.4) \\
&= 0.453
\end{aligned}
$$

查表，得 $D_{0.95}(10)=0.477$，$D<D_{0.95}(10)$，故 $x(10)$ 不是异常值.

两种方法得到了不同的结果，应该采用哪一个呢？仔细看一下就会发现，两种方法的统计量都很接近临界值，因此实际上它们作出判断的把握都不很大. 另外，Grubbs 法是靠与标准差比较，而 Dixon 法则是采用极差，可以说它们是利用了数据中不同的信息，这样在统计量接近临界值时会做出不同的判断也就不足为奇了. 由于理论上可证明在只有一个异常值时 Grubbs 法稍优于 Dixon 法，因此本题还是应采用 Grubbs 法的结果.

【例 7.12】 测量 16 株植物的株高 h，数据如下表所列. 请检验其中最小值是否为异常值，取 $\alpha=0.01$.

$\frac{h}{\text{mm}}$								
	1125	1248	1250	1259	1273	1279	1285	1285
	1293	1300	1305	1312	1315	1324	1325	1350

解 （1）Grubbs 法

根据原始数据，算得

$$\bar{x}=1283,\ S^2=2576.67,\ S=50.76,$$

$$G'_{16}=[\bar{x}-x(1)]/S=(1283-1125)/50.76=3.113$$

查表，得 $G_{0.99}(16)=2.747$. $G'_{16}>G_{0.99}(16)$，故最小值 1125 为异常值.

（2）Dixon 法

$$
\begin{aligned}
D'_{16} &= [x(3)-x(1)]/[x(14)-x(1)] \\
&= (1250-1125)/(1324-1125) \\
&= 0.6614
\end{aligned}
$$

查表，得 $D_{0.99}(16)=0.595<D'_{16}$，故判断 1125 为异常值.

本题统计量与临界值差距较大，两种方法结果一致.

【例 7.13】 异常值问题早期研究中的著名实例（1883 年）. 观测金星垂直半径的 15 个观测数据残差（单位：s）为

−1.40，−0.44，−0.30，−0.24，−0.22，−0.13，−0.05，
0.06，0.10，0.18，0.20，0.39，0.48，0.63，1.01.

请判断其最大、最小值是否异常($\alpha=0.05$).

解 采用 Dixon 检验法. 本题 $n=15$,应采用以下公式

$$\begin{aligned} D_{15} &= [x(15)-x(13)]/[x(15)-x(3)] \\ &= (1.01-0.48)/(1.01+0.30) \\ &= 0.406 \\ D'_{15} &= [x(3)-x(1)]/[x(13)-x(1)] \\ &= (-0.30+1.40)/(0.48+1.40) \\ &= 0.585 \end{aligned}$$

查表,得临界值 $D_{0.95}(15)=0.565$. 由于 $D'_{15}>D_{15}$,故只对最小值进行检验. 又由于 $D'_{15}>D_{0.95}(15)$,故判断最小值 $x(1)=-1.40$ 为异常值. 将其剔除后进一步检验：$n=14$,采用公式

$$\begin{aligned} D_{14} &= [x(14)-x(12)]/[x(14)-x(3)] \\ &= (1.01-0.48)/(1.01+0.24) \\ &= 0.424 \\ D'_{14} &= [x(3)-x(1)]/[x(12)-x(1)] \\ &= (-0.24+0.44)/(0.48+0.44) \\ &= 0.217 \end{aligned}$$

查表,得临界值 $D_{0.95}(14)=0.586$. 由于 $D_{14}>D'_{14}$,本次只对最大值进行检验. 又由于 $D_{14}<D_{0.95}(14)$,故最大值不是异常值,即这组数据中只有最小值−1.40为异常值.

几点说明

(1) 上述三种方法中,当至多只有一个异常值时,建议用 Grubbs 法,它的效果最好. Dixon 法与其差不多,也可用.

当出现多个异常值,需重复使用某一检验法时,易犯判多为少(只检出一部分)的错误,不易犯判少为多(把正常误判为异常)的错误. 犯这两类错误的概率以重复使用偏度-峰度法最小,但计算复杂,且需先对正态性进行检验. 重复使用 Dixon 法次之,重复使用 Grubbs 法效果最差,所以建议不用 Grubbs 法.

但另一方面,偏度-峰度检验也是检验正态性常用的方法,所以它只能用于总体确为正态的情况. 贸然用于非正态总体,会把正常值

判为异常值.因此使用前一般先要用其他方法对正态性加以检验.

(2) 应重视异常值给出的信息,所以对异常值的判断和处理应有完善的记录,并对产生原因作出尽可能详细的分析.

(3) 不管采用什么方法,每次均只能剔除一个异常值,然后应根据余下的数据重新进行计算,看是否可剔除下一个.不能一次计算就剔除两个或更多异常值.

上述(2)、(3)点也适用于指数样本异常值的检验.

(三) 指数样本异常值的判断和处理(GB 8056-87)

指数分布:

$$F(x)=\begin{cases}1-\mathrm{e}^{-\lambda x} & x\geqslant 0\\ 0 & x<0\end{cases}$$

$$f(x)=\begin{cases}\lambda\mathrm{e}^{-\lambda x} & x\geqslant 0\\ 0 & x<0\end{cases}$$

常用于寿命类数据的分布.

对指数分布样本进行异常值检验所用统计量和方法为:

1. 单侧检验

(1) 当样本含量 $n\leqslant 100$ 时

① 若为上单尾,则用统计量

$$T_n(n)=\frac{x(n)}{\sum_{i=1}^{n}x_i}$$

根据 n,α 查上单尾分位数表,得 $T'(1-\alpha)$.当 $T_n(n)>T'$ 时,$x(n)$ 为异常值.

② 若为下单尾,用统计量

$$T_n(1)=\frac{x(1)}{\sum_{i=1}^{n}x_i}$$

根据 n,α 查下单尾分位数表,得 $T''(\alpha)$.当 $T_n(1)<T''$ 时,$x(1)$ 为异常值.

(2) 当样本含量 $n>100$ 时

① 若为上单尾，则用统计量

$$E_n(n)=\frac{(n-1)[x(n)-x(n-1)]}{\sum_{i=1}^{n}x_i-[x(n)-x(n-1)]}$$

根据 n,α 查 F 分布表，得分位数 $F_{1-\alpha}(2,2n-2)$. $E_n(n)>F_{1-\alpha}$ 时，$x(n)$ 为异常值.

② 若为下单尾，则用统计量

$$E_n(1)=\frac{n(n-1)x(1)}{\sum_{i=1}^{n}x_i-nx(1)}$$

根据 n,α 查 F 分布表，得分位数 $F_\alpha(2,2n-2)$. $E_n(1)<F_\alpha$ 时，$x(1)$ 为异常值.

2. 双侧检验

(1) 当 $n\leqslant 100$ 时，计算 $T_n(n),T_n(1)$ 的值. 根据 α、n，从上下分位数表中查出 $T'\left(1-\frac{\alpha}{2}\right),T''\left(\frac{\alpha}{2}\right)$，再计算均值 $\bar{x}=\frac{1}{n}\sum_{i=1}^{n}x_i$.

① 当 $e^{-x(1)/\bar{x}}+e^{-x(n)/\bar{x}}>1$，且 $T_n(1)<T''$ 时，判断 $x(1)$ 为异常；

② 当 $e^{-x(1)/\bar{x}}+e^{-x(n)/\bar{x}}<1$，且 $T_n(n)>T'$ 时，判断 $x(n)$ 为异常，否则无异常.

(2) 当 $n>100$ 时，计算 $E_n(n),E_n(1)$ 的值. 根据 α、n，从 F 分布表中，查出 $F_{\frac{\alpha}{2}}(2,2n-2)$ 和 $F_{1-\frac{\alpha}{2}}$，$(2,2n-2)$. 同样：

① 当 $e^{-x(1)/\bar{x}}+e^{-x(n)/\bar{x}}>1$，且 $E_n(1)<F_{\frac{\alpha}{2}}$ 时，判断 $x(1)$ 为异常；

② 当 $e^{-x(1)/\bar{x}}+e^{-x(n)/\bar{x}}<1$，且 $E_n(n)>F_{1-\frac{\alpha}{2}}$ 时，判断 $x(n)$ 为异常，否则无异常.

在可能有多个异常值时，可根据实际情况，反复使用上述检验法，每次剔除一个异常值，直到没有检出异常值或达到检出数量上限为止.

3. 定数截尾(右边)样本中最小观测值 $x(1)$ 是否异常的判断

定数截尾(右边)样本：从总体中抽 n 个个体，按数值由小到大排列，取其前 r 个观测值为样本：

$$x(1) \leqslant x(2) \leqslant \cdots \leqslant x(r) \qquad (1 < r \leqslant n-1)$$

这样的样本是有意义的. 由于指数分布通常用于寿命数据，如果我们抽测 n 个样本的寿命，当第 r 个坏掉时就停止试验，这对长寿命物品的检验是很有利的. 统计量为：

$$E_{n,r}(1) = \frac{n(r-1)x(1)}{\sum_{i=1}^{r} x(i) + (n-r)x(r) - nx(1)}$$

根据 α，在 F 分布表中查出 $F_\alpha(2, 2r-2)$. 当 $E_{n,r}(1) < F_\alpha$ 时，判断 $x(1)$ 为异常值.

【例 7.14】 从指数总体抽 15 个样本，取值如下：

0.2150，　0.3893，　1.4849，　1.0349，　0.2984，
0.6004，　5.1020，　0.1381，　1.2349，　2.3182，
0.4893，　0.8682，　0.7254，　0.0667，　1.8182.

现欲判断 $x(15)=5.1020$ 是否为异常值. 取 $\alpha=0.01$.

解 $n=15$，计算，得

$$\sum x_i = 16.7839, T_{15}(15) = 5.1020/16.7839 = 0.3040$$

由上侧分位数表，查得

$$T'(1-0.01) = 0.4070$$

因 $T_{15}(15) < T'(1-0.01)$，故不能判断 $x(15)$ 异常.

【例 7.15】 从指数总体取得 101 个观测值，$\sum_{i=1}^{101} x_i = 10100$，$x(1)=0.04$，取 $\alpha=0.05$，检验 $x(1)$ 是否异常.

解 由于 $n=101$，计算，得

$$E_{101}(1) = 101 \times 100 \times 0.04/(10100 - 101 \times 0.04) = 0.04$$

由 F 分布表，查得

$$F_{0.05}(2, 2n-2) = [F_{0.95}(2n-2, 2)]^{-1} = 1/19.5 \approx 0.05$$

由于 $E_{101}(1) < 0.05$，故判断 $x(1)$ 为异常值.

7.5 数据的描述性分析

拿到数据之后,最好先进行一些直观分析,这样有助于增加对数据的了解和正确选择下一步的统计方法.本节就介绍其中几种常用的方法.

(一) 基于次序统计量的样本数字特征

我们前边已经介绍了许多分布的数字特征,如均值、方差、标准差、偏态系数、峰态系数、各阶距等等.这些数字特征是基于随机变量的所有可能取值计算的,比较适合对服从正态分布的数据或近似服从正态分布数据的分析.若数据与正态分布相差较远,如严重偏态,有较多极端值等情况,采用上述数字特征就不太合适.此时可使用一些基于取值排列次序计算出的数字特征,如中位数、分位数、极差等.中位数、分位数等概念在前面第 2 章和第 3 章中也介绍过,但那里是基于概率函数的,称为总体中位数、总体分位数;而现在希望把它们用于不知道理论分布的情况,这些计算方法是基于观测数据的,实际是样本中位数、样本分位数.下面就一一介绍.

1. 次序统计量

设 $x_1, x_2, \cdots, x_n$ 为 n 个抽自某总体的样本,将它们从小到大排列,可得:

$$x_{(1)} \leqslant x_{(2)} \leqslant \cdots \leqslant x_{(n)}$$

这就是次序统计量.利用它我们可以定义以下数字特征.

2. 样本中位数 M

它的计算公式为:

$$M = \begin{cases} x_{\left(\frac{n+1}{2}\right)} & n \text{ 为奇数} \\ \dfrac{1}{2}\left(x_{\left(\frac{n}{2}\right)} + x_{\left(\frac{n}{2}+1\right)}\right) & n \text{ 为偶数} \end{cases}$$

可以把这里的定义与第 2 章比较一下,那里是两边的概率相等,这里是两边的数据个数相等.前者是理论上的中位数,或称总体中位数;后者是样本中位数.中位数和均值都是描述总体中心位置的数字特征,当分布是对称的时候,中位数的值与均值会很接近;但若分布是偏的,它们可能相差很远.另外,中位数不容易受到个别异常值的影响,而均值很容易受到少数异常值的影响.因此中位数更稳健.

3. 极差

极差是数据中最大值与最小值之差,它的计算公式是

$$R = x_{(n)} - x_{(1)}$$

极差也是数据离散程度的一种描述方法,一般只用于样本.

4. 样本分位数

对于样本含量为 n 的样本,其 $p(0\leqslant p\leqslant 1)$ 分位数定义为

$$M_p = \begin{cases} x_{([np]+1)} & np\ \text{不是整数},[np]\ \text{代表取整} \\ \dfrac{1}{2}\left(x_{(np)} + x_{(np+1)}\right) & np\ \text{是整数}, p \neq 1 \\ x_{(n)} & p = 1 \end{cases}$$

与第 3 章中的分位数定义相比,前者是小于分位数的概率为 p,这里是小于分位数的观察值个数为 np.显然中位数是 $M_{0.5}$.为简便起见,中位数的下标常常省略.分位数中常用的是百分位数与四分位数,如 $M_{0.01}, M_{0.05}, M_{0.10}, M_{0.90}, M_{0.95}, M_{0.99}$ 等.

5. 四分位数

定义为 $Q_1 = M_{0.25}, Q_3 = M_{0.75}$.分别称为下四分位数和上四分位数.显然有 $Q_2 = M$.

6. 四分位极差

定义为 $R_1 = Q_3 - Q_1$.它也是描述数据离散程度的数字特征.与极差相比,它的特点是不受少数异常值的影响,具有稳健性,因此使用也很广泛.四分位极差有时也称为半极差.

7. 上下截断点

定义为

$$C_L = Q_1 - 1.5R_1$$
$$C_H = Q_3 + 1.5R_1$$

C_L 称为下截断点，C_H 称为上截断点. 它们可用于异常值判断，详见下文.

(二) 基于次序统计量的稳健估计

可以证明，在多数情况下样本分位数是总体分位数的一致估计量. 利用这种关系，我们可以进行一些稳健估计，例如：

1. 利用四分位极差估计总体方差

当总体服从正态分布 $N(\mu,\sigma^2)$ 时，其总体上下四分位数分别为

$$U_{0.75} = \mu + 0.6745\sigma$$
$$U_{0.25} = \mu - 0.6745\sigma$$

故正态总体四分位极差为

$$r_1 = U_{0.75} - U_{0.25} = 1.349\sigma$$

用样本四分位极差 R_1 代替总体四分位极差 r_1，可得总体标准差的另一个点估计为

$$\hat{\sigma} = R_1/1.349$$

上述估计量称为四分位标准差. 与第 2 章中的样本标准差 s 相比，这个估计量更不容易受到少数异常值的影响，因此是比较稳健的估计值.

2. 利用四分位数估计总体均值

上文已经提到中位数和均值都是描述总体中心位置的数字特征，且中位数更稳健. 但是均值是利用所有数据计算出来的，而中位数只利用了部分信息，因此不够精确. 为了在一定程度上弥补中位数的缺点，我们可以采用三均值来代替中位数，它的定义是

$$\hat{M} = Q_1/4 + M/2 + Q_3/4$$

三均值实际是 3 个四分位数的加权平均，中位数的权重为 1/2，上下

四分位数的权重均为 1/4. 与只用中位数相比，三均值利用了更多信息，精度有所改善；同时又保持了稳健性，因此在描述性分析中常常使用.

3. 利用四分位数判断异常值

在上一节中我们介绍了一些异常值处理的方法，主要是针对正态分布与指数分布. 但在实际工作中，我们常常面对不能确定总体分布的情况. 因此很需要一种既简便又能用于各种分布的异常值判断方法. 利用前述的上下截断点可以做到这一点. 当总体分布为 $N(\mu,\sigma^2)$ 时，理论上下截断点为

$$U_{0.25}-1.5r_1=\mu-2.698\sigma$$
$$U_{0.75}+1.5r_1=\mu+2.698\sigma$$

计算可知，观察值落在上下截断点之外的概率为 0.00698，说明采用上下截断点来判断异常值还是比较可靠的.

(三) 数据的图形表示

数据的数字特征描述了数据某一方面的特征，其缺点是不够直观，不能全面地表现数据的特征. 为了对数据的整体特性有直观了解，采用图形是最好的办法. 图形有很多种，如常用的散点图、柱形图、线形图、饼图等等. 本节只介绍几种在统计中使用较多的.

1. 描述分布的图形：直方图与折线图

当我们不知道总体的分布类型，而又能得到较多数据时，先把它们画成图形，看看有什么特点，这往往是一种好的选择. 从这种图形中我们能得到许多信息，如是单峰分布还是双峰分布(常见分布都是单峰的，双峰常常暗示是两个总体的混合)，是否对称，是否有某种特殊规律性，等等. 这些对于我们选择进一步的分析方法都是很有帮助的. 描述分布最主要的是两种方法：密度函数和分布函数. 当分布连续时，它们都可以表示成一条曲线. 相应的，我们也可以根据观测数

据,采用直方图和折线图的方法画出类似的图形.这种方法可以帮助我们直观掌握数据的主要特点.

(1) 以直方图逼近密度函数图形

此时横轴是随机变量的取值范围.我们把它分成若干区间,通常情况是等间隔的,区间长度称为组距.纵轴是随机变量落入该区间的频数或频率.在每个区间上画一个矩形,其宽度是组距,高度是频数或频率.这样就构成了一个直方图.显然,数据量越多,可以分成的区间就越多,全部矩形上边缘组成的折线锯齿就越小,也就越接近真正的密度函数曲线(见图7.3).

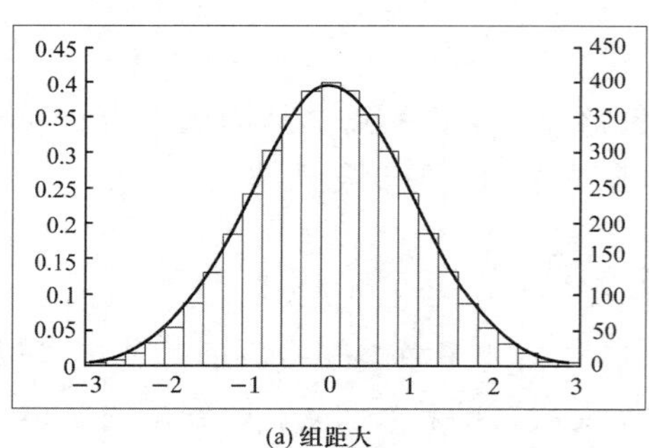

(a) 组距大

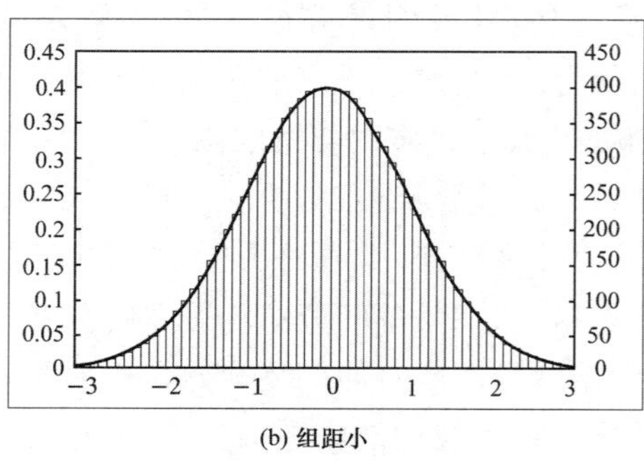

(b) 组距小

图7.3　以直方图逼近密度函数

如果我们把取值范围分为不等间隔的区间,纵轴就不能直接使用频数或频率,否则可能形成一些并不存在的假峰,给人错误印象.此时可使用频率/组距为纵轴,这样可以避免上述假峰现象(见图7.4).如果矩形宽度是组矩,则矩形面积是变量落入该区间频率,全部矩阵上边缘组成的折线仍会逼近密度曲线.

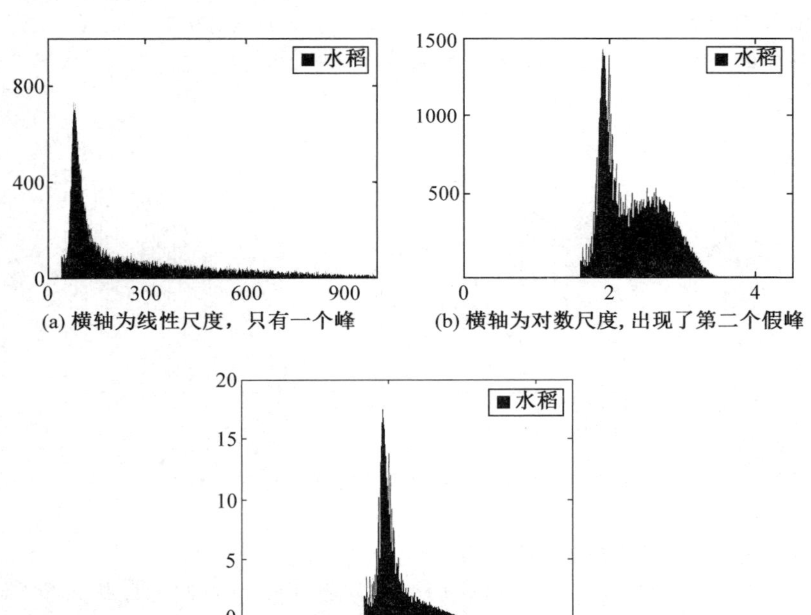

(a) 横轴为线性尺度,只有一个峰

(b) 横轴为对数尺度,出现了第二个假峰

(c) 横轴为对数尺度,纵轴改为个数/组矩,假峰消失

图 7.4　组矩不相等的影响,数据为水稻基因中内含子长度的分布

(2) 以折线图逼近分布函数曲线

横轴仍是随机变量的取值范围,纵轴是落在左方的随机变量个数.具体做法是设 $x_1, x_2, \cdots, x_n$ 为 n 个抽自某总体的样本;$x_{(1)}$,

$x_{(2)}, \cdots, x_{(n)}$是对应的次序统计量,令

$$F_n(x) = \begin{cases} 0 & x \leqslant x_{(1)} \\ i/n & x_{(i)} < x \leqslant x_{(i+1)}, i < n \\ 1 & x > x_{(n)} \end{cases}$$

则称 $F_n(x)$为经验分布函数.它实际是非降的阶梯函数,在每一个样本取值点都跃升 $1/n$.如果在某点重复取值 k 次,则跃升 k/n.当 n 充分大时,经验分布函数将逼近总体分布函数(见图 7.5).

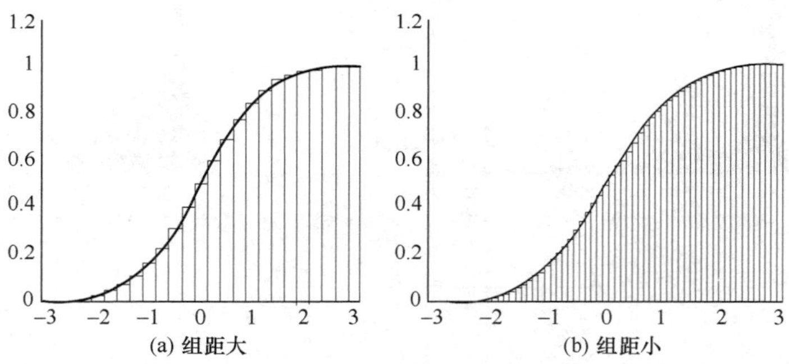

图 7.5　以经验分布函数逼近总体分布函数

2. 鉴定分布类型的图: *QQ* 图

上面的两种图形可以让我们对未知总体分布的大概形状有个直观了解,但有时相似的分布有好多种,光凭大概形状还是不能判断未知分布最像哪一种.此时 *QQ* 图就是一种有用的工具.它的基本思想就是把理论分布作为 Y 轴,观察的样本分布作为 X 轴,画散点图.如果观察的样本服从预期的理论分布,这些点应该大致成为一条直线;否则说明样本与理论分布有较大差别.具体做法为:

(1) 理论分布为离散分布

此时可以用理论分布为 Y 轴,经验分布为 X 轴,画散点图.如果理论分布是对的,图上的点应该近似成为一条直线(见图 7.6).

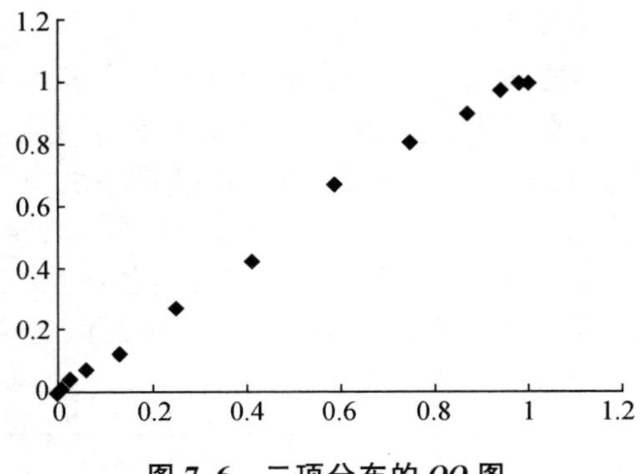

图 7.6 二项分布的 QQ 图

(2) 理论分布为连续分布

此时可以计算理论分布在各观测值处的分位数

$$M(n,i)=F^{-1}\left(\frac{i-0.375}{n+0.25}\right)$$

其中：F 为理论分布的分布函数，F^{-1} 为其反函数；n 为样本含量；i 为样本次序统计量的序号. 然后用 $(M(n,i),x_{(i)})$ 为坐标，画出散点图. 若样本取自正态总体，F 取为标准正态分布函数，则上述 QQ 图上的点近似于直线 $y=\sigma x+\mu$(见图 7.7).

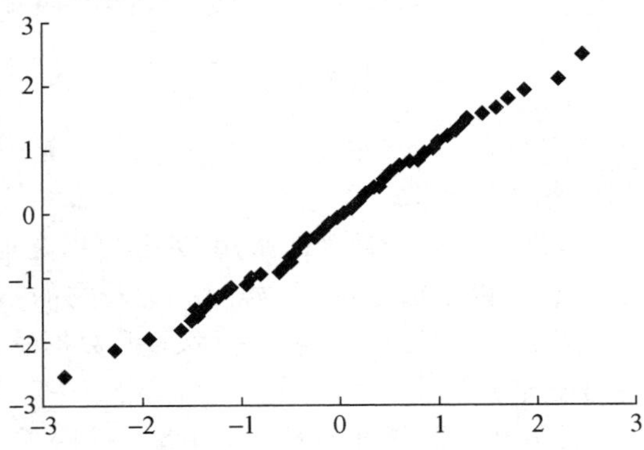

图 7.7 标准正态分布的 QQ 图

3. 表示数字特征的图：箱形图

箱形图是把数据的几个主要数字特征用一个图形简洁地表示出来. 它的构造是先画一个矩形，两个端边的位置是上下四分位数；矩形中间有一条线，其位置是中位数（也有的画两条线，一条是中位数，一条是样本均值）；从矩形两端边中间向外各画一条线，线的终点各用一条短垂线结束，其位置是样本中不是异常值的最远点，即大于下截断点的最小值和小于上截断点的最大值. 异常值的位置用"×"或"○"等符号表示（见图 7.8）.

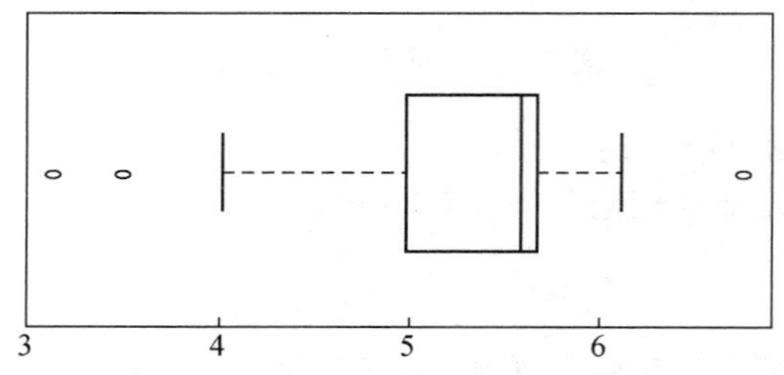

图 7.8　例 7.10 中 25 个数据的箱形图

箱形图可以用于表示一组数据的主要特征，如中心位置、对称性、离散程度、异常值位置等；也可以比较多组数据间这些特征的差异.

7.6　简单实验设计

（一）成组比较法

这种方法可以在只有两个处理时采用. 处理可以是类别因素，如两种不同的药物；也可以是数量因素，如同一种药物的不同剂量. 方法是把实验材料随机分成两组，各接受一种处理. 数据统计方法为成组 t 检验（详见 3.3 节）.

这种实验设计方法看起来非常简单，但也有一些需要注意的问题，否则也不能取得好的效果. 这些问题包括：

(1) 材料的性质必须是均一的.在这种设计中实验材料的差异都被作为随机误差处理,而随机误差过大常常会掩盖处理引起的差异,使它检验不出来.因此如果材料均一性很差时,一般不能采用这种实验设计方法.

(2) 一定要保证材料划分成两组的过程是随机的.建议使用随机数表.具体使用方法见完全随机化设计.

(3) 两组样本容量应保持相同.一般来说,不同的处理不会影响实验数据的方差.在这种情况下,两组的样本含量应尽可能保持相同.这是因为最后作统计检验时是 t 检验,统计量为

$$t=\frac{\overline{X}_1-\overline{X}_2}{\sqrt{S^2\left(\frac{1}{n_1}+\frac{1}{n_2}\right)}}$$

其中:S^2 为合并的样本方差,是总体参数 σ^2 的估计值.显然,在其他条件不变的情况下,n_1,n_2 的分配应使$\frac{1}{n_1}+\frac{1}{n_2}$达到最小,这样才能检验出最小的差异.用微分的方法容易证明,在 n_1+n_2 为常数的条件下,只有 $n_1=n_2$ 才能使$\frac{1}{n_1}+\frac{1}{n_2}$达到极小.

(4) 选择适当的样本含量.样本含量增加,各种检验和估计的精度都会提高,但也增加了人力物力的消耗.因此必须在这两者之间作一权衡.但应注意,如果 n 是实验的重复数,平均数的标准差是与$\sqrt{n}$成反比的.因此用增加样本含量 N 的方法提高检验精度,在重复数 n 很小时还可以,在 n 较大时效率就很低了.

(5) 尽量减小实验误差.实验误差主要来自实验材料的不均一、环境条件的变化、实验操作的不稳定性及仪器本身的误差等.这些因素在实验设计和操作过程中都应加以考虑.例如为保证实验材料均一,应选择同性别、同年龄、同体重的实验动物;为减少环境的影响,应尽可能维持环境条件的恒定;为减少实验操作的差异,应尽量由同一人操作,如必须由几人分别完成,则应统一标准,并经练习与检验,

力求操作一致.总之应在条件许可范围内尽量减少实验误差.

上述(4)、(5)两项实际上适用于一切实验设计.

(二)配对比较实验

这种方法也用于只有两个处理的实验,主要是为了尽可能减小材料本身差异对实验结果带来的影响.一般来说,若实验材料需要量很大或可选择的范围较小,则保持材料的均一性会很困难.此时可采用配对的方法,即选用一对对尽可能一致的实验材料分别作两种不同的处理,然后用它们的差值来进行统计检验.这样就基本上消除了材料差异的影响.例如,若不能保证所有实验动物都是同性别、同年龄、同体重,则可选取一对对满足上述条件的动物分别作两种不同处理,然后对测量的差值进行统计;药物疗效实验中采用同一个人服药前后的数据差;等等.这种实验设计的详细统计方法见3.3节.

(三)完全随机化设计

这是成组比较的一般化,即相当于多组或多个处理水平相互比较的实验.这种方法适用于实验材料均一性很好的情况.实验设计很简单,主要原则就是保证样本的随机性.方法是:选取尽量一致的实验材料,然后利用随机数表或其他方法把它们分配到各处理中去.

使用随机数表的方法为:设要把材料分为 a 组.先把实验材料编好号,然后用铅笔在随机数表中随意一点,从点到的地方开始两位两位地读数字.把第一个数字用处理数 a 除,所得余数就决定了第一个材料分到哪个处理……这样重复下去,直到把全部材料分完.如果各处理材料数不符合要求,可以再用随机数表调整:假如第三处理材料数太多,就继续读数,并用第三处理目前的材料数去除这个数字,用余数决定哪个材料调出.如果只有一个处理材料数不够,则可以把调出的材料直接放入这个处理中;如果不止一个处理材料数不够,则再读一个随机数,并用需要调入材料的处理数来除,用余数来决定把材料放入哪个组中.这样反复进行,直到所有材料都被适当地分入各个组中.当然如果材料太多或要分的组数太多,三位三位、甚至四位四位读随机数也是可以的.总之,这个过程中的一切事情都应由随机数来决定,不要由人主观决定,因为人的决定常常有意无意地受到某种考虑的影响,很难是真正随机的.另外,计算机甚至某些计算器也都有产生随机数序列的能力,也可用于类似的随机化过程.

由于这种方法的随机化是在全部实验材料之间进行,所以称为完全随机化实验设计.它主要适用于在全部实验材料中没有明显的、我们应加以考虑的差异的情况.数据统计方法采用单因素方差分析,详见4.1节.

【例7.16】 采用随机数表把20个实验材料分为4组,每组5个材料.

解 把材料编好号,在随机数表中随意一点,并从点到的地方开始两位两位读数.设第一个数为40,除以4余数为0,故第一个材料分入第4组.下一个数为22,除以4余2,故第二个材料分入第2组.这样重复下去,20个材料第一次分组情况如下:

组别	材料编号						
1	4	9	17	19			
2	2	5	7	11	12	15	16
3	3	8	10	13	14	18	
4	1	6	20				

由于一般我们都希望各组中材料个数均匀,所以需要对上述结果作调整.显然,第2组及第3组材料过多,第1组及第4组材料过少.继续读数,设下一个为86,除以4余2,从第2组调出.再把它除以第2组目前材料数7,余2.把第2组第二个材料,即第5号材料调出.读下个数字,为56,除以4余0,调入第4组.再读,为70,除以4余2,再从第2组调出.(如果这时的余数不符合要求,在本例中就是不是2或3,则这个随机数可舍弃不用,再读下一个,直到碰到符合要求的为止.)再把它除以6,余4.把目前的第2组第4个材料,即第12号材料调出.读下一个数,为51,除以4余3.不符合要求.再读下一个,为29,除以4余1,调入第一组.现在只有第3组还需要调一个材料到第4组,读下个数,为21,除以第3组材料个数6,余3.把第三个材料,即第10号材料调到第4组.调整结束.最后结果为

组 别	材料编号				
1	4	9	17	19	12
2	2	7	11	15	16
3	3	8	13	14	18
4	1	6	20	5	10

7.7 随机化完全区组设计

(一) 原理

前述的完全随机化设计有一个重大缺点,就是它要求全部实验材料都具有严格的同一性.否则,材料间的差异会使误差大大增加,甚至会掩盖了我们所要检验的处理间的差异.但要做到使材料性质严格一致是非常困难的,有时甚至是不可能的.这就限制了完全随机化设计方法的应用.

为了解决这一问题,我们可以把实验材料按组内性质一致的原则分为几个组,每个这样的组就称为一个"区组".随机化只在区组内进行,而不是全部材料之间进行."完全"的意义是每个区组内均包含全部处理.每个区组内材料少了,相对来说均一性会得到更好地满足.同时,也可对区组间的差异做检验,从而为以后进行类似实验设计是否需要划分区组提供依据.例如,我们可选年龄、性别、体重、身长等特征相同的实验动物为一个区组.如果两个区组间只有年龄不同,其他均相同,而实验结果说明这两个区组间没有差异,这就说明下次进行类似实验设计时可以不考虑年龄的影响.当然我们也可对性别、体重、体长等其他特征做类似的工作.划分区组的标准除材料本身的特性外,也可依照环境条件或不同仪器、操作者,试剂批号等其他因素来划分.例如,农业试验中土地的土质、朝向、离灌渠的远近等环境条件常难以保证完全一致,如果划分成几个区组则可保证区组内条件大致一致.再把区组划成试验小区,用随机数表来决定哪个小区接受哪一种处理.其他,如不同操作者、不同仪器设备、不同试剂批号等都可能引起额外的误差,因此也都可以作为划分区组的标准.

(二) 设计方法

前边已介绍过这种实验设计中随机化只在区组内进行,可以采用抽签等方法,但最好采用随机数表.随机化的方法与上一节中介绍方法相同,不再重复.

需要注意的是,这种随机化的过程要对每个区组进行一次,不能只进行一次就用于所有区组,否则难以消除编号时产生的系统误差.

(三) 实验数据的处理

把不同水平的处理作为一个因素 A,区组作为另一因素 B,按两因素方差分析进行统计检验.如果不能肯定 A 与 B 之间是否有交互作用,则应在区组内设置重复,即每个区组内至少应包括处理水平数 2～3 倍的实验材料.这样每个处理在一个区组中出现不止一次,从而可得到误差与交互作用的估计,使各种统计检验得以顺利进行.当然这样一来区组内包含的材料增多,保持材料均一性就变得相对困难,因此在确信无交互作用的前提下,区组内也可不设置重复.

实验的主要目的是检验 A 因素的各水平之间是否有显著差异.对 B 因素(区组间差异)也可进行检验,目的是要知道下次进行类似实验时是否有必要按同样标准划分区组.如果对 B 的检验结果是无差异,下次实验时就不必要按同样的标准化分区组.若没有其他需要考虑的划分区组标准,则可采用完全随机化的方法,这样可减少实验及数据分析的复杂性.

(四) 优缺点

与完全随机化方法相比,这种方法的优点是可以把区组间差异的影响从误差中分离出来,从而提高了统计检验的灵敏度.这种方法对处理数和区组数也没有任何限制.

缺点是处理数多时,或怀疑处理与区组间有交互作用时,区组包含材料数仍然较多,区组内部的均一性仍难满足.如果没有交互作用,但区组容量不够或内部均一性不好,可考虑采用拉丁方或平衡不完全区组设计等方法.另外,与完全随机化方法相比,随机化完全区组增加了一个因素,计算也相应复杂一些.

7.8 拉丁方及希腊-拉丁方设计

采用前一节的随机化完全区组设计要求区组内材料尽可能一致,若这个条件不能满足,实验误差仍会较大.但若区组内材料性质变化有某种规律,则可采用拉丁方或希腊-拉丁方设计弥补.这种方法最常用于农业试验,以弥补土地肥力、湿润程度等自然因素的变化.

(一) 拉丁方设计

设实验田东部和北部较肥沃,西部和南部较贫瘠.此时若采用随机完全区组设计,不管区组内的处理如何排列,都无法保证它们的肥力条件相同.但土地肥力一般是逐渐变化的,因此我们可以这样来安排试验:设实验共需要安排 n 个处理,则整块土地划分为 n 行 n 列,共 $n\times n$ 个小区.并使每种处理在每行每列上均出现一次,且只出现一次.这样,每一行每一列都相当于一个区组,全部小区组成一个方阵.n 称为拉丁方的阶数.这种方法称为拉丁方是因为常用拉丁字母来代表各个小区.

统计模型为:

$$x_{ijk} = \mu + \alpha_i + \beta_j + \gamma_k + \varepsilon_{ijk} \quad (i, j, k = 1, 2, \cdots, n)$$

其中:α_i 为行效应,β_j 为处理效应,γ_k 为列效应.$\varepsilon_{ijk} \sim NID(0, \sigma^2)$,且各效应间无交互作用.

实验的主要目的是检验处理效应β_j. 引入α_i、γ_k是为了控制两个方向上的外来影响，以便把它们排除. 总变差及其自由度可分解为

$$\begin{array}{lccccccccc} & SS_T & = & SS_{行} & + & SS_{列} & + & SS_{处理} & + & SS_e \\ df: & n^2-1 & & (n-1) & & (n-1) & & (n-1) & & (n-2)(n-1) \end{array}$$

统计假设为

$$H_0: \beta_j = 0 \qquad (j=1, 2, \cdots, n)$$

$$H_A: 至少某一\ \beta_j \neq 0$$

统计量为

$$F=\frac{MS_{处理}}{MS_e} \sim F(n-1, (n-2)(n-1)), 上单尾检验.$$

拉丁方设计的统计方法是方差分析. 由于此时一般不考虑因素间的交互作用，无重复，且常常只需对处理效应作统计检验，因此与正常的方差分析相比简单了许多；但计算与处理上并无特殊之处，故不再列出详细的计算公式，可参见第 4 章方差分析或例 7.17.

由于要保证各处理在每行每列都出现一次，且只出现一次，而且假设条件是有规律地变化的，各处理在拉丁方内的位置已不能再随机排列. 一般采用轮回的方法，即下一行的排列顺序是把上一行第一个处理调到最后一个，其他各处理依次提前一个.

与随机区组设计相比，拉丁方的优点是从两个方向上进行分组，使得两个方向上实验条件的不均一性都得到了弥补，检验灵敏度有所提高；缺点是行和列包含的小区数都要等于处理数n，因此总共有n^2个小区. 当处理数n很大时，实验工作量可能大得无法接受，所以拉丁方阶数一般不超过 9.

【例 7.17】 用 5×5 拉丁方设计安排大豆品种比较实验，得到下表中给出的结果. 问 5 个大豆品种A、B、C、D、E的产量差异是否显著？

行＼列	小区产量/kg					
	1	2	3	4	5	$\overline{x}_{i\cdot\cdot}$
1	A 53	B 44	C 45	D 49	E 40	46.2
2	B 52	C 51	D 44	E 42	A 50	47.8
3	C 50	D 46	E 43	A 54	B 47	48.0
4	D 45	E 49	A 54	B 44	C 40	46.4
5	E 43	A 60	B 45	C 43	D 44	47.0
$\overline{x}_{\cdot\cdot k}$	48.6	50	46.2	46.4	44.2	

解　求出5个品种产量的平均值,列入下表.

品　种	A	B	C	D	E
平均值	54.2	46.4	45.8	45.6	43.4

按第4章方差分析的方法,采用计算器计算如下.

把原始数据输入,得

$$S^2=24.57667,\quad 故\ SS_T=(n^2-1)S^2=589.84$$

把行平均值 $\overline{x}_{i\cdot\cdot}$ 输入,得

$$S^2_{\overline{x}_{i\cdot\cdot}}=0.652,\quad 故\ SS_{行}=n(n-1)S^2_{\overline{x}_{i\cdot\cdot}}=13.04$$

把列平均值 $\overline{x}_{\cdot\cdot k}$ 输入,得

$$S^2_{\overline{x}_{\cdot\cdot k}}=5.092,\quad 故\ SS_{列}=n(n-1)S^2_{\overline{x}_{\cdot\cdot k}}=101.84$$

把品种平均值输入,得

$$S^2_{\overline{x}_{\cdot j\cdot}}=17.132,\quad 故\ SS_{品种}=n(n-1)S^2_{\overline{x}_{\cdot j\cdot}}=342.64$$

列成方差分析表(见下表).

变差来源	平方和	自由度	均　方	F
品种	342.64	4	85.66	7.768
行	13.04	4	3.26	
列	101.84	4	25.46	
误差	132.32	12	11.027	
总　和	589.84	24		

查表，得 $F_{0.95}(4,12)=3.259$，$F_{0.99}(4,12)=5.412$，$F>F_{0.99}$. 因此，品种间差异极显著.

一般情况下，行效应和列效应都是我们希望排除的干扰，通常并不对它们进行检验；而品种间的差异才是我们所关心的，只需对它进行检验就可以了.

(二) 希腊-拉丁方设计

若在一个用拉丁字母表示的 $n\times n$ 拉丁方上，再重合一个用希腊字母表示的 $n\times n$ 拉丁方，并使每个希腊字母与每个拉丁字母都共同出现一次，且仅共同出现一次，此时我们称这两个拉丁方正交. 这样的设计称为希腊-拉丁方设计.

在这样的设计中，一共可容纳 4 个因素：行、列、希腊字母和拉丁字母. 每个因素都有 n 个水平，共做 n^2 次实验. 这 4 个因素中常常只有一个代表我们要检测的处理效应，其他均为我们希望排除的外来因素的影响. 因此，这种方法共可控制三种不需要的变异性. 但显然不是任意两个 $n\times n$ 的拉丁方都能满足上述正交条件，因此有必要研究正交拉丁方的存在性. 可以证明，除 $n=6$ 外，所有拉丁方均有与它正交的拉丁方. 对于给定的阶数 n，最多可以有 $n-1$ 个互相正交的拉丁方. 如果确实存在这样的 $n-1$ 个正交拉丁方，则称它们为正交拉丁方的完全系. 把所有这些拉丁方重叠在一起，共可容纳 $n+1$ 个因素(因为除每个正交拉丁方都可容纳一个因素外，还有行，列可容纳两个因素). 但如果真安排 $n+1$ 个因素，就无法再分离出误差项，也就无法进行统计检验了. 因此 n 阶拉丁方最多可安排 n 个因素进行实验. 正交拉丁方已编成专门表格，需要时可查阅 C.21 表.

希腊-拉丁方的统计方法与拉丁方极为相似，只是现在又多出了一个希腊字母所代表的因素. 它的统计模型为

$$x_{ijkl}=\mu+\alpha_i+\beta_j+\gamma_k+\theta_l+\varepsilon_{ijkl} \quad (i, j, k, l=1, 2, \cdots, n)$$

其中：x_{ijkl} 是第 i 行，第 j 列，第 k 个拉丁字母和第 l 个希腊字母的观察值. μ 为总平均值，α_i 为行效应，β_j 为列效应，γ_k 为拉丁字母效应，θ_l 为希腊字母效应. $\varepsilon_{ijkl}\sim NID(0,\sigma^2)$ 为随机误差.

希腊-拉丁方设计同样要求所有因素间均无交互效应. 同时应注意，不是一切 i, j, k, l 的组合都会出现在 x 的下标中，只有满足正交条件的那些才会出现. 在拉丁方设计中也有类似现象.

希腊-拉丁方的变差及自由度分解为

$$\begin{array}{lccccccccccc} & SS_T & = & SS_{行} & + & SS_{列} & + & SS_{拉丁} & + & SS_{希腊} & + & SS_e \\ df: & n^2-1 & & (n-1) & & (n-1) & & (n-1) & & (n-1) & & (n-3)(n-1) \end{array}$$

各平方和计算公式与以前相同，不再重复.

采用希腊-拉丁方设计后，从误差项中又分解出了一项系统误差，SS_e 进一步减小，从而提高了检验的灵敏度. 例 7.18 就是在例7.17的基础上又分离出了不同人管理引入的误差，从而使 F 值进一步提高.

【例 7.18】 假设例 7.17 中的田间管理需由 5 个不同的人完成，则可按如下的希腊-拉丁方设计进行实验($\alpha,\beta,\gamma,\theta,\varphi$ 分别代表 5 个不同的管理人)，结果列于下表. 试对上述结果进行统计分析.

行 \ 列	1	2	3	4	5
1	$A\alpha=53$	$B\beta=44$	$C\gamma=45$	$D\theta=49$	$E\varphi=40$
2	$B\gamma=52$	$C\theta=51$	$D\varphi=44$	$E\alpha=42$	$A\beta=50$
3	$C\varphi=50$	$D\alpha=46$	$E\beta=43$	$A\gamma=54$	$B\theta=47$
4	$D\beta=45$	$E\gamma=49$	$A\theta=54$	$B\varphi=44$	$C\alpha=40$
5	$E\theta=43$	$A\varphi=60$	$B\alpha=45$	$C\beta=43$	$D\gamma=44$

解 计算用希腊字母代表的平均数：

田间管理	α	β	γ	θ	φ
均　值	45.2	45.0	48.8	48.8	47.6

把上述均值输入计算器,得

$$S^2_{\bar{x}_{\cdots l}}=3.512,\quad 故\ SS_{管理}=n(n-1)S^2_{\bar{x}_{\cdots l}}=70.24$$

因此

$$SS_e=SS_T-SS_{列}-SS_{行}-SS_{品种}-SS_{管理}=62.08$$

其他数据与例 7.17 相同,不再重复计算.列成方差分析表：

变差来源	平方和	自由度	均　方	F
品　种	342.64	4	85.66	11.039
管　理	70.24	4	17.56	
行	13.04	4	3.26	
列	101.84	4	25.46	
误　差	62.08	8	7.76	
总　和	589.84	24		

查表,得

$F_{0.95}(4,8)=3.838$, $F_{0.99}(4,8)=7.006<F$, 因此品种间差异极显著.

采用拉丁方或希腊-拉丁方设计,最主要的要求是各因素间不得有交互作用.否则所有交互效应都会合并在误差项中,使检验得不到正确结果.

7.9 平衡不完全区组设计

(一) 平衡不完全区组设计的基本思想

随机化完全区组设计对区组内的均一性有较高要求,当处理数较多时,满足这一要求会有困难.如果减小区组容量,均一性会得到较好满足,但又无法容纳全部处理.为解决这一矛盾,可采用平衡不

完全区组设计的方法. 它的基本思想是不要求每一区组包含全部处理,而是只包含一部分,但要满足以下几个条件:

(1) 每个处理在每一区组中至多出现一次;

(2) 每个处理在全部实验中出现次数均相同;

(3) 任意两个处理都有机会出现于同一区组中,且在全部实验中,任意两个处理出现于同一区组中的次数 λ 均相同.

上述三个条件就是"平衡"的含意,而"不完全"则意味着在每个区组中不能包含全部处理.

设有 a 个处理,b 个区组,每个区组容量为 k,处理重复数为 r. 由于是不完全区组,应有 $k<a$. 由于是平衡的,应有

$$\lambda = r(k-1)/(a-1) \tag{7.53}$$

证明 考虑某一处理,由条件(1)、(2),它应出现在 r 个区组中;这 r 个区组中除安排该处理外,还有 $r(k-1)$个试验安排其他$a-1$个处理. 由条件(3),它们出现次数 λ 相同,因此式(7.53)成立.

具体实验安排方法可查专门表格(见书后附录表 C.22). 平衡不完全区组设计的数据处理也是比较复杂的,这是因为每个区组不能包含全部处理,同时每个处理也不能出现在所有区组中. 此时即使有 $\sum\limits_i \alpha_i = \sum\limits_j \beta_j = 0$,但 $x_{i.}$ 中求和时不能包含全部的 j,因此它仍包含有 β 的影响. 同理,$x_{.j}$ 中也有 α 的影响. 为了进行正确的统计分析,我们必须把这种混杂消除掉. 下面我们来介绍具体的消除方法.

(二) 平衡不完全区组设计的统计计算

平衡不完全区组设计的统计模型为

$$x_{ij} = \mu + \alpha_i + \beta_j + \varepsilon_{ij}$$
$$(i=1,\ 2,\ \cdots,\ a;\ j=1,\ 2,\ \cdots,\ b) \tag{7.54}$$

其中:α_i 为处理效应,β_j 为区组效应,μ 为总平均值,$\varepsilon_{ij} \sim NID(0,\sigma^2)$ 为随机误差. 注意,此时也不是一切 i、j 的组合都会出现在 x 的下

标中.

总变差及自由度仍可作如下分解

$$\begin{array}{lcccc} & SS_T = & SS_{\text{处理(调整的)}} + & SS_{\text{区组}} + & SS_e \\ df: & N-1 & (a-1) & (b-1) & (N-a-b+1) \end{array}$$

其中：$N=bk=ar$,为总实验次数.

区组平方和的计算公式仍为

$$SS_{\text{区组}} = \frac{1}{k}\sum_{j=1}^{b} x_{\cdot j}^2 - \frac{x_{\cdot\cdot}^2}{N} \tag{7.55}$$

需要注意的是,由于是不完全区组,区组内不能包括全部处理,因此 $x_{\cdot j}$ 中不仅有 β_j 项,也仍有 A 因素的影响. 因此 $SS_{\text{区组}}$ 严格说不是真正的区组平方和,这和下边处理平方和要进行调整的原因是相同的. 由于一般不要求对区组的差异进行检验,因此没有对 $SS_{\text{区组}}$ 作相应的调整.

处理平方和进行调整的目的是消除混杂在 $x_{i\cdot}$ 中的 B 因素的影响. 调整的方法是：令

$$SS_{\text{处理(调整的)}} = k\sum_{i=1}^{a} Q_i^2/(\lambda a) \tag{7.56}$$

其中：Q_i 是调整的第 i 次处理的总和,即

$$Q_i = x_{i\cdot} - \frac{1}{k}\sum_{j=1}^{b} n_{ij}x_{\cdot j} \quad (i = 1, 2, \cdots, a) \tag{7.57}$$

$$n_{ij} = \begin{cases} 1, & \text{当第 } j \text{ 区组中包含第 } i \text{ 处理时;} \\ 0, & \text{其他.} \end{cases}$$

这种调整之所以能消除混杂在 $x_{i\cdot}$ 中的 B 因素的影响,是因为 $\frac{1}{k}\sum_{j=1}^{b} n_{ij}x_{\cdot j}$ 是所有包含第 i 个处理的区组总和的平均. 由于设计是平衡的,在上述区组中除 i 之外的 $a-1$ 个处理出现的次数均为 λ. 若暂时不考虑随机误差 ε_{ij},则有

$$\sum_{j=1}^{b} n_{ij}x_{\cdot j} = rk\mu + r\alpha_i + \lambda\sum_{\substack{l=1 \\ l\neq i}}^{a}\alpha_l + k\sum_{j=1}^{b} n_{ij}\beta_j$$

$$x_{i.} = \sum_{j=1}^{b} n_{ij} x_{ij} = r\mu + r\alpha_i + \sum_{j=1}^{b} n_{ij}\beta_j$$

（实际上 $n_{ij}=0$ 时，x_{ij} 不存在，因此共 r 项相加）

故
$$Q_i = x_{i.} - \frac{1}{k}\sum_{j=1}^{b} n_{ij} x_{.j} = r\left(1-\frac{1}{k}\right)\alpha_i - \frac{\lambda}{k}\sum_{\substack{l=1\\ l\neq i}}^{a}\alpha_l$$

$$= [r(k-1)/k + \lambda/k]\alpha_i \qquad (\text{因} \textstyle\sum \alpha_i = 0)$$

$$= \frac{1}{k}[\lambda + \lambda(a-1)]\alpha_i \qquad (\text{因 } \lambda(a-1) = r(k-1))$$

$$= \frac{\lambda a}{k}\alpha_i$$

即 α_i 的估计值为：$\hat{\alpha}_i = \dfrac{k}{\lambda a}Q_i$ (7.58)

因此，调整的处理平均值为

$$\overline{x}_{i(\text{调整的})} = \overline{x}_{..} + \hat{\alpha}_i = \overline{x}_{..} + \frac{k}{\lambda a}Q_i \tag{7.59}$$

可以证明

$$E(MS_{\text{处理(调整的)}}) = E\left(\frac{1}{a-1}\frac{k}{\lambda a}\sum_{i=1}^{a} Q_i^2\right) = \sigma^2 + \frac{\lambda a}{k(a-1)}\sum_{i=1}^{a}\alpha_i^2$$

因此，可用统计量

$$F = \frac{MS_{\text{处理(调整的)}}}{MS_e} \sim F(a-1, N-a-b+1) \tag{7.60}$$

对 $H_0: \alpha_i = 0\ (i=1,2,\cdots,a)$ 进行统计检验. 若差异显著，可进一步对式(7.59)算出的调整后的处理平均值做多重比较，其标准误差为

$$S = \sqrt{\frac{k}{\lambda a}MS_e} \tag{7.61}$$

(三) 平衡不完全区组数据分析过程

总结上述分析与证明，平衡不完全区组数据分析过程为：

(1) 计算总平方和

$$SS_T=\sum_{i=1}^{a}\sum_{j=1}^{b}x_{ij}^2-x_{..}^2/ar \qquad df=ar-1$$

(注意：x_{ij} 实际上没有 $a\times b$ 个,只有 $ar=bk$ 个.)

(2) 计算区组平方和

$$SS_{区组}=\frac{1}{k}\sum_{j=1}^{b}x_{.j}^2-x_{..}^2/bk \qquad df=b-1$$

(3) 计算调整的处理平方和

$$Q_i=x_{i.}-\frac{1}{k}\sum_{j=1}^{b}n_{ij}x_{.j} \qquad (i=1,2,\cdots,a)$$

其中：$n_{ij}=\begin{cases}1, & i\text{ 处理出现 } j\text{ 区组中;}\\ 0, & \text{其他.}\end{cases}$

$$SS_{处理(调整的)}=\frac{k}{\lambda a}\sum_{i=1}^{a}Q_i^2 \qquad df=a-1$$

(4) 计算误差平方和

$$SS_e=SS_T-SS_{区组}-SS_{处理(调整的)}$$

$$df=N-a-b+1 \qquad (N=ar=bk)$$

(5) F 检验

$$H_0: \alpha_i=0,\ i=1,\ 2\ \cdots,\ a;\ H_A: 至少一个\ \alpha_i\neq 0$$

$$F=\frac{MS_{处理(调整的)}}{MS_e}\sim F(a-1,N-a-b+1),\text{上单尾检验}$$

(6) 计算调整的平均数

$$\overline{x}_{i.(调整的)}=\overline{x}_{..}+\frac{k}{\lambda a}Q_i$$

若 F 检验显著,可进一步进行多重比较,其标准误差为：

$$S=\sqrt{\frac{k}{\lambda a}MS_e}$$

说明

(1) 由于对区组未做调整,$SS_{区组}$ 中包含着处理的效应. 因此不能直接用$\dfrac{MS_{区组}}{MS_e}$来检验区组效应是否显著.一般情况下,不需要对区组效应进行检验,因此不必对区组平方和做复杂的调整.

(2) 由于(1),SS_e 也不是纯粹的误差平方和.但一般来说,它与纯粹的误差平方和差别不大,因此可用它代替误差平方做统计检验.

【例 7.19】 研究 4 种饲料对增重的影响.考虑到不同窝的动物遗传上的不同,可能对结果产生影响,因此以窝别作为区组.从每窝中选取两只发育基本一致的动物供实验用.实验结果列于下表,请进行统计分析.

处理(饲料)	区组(窝别)						$\overline{x}_{i.}$
	1	2	3	4	5	6	
1	14		16		12		14
2	11			9		8	9.3333
3		16	18			19	17.6667
4		19		21	20		20
$\overline{x}_{.j}$	12.5	17.5	17	15	16	13.5	$\overline{x}_{..}=15.25$

解 这是一个平衡不完全区组设计,$a=4$, $b=6$, $k=2$, $r=3$, $\lambda=1$. $N=ar=bk=12$.数据分析如下:

把全部数据输入计算器,得

$$S^2=19.4773,\text{故 } SS_T=(N-1)S^2=(12-1)\times 19.4773=214.25$$

把 $\overline{x}_{.j}$ 输入计算器,得

$$S^2_{\overline{x}_{.j}}=3.875,\text{故 } SS_{区组}=k(b-1)S^2_{.j}=2\times(6-1)\times 3.875=38.75$$

计算调整的处理总和,即

$$Q_1=3\times 14-(12.5+17+16)=-3.5$$

$$Q_2=3\times 9.3333-(12.5+15+13.5)=-13.0$$

$$Q_3=3\times 17.6667-(17.5+17+13.5)=5.0$$

$$Q_4=3\times 20-(17.5+15+16)=11.5$$

故 $SS_{处理(调整的)}=\dfrac{k}{\lambda a}\sum\limits_{i=1}^{4}Q_i^2=\dfrac{2}{1\times 4}(3.5^2+13^2+5^2+11.5^2)=169.25$

故 $SS_e=214.25-38.75-169.25=6.25$

列成方差分析表：

变差来源	平方和	自由度	均　方	F
处理(调整的)	169.25	3	56.42	27.125
区　组	38.75	5	7.75	
误　差	6.25	3	2.08	
总　和	214.25	11		

查表,得

$F_{0.95}(3,3)=9.277$，$F_{0.99}(3,3)=29.46$，因此$F_{0.95}<F<F_{0.99}$.

即不同饲料对增重影响的差异是显著的,但未达极显著水平.计算各处理调整的平均数,得

$$\overline{x}_1 = 15.25 + \frac{2}{1\times 4}(-3.5) = 13.5$$

$$\overline{x}_2 = 15.25 + \frac{2}{1\times 4}(-13) = 8.75$$

$$\overline{x}_3 = 15.25 + \frac{2}{1\times 4}(5.0) = 17.75$$

$$\overline{x}_4 = 15.25 + \frac{2}{1\times 4}(11.5) = 21$$

用 Duncan 法进行多重比较：把各平均数从大到小排列：21,17.75，13.5，8.75.

把它们的差列成下表：

序　号	4	3	2
1	$\overline{x}_4-\overline{x}_2=12.25^{**}$	$\overline{x}_4-\overline{x}_1=7.5^{*}$	$\overline{x}_4-\overline{x}_3=3.25$
2	$\overline{x}_3-\overline{x}_2=9.0^{**}$	$\overline{x}_3-\overline{x}_1=4.25$	
3	$\overline{x}_1-\overline{x}_2=4.75^{*}$		

标准误差为：$S=\sqrt{\frac{k}{\lambda a}MS_e}=\sqrt{\frac{2}{1\times 4}\times 2.08}=1.0198$

对于 $k=2,3,4$；$df=3$,查表得到 $r_{0.05}$ 和 $r_{0.01}$ 并计算得到临界值 $R_{0.05}$ 和 $R_{0.01}$.

k	$r_{0.05}$	$R_{0.05}$	$r_{0.01}$	$R_{0.01}$
2	4.50	4.589	8.26	8.424
3	4.50	4.589	8.5	8.668
4	4.50	4.589	8.6	8.770

用临界值 R 对差值表中的差做检验，大于 $R_{0.05}$ 的标“*”号，大于 $R_{0.01}$ 的标“**”号. 结果显示，第 4 种饲料明显比第 1、2 种饲料好，与第 3 种差异并不显著. 因此可直接选用第 4 种饲料，也可进一步对第 3、4 种再做更多的试验，以确定它们是否有差异.

7.10 裂区设计

若在随机化完全区组设计的区组内部，由于某种原因全部处理不能完全随机排列，而是要受到一些条件限制时，这种实验设计称为裂区设计. 这种限制常常来自实验方便性的考虑，例如像下面例题的情况，提取有效成分的过程复杂，耗费人力物力较多；而稀释的过程很简单. 因此很自然就想提取一次，稀释成不同浓度使用. 这样当然就无法在所有处理中完全随机化了. 这种方法节约了时间和人力物力，但从统计的角度看也付出了代价：降低了对提取方法的检验精度. 因此在处理实际问题时，我们必须在方便与代价之间作出平衡，而不能只图方便不管代价. 这一点请读者务必注意. 下面结合例子说明裂区设计的使用情况.

【例 7.20】 用三种方法从一种野生植物中提取有效成分，按 4 种不同浓度加入培养基，观察该成分刺激细胞转化的作用. 由于条件限制，每天只能完成一个重复，三天完成全部三个重复. 另一方面，原料很贵重，因此把每天用三种方法提取的有效成分稀释成 4 个不同浓度进行实验. 结果如下表所示，试进行统计分析.

天(区组,A)		A_1			A_2			A_3		
提取方法(B)		B_1	B_2	B_3	B_1	B_2	B_3	B_1	B_2	B_3
浓度 C	C_1	43	47	42	41	44	44	44	48	45
	C_2	48	54	39	45	49	43	50	53	47
	C_3	50	51	46	53	55	45	54	52	52
	C_4	49	55	49	54	53	53	53	57	58

若考虑到 3 天之间可能有差异，可以把每天作为一个区组. 每个区组内 12 个处理，本来应使用 12 批原料进行完全随机化，但原料珍

贵，只能用 3 批分别采用 3 种方法提取，再各自稀释成 4 种不同浓度. 这样一来，每区组的 12 个处理不再是完全独立的，成为裂区设计. 即每一区组先分成三种提取方法(主区)，这三种方法称为 3 种主处理；每个主区内再分 4 个浓度(次区)，称为 4 个次处理. 随机化也相应进行两次：主区随机化，次区随机化.

这种方法节约了原料与时间，但也引起了问题：若各批原料质量有差异或提取过程受到某种偶然因素影响，它的影响将不只存在于一个处理，而是混杂在全部 4 个浓度的实验之中，无法从主处理效应中分离出来归入误差. 这样一来就降低了对主处理效应检验的准确性，但次处理不受影响. 因此若可能的话应把较次要的因素放在主区，而把较重要的因素放在次区.

裂区设计的另一种适用情况是改变某一因素的水平时，需对实验设备作复杂的调整，而改变另一因素水平时则不需要. 例如催化剂种类为第一因素，反应温度为第二因素. 此时改变第一因素可能需要拆开装置重新装填，而改变第二因素只需稍作调整. 因此我们可把第一因素放在主区，第二因素放在次区. 这样可减少调整设备的工作量，从而加快实验进度.

裂区设计的统计模型为

$$x_{ijk}=\mu+\alpha_i+\beta_j+(\alpha\beta)_{ij}+\gamma_k+(\alpha\gamma)_{ik}+(\beta\gamma)_{jk}+(\alpha\beta\gamma)_{ijk} \quad (7.62)$$

$$(i=1,2,\cdots,a;\ j=1,2,\cdots,b;\ k=1,2,\cdots,c)$$

其中：α_i，β_j，$(\alpha\beta)_{ij}$ 描述主区，分别相应于区组(因素 A)，主处理(因素 B)和主区误差(AB). γ_k，$(\alpha\gamma)_{ik}$，$(\beta\gamma)_{jk}$，$(\alpha\beta\gamma)_{ijk}$ 描述次区，分别相应于次处理(因素 C)，AC、BC 的交互作用和次区误差(ABC). 具体计算过程类似于无重复的三因素方差分析. 由于一般无重复，不能将交互作用与随机误差分开，因此只能把 AB 和 ABC 作为主区与次区的误差项. 具体计算公式与三因素方差分析相同，不再重复，可参见第 4 章方差分析.

在通常情况下，裂区设计的区组效应为随机型，而主、次处理效应为固定型. 它的方差分析表见表 7.4.

几点注意事项:

(1) 对 B,C,BC 的检验统计量分别为

$$F_1 = \frac{MS_B}{MS_{AB}},\ F_2 = \frac{MS_C}{MS_{AC}},\ F_3 = \frac{MS_{BC}}{MS_{ABC}}$$

它们的分母不相同,这与方差分析中的混合模型是一致的,因为现在区组是随机因素,而主、次区均为固定因素. 如果区组也是固定因素,分母可统一使用 MS_{ABC}.

表 7.4 裂区实验设计方差分析表

变差来源	平方和	自由度	均方	均方期望	F
区组(A)	SS_A	$a-1$	MS_A	$\sigma^2+bc\sigma_a^2$	
主处理(B)	SS_B	$b-1$	MS_B	$\sigma^2+c\sigma_{\alpha\beta}^2+\frac{ac}{b-1}\sum_j \beta_j^2$	$\frac{MS_B}{MS_{AB}}$
主区误差(AB)	SS_{AB}	$(a-1)(b-1)$	MS_{AB}	$\sigma^2+c\sigma_{\alpha\beta}^2$	
次处理(C)	SS_C	$c-1$	MS_C	$\sigma^2+b\sigma_{\alpha\gamma}^2+\frac{ab}{c-1}\sum_k \gamma_k^2$	$\frac{MS_C}{MS_{AC}}$
AC	SS_{AC}	$(a-1)(c-1)$	MS_{AC}	$\sigma^2+b\sigma_{\alpha\gamma}^2$	
BC	SS_{BC}	$(b-1)(c-1)$	MS_{BC}	$\sigma^2+\sigma_{\alpha\beta\gamma}^2+\frac{a}{(b-1)(c-1)}\sum_j\sum_k(\beta\gamma)_{jk}^2$	$\frac{MS_{BC}}{MS_{ABC}}$
次区误差(ABC)	SS_{ABC}	$(a-1)(b-1)(c-1)$	MS_{ABC}	$\sigma^2+\sigma_{\alpha\beta\gamma}^2$	

(2) 由于组内没有重复,无法分解出纯误差项,所以如果不能根据专业知识判断某些交互作用不存在,就无法对区组 A 及 AB,AC,ABC 等交互效应进行检验.

(3) 若因素多于 2 个,可以把次区再分,称为裂区-裂区设计,它的原理与 2 个因素时相同,但计算更复杂一些,我们不再介绍.

现在我们来计算例 7.20.

解 把全部数据输入计算器,得

$S^2=23.5135$, 故 $SS_T=(abc-1)S^2=(36-1)\times 23.5135=822.97$

计算平均数 $\overline{x}_{ij.}$ 和 $\overline{x}_{.j.}$(见下表):

B \ A	1	2	3	$\overline{x}_{.j.}$
1	47.5	48.25	50.25	48.6667
2	51.75	50.25	52.5	51.5
3	44.0	46.25	50.5	46.9167

计算平均数 $\overline{x}_{i.k}$, $\overline{x}_{i..}$, $\overline{x}_{..k}$(见下表):

A \ C	1	2	3	4	$\overline{x}_{i..}$
1	44.0	47.0	49.0	51.0	47.75
2	43.0	45.6667	51.0	53.3333	48.25
3	45.6667	50.0	52.6667	56.0	51.0833
$\overline{x}_{..k}$	44.2222	47.5556	50.8889	53.4444	

计算平均数 $\overline{x}_{.jk}$(见下表):

B \ C	1	2	3	4
1	42.6667	47.6667	52.3333	52.0
2	46.3333	52.0	52.6667	52.0
3	43.6667	43.0	47.6667	53.3333

上述三个表中的数据分别为:$\overline{x}_{ij.}$, $\overline{x}_{i.k}$, $\overline{x}_{.jk}$,下面计算各平方和.

把 $\overline{x}_{i..}$ 输入计算器,得它们的方差为

$$S^2_{\overline{x}_{i..}}=3.2314, \quad 故\ SS_A=bc(a-1)S^2_{\overline{x}_{i..}}=77.55$$

把 $\overline{x}_{.j.}$ 输入计算器,得它们的方差为

$$S^2_{\overline{x}_{.j.}}=5.3495, \quad 故\ SS_B=ac(b-1)S^2_{\overline{x}_{.j.}}=128.39$$

把 $\overline{x}_{..k}$ 输入计算器,得它们的方差为

$$S^2_{\overline{x}_{..k}}=16.0771, \quad 故\ SS_C=ab(c-1)S^2_{\overline{x}_{..k}}=434.08$$

把 $\overline{x}_{ij.}$ 输入,得它们的方差为

$$S^2_{\overline{x}_{ij.}}=7.5694$$

故
$$
\begin{aligned}
SS_{AB} &= c(ab-1)S^2_{\bar{x}_{ij.}} - SS_A - SS_B \\
&= 242.222 - 77.55 - 128.39 \\
&= 36.28
\end{aligned}
$$

把 $\bar{x}_{i.k}$ 输入,得它们的方差为

$$S^2_{\bar{x}_{i.k}} = 16.1303$$

$$
\begin{aligned}
\text{故 } SS_{AC} &= b(ac-1)S^2_{\bar{x}_{i.k}} - SS_A - SS_C \\
&= 532.30 - 77.55 - 434.08 \\
&= 20.67
\end{aligned}
$$

把 $\bar{x}_{.jk}$ 输入,得它们的方差为

$$S^2_{\bar{x}_{.jk}} = 19.3223$$

$$
\begin{aligned}
\text{故 } SS_{BC} &= a(bc-1)S^2_{\bar{x}_{.jk}} - SS_B - SS_C \\
&= 637.64 - 128.39 - 434.08 \\
&= 75.17
\end{aligned}
$$

故
$$
\begin{aligned}
SS_{ABC} &= SS_T - SS_A - SS_B - SS_C - SS_{AB} - SS_{AC} - SS_{BC} \\
&= 822.97 - 77.55 - 128.39 - 434.08 - 36.28 - 20.67 - 75.17 \\
&= 50.87
\end{aligned}
$$

列成下面的方差分析表.

变差来源	平方和	自由度	均　方	F
区组(A)	77.55	2	38.78	
提取方法(B)	128.39	2	64.20	$F_1 = 7.08^*$
AB(主区误差)	36.28	4	9.07	
浓度(C)	434.08	3	144.69	$F_2 = 41.94^{**}$
AC	20.67	6	3.45	
BC	75.17	6	12.53	$F_3 = 2.96$
ABC(次区误差)	50.83	12	4.24	
总　和	822.97	35		

查表,得

$$F_{0.95}(2,4) = 6.944,\ F_{0.99}(2,4) = 18.00$$

$$F_{0.95}(3,6) = 4.757,\ F_{0.99}(3,6) = 9.780$$

$$F_{0.95}(6,12)=2.996,\ F_{0.99}(6,12)=4.821$$

$F_{0.95}(2,4)<F_1<F_{0.99}(2,4)$，即提取方法间差异显著，但未达极显著.

$F_2>F_{0.99}(3,6)$，即浓度间差异极显著.

$F_3<F_{0.95}(6,12)$，但已很接近. 因此提取方法与浓度的交互作用也接近差异显著的水平.

综上所述，采用裂区设计常常是为了实验方便，提高工作效率. 但不能完全随机化，这样就降低了主区检验精度. 在实际工作中我们必须对这两点进行权衡.

7.11 正交设计

我们前边所介绍的实验设计大多为全面试验的方法. 即若 A 因素有三个水平，B 因素有四个水平，我们至少要做 $3\times4=12$ 次实验. 如果再有重复，所需实验次数还要增加几倍. 因此若因素有 3 个或更多，水平数也大于 2 的话，所需的实验次数常常是难以接受的. 但实际问题常常要求同时考查多个因素，有时还要求判断这些因素中哪个主要，哪个次要；有时则要求在多个因素同时起作用的条件下，找出最优的各因素水平组合；等等. 在这种情况下进行全面试验，所需工作量是无法承受的. 解决这种问题的一个较好方法就是采用正交实验设计，它可以用数量较少的实验，获取尽可能多的信息. 因此如果有三个或更多因素要考虑，正交设计是很好的实验设计方法.

需要注意的是正交设计可以允许有交互作用存在，也可以对交互作用进行检验；但考虑的交互作用越多，所需要的正交表就越大，正交设计的主要优点——减少实验次数——也就越不明显. 如果所有交互作用都存在，正交设计就变成了交叉分组全面实验. 因此正交设计实际是依靠额外的专业知识来判断某些交互作用不存在，从而减少实验次数. 如果没有知道某些交互作用不存在的条件，就无法使用正交设计.

前边介绍过的希腊-拉丁方设计也可以安排多个因素. 与它相比，正交设计可以不受很多条件的限制，例如它不要求各因素间无交互作用,也不要求各因素水平必须相等且等于拉丁方的阶数等等.正由于正交实验设计有上述优点,目前它的使用越来越广泛,也有不少专著相继面世.在这里,我们只能对它做初步的介绍.

(一) 正交设计方法

正交实验设计是采用专门的表实现的.实际上,若把一个希腊-拉丁方的行、列、拉丁字母、希腊字母分别用 A、B、C、D 表示(见表7.5),再把它改写成每个因素的水平占一列,每行代表一次实验的各因素水平组合,就变成了一张表(见表7.6).

表7.5 一个3×3希腊-拉丁方

	B_1	B_2	B_3
A_1	C_1D_1	C_2D_2	C_3D_3
A_2	C_2D_3	C_3D_1	C_1D_2
A_3	C_3D_2	C_1D_3	C_2D_1

表7.6 从3×3希腊-拉丁方化成的正交表

实验号	因素			
	A	B	C	D
1	1	1	1	1
2	1	2	2	2
3	1	3	3	3
4	2	1	2	3
5	2	2	3	1
6	2	3	1	2
7	3	1	3	2
8	3	2	1	3
9	3	3	2	1

这样的表有两个最重要的特点:

(1) 每列中各数字出现的次数相等.这意味着每个因素的各个水平在全部实验中出现的次数均相等.

(2) 任取两列并把它们放在一起,它们的每行就成了一个有序数对,如(1,2)(2,1),(1,3),(1,1),……,等等.若共有 3 个水平,则这样的数对共有 $3^2=9$ 个.仔细考查一下,就会发现所有这样的数对出现的次数也相等.

具有这样特点的数表称为正交表.从上面的例子可见,所有正交拉丁方都可以化为正交表.因此正交表可视为正交拉丁方的推广.正交表去掉了正交拉丁方的许多限制,例如实验次数必须是除 2 和 6 以外自然数的平方;因素间不能有交互作用;各因素水平数必须相等;等等.

每个正交表都有一个符号,一般表示为 $L_N(m^k)$ 的形式.其中:L 表示正交表;N 表示所需做的实验次数;k 为所能容纳的最多因素数;m 为每个因素的水平数.另有一些表示为 $L_N(m_1^{k1}\times m_2^{k2})$ 的形式,含义与上述相同,表示可安排 k_1 个具有 m_1 个水平的因素和 k_2 个具有 m_2 个水平的因素.N 仍为所需实验次数.使用正交表可以考虑因素间有交互作用,此时应查专门的交互作用表.若要查 i 列与 j 列的交互作用,只要找到此表中 i 行和 j 列的交点,该处的数字就是该交互作用所在的列号.这样的正交表有许多,本书附录中选择了最常用的几个作为例子,若有更多的需要可查阅有关专著.下面通过举例说明正交表的使用方法.

表 7.7 正交表 $L_8(2^7)$

行号 \ 列号	1	2	3	4	5	6	7
1	1	1	1	1	1	1	1
2	1	1	1	2	2	2	2
3	1	2	2	1	1	2	2
4	1	2	2	2	2	1	1
5	2	1	2	1	2	1	2
6	2	1	2	2	1	2	1
7	2	2	1	1	2	2	1
8	2	2	1	2	1	1	2

表 7.8　$L_8(2^7)$的两列间交互作用表

列号	1	2	3	4	5	6	7
1		3	2	5	4	7	6
2			1	6	7	4	5
3				7	6	5	4
4					1	2	3
5						3	2
6							1

设我们准备做一个三因素二水平的实验.若已知不需考虑任何交互作用,也可用 $L_4(2^3)$表.但在这种情况下,误差项 SS_e 分离不出来,无法做统计检验,只能直观比较哪个水平较好.这时只需做 4 次实验.若存在交互作用,它会叠加在其他列上,从而得到错误的结果.因此若不能排除存在交互作用的可能,则应利用 $L_8(2^7)$表(见表 7.7).首先将因素 A、B 放在第 1、2 列上,查交互作用表(见表 7.8),它们的交互作用在第 3 列,因此 C 因素不能再放在第 3 列,而应放在第 4 列上.此时可查出,AC 在第 5 列,BC 在第 6 列,ABC 在第 7 列.若 ABC 不存在,则第 7 列可作为误差 e.这样,就得到表头设计如下:

因素	A	B	AB	C	AC	BC	e
列号	1	2	3	4	5	6	7

如果已知有更多的交互作用不存在,则可把这些列均当作误差列.一般来说,用更多的列计算误差会提高误差估计精度,从而也就提高了检验精度.在真正安排实验时用不着考虑交互作用列,因此先忽略 $L_8(2^7)$中的 3,5,6,7 列,只取各因素所在的 1,2,4 列组成实验设计表(见表 7.9),然后就可按该表进行实验.即第 1 号实验采用各因素的第一水平;第 2 号实验采用 A、B 因素的第一水平,C 因素的第二水平;第 3 号实验采用 A、C 因素的第一水平,B 因素的第二水

平;……;直到第八号实验采用各因素的第二水平.

表 7.9 三因素二水平实验设计表

实验号\因素	A	B	C
1	1	1	1
2	1	1	2
3	1	2	1
4	1	2	2
5	2	1	1
6	2	1	2
7	2	2	1
8	2	2	2

如果再加一个因素 D,可以把它放在第 7 列.但此时可查出,AB、CD 均在第 3 列,AC、BD 均在第 5 列,AD、BC 均在第 6 列,因此无法对这些交互作用进行分析.这种现象称为混杂.它产生的原因是因为我们只做了 8 次实验,而四因素二水平本应做 $2^4=16$ 次实验.由于实验次数减少,信息不够,不能将所有的交互作用分开.但如果已知某些交互作用不存在,上述混杂现象可以避免,则它是很好的实验设计,因为实验次数减少了,节约了人力物力.

(二) 正交设计的方差分析

正交实验设计的计算与以前的方差分析基本一样.对于正交表中的每一列来说,计算公式都是相同的;而计算结果的实际意义则由表头设计所决定,也就是说当初把什么效应放在了这一列上,该列的计算结果就代表这一效应.具体计算公式为:若某一列有 p 个水平,每个水平 r 次实验,用 $k_1,k_2\cdots,k_p$ 分别代表各水平的 r 个数据之和,则该列平方和为

$$SS=\frac{1}{r}\sum_{i=1}^{p}k_i^2-\frac{1}{pr}k^2 \tag{7.63}$$

其中：$k=\sum_{i=1}^{p}k_i$．上述平方和的自由度 $df=p-1$.

若用 $\bar{k}_1,\bar{k}_2,\cdots,\bar{k}_p$ 代表某列各水平的平均数，S^2 代表它们的子样方差，则式(7.63)可改写为

$$SS=r(p-1)S^2 \tag{7.64}$$

下面我们来仔细分析一下具体的例子，说明各列平方和的意义．设有 A,B,C,D 四个固定因素、二水平，已知只有 AB 存在，其他交互作用不存在．表头设计如下：

因素	A	B	AB	C	e	e	D
列号	1	2	3	4	5	6	7

其统计模型为

$$\begin{gathered}x_{ijkl}=\mu+\alpha_i+\beta_j+(\alpha\beta)_{ij}+\gamma_k+\delta_l+\varepsilon_{ijkl}\\(i,j,k,l=1,2)\end{gathered} \tag{7.65}$$

其中：$\alpha,\beta,\gamma,\delta$ 分别代表 A,B,C,D 的主效应，$(\alpha\beta)$ 代表 AB 的交互效应．ε 为随机误差．它们应满足

$$\sum_{i=1}^{2}\alpha_i=\sum_{j=1}^{2}\beta_j=\sum_{k=1}^{2}\gamma_k=\sum_{l=1}^{2}\delta_l=0$$

$$\sum_{i=1}^{2}(\alpha\beta)_{ij}=\sum_{j=1}^{2}(\alpha\beta)_{ij}=0$$

$$\varepsilon_{ijkl}\sim NID(0,\sigma^2)$$

由于我们的实验设计不是全面实验，而是正交实验，所以不是一切下标组合 $ijkl$ 都出现在实验中．根据 $L_8(2^7)$，只有以下8个实验：

$$x_1=x_{1111}=\mu+\alpha_1+\beta_1+(\alpha\beta)_{11}+\gamma_1+\delta_1+\varepsilon_1$$
$$x_2=x_{1122}=\mu+\alpha_1+\beta_1+(\alpha\beta)_{11}+\gamma_2+\delta_2+\varepsilon_2$$
$$x_3=x_{1212}=\mu+\alpha_1+\beta_2+(\alpha\beta)_{12}+\gamma_1+\delta_2+\varepsilon_3$$
$$x_4=x_{1221}=\mu+\alpha_1+\beta_2+(\alpha\beta)_{12}+\gamma_2+\delta_1+\varepsilon_4$$
$$x_5=x_{2112}=\mu+\alpha_2+\beta_1+(\alpha\beta)_{21}+\gamma_1+\delta_2+\varepsilon_5$$

$$x_6 = x_{2121} = \mu + \alpha_2 + \beta_1 + (\alpha\beta)_{21} + \gamma_2 + \delta_1 + \varepsilon_6$$
$$x_7 = x_{2211} = \mu + \alpha_2 + \beta_2 + (\alpha\beta)_{22} + \gamma_1 + \delta_1 + \varepsilon_7$$
$$x_8 = x_{2222} = \mu + \alpha_2 + \beta_2 + (\alpha\beta)_{22} + \gamma_2 + \delta_2 + \varepsilon_8$$

现在我们来证明第 1 列的平方和确实是 A 因素的主效应. 由于 A 因素在第 1 列,所以第 1 列中数字 1 代表 A 因素取第一水平. 由表 7.9,前 4 个实验 A 因素都取第一水平. 根据计算公式(7.63),有

$$k_1 = x_1 + x_2 + x_3 + x_4$$

现在来考虑一下 k_1 中其他因素的影响. 由正交表的第 2 个特点,第 1 列和任何其他一列,例如和第 2 列放在一起,每行所组成的有序数对共有 $2^2=4$ 种,且它们出现的次数相同. 在 k_1 中,数对的第一个数字为 1,因此只有(1,1),(1,2)两个数对. 它们都出现两次,这意味着 k_1 中 β_1,β_2 各出现两次. 由于 $\sum\limits_{j=1}^{2}\beta_j = 0$,所以 k_1 中没有 β,即没有 B 因素的影响. 正交表的上述特点对任意两列均成立,因此其他因素的影响也不会出现在 k_1 中. 对于 k_2,上述分析同样成立. 实际上,代入统计模型式(7.65)后,容易算出

$$k_1 = 4\mu + 4\alpha_1 + \varepsilon_1 + \varepsilon_2 + \varepsilon_3 + \varepsilon_4$$
$$k_2 = 4\mu + 4\alpha_2 + \varepsilon_5 + \varepsilon_6 + \varepsilon_7 + \varepsilon_8$$
$$k = 8\mu + \sum_{i=1}^{8}\varepsilon_i$$

把上述结果代入式(7.63),得

$$\begin{aligned}
SS_1 &= \frac{1}{4}\sum_{i=1}^{2}k_i^2 - \frac{1}{8}k^2 \\
&= 4(\mu+\alpha_1)^2 + 2(\mu+\alpha_1)\sum_{i=1}^{4}\varepsilon_i + \frac{1}{4}\Big(\sum_{i=1}^{4}\varepsilon_i\Big)^2 + 4(\mu+\alpha_2)^2 \\
&\quad + 2(\mu+\alpha_2)\sum_{i=5}^{8}\varepsilon_i + \frac{1}{4}\Big(\sum_{i=5}^{8}\varepsilon_i\Big)^2 - 8\mu^2 - 2\mu\Big(\sum_{i=1}^{8}\varepsilon_i\Big) - \frac{1}{8}\Big(\sum_{i=1}^{8}\varepsilon_i\Big)^2 \\
&= 4\alpha_1^2 + 4\alpha_2^2 + 2\alpha_1\sum_{i=1}^{4}\varepsilon_i + 2\alpha_2\sum_{i=5}^{8}\varepsilon_i + \frac{1}{4}\Big(\sum_{i=1}^{4}\varepsilon_i\Big)^2 + \frac{1}{4}\Big(\sum_{i=5}^{8}\varepsilon_i\Big)^2
\end{aligned}$$

$$-\frac{1}{8}\left(\sum_{i=1}^{8}\varepsilon_i\right)^2$$

由于 $df=p-1=2-1=1$,所以有

$$\begin{aligned}E(MS_1)&=E(SS_1)\\&=4(\alpha_1^2+\alpha_2^2)+\frac{1}{4}4\sigma^2+\frac{1}{4}4\sigma^2-\frac{1}{8}8\sigma^2\\&=\sigma^2+4(\alpha_1^2+\alpha_2^2)\end{aligned}$$

类似,可得

$$\begin{aligned}&E(MS_2)=\sigma^2+4(\beta_1^2+\beta_2^2)\\&E(MS_3)=\sigma^2+4[(\alpha\beta)_{11}^2+(\alpha\beta)_{12}^2]\\&E(MS_4)=\sigma^2+4(\gamma_1^2+\gamma_2^2)\\&E(MS_5)=\sigma^2\\&E(MS_6)=\sigma^2\\&E(MS_7)=\sigma^2+4(\delta_1^2+\delta_2^2)\end{aligned}$$

各平方和自由度分别为该列水平数减1.在 $L_8(2^7)$ 表中,各列水平数均为2,因此各列平方和自由度均为1.两因素交互作用项自由度等于该两因素自由度乘积,当水平数为2时,各因素自由度均为1,故交互作用自由度也为1,交互作用在表头中只占1列.若水平数为3,则各列平方和自由度为2,各因素自由度也为2,两因素交互作用项自由度变为 $2\times2=4$,因此对3水平正交表每个因素的主效应只占1列,但交互作用则要占两列.一般来说,各因素主效应总是只占1列,但交互作用当水平数为2时占1列,水平数为3时占2列,水平数为4时占3列,依此类推.

从以上结果可看出,进行表头设计时把某因素放在第几列,该列的平方和就代表了这一因素的影响,而且交互作用也可以从指定的列中算出.若某列是空白的(即进行表头设计时没有把某一特定因素放在该列),则它的平方和是误差平方和.利用较多的列估计误差可以提高误差估计精度,从而也提高检验的灵敏度.另外,各列平方和

的计算公式是相同的,这使编制计算机程序更为容易.总之,用正交设计得到的数据的统计分析是比较方便的,而下面的分析说明从这一分析中也能得到较多信息.

说明

(1) 从实验设计的角度看,正交表的第二个特点实际意味着对任意两因素来说,正交实验都是交叉分组的全面实验.也正是因为这一点,两因素的正交实验设计是没有意义的.

(2) 一般来说,正交表的总平方和等于各列的平方和之和.若各列均被因素或交互作用排满,则分解不出误差而无法进行统计检验.

(3) 分析中若发现某几列平方和很小,F 值在 1 左右或更小,则可把它们都归到误差项中去.相应的自由度也加到误差自由度中.这样可提高检验灵敏度.

(三) 最优水平组合的选择

采用正交表设计的正交实验可完成区分因素主次、选择最优水平组合等任务.在这一过程中,需注意以下几点:

(1) 利用正交试验可以区别因素的主次.在水平数相同的情况下,均方大(或 F 值大)的因素对总变差贡献也大,因此可认为它的重要性也大一些.按这样的原则可把各因素影响大小顺序排列出来.

(2) 正交试验也可以帮助选择最优水平组合.这种选择一般只在 F 检验为显著的因素中进行.方法是直接比较该因素所在列的各个 k_i 值,最优的 k_i 所对应的 i 水平就是该因素最优水平.对于交互作用,则应根据表头设计结果计算相应列的 k_i 值.注意一个交互作用可能占不只一列.选定所有 F 检验显著的因素的最优水平后,把它们合在一起,就得到了所需的最优水平组合.

(3) 在完全没有交互作用时，上述方法选定的最优水平是可靠的. 但若有交互作用，或所选的水平组合没有出现在正交表中时，则应对这个最优水平组合进行验证试验，以确认它的最优性.

(4) 若因素的水平数大于2，而最优水平为极大或极小水平，则一般应进一步补充实验. 因为这可能意味着再增加或减少该因素也许是更优的水平. 另外，如果因素水平变化过大，也可能使得到的最优水平组合不很理想. 此时也可在选定的最优水平附近补充实验，以求找出更理想的水平组合.

(5) 正交试验中考虑的因素常为固定因素，因此结果不能推广到没参加试验的水平上. 如果是随机因素，这种最优水平的比较是没有意义的，因为该水平效应已不可能重现.

综上所述，正交试验设计可用较少的实验获取较多的信息，包括各因素及交互效应的检验，各因素影响大小的排序，最优水平组合的选择等等. 但若要求检验的交互作用很多，则必须用较大的正交表，此时正交设计所需实验次数少的优点就不明显了. 实际上，若需考虑全部交互作用的话，正交设计就变成了全面试验设计. 因此一般来说正交实验设计适用于所需考虑因素数有3个或更多，但没有或只有少数交互作用的场合. 此时，采用正交设计可大大减少工作量.

【例 7.21】 将细菌培养基中的三种成分，A、B、C 各改变两个水平，判断它们对细菌生长的影响，并需考虑 A、B 间和 A、C 间可能存在的交互作用. 采用正交设计方法，利用 $L_8(2^7)$ 表，表头设计如下表所示.

因素	A	B	AB	C	AC	e_1	e_2
列号	1	2	3	4	5	6	7

实验结果如表 7.10. 请进行统计分析.

表 7.10 细菌培养实验结果

实验号	A	B	AB	C	AC	e_1	e_2	结果
1	1	1	1	1	1	1	1	38
2	1	1	1	2	2	2	2	46
3	1	2	2	1	1	2	2	34
4	1	2	2	2	2	1	1	53
5	2	1	2	1	2	1	2	42
6	2	1	2	2	1	2	1	28
7	2	2	1	1	2	2	1	41
8	2	2	1	2	1	1	2	23
$\bar{k}_1$	42.75	38.5	37	38.75	30.75	39	40	
$\bar{k}_2$	33.5	37.75	39.25	37.5	45.5	37.25	36.25	

解 首先要求出各列两个水平的平均数 $\bar{k}_1$,$\bar{k}_2$,列入表 7.10 的最后两行. 表中每列水平数 $p=2$,每水平重复数 $r=4$. 把各列两水平的平均数 $\bar{k}_1$,$\bar{k}_2$ 输入计算器,求得它们的子样方差 S_i^2,代入公式(7.64),求出各列平方和

$$S_1^2=42.78125,\ SS_1=171.125$$

$$S_2^2=0.28125,\ SS_2=1.125$$

$$S_3^2=2.53125,\ SS_3=10.125$$

$$S_4^2=0.78125,\ SS_4=3.125$$

$$S_5^2=108.78125,\ SS_5=435.125$$

$$S_6^2=1.53125,\ SS_6=6.125$$

$$S_7^2=7.03125,\ SS_7=28.125$$

根据表头设计确定各列所代表因素,列成方差分析表 7.11. 其中误差平方和为第 6～7 两列的和.

表 7.11　细菌培养实验方差分析表Ⅰ

变差来源	平方和	自由度	均　方	F
A	171.125	1	171.125	9.9927
B	1.125	1	1.125	0.0657
C	3.125	1	3.125	0.1825
AB	10.125	1	10.125	0.5912
AC	435.125	1	435.125	25.4088*
误差	34.25	2	17.125	
总和	654.875			

查表，得 $F_{0.95}(1, 2)=18.51$，$F_{0.99}(1, 2)=98.50$，故只有 AC 的 F 值大于 $F_{0.95}$，但小于 $F_{0.99}$. 即只有交互效应 AC 达显著水平，未达极显著水平.

但从上表中可见，B、C、AB 的 F 值均小于1，可视为误差的估计值. 为提高检验灵敏度，把它们合并到误差项中，重新列出方差分析表7.12.

表 7.12　细菌培养实验方差分析表Ⅱ

变差来源	平方和	自由度	均　方	F
A	171.125	1	171.125	17.596**
AC	435.125	1	435.125	44.743**
误差	48.625	5	9.725	

查表，得 $F_{0.95}(1, 5)=6.61$，$F_{0.99}(1, 5)=16.3$，故 A 和 AC 的 F 值均大于 $F_{0.99}$，均达极显著水平. 比较两个方差分析表，可见由于方差分析表Ⅱ中用了更多列估计误差，对误差估计得更准确了，从而提高了检验精度，使原来不显著的差异也变成了极显著. 因此当与误差相比的 F 值小于或接近1的时候，应把它归入误差项，并重新进行方差分析，以提高检验精度.

最优水平的选择：比较 A 因素的 $\bar{k}_1$ 和 $\bar{k}_2$，显然 $\bar{k}_1$ 优于 $\bar{k}_2$. 说明 A 因素1水平较好. 对于 AC 的各水平，需列出两向表，把 A 与 C 各水平组合的试验结果的平均值填入下表：

	C_1	C_2
A_1	36	49.5
A_2	41.5	25.5

显然，A_1C_2 为最优组合. 这里 AC 交互作用与 A 因素水平选择无矛盾，都选择了 A 因素的 1 水平. 如果存有矛盾，在本例中应选择 AC 交互作用的结果，因为它的 F 值比 A 因素大.

习　题

7.1 已知正态总体方差为 σ^2，现欲使 μ 的 $1-\alpha$ 置信区间长度不大于 L，问应抽取容量为多大的样本？

7.2 某县麦田按自然条件可分为 4 类：平原水浇地(A)，平原旱地(B)，丘陵(C)，山区梯田(D). 各类地区小麦种植面积、去年平均亩产、亩产量标准差如下表. 现欲采用抽样实测的办法估计全县小麦今年产量，希望估产误差不超过±10%的概率不小于 95%. 各类地区抽样成本(元/亩)也在下表中给出. 请设计比例分配及最优分配抽样方案.

地　区	种植面积/亩	产量/(斤/亩)	标准差	抽样成本/(元/亩)
平原水浇(A)	2100	1050	96	90
平原旱地(B)	700	809	75	90
丘　陵(C)	3500	727	80	95
梯　田(D)	1900	650	66	100

7.3 儿童身高服从正态分布. 某地区 10 年前调查 10 岁儿童平均身高为 1.46 m，标准差为 5.6 cm. 现在有资料说，相邻地区儿童平均身高 10 年间增长 2 cm，请设计序贯抽样方案检验本地区儿童身高是否有同样增长.

7.4 有 6 个品种 A,B,C,D,E,F，拟进行品种对比试验. 已知实验地西部肥沃，东部较贫瘠. 用什么实验设计方法较合理？为什么？怎样设计？

7.5 若上述实验中不知地力情况，如何安排试验？

7.6 有两种药物 A 和 B，据说不同剂量配合服用，有降血压效果. 要了解其中哪种药物作用更重要以及哪种剂量配合最好，实验应如何设计？若两种药分别使用,又应如何设计?用小白鼠为实验对象进行上述检验和用志愿者进行临床试验,两者又有何不同?

7.7 什么情况下实验需分区组?举出几种生物学实验中需划分区组的例子,并加以说明.

7.8 要比较三种冲洗液的抑菌作用.一天内可做三次处理,每天可能是引起变差的一个原因,安排一随机区组实验,结果如下表所示.分析并得出结论.

冲洗剂＼天	1	2	3	4
1	13	22	18	39
2	16	24	17	44
3	5	4	1	22

7.9 采用5×5的拉丁方设计检验一种消炎药的五种剂型(A,B,C,D,E)的效果.选取5个健康男性在5个不同时间做实验,实验测得药物的生物利用度指标列于下表.请进行统计分析.

服药时间＼实验者	药物的生物利用度				
	1	2	3	4	5
1	A 88.7	B 75.8	C 91.5	D 82.6	E 69.2
2	B 62.7	C 65.6	D 83.6	E 95.7	A 45.9
3	C 95.4	D 78.5	E 88.8	A 58.6	B 99.2
4	D 68.5	E 85.6	A 98.7	B 101.6	C 85.5
5	E 49.6	A 89.7	B 87.9	C 58.7	D 69.8

7.10 提高牛奶中乳蛋白的含量是奶牛饲养中的主要目标.奶牛依靠在日常食物中摄取各种氨基酸来合成乳蛋白.但是如何保护各种氨基酸不被奶牛"瘤胃"微生物分解掉,是目前正在研究的课题.现在已经有一些成功的产品和

技术. 设计实验检验两种化学修饰后的蛋氨酸(T_1, T_2)对牛奶中乳蛋白含量的影响. 选取 16 头奶牛，采用 4×4 拉丁方设计，每天喂以对照(A)、蛋氨酸类似物 T_1(B)，蛋氨酸类似物 T_2(C)和一种已知的被保护的蛋氨酸饲料(D). 实验数据如下. 请进行统计分析.

列＼行	乳蛋白中酪蛋白的含量			
	1	2	3	4
1	A 2.56	B 2.68	C 2.57	D 2.62
2	B 2.73	C 2.61	D 2.60	A 2.76
3	C 2.49	D 2.59	A 2.58	B 2.65
4	D 2.55	A 2.61	B 2.72	C 2.63

7.11　采用 $L_8(2^7)$正交设计研究运动强度(3.3 和 4.5 km/h)(因素 A)、持续时间(20 和 40 min)(因素 B)和起始时间(标准早餐后血糖峰值前 15 和 30 min)(因素 C)和对 2 型糖尿病患者餐后血糖与胰岛素水平的影响. 选取 8 名同性别、同体重、患病时间一致的 2 型糖尿病患者进行运动实验. 若不需考虑 A 与 C、B 与 C 之间的交互作用，表头设计和实验结果如下. 请进行统计分析.

因素	A	B	AB	C	e_1	e_1	e_3
列号	1	2	3	4	5	6	7

实验号	1	2	3	4	5	6	7	8
峰值血糖浓度/mmol/L	12.36	11.58	11.79	12.08	14.12	13.56	13.01	12.57
峰值胰岛素浓度/mIU/L	55.23	63.45	61.25	53.24	40.23	43.25	45.36	49.26

7.12　通过 $L_9(3^4)$正交设计方法对 RAPD-PCR 反应条件进行优化，以便确定适合某种植物 DNA 的最佳扩增体系. 选取了实验中要考察的 3 个影响 PCR 的因素及水平如下表. 根据扩增条带的多少及清晰程度为扩增结果赋值，

正交实验的赋值结果见下表. 请进行统计分析(不考虑因素之间的交互作用), 并给出最适宜的扩增条件.

水平	影响 PCR 的 3 个因素及水平		
	Mg^{2+} 浓度 / mmol/L	模板 DNA 浓度 / mg/L	引物浓度 / mmol/L
1	1.5	2.0	0.50
2	2.0	4.0	1.00
3	2.5	6.0	1.50

实验编号	1	2	3	4	5	6	7	8	9
结 果	2	3	4	1	2	0	6	3	6

7.13 一位药物研究者希望研究不同厂商和不同剂量麻醉药物利多卡因对警犬血液中酶水平的效应. 如只有 3 只警犬可用于实验. 请进行实验设计.

7.14 研究饮食习惯(饮食中含盐量的高低)对胆固醇水平的影响. 该研究选取分开生活超过 10 年的同卵双胞胎成年人作为研究对象,应如何进行实验设计. 另外,实验时若需考虑性别差异的影响,又应如何改进实验设计.

7.15 若研究体重、年龄、性别对胆固醇的影响,其中性别与年龄的交互作用需要考虑. 以志愿者为研究对象,应如何设计实验.

7.16 研究吸烟量及吸烟年限对男性骨密度的影响,拟选择健康男性进行问卷和骨密度测量. 请设计调查问卷和实验设计方案,并给出数据处理方法.

7.17 要比较三种杂交水稻父本对其后代蛋白质含量的影响,请设计实验. 写出模型类型,统计假设,统计量,接受或拒绝时的解释.

7.18 为比较一种国产和进口的消炎药物的效果是否相同,并找出最佳用量,拟用大白鼠进行动物实验. 请设计实验方案,并指出所用统计方法.

7.19 为比较微波处理前饲料的水分含量、微波功率、处理时间和料层厚度对饲料灭菌效果的影响,请设计实验方案.

附录 A　矩阵基础知识

A.1　矩阵的概念

矩阵就是矩形的数表. 例如:

$$\mathbf{A}_{pq}=\begin{bmatrix} a_{11} & a_{12}\cdots a_{1q} \\ a_{21} & a_{22}\cdots a_{2q} \\ & \cdots \\ a_{p1} & a_{p2}\cdots a_{pq} \end{bmatrix}$$

代表由 pq 个数字排成的数表,我们称它为 p 行 q 列矩阵. 矩阵用大写黑体字母表示,其下标表示它所包含的行列数,也可省略不写. 用小写字母表示矩阵中的各个数字,如 a_{ij} 表示 $\mathbf{A}$ 矩阵中第 i 行第 j 列的那一个数字,称为矩阵的元素. 有时也可用(a_{ij})表示矩阵 $\mathbf{A}$.

向量是只有一行或一列的矩阵. 当 $p=1$ 时,矩阵只有一行,称为行向量;当 $q=1$ 时,矩阵只有一列,称为列向量.

A.2　矩阵的基本运算

1. 相等

两个矩阵 $\mathbf{A}$、$\mathbf{B}$,若它们有所有元素对应相等,即对任意 i、j,均有 $a_{ij}=b_{ij}$,则称 $\mathbf{A}$ 与 $\mathbf{B}$ 相等,记为 $\mathbf{A}=\mathbf{B}$. 显然 $\mathbf{A}$ 与 $\mathbf{B}$ 相等的前提条件是它们有相同的行数和列数.

2. 加法

两个矩阵 $\mathbf{A}$、$\mathbf{B}$,则 $\mathbf{A}+\mathbf{B}=\mathbf{C}$ 为一个新的矩阵,其元素为 $\mathbf{A}$ 和 $\mathbf{B}$ 的对应元素相加的和. 即:若 $\mathbf{A}=(a_{ij})$, $\mathbf{B}=(b_{ij})$, 则 $\mathbf{C}=(c_{ij})=(a_{ij}+b_{ij})$. 显然,加法也要求 $\mathbf{A}$、$\mathbf{B}$ 矩阵有相同的行列数.

3. 乘法

两个矩阵 $\mathbf{A}_{pq}$ 和 $\mathbf{B}_{qr}$，则 $\mathbf{AB}=\mathbf{C}_{pr}$ 为一个新矩阵，其第 i 行第 j 列的元素 c_{ij} 为 $\mathbf{A}$ 的第 i 行元素与 $\mathbf{B}$ 的第 j 列元素的乘积和，即：$c_{ij}=\sum_{k=1}^{q}a_{ik}b_{kj}$. 显然，矩阵乘法要求第一个矩阵的列数等于第二个矩阵的行数.

【例 A.1】 $\begin{bmatrix}3 & 2 & -8\\ -4 & 6 & 1\end{bmatrix}\begin{bmatrix}1 & 3 & -4\\ 2 & -7 & 2\\ 5 & 2 & 1\end{bmatrix}=\begin{bmatrix}-33 & -21 & -16\\ 13 & -52 & 29\end{bmatrix}$

如上面例题中结果的第一行第一列元素为

$$-33=3\times1+2\times2+(-8)\times5$$

第二行第一列元素为

$$13=(-4)\times1+6\times2+1\times5$$

其他元素计算类似.

注意：一般来说，矩阵乘法不满足交换律，即 $\mathbf{AB}\neq\mathbf{BA}$. 像上面的例子，$\mathbf{BA}$ 根本就不能相乘，因为 $\mathbf{B}$ 有三列，而 $\mathbf{A}$ 只有两行，不满足矩阵乘法的条件. 再例如 $\mathbf{A}_{1n}$ 为 n 阶行向量，$\mathbf{B}_{n1}$ 为 n 阶列向量，则 $\mathbf{AB}$ 为一个数字，而 $\mathbf{BA}$ 为一个 $n\times n$ 阶的矩阵.

4. 转置

把矩阵 $\mathbf{A}$ 以它的主对角线（从左上到右下）为轴旋转 180°，它的行变成列，列变成行，称为转置，记为 $\mathbf{A}'$，即

$$\begin{bmatrix}a_{11} & a_{12}\cdots a_{1p}\\ a_{21} & a_{22}\cdots a_{2p}\\ \cdots & \cdots \quad \cdots\\ a_{q1} & a_{q2}\cdots a_{qp}\end{bmatrix}_{qp}'=\begin{bmatrix}a_{11} & a_{21}\cdots a_{q1}\\ a_{12} & a_{22}\cdots a_{q2}\\ \cdots & \cdots \quad \cdots\\ a_{1p} & a_{2p}\cdots a_{qp}\end{bmatrix}_{pq}$$

若 $\mathbf{A}=\mathbf{A}'$，则称 $\mathbf{A}$ 为对称矩阵.

5. 矩阵的行列式

若矩阵 $\mathbf{A}$ 为方阵，则我们可按某种规则从矩阵 $\mathbf{A}$ 计算出一个数作为它的值，这个值称为矩阵的行列式，记为 $|\mathbf{A}|$. 对于二阶方阵，它

的行列式定义为主对角线乘积减去副对角线乘积. 主对角线是指从左上到右下的对角线,而副对角线则是指从左下到右上的对角线.

【例 A.2】　$\mathbf{A}=\begin{bmatrix}5 & 7\\3 & 2\end{bmatrix}$, $\mathbf{B}=\begin{bmatrix}21 & -3\\7 & 9\end{bmatrix}$

则 $|\mathbf{A}|=5\times2-7\times3=-11$, $|\mathbf{B}|=21\times9-(-3)\times7=210$

要计算高阶方阵的行列式,则需引入代数余子式的概念. 通过它可把方阵的阶数逐次降低,直到只剩二阶行列式,从而可用上述方法求出最终结果.

子式　对于任意 n 阶行列式 $|\mathbf{A}_{nn}|$,删除任一元素 a_{ij} 所在的 i 行 j 列后所得 $n-1$ 阶行列式称为 a_{ij} 的子式.

代数余子式　子式乘以 $(-1)^{i+j}$,称为 a_{ij} 的代数余子式,记为 $\mathbf{A}(ij)$.

定理　行列式 $|A_{nn}|$ 的值等于它任意一行或任意一列的所有元素与其代数子式的乘积之和,即

$$|\mathbf{A}|=\sum_{j}a_{ij}\mathbf{A}(ij)$$

称为按 i 行展开. 或

$$|\mathbf{A}|=\sum_{i}a_{ij}\mathbf{A}(ij)$$

称为按 j 列展开.

反复使用上述公式,直到各子式均变为 2 阶,然后可用前述方法求出其值.

若 $|\mathbf{A}|=0$,则称 $\mathbf{A}$ 为退化的方阵.

6. 单位阵

它是一个方阵,主对角线(从左上到右下的对角线)上元素均为 1,其他元素均为 0. 记为 $\mathbf{I}_{nn}$. 它在矩阵乘法中起着类似数字 1 在数字乘法中的作用,所以称为单位阵. 即:设 $\mathbf{A}$, $\mathbf{I}$ 均为 nn 方阵,则有 $\mathbf{AI}=\mathbf{IA}=\mathbf{A}$. 换句话说,任何矩阵与单位阵(当然阶数必须适当)相乘,均不改变其数值.

7. 逆矩阵

若 $\mathbf{A}$ 为非退化方阵,即$|\mathbf{A}|\neq 0$,则有与 $\mathbf{A}$ 同阶的方阵 $\mathbf{A}^{-1}$存在,使

$$\mathbf{A}\mathbf{A}^{-1}=\mathbf{A}^{-1}\mathbf{A}=\mathbf{I}$$

$\mathbf{A}^{-1}$称为 $\mathbf{A}$ 的逆矩阵.它的求法为:设 $\mathbf{A}=(a_{ij})$,则

$$\mathbf{A}^{-1}=\begin{bmatrix} \frac{\mathbf{A}(11)}{|\mathbf{A}|} & \frac{\mathbf{A}(21)}{|\mathbf{A}|}\cdots & \frac{\mathbf{A}(n1)}{|\mathbf{A}|} \\ \frac{\mathbf{A}(12)}{|\mathbf{A}|} & \frac{\mathbf{A}(22)}{|\mathbf{A}|}\cdots & \frac{\mathbf{A}(n2)}{|\mathbf{A}|} \\ \cdots & \cdots & \cdots \\ \frac{\mathbf{A}(1n)}{|\mathbf{A}|} & \frac{\mathbf{A}(2n)}{|\mathbf{A}|}\cdots & \frac{\mathbf{A}(nn)}{|\mathbf{A}|} \end{bmatrix}$$

其中:$\mathbf{A}(ij)$为 a_{ij} 的代数余子式.注意,$\mathbf{A}^{-1}$中代数余子式的下标是经过转置的,即第 i 行第 j 列位置上是 $\mathbf{A}$ 的第 j 行 i 列元素 a_{ji} 的代数余子式.

8. 正定矩阵

对称矩阵 $\mathbf{B}$ 正定的充分必要条件为:对任意列向量 $\boldsymbol{x}\neq 0$,均有 $\boldsymbol{x}'\mathbf{B}\boldsymbol{x}>0$. $\boldsymbol{x}'\mathbf{B}\boldsymbol{x}=0$ 的充分必要条件为 $\boldsymbol{x}=0$. 多元正态分布的相关矩阵是正定的.

附录B 采用微软公司的Excel软件进行常见的统计计算

Excel是一个功能十分强大的电子表格软件,它是微软公司办公软件Office中的一部分.利用它可以方便地进行许多计算工作,画图工作等,也包括常用的一些统计计算.使用这种通用办公软件的最大优点是普及率高,容易得到;其次是使用简单,不用记许多特殊指令;同时它也能覆盖常用的统计方法,可满足一般工作时需要.另一方面,与许多著名的统计软件如SAS等相比,它也有一些明显的缺点,例如自动化程度不高,需要掌握一些基本统计公式;功能也不够强,有些统计计算不能做等.

在本附录中,我们假设读者已对Excel有一定了解,因此不再介绍Excel的基本用法.主要介绍以下几种统计计算:

(1) 假设检验.包括正态总体的假设检验,离散分布的假设检验,以及用Pearson统计量进行非参数检验.

(2) 方差分析.

(3) 回归分析,包括简单作图.

B.1 假设检验

(一) 正态总体单样本假设检验

1. 统计知识复习

若要检验方差,则统计假设为:

$H_0: \sigma=\sigma_0$; $H_A: \sigma\neq\sigma_0$ (双边检验)

或 $H_A: \sigma>\sigma_0$ 或 $\sigma<\sigma_0$ (单边检验)

统计量为:$\chi^2=\dfrac{(n-1)S^2}{\sigma_0^2}\sim\chi^2(n-1)$

若要检验均值，则统计假设为：

$H_0:\mu=\mu_0$； $H_A:\mu\neq\mu_0$ （双边检验）

或 $H_A:\mu>\mu_0$ 或 $\mu<\mu_0$ （单边检验）

统计量的选取则要分为以下两种情况：

(1) 总体方差 σ^2 已知：u 检验

$$u=\frac{\overline{X}-\mu_0}{\sigma/\sqrt{n}}\sim N(0,1)$$

(2) 总体方差 σ^2 未知：t 检验

$$t=\frac{\overline{X}-\mu_0}{S/\sqrt{n}}\sim t(n-1)$$

2. 方差检验的计算方法

设 $H_0:\sigma=\sigma_0$，且原始数据在 $A_1:A_{20}$ 位置.

1 在空单元格(设为 $B1$)中输入公式：

"= Var($A1$:$A20$) * 19/σ_0 ^ 2 ↙"

这一步是计算 χ^2 统计量，其中 Var 为 Excel 的内部函数，功能为求指定数据的方差."↙"表示回车(Enter)键.

2 在 $B2$ 格中输入：

"= Chidist ($B1$, 19) ↙"

这一步是计算统计量所对应的概率，相当于查表. 注意函数 chidist 返回的是单尾概率，即 $P(x>B1)$，而不是分布函数，即 $P(x<B1)$.

3 将 $B2$ 中数据与 α 比较来确定是否接受 H_0：

双边检验：若 $\alpha/2<B2<1-\alpha/2$，则接受 H_0；否则接受 H_A；

单边检验：若 H_A 为 $\sigma>\sigma_0$：当 $B2>\alpha$ 时接受 H_0；

若 H_A 为 $\sigma<\sigma_0$：当 $B2<1-\alpha$ 时接受 H_0.

也可把上述公式一次输入：

"= Chidist (Var($A1$:$A20$) * 19/σ_0 ^ 2, 19) ↙"

上述公式中的 19 也可换为：Count($A1$:$A20$)－1. Count 这一内

部函数可自动计算 $A1$ 至 $A20$ 中数字的个数.

3. 均值检验方法

仍采用前述原始数据，零假设为：$H_0: \mu=\mu_0$

(1) 总体方差 σ_0 已知的情况

[1] 在空单元格(设为 $C1$)中输入：

"= Ztest ($A1:A20$, μ_0, σ_0,) ↙"

内部函数 Ztest 可以直接算出 u 统计量所对应的单尾概率值. 注意，它返回的也是单尾概率，不是分布函数.

[2] 仍按前述比较 $B1$ 与 α 的同样方法比较 $C1$ 与 α，并决定是否接受 H_0.

(2) 总体方差 σ_0 未知——t 检验

[1] 在空单元格 $D1 \sim D20$ 中均填充上 μ_0.

[2] 在空格 $E1$ 中输入：

"= Ttest ($A1:A20$, $D1:D20$, *tails*, 1) ↙"

其中 *tails* 为一参数，当进行单尾检验时，把它换成 1；进行双尾检验时，换成 2. 最后一个数字"1"也是一个参数，它的用法我们后面将要介绍，这里应取值 1.

[3] 把 $E1$ 格中计算出来的值与 α 相比，$E1>\alpha$ 时，接受 H_0；$E1<\alpha$ 时，拒绝 H_0.

注意：Ttest 函数不区分统计量是大于 0 还是小于 0，也不管是上单尾检验还是下单尾检验. 因此进行单尾检验时可能出现错误拒绝. 如当进行上单尾检验，即 H_A 为 $\mu>\mu_0$，而观测数据平均值却明显小于 μ_0 时；或进行下单尾检验，即 H_A 为 $\mu<\mu_0$，而观测数据平均值却明显大于 μ_0 时；在这两种情况下都会出现错误拒绝现象. 使用中务请注意先进行直观检验，不属于以上两种情况时再进行统计检验，以免发生错误.

【例 B.1】 (本书例 3.2) 已知某种玉米平均穗重 $\mu_0=300$ g，标准差 $\sigma_0=9.5$ g，喷药后，随机抽取 9 个果穗，重量分别为(单位为 g)：308，305，311，298，

315,300,321, 294,320. 问这种药对果穗重量是否有影响?

解　如表 B.1,把果穗重原始数据填入 $A4:A12$ 单元.

检验方差是否变化:在 $B5$ 单元里输入:

"= Chidist (Var($A4:A12$) * 8/9.5 ^ 2,8)"

回车后,显示数字 0.414234. 由于这一数字在 0.025 和 0.975 之间,因此接受 H_0,认为方差没有变化.

检验均值是否变化:由于方差已知,可采用 Z-test. 在 $B8$ 单元里输入:

"= Ztest($A4:A12$,300,9.5)"

回车后,显示数字 0.005763. 由于这一数字小于 0.025,大于0.005,因此拒绝 H_0,喷药前后果穗重差异显著,但未达到极显著.

也可当作方差未知,直接进行 T 检验:

在 $C4:C12$ 单元格中,填充数字 300.

在 $D5$ 单元格中输入:

"= Ttest($A4:A12$,$C4:C12$,2,1)"

回车后,显示数字 0.037208. 由于这一数字小于 0.05,大于0.01,因此拒绝 H_0,喷药造成的差异仍为显著,但未达极显著水平.

两种方法差异的讨论见本书例 3.2.

表 B.1　例 B.1 计算结果

($\mu_0 = 300$ g, $\sigma_0 = 9.5$)

果穗重			
308	Chi-test	300	T-test
305	0.414234	300	0.037208
311		300	
298	Z-test	300	
315	0.005763	300	
300		300	
321		300	
294		300	
320		300	

(二) 正态总体双样本假设检验

1. 统计知识复习

若要检验方差,统计假设为:$H_0:\sigma_1=\sigma_2$;$H_A:\sigma_1\neq\sigma_2$. 一般均为双边检验. 统计量为:

$$F = S_1^2/S_2^2 \sim F(m-1,\ n-1)$$

其中:m 和 n 分别为第一和第二样本的样本容量.

若要检验均值,统计假设为:

$$H_0:\mu_1 = \mu_2$$

$$H_A:\mu_1 \neq \mu_2 \qquad \text{(双边检验)}$$

或 $$H_A:\mu_1 > \mu_2 \quad \text{或} \quad \mu_1 < \mu_2 \qquad \text{(单边检验)}$$

同时,还可能出现以下几种情况:

(1) 总体方差 σ_1^2,σ_2^2 已知——u 检验

$$u = \frac{\overline{x}_1 - \overline{x}_2}{\sqrt{\sigma_1^2/m + \sigma_2^2/n}} \sim N(0,1)$$

(2) 总体方差未知,但相等(即通过了 F 检验)——t 检验

$$t = \frac{\overline{x}_1 - \overline{x}_2}{\sqrt{\dfrac{(m-1)S_1^2 + (n-1)S_2^2}{m+n-2}\left(\dfrac{1}{m} + \dfrac{1}{n}\right)}} \sim t(m+n-2)$$

(3) 总体方差未知,且不等(即未通过 F 检验)——近似 t 检验

$$t = \frac{\overline{x}_1 - \overline{x}_2}{\sqrt{S_1^2/m + S_2^2/n}} \quad \text{近似服从 } t(df)$$

其中:$df=\left(\dfrac{k^2}{m-1}+\dfrac{(1-k)^2}{n-1}\right)^{-1}$, $k=\dfrac{S_1^2}{m}\Big/\left(\dfrac{S_1^2}{m}+\dfrac{S_2^2}{n}\right)$.

(4) 配对检验(用于两总体间明显正相关时)

令 $d_i=x_{1i}-x_{2i}$, 对 $H_0:\mu_d=0$ 做单样本检验.

2. 方差检验方法

F 检验,$H_0:\sigma_1=\sigma_2$;$H_A:\sigma_1\neq\sigma_2$

假设两组数据分别位于 $A1{:}A10$, $B1{:}B10$.

□1 在空格 $C1$ 中输入：

"= Ftest ($A1$:$A10$, $B1$:$B10$) ↙"

注意：Ftest 返回的是 F 统计量的双尾概率，因此下一步可直接与 α 比较.

□2 比较：$C1<\alpha$，则拒绝 H_0；$C1>\alpha$，则接受 H_0.

3. 均值检验方法

需区分几种情况：

(1) 两总体方差 σ_1^2,σ_2^2 已知——u 检验

□1 在空格 $D1$ 中输入：

"=(Average(A1:A10)-Average($B1$:$B10$))/

Sqrt(σ_1^2/count($A1$:$A10$)+σ_2^2/Count($B1$:$B10$)) ↙"

这一步计算统计量的值，用了以下几个函数：Average：计算平均数；Sqrt：计算平方根；Count：计算指定区域中数字的个数. σ_2^1,σ_2^2 应直接输入数值，或存贮该数值的位置.

□2 在 $D2$ 中输入：

"= Normsdist($D1$) ↙"

这一步计算统计量对应的分布函数概率值. 它返回的是分布函数取值(即 $P(X<x)$)，而不是尾区概率(一般为 $P(X>x)$). 注意：在 Excel 中函数 Normsdist 是计算标准正态分布的取值，而 Normdist 是计算一般正态分布的取值. 这里由于 $D1$ 计算过程中已进行了标准化，因此应使用 Normsdist.

□3 将 $D2$ 的数值与 α 比较：

双边检验：$\alpha/2<D2<1-\alpha/2$ 时接受 H_0，否则拒绝 H_0.

单边检验：上单尾：H_A：$\mu1>\mu2$；当 $D2<1-\alpha$ 时接受 H_0；

下单尾：H_A：$\mu1<\mu2$；当 $D2>\alpha$ 时接受 H_0.

注意：由于 Normsdist 函数返回的是分布函数，而不是尾区概率，因此这里单边检验的接受域与使用 Chidist 和 Ztest 函数时正好相反. 使用时请特别注意所用函数返回的到底是分布函数还是尾区概率，否则单边检验时很容易出错误.

(2) 两总体方差未知

由于 Ttest 函数中已考虑了方差未知时的各种可能,因此使用中很方便,只需改变一个参数的取值就可以了.

[1] 在空格 $E1$ 中输入:

"= Ttest ($A1$:$A10$, $B1$:$B10$, *tails*, *type*) ↙"

这一函数中后两个参数的取值与意义为:

tails=1:单尾检验;*tails*=2:双尾检验.

type=1:配对检验;*type*=2:方差相等;*type*=3:方差不等.

使用时直接把参数换为相应的数值即可. 由于函数返回的数值为尾区概率,因此可直接与 α 相比.

[2] 把 $E1$ 的数值与 α 比较,$E1>\alpha$ 时,接受 H_0,否则拒绝 H_0.

注意:单尾检验中不管两个均值谁大 Ttest 给出的概率都是相同的. 因此在上单尾检验($H_A:\mu_1>\mu_2$)中第一个样本均值偏小或下单尾检验($H_A:\mu_1<\mu_2$)中第一个样本均值偏大都有错误拒绝 H_0 的可能,使用时需要特别注意.

【例 B.2】 (本书例 3.3) 两发酵法生产青霉素的工厂,其产品收率的方差分别为 $\sigma_1^2=0.46$, $\sigma_2^2=0.37$, 现甲工厂测得 25 个数据, $\bar{x}=3.71$ g/L,乙工厂测得 30 个数据,$\bar{y}=3.46$ g/L,问它们的收率是否相同?

解 由于两总体方差已知,可采用正态分布进行检验. 在空格 $E3$ 中输入:

"= Normsdist((3.71−3.46)/Sqrt(0.46/25+0.37/30))"

回车后,显示数字 0.923073. 由于这一数字在 0.025 和 0.975 之间,因此接受 H_0,认为这两个工厂的收率相同.

【例 B.3】 新旧两个小麦品系进行对比试验,旧品系(x)共收获 25 个小区,新品系(y)收获 20 个小区,产量如下表所示. 问新品系是否值得推广?

旧品系 x/kg	34.6	38.1	40.5	36.2	39.5	34.1	39.5	38.0	37.9
	38.4	39.5	32.9	37.2	30.8	38.1	38.3	39.3	34.9
	31.8	34.5	35.9	38.2	39.7	33.9	36.0		
新品系 y/kg	37.1	38.9	39.1	36.2	39.8	40.8	41.2	38.7	40.3
	41.5	40.3	37.7	40.9	38.7	37.2	41.9	38.6	39.2
	38.2	40.6							

解 首先检验方差是否相等:在空格中输入:

"= Ftest($E3$:$E27$,$F3$:$F22$)"

回车后,显示数字 0.024704.由于这一数字小于 0.05,因此拒绝 H_0,认为方差不相等.应采用近似检验.

检验均值是否相等:根据题意,应为单侧检验.在另一空格输入:

"=Ttest($E3$:$E27$,$F3$:$F22$,1,3)"

回车后,显示数字 0.000095.由于这一数字小于 0.01,因此拒绝 H_0,认为新品系极显著地优于旧品系,值得推广.

【例 B.4】 (本书例 3.6) 10 名病人服药前(x_i)、后(y_i)血红蛋白含量如下表所示.问该药是否引起血红蛋白含量变化?

病人编号	1	2	3	4	5	6	7	8	9	10
x_i/(g/L)	11.3	15.0	15.0	13.5	12.8	10.0	11.0	12.0	13.0	12.3
y_i/(g/L)	14.0	13.8	14.0	13.5	13.5	12.0	14.7	11.4	13.8	12.0

解 根据题意,应采用配对检验.在空格输入:

"= Ttest($I3$:$I12$,$J3$:$J12$,2,1)"

回车后,显示数字 0.223742.由于这一数字大于0.05,因此接受 H_0,认为服药前后血红蛋白含量没有显著变化.

(三) 非参数检验:Pearson(皮尔逊)统计量

1. 统计知识复习

Pearson 定理 当 $P_1, P_2, \cdots, P_r$ 为总体的真实概率分布时,统计量

$$\chi^2 = \sum_{i=1}^{r} \frac{(n_i - np_i)^2}{np_i}$$

随 n 增加而渐近于自由度为 $r-1$ 的 χ^2 分布.

若令 $O_i = n_i$, $T_i = np_i$,则上式变为:

$$\chi^2 = \sum_{i=1}^{r} \frac{(O_i - T_i)^2}{T_i}$$

用途 吻合度检验,列联表独立性检验.

限制条件 各 $T_i \geqslant 5$.

2. 列联表独立性检验

对列联表进行独立性检验首先应计算理论值. 对列联表独立性检验来说,理论值计算公式为:

$$T_{ij}=\frac{i\text{ 行总和}\times j\text{ 列总和}}{\text{总和}}$$

下面结合例题,介绍计算过程.

【例 B.5】 (本书例 3.27) 下表是对某种药的试验结果. 问给药方式对药效果是否有影响?

给药方式	有　效	无　效
口　服	58	40
注　射	64	31

解

表 B.2　例 B.5 的计算结果

	有　效	无　效	统计检验
口　服	58	40	Chi-test
注　射	64	31	0.238468
理论值	61.94819	36.05181	
	60.05181	34.94819	

如上表,原始数据在区域 $M3:N4$. 计算步骤为:

① 首先计算理论值:在空格 $M6$ 输入:

"＝Sum($M3:$N3) * Sum(M$3:M$4)/Sum($M$3:$N$4)"

回车后,显示数字 61.94819. 把 $M6$ 复制到 $M7$ 和 $N6$、$N7$,得到各理论值. 请注意上式中美元符号的位置,只有位置正确才能保证复制结果正确.

② 进行统计检验:在 $P4$ 单元格输入:

"＝ Chitest(M3:N4,M6:N7)"

回车后,显示数字 0.238468. 把 $P4$ 的值与 α 相比:当 $P4>\alpha$ 时接受 H_0,即列联表的行与列相互独立;否则拒绝 H_0,即行与列不独立. 由于这一数字大于0.05,因此接受 H_0,认为给药方式与药效无关.

函数 Chitest 的第一个参数为观测值所在区域,第二个参数为理论值所在区域.这两个矩形区域行列数必须相同.返回值为 Pearson 统计量对应的 χ^2 分布的尾区概率,其自由度为 $(r-1)(c-1)$,其中 r、c 分别为数据区的行数和列数.如果数据区只有一行或一列,则自由度为数据个数减 1.这正是列联表独立性检验所需的自由度.

【例 B.6】 (本书例 3.29) 为检测不同灌溉方式对水稻叶片衰老的影响,收集到下表中的资料.问叶片衰老是否与灌溉方式有关?

灌溉方式	绿叶数	黄叶数	枯叶数
深水	146	7	7
浅水	183	9	13
湿润	152	14	16

解

表 B.3 例 B.6 的计算结果

灌溉方式	绿叶数	黄叶数	枯叶数	统计检验
深水	146	7	7	Chi-test
浅水	183	9	13	0.229248
湿润	152	14	16	
理论值	140.6947	8.775137	10.53016	
	180.2651	11.24314	13.49177	
	160.0402	9.981718	11.97806	

如表 B.3,原始数据在区域 $Q3:S5$.首先计算理论值:在空格 $Q7$ 输入:

"=Sum($\$Q3:\$S3$) * Sum($Q\$3:Q\$5$)/Sum($\$Q\$3:\$S\$5$)"

回车后,显示数字 140.6947.把 $Q7$ 复制到区域 $Q7:S9$,得到各理论值.请注意上式中美元符号的位置,只有位置正确才能保证复制结果正确.

在 $U4$ 单元格输入:

"=Chitest($Q3:S5,Q7:S9$)"

回车后,显示数字 0.229248.由于这一数字大于0.05,因此接受 H_0,认为叶片衰老与灌溉方式无关.

3. 吻合度检验

对吻合度检验来说，理论值的计算显然与理论分布的类型有关，χ^2 检验的自由度也可能发生变化. 例如对正态分布的吻合度检验，如果总体参数 μ,σ^2 已知，则统计量自由度为数据个数减 1；但若总体参数未知，用样本均值 $\bar{x}$ 与方差 S^2 代替，则统计量自由度也要再减 2. 此时直接用 Chitest 得到的尾区概率就不对了，需要再做一下变换（见例 B. 7）. 现以正态分布为例介绍吻合度检验计算步骤.

【例 B. 7】（本书例 3. 24） 调查了某地 200 名男孩身高，得 $\bar{x}=139.5$，$S=7.42$，分组数据见下表. 男孩身高是否符合正态分布？

组　号	区　间	O_i
1	$(-\infty,\ 126)$	8
2	$[126,\ 130)$	13
3	$[130,\ 134)$	17
4	$[134,\ 138)$	37
5	$[138,\ 142)$	55
6	$[142,\ 146)$	33
7	$[146,\ 150)$	18
8	$[150,\ 154)$	10
9	$[154,\ +\infty)$	9

解 计算结果如表 4. 计算过程为（设观测值已输入 $F3:F11$ 格）：

① 在 $C3$ 至 $C11$ 中填入身高区间的上界. 最后一个应为无穷大，填入足够大的数即可.

② 在 $D3$ 格中输入：

"＝Normdist($C3$, 139. 5, 7. 42, 1)↙"

这一步是计算正态分布值. 第一个参数为区间上限；第二个参数为均值；第三个参数为标准差；第四个参数为 0 时计算密度函数，为 1 时计算分布函数.

把 $D3$ 复制到 $D4:D11$.

③ 计算各区间的概率. 在 $E3$ 中输入"＝$D3$↙"，在 $E4$ 中输入

“$=D4-D3$”,并复制 $E4$ 到 $E5$:$E11$.

④ 计算理论值:在 $G3$ 输入

“$=E3*200$↙”

并复制 $G3$ 到 $G4$ 至 $G11$.

⑤ 计算统计量:在 $H3$ 输入:

“$=(F3-G3)\wedge 2/G3$↙”

把 $H3$ 复制到 $H4$ 至 $H11$,并在 $H12$ 输入:

“=Sum($H3$:$H11$)↙”

另一种计算统计量的方法为:在 $I3$ 输入:

“=Chitest($F3$:$F11$, $G3$:$G11$)↙”

在 $I6$ 输入:

“=Chiinv($I3$, 8)↙”

可见,$I6$ 的数值与 $H12$ 是相同的.

⑥ 计算统计量对应的尾区概率:在 $I9$ 输入:

“=Chidist($I6$,6)↙”

⑦ 将 $I9$ 与 α 相比,当 $I9>\alpha$ 时,接受 H_0,所观察数据符合正态分布;当 $I9\leqslant\alpha$ 时,拒绝 H_0,数据不符合正态分布.在本题中,$I9$ 的数值为 0.085446$>\alpha$,因此应接受 H_0,可认为男孩身高符合正态分布.计算结果如表 B.4.

本来 Chitest 函数返回的就是尾区概率,但它使用的自由度为数据个数减 1,而现在应使用数据个数减 3 为自由度,因此要使用函数 Chiinv 先把尾区概率变回统计量的值,然后再用 Chidist 求出正确自由度下的尾区概率.

注意,使用不同概率模型时,自由度的变化是不同的.一般来说,模型中使用几个统计量代替未知参数,自由度就要在原来的基础上再减少几个.例如上面的例题用了样本期望和方差代替未知参数,因此自由度比正常的 Pearson 统计量少 2;本书中例 3.20,统计模型中没有未知参数,因此自由度没有变化;例 3.21 有一个参数需用统计量代替,因此自由度需再减一.

表 B.4　例 B.7 的计算结果

组　号	区　间	边　界	正态分布	概　率	观察值	理论值	$(O_i-T_i)^2/T_i$	Chi-test
1	<126	126	0.034425	0.034425	8	6.884924	0.180597	0.196303
2	[126,130)	130	0.100216	0.065791	13	13.15823	0.001903	
3	[130,134)	134	0.229274	0.129058	17	25.81163	3.008134	统计量
4	[134,138)	138	0.419897	0.190623	37	38.12467	0.033178	11.09629
5	[138,142)	142	0.631914	0.212017	55	42.40336	3.742049	
6	[142,146)	146	0.809488	0.177574	33	35.51478	0.17807	P
7	[146,150)	150	0.92148	0.111992	18	22.39832	0.863689	0.085446
8	[150,154)	154	0.97466	0.05318	10	10.63609	0.038041	
9	>154	100000	1	0.02534	9	5.068004	3.050627	
						和	11.09629	
						分位数	12.59158	

(四) 常用离散分布的统计计算

离散分布统计计算中关键一点是正确建立尾区. 尾区是从观察值开始,向对 H_0 成立不利的方向求和. 例如水质检验要求大肠杆菌不大于 2 个/mL,取 2 mL 检验,发现 5 个细菌,问是否判断超标. 此时 H_0 为:$\mu \leqslant 4$,对 H_0 成立不利的方向应是细菌数增加,因此尾区概率应为:$\sum_{i=5}^{\infty} p_i$. 其中 p_i 为 2 mL 水样中出现 i 个细菌的概率.

尾区建立以后用 Excel 提供的函数求概率是很容易的. 然后根据是单尾或双尾检验与 α 或 $\alpha/2$ 比较,若尾区概率大于 α 或 $\alpha/2$,则接受 H_0;否则拒绝. 我们先介绍一下有关函数所需参数的意义,然后结合例题说明使用方法.

(1) 二项分布有关函数

1 Binomdist (n, N, p, c)

用于计算二项分布的概率或累积概率. 其中 n:成功次数;N:总实验次数;p:成功概率;c:参数,取值为 1 时计算从 0 到 n 的累积概率,取值为 0 时计算成功 n 次的概率.

2 Critbinom (N, p, α)

用于求二项分布累积概率大于指定临界概率时的最小成功次数. 其中参数意义为:N:总实验次数;p:成功概率,α:临界概率.

(2) 超几何分布有关函数: Hypgeomdist(k, n, M, N)

用于计算超几何分布概率. 其参数意义为:k:样本中的成功数;n:样本数;M:总体中的成功数;N:总体中个体数.

(3) 负二项分布有关函数: Negbinomdist (x, r, p)

用于计算负二项分布概率. 其参数意义为:x:失败次数;r:成功次数;p:成功概率. 其最后一次实验必定是成功的.

(4) 泊松分布函数: Poisson (x, λ, c)

用于计算 Poisson 分布概率或累积概率. 参数意义为:x:成功次

数;λ:平均数;c:参数,取值为 1 时计算成功次数小于等于 x 的累积概率;取值为 0 时计算成功 x 次的概率.

【例 B.8】 产品废品率小于等于0.03为合格.抽检 20 个样品发现 2 个废品,该批产品是否合格?若发现 3 个废品呢?

解 ① 在空格 $B5$ 格中输入:

"=1-Binomdist (1, 20, 0.03, 1)"

回车后,显示数字 0.119838.由于尾区是从 2 累加到 20,而Binomdist函数是从 0 累加到指定值,因此这里应指定第一个参数为 1.

② 将 $B5$ 与 α 相比:由于 $B5>\alpha=0.05$,故接受 H_0,发现 2 个废品可认为合格.

③ 在空格 $B6$ 格中输入:

"=1-Binomdist(2, 20, 0.03, 1)"

回车后,显示数字 0.021008.

④ 将 $B6$ 与 α 相比:由于 $B6<\alpha=0.05$,故拒绝 H_0,发现 3 个废品应认为不合格.

【例 B.9】 水质检验要求每毫升水中大肠杆菌不得超过3个.现取 1 mL 检验,发现 6 个细菌,水质是否合格?若 2 mL 发现 12 个细菌呢?

解 ① 在空格 $B12$ 中输入:

"=1-Poisson(5, 3, 1)"

回车后,显示数字 0.083918. 与前一题类似,$H_0:\lambda\leqslant 3$;故尾区应向多的方向累加. 对 1 mL 发现 6 个细菌,尾区为:$\sum_{i=6}^{\infty} p_i = 1-\sum_{i=0}^{5} p_i$,因此第一个参数应取为 5.

② 将 $B12$ 与 $\alpha=0.05$ 相比,由于 $B12>\alpha$,故接受 H_0,1 mL 发现 6 个细菌应认为合格.

③ 在空格 $B13$ 中输入:

"=1-Poisson(11,6,1)"

回车后,显示数字 0.020092.由于现改为检测 2 mL,故 λ 应取为 6;尾区为:$\sum_{i=12}^{\infty} P_i=1-\sum_{i=0}^{11} P_i$,因此第一个参数应取为 11.

④ 将 $B13$ 与 α 相比,由于 $B13<\alpha$,故拒绝 H_0,2 mL 发现 12 个细菌应认为不合格.

B.2 方差分析

方差分析是重要的统计方法之一,它主要用于比较多组数据的平均数是否相同. Excel 有一个用于进行方差分析的宏,但必须进行安装才能使用,同时也不太完善,例如不能区分因素类型等. 因此本节中既介绍利用 Excel 的统计函数,手工进行方差分析的方法,也介绍利用宏自动计算,然后根据需要再对结果加以调整的方法.

(一) 统计知识复习

方差分析中的因素可分为固定因素和随机因素,不同因素类型对方差分析的影响主要表现在应选用不同统计量及对结果解释不同. 因此进行方差分析应注意区分因素类型.

1. 单因素方差分析

总平方和及自由度可作如下分解:

总平方和 $SS_T = SS_A + SS_e$

自由度 $an-1=(a-1)+a(n-1)$

统计量 $F = MS_A/MS_e \sim F(a-1,\ a(n-1))$

当 H_0 不成立,即各水平的平均数有差异时,F 统计量有偏大的趋势,因此可进行上单尾检验. 若因素为固定因素,结论只适用于参加检验的几个水平;若为随机因素,则可推广到一切水平.

2. 双因素交叉分组方差分析

平方和及自由度分解为:

平方和 $SS_T = SS_A + SS_B + SS_{AB} + SS_e$

自由度 $abn-1=(a-1)+(b-1)+(a-1)(b-1)+ab(n-1)$

统计量的选择依赖于因素类型

(1) 固定效应模型

$$F_A = MS_A/MS_e \sim F(a-1,\ ab(n-1))$$

$$F_B = MS_B/MS_e \sim F(b-1,\ ab(n-1))$$

$$F_{AB} = MS_{AB}/MS_e \sim F((a-1)(b-1),\ ab(n-1))$$

（2）随机效应模型

$$F_A = MS_A / MS_{AB} \sim F(a-1, (a-1)(b-1))$$
$$F_B = MS_B / MS_{AB} \sim F(b-1, (a-1)(b-1))$$
$$F_{AB} = MS_{AB} / MS_e \sim F((a-1)(b-1), ab(n-1))$$

（3）混合模型（A 固定，B 随机）

$$F_A = MS_A / MS_{AB} \sim F(a-1, (a-1)(b-1))$$
$$F_B = MS_B / MS_e \sim F(b-1, ab(n-1))$$
$$F_{AB} = MS_{AB} / MS_e \sim F((a-1)(b-1), ab(n-1))$$

均为上单尾检验. 固定因素的结果不能推广，随机因素则可推广到一切水平.

3. 双因素系统分组方差分析

系统分组与交叉分组的不同点在于对应于一级因素的不同水平，系统分组的二级因素各水平可取不同值. 此时 SS_B 与 SS_{AB} 无法分离. 其平方和与自由度的分解为：

平方和 $SS_T = SS_A + SS_B + SS_e$

自由度 $abn-1=(a-1)+a(b-1)+ab(n-1)$

统计量 $F_B = MS_B / MS_e \sim F(a(b-1), ab(n-1))$

检验因素 A 的统计量则取决于因素 B 的类型：

[1] B 固定： $F_A = MS_A / MS_e \sim F(a-1, ab(n-1))$

[2] B 随机： $F_A = MS_A / MS_B \sim F(a-1, a(b-1))$

结果解释仍为固定因素不可推广，随机因素可推广.

4. 多重比较

由于 Excel 中没有 Duncan 法、Newman-Q 法等所需要的系数表，因此无法使用这些多重比较方法（当然读者手工输入所需系数后可用，其公式就不再介绍）. 这里我们只介绍可用的最小显著差数法.

统计量 $$t=\frac{|\overline{x}_i - \overline{x}_j|}{\sqrt{2MS_e/n}} \sim t(ab(n-1))$$

一般为双尾检验. 其中 $\overline{x}_i$，$\overline{x}_j$ 为两个处理的平均数，n 为重复数.

(二) 方差分析的手工计算方法

【例 B.10】（本书例 4.1）用 4 种不同的配合饲料饲养 30 日龄小鸡，10 天后计算平均日增重，得到下表中的数据. 4 种饲料效果是否相同？

饲 料	日增重 x_{ij}/g				
1	55	49	62	45	51
2	61	58	52	68	70
3	71	65	56	73	59
4	85	90	76	78	69

解 把数据输入 Excel，得到表 B.5.

表 B.5 例 B.10 的计算结果

	饲料 1	饲料 2	饲料 3	饲料 4				
重复 1	55	61	71	85				
重复 2	49	58	65	90				
重复 3	62	52	56	76				
重复 4	45	68	73	78				
重复 5	51	70	59	69				
平均	52.4	61.8	64.8	79.6				
方差	41.8	54.2	54.2	66.3				
S^2	146.02895	SS_T	2774.55	MS_A	636.18333	F	11.753965	
$S^2_{\bar{x}_{i\cdot}}$	127.23667	SS_A	1908.55	MSe	54.125	P	0.0002556	
		SSe	866					

计算步骤为：

1 计算各饲料日增重平均值：在 $B8$ 中输入：

“＝Average ($B3$:$B7$)”

回车后，显示数字 52.4. 把 $B8$ 复制到 $C8$:$E8$，得到各平均值.

2 计算 SS_T：在 $B11$ 中输入：

“＝Var($B3$:$E7$) ”

回车后，显示数字 146.02895. 这是全部原始数据的样本方差. 在 $D11$ 中输入：

“＝19 * $B11$”

回车后，显示数字 2774.55. 这就是总平方和 SS_T. 公式中19＝$an-1$，在本题中，$a=4$，$n=5$.

③ 计算 SS_A：在 $B12$ 中输入：

“＝Var($B8$：$E8$)”

回车后，显示数字 127.23667. 这是各平均值的样本方差. 在 $D12$ 中输入：

“＝15 * $B12$”

回车后，显示数字 1908.55. 这就是平方和 SS_A. 公式中15＝$n(a-1)$.

④ 计算 SS_e：在 $D13$ 中输入：

“＝$D11-D12$ ”

回车后，显示数字 866. 这就是平方和 SSe.

⑤ 计算 MS_A，MSe：在 $F11$ 中输入：

“＝$D12/3$”

回车后，显示数字 636.18333. 这就是 MS_A，其中 $3=a-1$；在 $F12$ 中输入：

“＝$D13/16$”

回车后，显示数字 54.125. 这就是 MSe，其中 $16=a(n-1)$.

⑥ 计算统计量及其对应概率：在 $H11$ 中输入：

“＝$F11/F12$”

回车后，显示数字 11.753965. 这就是 F 统计量. 在 $H12$ 中输入：

“＝Fdist($H11$，3，16)”

回车后，显示数字 0.0002556. 这就是 F 统计量对应的概率值. 其中 3 为统计量分子自由度 $a-1$，16 为分母自由度 $a(n-1)$. 由于 $H12<\alpha=0.01$，应拒绝 H_0，各饲料有极显著差异.

本题属于固定模型，因此可进一步进行多重比较. 结果见表 B.6. 具体步骤为：

表 B.6 例 B.10 的多重比较

		饲料 4	饲料 3	饲料 2	饲料 1
		79.6	64.8	61.8	52.4
饲料 1	52.4	2.48314E-05	0.0169434	0.060429	
饲料 2	61.8	0.001490289	0.5282252		
饲料 3	64.8	0.005807619			

⑦ 复制平均数，并进行排序：

把 $B8$：$E8$ 复制到 $K3$：$N3$，用“选择性粘贴”、“数值”.

把 $B2:E2$ 复制到 $K2:N2$.

用鼠标选择 $K2:N3$ 区域,然后对它进行排序:用"数据"菜单下的"排序"命令,点击"选项",在出现的菜单中选择"按行排序",点击"确定"关闭"选项"菜单;并指定关键字为"按行 3","递减".点击"确定"后,就完成了对平均数从大到小的排序.排序过程中,平均数和它对应的处理是连在一起排序的,这样有助于判断是那些处理之间有显著差异.

再把 $L2:N3$ 复制到 $I4:J6$,用"选择性粘贴","转置"命令.用鼠标选择 $I4:J6$ 区域,再按列 J 递增排序.

⑧ 计算各平均数间 T 统计量所对应的概率,在 $K4$ 中输入:

"=Tdist ((K\$3-\$J4)/Sqrt(2 * \$F\$12/5),16,2)"

上式中有些行或列号前有"\$"号,是为了在以后的复制中使相应的行号或列号不变化;Sqrt 为求平方根函数;\$F\$12 为 MSe 的存贮地址;它前边的数字 2 为公式中的常数;后边的数字 5 为本题中的常数 n;再后边的数字 16 是本题中 MSe 的自由度;最后的数字 2 为函数 Tdist 的参数,表示计算双尾概率.

把 $K4$ 复制到 $K5$,$K6$,$L4$,$M4$;再把 $K5$ 复制到 $L5$.

⑨ 把上面计算出的各概率与 0.05 相比,小于 0.05 的为差异显著;再与 0.01相比,小于 0.01 的为差异极显著.可用不同颜色分别表示.在本题中,饲料 4 与饲料 1,2,3 差异均达极显著;而饲料 3 与饲料 1 差异显著;其他差异不显著.从以上结果看,饲料 4 的增重最大,应是最好的.

【例 B.11】 (本书例 4.4) 为选择最适发酵条件,用三种原料、三种温度进行了实验,得到的结果列于下表.请进行统计分析.

原料种类(A)	温度(B)											
	30℃				35℃				40℃			
1	41	49	23	25	11	13	25	24	6	22	26	18
2	47	59	50	40	43	38	33	36	8	22	14	18
3	35	53	50	43	38	47	44	55	33	26	29	30

解 把数据输入 Excel 表,并排列如下.

按以下步骤进行计算:

① 计算各处理平均数:在 $B8$ 输入:

表 B.7 例 B.11 方差分析结果

因素 A	温度 30℃			温度 35℃			温度 40℃		
因素 B	原料 1	原料 2	原料 3	原料 1	原料 2	原料 3	原料 1	原料 2	原料 3
重复 1	41	47	35	24	43	38	6	8	33
重复 2	49	59	53	25	38	47	22	22	26
重复 3	23	50	50	13	33	44	26	14	19
重复 4	25	40	43	11	36	55	18	18	30
平均	34.5	49	45.25	18.25	37.5	46	18	15.5	27
温度平均	42.9167			33.9167			20.1667		
原料平均	23.5833	34	39.4167						
SS_T	7170								
SS_{ST}	5513.5								
SS_A	3150.5	MS_A	1575.25	F_A	5.67E-07				
SS_B	1554.17	MS_B	777.083	F_B	0.000132				
SS_{AB}	808.833	MS_{AB}	202.208	F_{AB}	0.025322				
SS_E	1656.5	MS_E	61.3519						

"=Average($B4$:$B7$)"

回车后,显示数字 34.5. 把 $B8$ 复制到 $C8$:$J8$,得到各处理的平均数.

② 计算因素 A,即温度的各水平平均值:在 $B9$ 输入:

"=Average ($B8$:$D8$)"

回车后,显示数字 42.9167. 再用鼠标标记 $B9$:$D9$,点"跨列居中"键. 再把 $B9$ 复制到 $E9$,$H9$. 这样就得到了各温度的平均值.

③ 计算因素 B,即原料各水平的均值:在 $B10$ 输入:

"=Average ($B8$,$E8$,$H8$)"

回车后,显示数字 23.5833. 把 $B10$ 复制到 $C10$,$D10$. 这样就得到了各原料的平均值.

④ 计算总平方和 SS_T:在 $B12$ 输入:

"=35 * Var($B3$:$J6$)"

回车后,显示数字 7170. 其中 $35=abn-1$, 由于本题中 $a=b=3$, $n=4$,故总自由度为 35.

⑤ 计算次总平方和 SS_{ST}:在 $B13$ 输入:

"=32 * Var($B8$:$J8$)"

回车后,显示数字 5513.5. 其中 $32=n(ab-1)$.

⑥ 计算 SS_A:在 $B14$ 输入:

"=24 * Var($B9$,$E9$,$H9$)"

回车后，显示数字 3150.5. 其中 $24=bn(a-1)$.

⑦ 计算 SS_B：在 $B15$ 输入：

"=24 * Var($B10$:$D10$)"

回车后，显示数字 1554.17. 其中 $24=an(b-1)$.

⑧ 计算 SS_{AB}：在 $B16$ 输入：

"=$B13-B14-B15$"

回车后，显示数字 808.8333.

⑨ 计算误差平方和 SS_e：在 $B17$ 输入：

"=$B12-B13$"

回车后，显示数字 1656.5.

⑩ 计算各个均方：在 $D14$ 输入：

"=$B14/2$"

回车后，显示数字 1575.25，为 MS_A. 其中 $2=a-1$. 在 $D15$ 输入：

"=$B15/2$"

回车后，显示数字 777.083，为 MS_B. 其中 $2=b-1$. 在 $D16$ 输入：

"=$B16/4$"

回车后，显示数字 202.208，为 MS_{AB}. 其中 $4=(a-1)(b-1)$. 在 $D17$ 输入：

"=$B17/27$"

回车后，显示数字 61.35185. 为 MS_e，其中 $27=ab(n-1)$.

⑪ 计算各统计量对应的尾区概率：在 $F14$ 输入：

"=Fdist($D14/D17$,2,27)"

回车后，显示数字 5.67×10^{-7}，为统计量 F_A 对应的概率值. 其中 $D14/D17$ 为 F_A 统计量的值，2，27 分别为其分子，分母自由度. 在 $F15$ 输入：

"=Fdist ($D15/D17$, 2, 27)"

回车后，显示数字 0.000132，为统计量 F_B 对应的概率值. 其中 $D15/D17$ 为 F_B 统计量的值，2，27 分别为其分子分母自由度. 在 $F16$ 输入：

"=Fdist($D16/D17$, 4, 27)"

回车后，显示数字 0.025322，为统计量 F_{AB} 对应的概率值. 其中 $D16/D17$ 为 F_{AB} 统计量的值，4，27 分别为其分子分母自由度.

⑫ 将 $F14$，$F15$，$F16$ 中的数值分别与 α 比较，若大于 α，则接受 H_0，认为该因素影响不显著；否则影响显著. 对于本题来说，A，B 两因素影响均达极显著水

平，它们的交互作用也达到了显著水平.

以上是认为 A，B 均为固定因素的检验方法. 若认为有一个或两个因素为随机因素，则应相应改变统计量及自由度：若认为两因素均为随机因素，则应在检验主效应时改用 MS_{AB} 为分母，即将 $F14$，$F15$ 中输入的公式分别改为：

"＝Fdist($D14/D16$，2，4）"

"＝Fdist($D15/D16$，2，4）"

其他不变，但现在结果可推广到 A，B 因素的一切水平. 若只有一个因素为随机，设 A 固定，B 随机，则 $F15$ 公式同固定模型，$F14$ 同随机模型，即分别为：

"＝Fdist($D14/D16$，2，4）"，

"＝Fdist($D15/D17$，2，27）"

比较方法仍不变，但 A 因素结果不能推广，B 因素则可以. 多重比较在各处理的平均数之间进行，方法同单因素方差分析，本例题仅给出结果（见表 B.8），不再重复计算步骤.

表 B.8 中第一、二行是处理条件，即具体温度和原料种类；第三行是该处理平均数；第四行是平均数排序的序号. 从下表可知，$x1$～$x4$ 和 $x6$～$x9$ 两组内各平均数之间差异除 $x1$ 与 $x4$ 及 $x6$ 与 $x9$ 之外均不显著；而这两组间差异大多达到显著或极显著. 两组中的 $x1$，$x2$，$x3$ 以及 $x7$，$x8$，$x9$ 更是没有多少差异. 因此在实践中可根据实际问题要求选平均数大的还是小的，从这两组中选取一组；再根据其他条件如成本，原料来源，操作方便等从中选取需要的处理.

表 B.8　例 B.11 多重比较结果

	温度 40 原料 2	温度 40 原料 1	温度 35 原料 1	温度 40 原料 3	温度 30 原料 1	温度 35 原料 2	温度 30 原料 3	温度 35 原料 3	温度 30 原料 2
	15.5	18	18.25	27	34.5	37.5	45.25	46	49
	$x9$	$x8$	$x7$	$x6$	$x5$	$x4$	$x3$	$x2$	$x1$
$x1$	1.9E−06	6.2E−06	6.9E−06	0.0005	0.014	0.048	0.504	0.592	
$x2$	7.8E−06	2.6E−05	3.0E−05	0.0020	0.048	0.136	0.893		
$x3$	1.1E−05	3.8E−05	4.3E−05	0.0028	0.063	0.173			
$x4$	0.00048	0.00155	0.00174	0.0687	0.592				
$x5$	0.0020	0.0060	0.0068	0.187					
$x6$	0.048	0.116	0.126						
$x7$	0.624	0.964							
$x8$	0.655								

以上是交叉分组方差分析的做法. 系统分组方差分析与交叉分组的最大不同点是 SS_B 与 SS_{AB} 不可分离,因此计算变得较为简单. 下面以例 B.12 说明具体计算步骤.

【例 B.12】 (本书例 4.9) 为比较 $A_1 \sim A_4$ 四种酶在不同温度下的催化效率,特设计如下实验:由于文献记载各酶最适温度分别为 30 ℃,25 ℃,37 ℃,40 ℃,现设定温度水平如下:最适温−5 ℃,最适温,最适温+5 ℃. 其他条件均保持一致. 保温 2 h 后,测定底物消耗量(mg). 全部实验重复 3 次,得到的结果列于下表. 请做统计分析.

温度	不同条件下底物消耗量/mg			
	酶 A_1	酶 A_2	酶 A_3	酶 A_4
偏低	14.4, 15.2, 13.5	13.5, 14.4, 15.2	14.5, 16.3, 15.4	11.2, 9.8, 10.5
适宜	15.9, 15.1, 14.4	15.1, 16.4, 15.8	16.4, 18.1, 16.7	12.5, 10.9, 11.6
偏高	13.8, 12.9, 14.6	15.7, 14.8, 16.0	15.8, 14.7, 14.1	10.3, 11.4, 9.9

解 把原始数据输入 Excel 如表 9 中 A_2:$M6$ 区域,然后计算如下:

1 计算各处理平均数:在 $B8$ 输入:

"=Average ($B4$:$B6$)"

回车后,显示数字 14.3667. 把 $B8$ 复制到 $C8$:$M8$,得到各处理平均数.

2 计算 A 因素,即各酶种的平均值:在 $B10$ 输入:

"=Average ($B8$:$D8$)"

回车后,显示数字 14.4222. 然后标记 $B10$:$D10$ 区域,点"跨列居中"键,再把 $B10$ 复制到 $E10$,$H10$,$K10$.

由于不同酶种所需温度不同,再求温度平均数已无意义.

3 计算总平方和 SS_T:在 $B12$ 输入:

"=Var($B4$:$M6$)"

回车后,显示数字 4.614921,为全部原始数据的方差. 在 $B13$ 输入:

"=(4 * 3 * 3−1) * $B12$"

回车后,显示数字 161.5222,为总平方和 SS_T. 公式中 4,3,3 分别为本例题中 a, b, n 的取值,下同.

4 计算次总平方和 SS_{ST}:在 $B14$ 输入:

表 B.9 例 B.12 计算结果

因素 A	酶 A_1			酶 A_2			酶 A_3			酶 A_4		
因素 B	温度偏低	温度适宜	温度偏高	温度偏低	温度适宜	温度偏高	温度偏低	温度适宜	温度偏高	温度偏低	温度适宜	温度偏高
重复 1	14.4	15.9	13.8	13.5	15.1	15.7	14.5	16.4	15.8	11.2	12.5	10.3
重复 2	15.2	15.1	12.9	14.4	16.4	14.8	16.3	18.1	14.7	9.8	10.9	11.4
重复 3	13.5	14.4	14.6	15.2	15.8	16	15.4	16.7	14.1	10.5	11.6	9.9
平均	14.3667	15.1333	13.7667	14.3667	15.7667	15.5	15.4	17.0667	14.8667	10.5	11.6667	10.5333
方差	0.72333	0.56333	0.72333	0.72333	0.42333	0.39	0.81	0.82333	0.74333	0.49	0.64333	0.60333
A 平均	14.4222			15.2111			15.7778			10.9		
S^2	4.614921											
SS_T	161.5222											
S_{xij}	4.43037											
SS_{ST}	146.2022											
$S_{xi.}$	4.797119											
SS_A	129.5222		MS_A	43.17407			P_A	7.504E-12				
SS_B	16.68		MS_B	2.085			P_B	0.0116				
SSe	15.32		MSe	0.638333								

“$=\mathrm{Var}(B8:M8)$”

回车后,显示数字 4.43037,为各处理平均数的方差.在 $B15$ 中输入:

“$=3*(4*3-1)*B14$”

回车后,显示数字 146.2022,为次总平方和 SS_{ST}.公式中第一个 3 为 n,另外两数分别为 a,b.

⑤ 计算 SS_A:在 $B16$ 输入:

“$=\mathrm{Var}(B9,E9,H9,K9)$”

回车后,显示数字 4.797119,为各酶种平均数的方差.在 $B17$ 输入:

“$=3*3*(4-1)*B16$”

回车后,显示数字 129.5222,为 SS_A.

⑥ 计算 SS_B(这里实际相当交叉分组的 SS_B+SS_{AB}):在 $B18$ 输入:

“$=B15-B17$↙”

⑦ 计算 SS_e:在 $B19$ 输入:

“$=B13-B15$↙”

⑧ 计算各因素均方,在 $E17$,$E18$,$E19$ 中分别输入:

“$=B17/3$↙”

“$=B18/8$↙”

“$=B19/24$↙”

显示数字分别为:43.17407,2.085,0.63833.公式中 3,8,24 分别为各平方和的自由度,表达式分别为 $a-1$, $a(b-1)$, $ab(n-1)$.

⑨ 计算统计量 F_A 和 F_B 所对应的尾区概率:在 $I17$,$I18$ 输入:

“$=\mathrm{Fdist}\ (E17/E19,\ 3,\ 24)$”

“$=\mathrm{Fdist}\ (E18/E19,\ 8,\ 24)$”

回车后,显示数字分别为:7.504×10^{-12},0.0116.以上是 B 为固定因素时的计算公式.若 B 为随机因素,则 $I17$ 中的公式应改为:

“$=\mathrm{Fdist}\ (E17/E18,\ 3,\ 8)$”

回车后,显示数字为:0.00397.

⑩ 将 $I17$,$I18$ 中的数值与 α 相比,大于 α 时接受 H_0,该因素影响不显著;小于 α 时拒绝 H_0,该因素影响显著.在本题中,A 因素即酶的种类影响极显著,B 因素即温度(包括交互效应)影响显著,但未达极显著.

若需要也可对各处理平均数进行多重比较,方法与前相同,不再重复.

(三) 采用 Excel 中的宏进行方差分析

采用宏进行方差分析的优点是计算都可自动完成,但它只能进行交叉分组固定模型的分析,如果是其他模型则可利用其中间结果再重新计算.

要利用这种方法,首先要加载宏:点击“工具”菜单下的“加载宏”命令,出现一对话框,在其中选取“分析工具库”和“分析工具库-*VBA* 函数”,再点击“确定”钮.然后,在“工具”菜单下就会出现“数据分析”命令,点击后出现对话框,其中有方差分析,相关系数,协方差分析,指数平滑等多种分析工具可用.现在我们就介绍一下用它进行单因素和双因素方差分析的方法.

1. 单因素方差分析

在单因素方差分析中,因素类型对分析过程没有影响,因此不用重新计算.只需把数据输入 Excel,就可利用宏进行计算.

【例 B.13】 仍采用与例 B.10相同的数据:用 4 种不同的配合饲料饲养 30 日龄小鸡,10 天后计算平均日增重,得以下数据.问 4 种饲料效果是否相同?

饲　料	日增重 x_{ij}/g				
1	55	49	62	45	51
2	61	58	52	68	70
3	71	65	56	73	59
4	85	90	76	78	69

解 如下表,把原始数据输入:

表 B.10 例 B.13 方差分析结果

	饲料 1	饲料 2	饲料 3	饲料 4
重复 1	55	61	71	85
重复 2	49	58	65	90
重复 3	62	52	56	76
重复 4	45	68	73	78
重复 5	51	70	59	69

(1) 计算机输出结果

方差分析:单因素方差分析

SUMMARY

组	计　数	求　和	平　均	方　差
饲料 1	5	262	52.4	41.8
饲料 2	5	309	61.8	54.2
饲料 3	5	324	64.8	54.2
饲料 4	5	398	79.6	66.3

方差分析

差异源	*SS*	*df*	*MS*	*F*	*P*-value	*F*-crit
组间	1908.55	3	636.1833	11.75396	0.000256	3.238867
组内	866	16	54.125			
总计	2774.55	19				

(2) 计算过程

1 如上表,把原始数据输入 $B2$:$E7$ 区域.

2 点击"工具","数据分析"命令,在对话框中选"单因素方差分析",然后点"确定".

3 在出现的对话框中,指定输入区域为 $B2$:$E7$,分组方式为"列",选定"标志位于第一行",再指定输出区域为 $A9$,然后点"确定".显示结果如上表.

4 结果解释:结果包括两个表,第一个 SUMMARY 表中有各水平的重复数,总和,平均数,方差等数据;第二个方差分析表,给出组内和组间平方和,自由度,均方,F 统计量,尾区概率,F 分位数值等数据.尾区概率(表中标记为"P-value")小于 α 时拒绝 H_0,大于时接受 H_0.本题尾区概率为 $0.000256<0.01$,应拒绝,差异极显著.这一结果与例 B.10 手工计算相同.

2. 双因素方差分析

宏提供有重复和无重复双因素方差分析,但都是针对固定模型,交叉分组.若为其他模型则需利用中间结果重新计算.仍采用例 B.11说明使用方法.

【例 B.11】（本书例 4.4）　为选择最适发酵条件，用三种原料、三种温度进行了实验，得结果列于下表. 请进行统计分析.

原料种类（A）	温 度（B）											
	30℃				35℃				40℃			
1	41	49	23	25	11	13	25	24	6	22	26	18
2	47	59	50	40	43	38	33	36	8	22	14	18
3	35	53	50	43	38	47	44	55	33	26	29	30

解　要用宏进行双因素方差分析，原始数据必须排列成以下形式（区域设为 $A2:D14$）：

	原料 1	原料 2	原料 3
温度 30 ℃	41	47	35
	49	59	53
	23	50	50
	25	40	43
温度 35 ℃	24	43	38
	25	38	47
	13	33	44
	11	36	55
温度 40 ℃	6	8	33
	22	22	26
	26	14	19
	18	18	30

计算步骤为：

1 把原始数据按上表形式输入 Excel：每个因素 A 的水平各占一列，因素 B 的各水平在这一列中依次排列，相同处理的各重复要排在一起.

2 点击“工具”，“数据分析”命令，在对话框中选定输入区域为“$A2:D14$”，每一样本的行数为“4”（即重复数为 4），输出区域为“$A16$”，然后点击“确定”. 出现的结果如表 B.11.

表 B.11 例 B.11 采用宏计算的输出结果

方差分析:可重复双因素分析						
SUMMARY	原料 1	原料 2	原料 3	总计		
温度 30℃						
计数	4	4	4	12		
求和	138	196	181	515		
平均	34.5	49	45.25	42.91667		
方差	158.3333	62	64.25	118.8106		
温度 35℃						
计数	4	4	4	12		
求和	73	150	184	407		
平均	18.25	37.5	46	33.91667		
方差	52.91667	17.66667	50	179.9015		
温度 40℃						
计数	4	4	4	12		
求和	72	62	108	242		
平均	18	15.5	27	20.16667		
方差	74.66667	35.66667	36.66667	66.69697		
总计						
计数	12	12	12			
求和	283	408	473			
平均	23.58333	34	39.41667			
方差	142.9924	242.1818	125.3561			
方差分析						
差异源	*SS*	*df*	*MS*	*F*	*P*-value	*F*-crit
样本	3150.5	2	1575.25	25.67567	5.67*E*-07	3.354131
列	1554.167	2	777.0833	12.66601	0.000132	3.354131
交互	808.8333	4	202.2083	3.29588	0.025322	2.727766
内部	1656.5	27	61.35185			
总计	7170	35				

③ 结果解释:在出现的 SUMMARY 表中有因素 B 各水平分别列出的重复数、和、平均值,方差等数值;最后的总计表中也有因素 A 各水平的相应数值;在

方差分析表中，列出样本(即因素 B)、列(即因素 A)、交互(交互作用)、内部(即误差)的 SS(平方和)、df(自由度)、MS(均方)、F(统计量)、P-value(尾区概率)、F-crit(F 统计量的分位数)等数据. 把各尾区概率与 α 相比，大于 α 时接受 H_0，否则拒绝.

把三个 P-value 与手工计算结果相比，可见它们是相同的.

若模型不是交叉分组固定模型，则应进行如下计算：

● 随机因素：利用各因素的 MS(均方)数据，采用与例 11 同样的公式重新计算尾区概率，并与 α 相比.

● 系统分组：若 A 为一级因素，则把 B(即样本)与交互的 SS(平方和)相加，df(自由度)也相加，令它们相除为 MS_B，然后用与例 9 同样的公式重新计算尾区概率. 若 B 为一级因素，则合并列与交互. 得到尾区概率后再与 α 相比.

【例 B. 14】 假设例B. 11中原料为随机因素 B，温度为固定因素 A，则可进行以下补充计算. 由于为混合模型，只需重算 P_A，在空格中输入：

"= Fdist(1575. 25/202. 2083, 2, 4)"

回车后，显示数字 0. 041732. 由于这一数字小于 0. 05，可认为温度间差异显著，但未达极显著.

上述公式中的数字也可用它们的位置代替.

【例 B. 15】 假设例B. 11中不同原料需用不同的温度水平，即应选用系统分组模型，且原料为一级因素，温度为二级因素. 此时应进行以下补充计算：

1 计算温度的平方和与自由度：在空格 $F3$，$F4$ 分别输入：

"= 3150. 5+808. 8333 ↙"

"= 2+4 ↙"

上述数字分别为宏输出的样本平方和、交互平方和、样本自由度、交互自由度. 也可用它们的位置代替.

2 计算温度的均方：在空格 $F5$ 输入：

"= $F3/F4$ ↙"

3 计算温度的 F 统计量对应的概率：在空格 $F6$ 中输入：

"= Fdist($F5$/61. 35185, $F4$, 27)"

回车后，显示数字 4.1122×10^{-6}. 由于它小于 0. 01，应认为温度间的差异达到极显著. 上式中的数字 61. 35185 和 27 分别为宏输出内部均方和自由度.

从上面的过程可知，利用宏确实可以大大化简计算过程，不过要注意分析模型的类型,必要时进行所需的补充计算.

B.3 回归分析

(一) 统计知识复习

1. 一元线性回归

统计模型为:$y_i=\alpha+\beta x_i+\varepsilon_i$.

(1) 目的:求出参数 α,β 的估计值 a, b.

(2) 方法:最小二乘法.即令残差 $SS_e=\sum_{i=1}^{n}(y_i-a-bx_i)^2$ 达到最小.

(3) 结果:$\begin{cases} b=S_{xy}/S_{xx} \\ a=\overline{y}-b\,\overline{x} \end{cases}$

其中:$S_{xy}=\sum_{i=1}^{n}(x_i-\overline{x})(y_i-\overline{y})$, $S_{xx}=\sum_{i=1}^{n}(x_i-\overline{x})^2$,

$S_{yy}=\sum_{i=1}^{n}(y_i-\overline{y})^2$

2. 对回归方程进行统计检验的方法

(1) 对回归系数 b, a 作 t 检验

$$S_b^2=MS_e/S_{xx}\,,\ t_b=b/S_b$$

$$S_a^2=MS_e\left(\frac{1}{n}+\frac{\overline{x}^2}{S_{xx}}\right),t_a=a/S_a$$

一般只对 b 做检验,自由度均为 $n-2$.

(2) 对相关系数 r 进行统计检验

$$r^2=1-SS_e/S_{yy}=\frac{S_{xy}^2}{S_{xx}S_{yy}}$$

检验方法一般为查表.

(3) 方差分析

$$F=\frac{SS_R}{SS_e/(n-2)}=\frac{SS_{yy}-SS_e}{SS_e/(n-2)}\sim F(1,n-2)$$

上单尾检验.

这三种检验实际是等价的，只要采用一种即可.

3. 预测值的置信区间

线性回归的用途之一是预测，即对新的 x，计算 $\hat{y}=a+bx$. 新的 x 取值最好接近 $\overline{x}$，至少不得超出各 x_i 的变化范围.

	点估计	方　差	95%置信区间
条件均值	$a+bx_0$	$MS_e\left[\frac{1}{n}+\frac{(x_0-\overline{x})^2}{S_{xx}}\right]$	$a+bx_0 \pm t_{0.975}\sqrt{MS_e\left[\frac{1}{n}+\frac{(x_0-\overline{x})^2}{S_{xx}}\right]}$
下一次观察值	$a+bx_0$	$MS_e\left[1+\frac{1}{n}+\frac{(x_0-\overline{x})^2}{S_{xx}}\right]$	$a+bx_0 \pm t_{0.975}\sqrt{MS_e\left[1+\frac{1}{n}+\frac{(x_0-\overline{x})^2}{S_{xx}}\right]}$

4. 多元线性回归

原理完全相同，仍采用最小二乘法；自由度有变化. 设数据组数为 n，自变量个数为 m，则回归平方和 SS_R 的自由度为 m，残差平方和 SS_e 的自由度为 $n-m-1$.

(二) 有关内部函数介绍

Excel 提供的有关回归分析的内部函数有：Linest，Intercept，Slope，Steyx，Trend，Correl，以及用于指数回归的 Logest. 注意，当这些函数中需要输入因变量和自变量时，都是因变量在前，自变量在后. 这与一般先 x 后 y 的习惯不同.

1. Linest(*y* 数组，*x* 数组，*c*，*s*)

其中 c 取值为 *true*，1 或省略，则函数计算截距 a；若为 *false* 或 0，则函数强制 $a=0$. S 取值若为 *true* 或 1，则返回全部统计值；若为 *false*，0 或省略，则只返回 a，b.

这一函数可用于多元回归，其输入数据以数组形式提供，因变量 y 只占 1 列，m 个自变量占 m 列，数据组数(即行数)为 n. 它的输出数据也是一个数组，为 $m+1$ 列，5 行.

输出数据的排列方式为：

b_m	b_{m-1}	…	b_2	b_1	a
Se_m	Se_{m-1}	…	Se_2	Se_1	Se_a
r^2	Se_y				
F	df				
SS_R	SS_e				

各符号的意义为：b_1，b_2，…，b_m 分别表示自变量 x_1，x_2，…，x_m 的回归系数；a 为截距；Se_i 为 b_i 的子样标准差；Se_a 为 a 的子样标准差；Se_y 为 σ 的估计值，计算公式为 $\sqrt{\frac{SS_e}{n-m-1}}$，即 $\sqrt{MS_e}$；r^2 为相关系数的平方（注意，平常查表使用的为 r）；F 为检验 y 与全体 x 相关性的统计量，其自由度为 $(m,\ df)$；df 为 SS_e 的自由度，为 $n-m-1$；SS_R 为回归平方和，自由度为 m；SS_e 为剩余平方和，又称残差平方和.

由于此函数输出为数组，必须按数组函数方法输入，步骤为：

① 选定输出数据所占的区域；

② 输入公式，例如"=Linest(A2:A10, B2:D10,1,1)"

③ 左手按住 Ctrl+Shift 键，右手再按 Enter 键.

由于输出数组为一整体，其中任一数字均不能被单独修改. 若要修改公式，可将光标移入这一输出区域的任一单元格，则编辑区都会出现公式. 修改后再按 Ctrl+Shift+Enter 即可. 若要删除，则可在光标移入区域后，按 Ctrl+"/" 选定整个区域，再删除或移动.

对方程进行统计检验的方法：

① 对 b_i 做检验：$H_0:\beta_i=0$；$H_A:\beta_i\neq 0$. 在一空格输入：

"= Tdist(Abs(b_i/Se_i), df, 2) ↙"

把返回数字与 α 比较，大于 α 则接受 H_0，否则拒绝. 式中 b_i、S_{ei}、df 等参数应使用它们的位置或数值.

对 a 的检验与上述步骤相同.

② 对 y 与全体 x 的相关性做检验：在空格中输入：

"= Fdist(F, m, df) ↙"

把返回数据与 α 比较,大于 α 则接受 H_0,即认为 y 与全体 x 无关;否则认为相关.

2. 线性回归参数

若只需要斜率,截距,相关系数,σ 的估计值这几个数中的一个,则可分别采用以下函数.

Slope(y 数组,x 数组):返回斜率;

Intercept(y 数组,x 数组):返回截距;

Correl(y 数组, x 数组): 返回相关系数 r (不是 r^2);

Steyx(y 数组, x 数组): 返回 σ 的估计值, 其公式为:

$$\sqrt{MS_e}=\sqrt{SS_e/(n-m-1)}$$

这几个函数的共同特点是它们只返回单独一个数字,因此可用于更复杂的计算公式中.

3. 线性回归预测

若需要预测新的 x 所对应的 y 预测值,可用以下函数

Trend(y 数组,x 数组,新 x 数组,c)

其中: c 为参数,其取值决定函数如何计算截距. 当 c 取值为 1(或逻辑值"*true*")时,计算 a;当 c 取值为 0(或逻辑值"*false*")时,令$a=0$.

使用这一函数还应注意以下几点:

① 它返回一个数组,因此应先指定返回区域,输入公式后,同时按"Ctrl+Shift+Enter"三个键.

② 若省略新 x 数组,函数采用原来的 x 数组计算 y 的预测值;若连原来的 x 数组也省略,函数自动认为 $1,2,3,\cdots,n$ 为自变量.

③ 新 x 数组应与原 x 数组有相同的列数,即自变量个数相同;但可有不同的行数,即可有不同的数据组数.

4. 指数回归

函数为: Logest(y 数组,x 数组,c,s)

这一函数的输入变量与前面介绍的线性回归函数 Linest 完全

相同,输出信息与使用方法也相同,只是 Logest 函数的回归公式为

$$y = a * b_1^{x1} * b_2^{x2} * \cdots * b_m^{xm}$$

它实际是把上式两边取对数后按线性回归来做,返回的统计量都是线性化(即取对数)后的数据的统计量.

5. 预测值置信区间的建立

(1) 条件均值 $\mu_{y,x}$ 的 95%置信区间,其理论公式为

$$a + bx_0 \pm t_{0.975}(n-2)\sqrt{MS_e\left(\frac{1}{n} + \frac{(x_0 - \overline{x})^2}{S_{xx}}\right)}$$

其中:$a+bx_0=\hat{y}_0$,可用 Trend(y 数组,x 数组,x_0, c)计算;分位数为

$$t_{0.975}(n-2) = \text{Tinv}(0.05,\ n-2)$$

在 Linest 返回的数值中,有 $Se_y=\sqrt{MS_e}$,$Se_1=\sqrt{MS_e/S_{xx}}$,因此可用以下公式计算置信区间的上下限

$$\text{Trend}(y\ 数组,\ x\ 数组,\ x_0,\ c) \pm \text{Tinv}(0.05,\ n-2) * \text{Sqrt}(Se_y^2/n + Se_1^2 * (x_0 - \overline{x})^2)$$

(2) 下一次观察值 y_0 的 95%置信区间,理论公式为

$$a + bx_0 \pm t_{0.975}(n-2)\sqrt{MS_e\left(1 + \frac{1}{n} + \frac{(x_0 - \overline{x})^2}{S_{xx}}\right)}$$

与上类似,可得计算公式为

$$\text{Trend}(y\ 数组,x\ 数组,x_0,c) \pm \text{Tinv}(0.05,\ n-2) * \text{Sqrt}((n+1)Se_y^2/n + Se_1^2 * (x_0 - \overline{x})^2)$$

(三) 计算步骤

【例 B.16】 (本书例 5.8) 江苏武进县测定 1959~1964 年间 3 月下旬至 4 月中旬平均温度累积值 x 和一代三化螟蛾盛发期 y 的关系列于下表(盛发期以 5 月 10 日为起算日),试对其做回归分析.

年 代	1956	1957	1958	1959	1960	1961	1962	1963	1964
累积温 x/(d·℃)	35.5	34.1	31.7	40.3	36.8	40.2	31.7	39.2	44.2
盛发期 y/d	12	16	9	2	7	3	13	9	−1

解

表 B.12 线性回归的输出结果

累积温 x	盛发期 y				
		b	−1.09962	48.54932	a
31.7	9	S_b	0.271567	10.12779	S_a
31.7	13	r^2	0.700801	3.265989	$MSe^{1/2}$
34.1	16	F	16.3958	7	df
35.5	12	SS_R	174.8888	74.66678	SS_E
36.8	7				
39.2	9	P_F	0.004876		
40.2	3	Pt	0.004876		
40.3	2				
44.2	−1				

具体计算步骤为：

① 把原始数据输入 $A3$:$B11$ 区域，如表 B.12.

② 用鼠标选定 $E2$:$F6$ 区域. 输入公式前两列：

"＝Linest($B3$:$B11$，$A3$:$A11$，1，1)"

③ 同时按下"Ctrl＋Shift＋Enter"键，返回数据的排列为：

$E2$:b　　$F2$：a

$E3$:S_b　　$F3$：S_a

$E4$:r^2　　$F4$：$S_{ey}=\sqrt{MS_e}$

$E5$:F　　$F5$：df

$E6$:SS_R　　$F6$：SS_e

为清楚起见，我们在 $D2$:$D6$，$G2$:$G6$ 中标上了各数据的统计意义.

④ 对回归方程进行 F 检验：在 $E8$ 输入：

"＝Fdist ($E5$，1，$F5$)"

回车后，显示数字 0.004876. 把 $E8$ 的返回值与 α 比较，若 $E8>0.05$，则认为回归失败，即接受 $\beta=0$；若 $E8<0.05$，则认为回归成功，即 $\beta\neq 0$. 本题 $E8\ll 0.05$，回归是成功的.

为进行比较，我们在 $E9$ 中给出了对 b 进行 t 检验的结果. 在 $E9$ 输入：

"＝Tdist(Abs($E2$/$E3$)，$F5$，2)"

回车后，显示的数字与 $E8$ 是完全相同，即 F 检验和 t 检验的尾区概率是完全相同的,说明只进行一种检验即可.

上式中由于 Tdist 函数要求输入的统计量值 x 为正数,故增加了内部函数 Abs,其功能是取绝对值. $F5$ 为自由度,2 表示为双尾检验.

以下步骤是为了画出包括回归线、观测值,以及条件均值和下次观察值 95%置信区间的图. 数据见表 B.13. 由于此表共有 140 余行,这里显示的仅是前 19 行.

表 B.13 回归分析绘图数据(部分)

累积温 x	预测值	观测值	均值下限	均值上限	预测值下限	预测值上限
31	14.46104		9.785646	19.13643	5.433224	23.48885
31.1	14.35107		9.729153	18.97299	5.350837	23.35131
31.2	14.24111		9.672384	18.80984	5.268075	23.21415
31.3	14.13115		9.615328	18.64697	5.184935	23.07736
31.4	14.02119		9.557975	18.4844	5.101413	22.94096
31.5	13.91123		9.500315	18.32213	5.017506	22.80494
31.6	13.80126		9.442337	18.16019	4.933211	22.66932
31.7	13.6913	9	9.384028	17.99857	4.848523	22.53408
31.8	13.58134	13	9.325378	17.8373	4.763441	22.39924
31.9	13.47138		9.266373	17.67638	4.67796	22.26479
32	13.36141		9.207	17.51583	4.592077	22.13075
32.1	13.25145		9.147246	17.35566	4.505789	21.99711
32.2	13.14149		9.087097	17.19588	4.419092	21.86389
32.3	13.03153		9.026538	17.03652	4.331984	21.73107
32.4	12.92157		8.965553	16.87758	4.244461	21.59867
32.5	12.8116		8.904127	16.71908	4.156519	21.46669
32.6	12.70164		8.842243	16.56104	4.068156	21.33513
32.7	12.59168		8.779884	16.40347	3.979368	21.20399

5 在 $I3:I143$ 中填充 31～45 的数值,间隔为 0.1.

6 计算预测值(也是回归线):标记 $J3:J143$,输入公式:

"＝Trend ($B3:B11$, $A3:A11$, $I3:I143$)"

同时按下"Ctrl＋Shift＋Enter"三键. 在 J 列出现预测值,其中: $J3$ 的值为 14.46104.

7 在 K 列中适当地方输入原始观察 y 值,使它与 I 列的 X 值对应. 由于原

始数据中 x 等于 31.7 的有两组,我们把它们分别放在对应 31.7 和 31.8 的地方.

⑧ 计算条件均值置信区间下限,在 *L*3 中输入公式

"=\$*J*3-Tinv(0.05,\$*F*\$5) * Sqrt(\$*F*\$4^2/(\$*F*\$5+2)+\$*E*\$3^2 * (\$*I*3-Average(\$*A*\$3:\$*A*\$11))^2)"

回车后,显示数字 9.785646. 把 *L*3 复制到 *L*4:*L*143.

式中加了"\$"号的地址是为了在复制过程中使它不改变,也可用相应单元中的数值代替,例如\$*F*\$5 可换为 7.

⑨ 计算条件均值置信区间上限,由于这几个置信区间的公式大同小异,故可把 *L*3 的公式复制到 *M*3:*O*3,然后加以修改.

把 *L*3 复制到 *M*3:*O*3.

把光标移到 *M*3,在编辑栏中把\$*J*3 后边的"-"号改为"+"号,并按"Enter"键. 显示数字为 19.13643.

⑩ 计算下次观察值下限:把光标移到 *N*3 后,在编辑栏中原公式的"\$*F*\$4^2"后边加上:" * (\$*F*\$5+3)",完整公式为

"=\$*J*3-Tinv(0.05,\$*F*\$5) * Sqrt(\$*F*\$4^2 * (\$*F*\$5+3)/(\$*F*\$5+2)+\$*E*\$3^2 * (\$*I*3-Average(\$*A*\$3:\$*A*\$11))^2)"

按"Enter"键. 显示数字为 5.433224.

⑪ 计算下次观察值上限:把 *N*3 复制到 *O*3,光标移到 *O*3,并把编辑栏中的公式中开始处的"\$*J*3-"改为"\$*J*3+",其他不变,按"Enter"键. 显示数字为 23.48885.

把 *L*3:*O*3 复制到 *L*4:*O*143.

⑫ 在 *L*2:*O*2 中加上各列数据名称,如"累积温"、"预测值"、"观测值"等,如表 B.13.

以上就完成了全部计算,下面来作图.

⑬ 把光标移入空格,例如 *Q*3.

⑭ 按工具栏中的"图表向导"钮,或按"插入","图表". 然后按照图表向导的指引,选择所需图类型、数据区域等,并对图形中不满意的部分进行修正. 由于这一部分不属于统计内容,而是 Excel 的基本使用技巧,在此不再详细介绍,有兴趣的读者可参阅有关书籍. 最后图形见图 B.1.

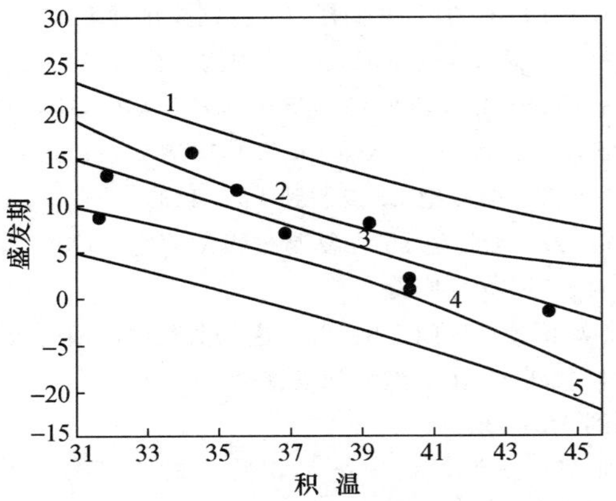

图 B.1 例 B.16 的回归线及置信区间图

图中：● 观测值，1. 预测值上限，2. 均值上限，

3. 预测值，4. 均值下限，5. 预测值下限

B.4 Excel 中常用统计函数简介

Excel 函数名主要由字母组成，输入时大小写均可.函数指南中共有 9 大类函数，其中列入"统计"类的共 71 个，而我们常用的约有 50 余个，可分为以下三大类.

(一) 对数据进行统计处理的函数

这类函数主要用于从原始数据计算一些常用统计量，如均值、方差、相关系数等(见表 B.14).

(二) 常用的统计分布函数

注意这些以"dist"结尾的函数中正态分布、指数分布、离散分布一般计算分布函数(即 $P(X<x)$)，χ^2 分布、t 分布、F 分布一般计算尾区概率(即 $P(X>x)$)，而以"dist"结尾的和以"inv"结尾的互为反函数.函数的输入变量中 x 一般表示统计量的取值；p 表示概率；df 表示自由度(见表 B.15).

表 B.14　对数据进行统计处理的函数

编号	函数功能	函数	计算公式/备注
1	求平均数	Average (x_1, x_2, …, x_n)	函数的输入可以是数值,也可以是存贮数据的地址或区域.其他函数输入类似,不再重复.
2	求相关系数	Correl(数组 1,数组 2)	数组可输入地址,也可直接输入数据.若直接输入数据，每个数组要用一个大括号“{}”围住.以下其他函数输入数组的方法相同.
3	计算参数组中的数字个数	Count (x_1, x_2, …,x_n)	
4	计算参数组中非空单元格数	Counta (x_1, x_2, …,x_n)	
5	计算协方差	Covar(数组 1,数组 2)	
6	计算 $\sum (x_i-\overline{x})^2$	Devsq(x_1, x_2, …, x_n)	
7	计算最大值	Max(x_1, x_2, …, x_n)	
8	计算中位数	Median(x_1, x_2, …, x_n)	
9	计算最小值	Min(x_1, x_2, …, x_n)	
10	计算出现频率最高的值	Mode(x_1, x_2, …, x_n)	
11	计算组合数 C_n^m	Permut (n, m)	
12	计算一个数在数列中的排序	Rank(数,数列,次序)	其中次序为一个参数.它取值为 0 或被省略时,按递减排序;取值为 1 时,按递增排序.
13	标准化	Standardize (x,μ,σ)	$\frac{x-\mu}{\sigma}$
14	计算样本标准差	Stdev (x_1, x_2, …, x_n)	
15	计算样本方差	Var(x_1, x_2, …, x_n)	

续表

编号	函数功能	函数	计算公式/备注
16	计算$\frac{1}{n}\sum_{i=1}^{n}\lvert x_i-\overline{x}\rvert$	Avedev (x_1, x_2, …, x_n)	
17	计算频率分布	Frequency(数据,间隔点)	它返回的数据以垂直数组形式给出,其个数比间隔点数多1,计算时会忽略空白与文字.
18	计算正数的几何平均数	Geomean(x_1, x_2, …, x_n)	
19	计算调和平均数 H	Harmean(x_1, x_2, …, x_n)	$\frac{1}{H}=\frac{1}{n}\sum_{i=1}^{n}\frac{1}{x_i}$
20	找出第 K 个最大值	Large(数组,K)	
21	计算服从指定离散分布的随机变量落入某一区间的概率	Prob (数组 x, 数组 p,下限,上限)	其中 x 为离散分布的取值,p 为对应的概率. 区间上限可省略,省略后只计算下限一个点的概率.
22	计算样本峭度(峰度)	Kurt(x_1, x_2, …, x_n)	$\frac{n(n+1)}{(n-1)(n-2)(n-3)}\sum\left(\frac{x_i-\overline{x}}{s}\right)^4-\frac{3(n-1)^2}{(n-2)(n-3)}$ 输入最多为 30 个数字.
23	计算样本偏度	Skew(x_1, x_2, …, x_n)	$\frac{n}{(n-1)(n-2)}\sum\left(\frac{x_i-\overline{x}}{s}\right)^3$ 输入最多为 30 个数字.
24	取第 K 个最小值	Small(数组,K)	
25	计算总体标准差	Stdevp(x_1, x_2, …, x_n)	$\left[\frac{1}{n}\sum_{i=1}^{n}(x_i-\overline{x})^2\right]^{\frac{1}{2}}$
26	计算总体方差	Varp(x_1, x_2, …, x_n)	$\frac{1}{n}\sum_{i=1}^{n}(x_i-\overline{x})^2$

表 B.15　常用的统计分布函数

编号	函数功能	函　数	计算公式/备注
1	计算 χ^2 分布的单尾概率	Chidist (x, df)	
2	计算 χ^2 分布的单尾分位数	Chiinv (p, df)	
3	计算 F 分布的单尾概率	Fdist (x, $df1$, $df2$)	$df1$ 为分子自由度，$df2$ 为分母自由度.
4	计算 F 分布的单尾分位数	Finv (p, $df1$, $df2$)	
5	计算超几何分布概率	Hypgeomdist (k, n, M, N)	$C_M^k C_{N-M}^{n-k}/C_N^n$ 其中 k:样本中成功数；n:样本含量；M:总体中成功数；N:总体中个体数.
6	计算负二项分布概率	Negbinomdist (x, r, p)	$C_{x+r-1}^{r-1}p^r(1-p)^x$ 其中 x:失败次数；r:成功次数；p:成功概率.
7	计算指数分布	Expondist (x, λ, c)	其中 c 取值为 *true* 或 1，则计算累积分布，公式为：$F(x,\lambda)=1-e^{-\lambda x}$； c 为 *false* 或 0，则计算密度函数，公式为： $f(x,\lambda)=\lambda e^{-\lambda x}$.
8	计算二项分布概率	Binomdist (x, n, p, c)	$C_n^x p^x(1-p)^{n-x}$ 其中 x:成功次数；n:总次数；p:成功概率. c 为 *true* 或 1，则计算累积概率；c 为 *false* 或 0，则计算成功 x 次的概率.

续表

编号	函数功能	函　数	计算公式/备注
9	计算正态分布概率	Normdist (x, μ,σ,c)	其中 μ:数学期望;σ:标准差. c 为 *true* 或 1,计算分布函数;c 为 *false* 或 0,计算密度函数.
10	计算正态分布分位数	Norminv (p, μ,σ)	
11	计算标准正态分布分布函数	Normsdist (x)	
12	计算标准正态分布分位数	Normsinv (p)	
13	计算泊松分布概率	Poisson (x, mean, c)	其中 mean 为均值. c 为 *true* 或 1,计算[0, x]中的累积概率;c 为 *false* 或 0,计算 x 点的概率.
14	计算 t 分布尾区概率	Tdist (x, df, *tails*)	其中 x 必须大于 0;df 为自由度;*tails* 为 1:单尾,为 2:双尾.
15	计算 t 分布双尾尾区的分位数	Tinv (p, df)	其中 p:双尾尾区概率.
16	计算累积二项分布的逆	Critbinom (N, p, α)	其中 N:总实验次数;p:成功概率;α:临界值. 函数返回值为累积概率大于等于临界值的最小成功次数 x.

(三) 直接进行某些统计检验的函数

这些函数大部分已在前边的例题中出现过，为方便查阅，将它们列于表 B.16 中.

表 B.16　用于统计检验的函数

编号	函数功能	函　数	计算公式/备注
1	列联表独立性检验	Chitest(观测值，期望值)	其中观测值、期望值应存在两个行列数相同的矩形区域内，函数返回 Pearson 统计量所对应的分布的上单尾概率，它的自由度为 $(r-1)(C-1)$. r、C 为矩形区域的行、列数，如为 1 行或 1 列，则自由度为 $r-1$ 或 $C-1$.
2	计算标准正态分布均值置信区间宽度的一半	Confidence (α,σ,n)	其中 α：显著性水平；σ：标准差；n：样本含量.
3	F 检验	Ftest(数组 1，数组 2)	用于检验两组数据方差是否相等，返回双边尾区概率.
4	求线性回归截距	Intercept(y 数组，x 数组)	
5	线性回归	Linest(y 数组，x 数组，c，s)	c 为 $true$，1 或省略：计算 a；c 为 $false$ 或 0：令 $a=0$. s 为 $true$ 或 1：返回统计值；s 为 $false$ 或 0：只返回 a，b. y 数组为单列，x 数组则可有多列，相当于多元回归. 两数组应有相同的行数. 返回统计值的排列(设 x 数组有 m 列)为： b_m　b_{m-1}　…　b_2　b_1　a Se_m　Se_{m-1}　…　Se_2　Se_1　Se_a r^2　Se_y F　df SS_R　SS_e 其中各 Se 为标准误差，与上一列的估计值对应；$Se_y=\sqrt{MS_e}$
6	指数回归	Logest(y 数组，x 数组，c，s)	回归模型：$y=a*b_1^{x_1}*b_2^{x_2}*\cdots*b_m^{x_m}$ 把上式两边取对数后按线性回归做. 参数及返回数值排列同线性回归，返回统计量为线性方程统计量.

续表

编号	函数功能	函 数	计算公式/备注
7	计算线性回归斜率	Slope(y 数组,x 数组)	
8	计算线性回归中 $\sqrt{MS_e}$	Steyx(y 数组,x 数组)	
9	计算线性回归预测值	Trend(y 数组,x 数组,新 x 数组,C)	先用 y、x 做线性回归,再利用回归方程预测新 x 所对应的 y 值. c 为 *true* 或 1,计算截距 a;c 为 *false* 或 0,令 $a=0$. 若新 x 省略,则用旧 x 数组;若旧 x 也省略,则用 1,2,… n 为自变量.新、旧 x 应有相同的列数.
10	t 检验	Ttest(数组 1,数组 2,*tails*,*type*)	用于检验两数组均值是否相等.返回值为尾区概率. *tails* 为 1:单尾;为 2:双尾. *type* 为 1:配对检验;为 2:方差相等;为 3:方差不等.
11	Z 检验(本书中一般称为 U 检验)	Ztest (数组,μ,σ)	用于已知标准差 σ 的情况下检验数组期望是否为 μ.若 σ 未知,一般应使用 t 检验.公式为: $1\text{-Normsdist}\left(\frac{\overline{x}-\mu}{\sigma/\sqrt{n}}\right)$ 其中 $\overline{x}$ 为数组均值;n 为数组中数据个数;σ 为总体标准差,若省略则用子样标准差 S 代替.返回值为单边尾区概率.
12	计算相关系数	Correl(数组 1,数组 2)	

注意

□1 所有与回归有关的函数中,均把因变量 y 放在前边,自变量 x 放在后边,不要搞错次序.

□2 返回值为一个数组时要按数组方式输入,即先选定输出区域,输入公式后,同时按下“Ctrl+Shift+Enter”键.

附录C 统 计 用 表

C.1 随 机 数 表

59391	58030	52098	82718	87024	82848	04190	96574	90464	29015
99567	76364	77204	04615	27062	96621	43618	01896	83991	51141
10363	97518	51400	25670	98342	61891	27101	37855	06235	33316
86859	19558	64432	16706	99612	59798	32803	67708	15297	28612
11258	24591	36863	55368	31721	94335	34936	92566	80972	08188
95068	88628	35911	14530	33020	80428	39936	31855	34334	64865
54463	47237	73800	91017	36239	71824	83671	39892	60518	37092
16874	62677	57412	13215	31389	62233	80827	73917	80802	84420
92494	63157	76593	91316	03505	72389	86363	52887	01087	66091
15669	56689	35682	40844	53256	81872	35213	09840	34471	74441
99116	75486	84989	23476	52967	67104	39495	39100	71217	74073
15696	10703	65178	90637	63110	76222	53988	71087	84148	11670
97720	15369	51269	69620	03388	13699	33423	67453	43269	56720
11666	13541	71681	98000	35976	39719	81899	07449	47985	64967
71628	73830	78783	75691	41632	09847	61547	18707	85489	69944
40501	51589	99943	91843	41995	88931	73631	69361	05375	15417
22518	55476	98215	82068	10798	86211	36584	67466	69373	40054
75112	30285	62173	02132	14878	92879	22281	16783	86352	00077
80327	02671	98191	84342	90813	49268	95441	15496	20168	09271
60251	45548	02146	05597	48228	81366	34598	72856	66762	17002
57430	82270	10421	05540	43648	75888	66049	21511	47676	33444
73528	39559	34434	88596	54086	71693	43132	14414	79949	85193
25991	65959	70769	64721	86413	33475	42740	06175	82758	66248
78388	16638	09134	59880	63806	48472	39318	35434	24057	74739
12477	09965	96657	57994	59439	76330	24596	77515	09577	91871
83266	32883	42451	15579	38155	29793	40914	65990	16255	17777
79970	80876	10237	39515	79152	74798	39357	09054	73579	92359
37074	65108	44785	68624	98336	84481	97610	78735	46703	98265

续表

83712	06514	30101	78295	54656	85417	43189	60048	72781	72606
20287	56862	69727	94443	64936	08366	27227	05158	50326	59566
74261	32592	86538	27041	65172	85532	07571	80609	39285	65340
64081	49863	08478	96001	18888	14810	70545	89755	59064	07210
05617	75818	47750	67814	29575	10526	66192	44464	27058	40467
26793	74951	95466	74307	13330	42664	85515	20632	05497	33625
65988	72850	48737	54719	52056	01596	03845	35067	03134	70322
27366	42271	44300	73399	21105	03280	73457	43093	05192	48657
56760	10909	98147	34736	33863	95256	12731	66598	50771	83665
72880	43338	93643	58904	59543	23943	11231	83268	65938	81581
77888	38100	03062	58103	47961	83841	25878	23746	55903	44115
28440	07819	21580	51459	47971	29882	13990	29226	23608	15873
63525	94441	77033	12147	51054	49955	58312	76923	96071	05813
47606	93410	16359	89033	89696	47231	64498	31776	05383	39902
52669	45030	96279	14709	52372	87832	02735	50803	72744	88208
16738	60159	07425	62369	07515	82721	37875	71153	21315	00132
59348	11695	45751	15865	74739	05572	32688	20271	65128	14551
12900	71775	29845	60774	94924	21810	38636	33717	67598	82521
75088	23537	49939	33595	13484	97588	28617	17979	70749	35234
99495	51434	29181	09993	38190	42553	68922	52125	91077	40197
26075	31671	45386	36583	98459	48599	52022	41330	90651	91321
13636	93599	23377	51133	95126	61496	42474	45140	16660	42338
32847	31282	03345	89593	69214	70331	78285	20054	91018	16742
16916	00041	30326	55023	14253	76582	12092	86533	92426	37655
66176	34047	21005	27137	03191	48970	64625	22394	39622	79085
46299	13335	12180	16861	38043	59292	62675	63631	37020	78195
22847	47839	45385	23289	47526	54098	45683	55849	51575	64689
41851	54160	92320	69936	34803	92479	33399	71160	64777	83378
28444	59497	91586	59517	68553	28639	06455	34174	11130	91994
47520	62378	98855	83174	13088	16561	68559	26679	06238	51254
34978	63271	13142	82681	05271	08822	06490	44984	49307	62717
37404	80416	69035	92980	4948	74378	75610	74976	70056	15478
32400	66482	52099	53676	74648	94148	65095	69597	52771	71551
89262	86332	51718	70663	11623	29834	79820	73002	84886	03591
86866	09127	89021	03871	27789	58444	44832	36505	40672	30180
90814	14833	08759	74645	05046	94056	99094	65091	32663	73040

续表

19192	82756	20553	58446	55376	88914	75096	26119	83898	43816
77585	52593	56612	95766	10019	29531	73064	20953	53523	58316
23757	16364	05096	03192	62386	45389	85332	18877	55710	96459
45989	96257	23850	26216	23309	21526	07425	50254	19455	29315
92670	94243	07316	41467	64837	52406	25225	51553	31220	14032
74346	59596	40088	98176	17896	86900	20249	77753	19099	48885
87646	41309	27636	45153	29988	94770	07255	70908	05340	99751
50099	71038	45146	06146	55211	99429	43169	66259	97786	56180
10127	46900	64984	75348	04115	33624	68774	60013	35515	62556
67995	81977	18984	64091	02785	27762	42529	97144	80407	64524
26304	80217	84934	82657	69291	35397	98714	35104	08187	48199
81994	41070	56642	64091	31229	02595	13513	45148	78722	30144
59537	34662	79631	89403	65212	09975	06118	86197	58208	16162
51228	10937	62396	81460	47331	91403	95007	06047	16846	64809
31089	37995	29577	07828	42272	54916	21950	86192	99046	84864
38207	97938	93459	95174	79460	55436	57206	87644	21296	43395
88666	31142	09474	89712	63153	62333	42212	06140	42594	43671
53365	56134	67582	92557	89520	33452	05134	70628	27612	33738
89807	74530	38004	90102	11693	90257	05500	79920	62700	43325
18682	81038	85662	90615	91631	22223	91588	80774	07716	12548
63571	32579	63942	25371	09234	94592	98475	96884	37635	33608
68927	56492	67799	95398	77642	54913	91853	08424	81450	76226
54601	63186	39389	88798	31356	89235	97036	32341	33292	73757
24333	95603	02359	72942	46287	95382	08452	62862	97869	71775
17025	84202	95199	62272	06366	16175	97577	99304	41587	03688
02804	08253	52133	20224	68034	50865	57868	22343	55111	03607
08298	03879	20995	19850	73090	13191	18663	82244	78479	99121
59883	01785	82403	96062	03785	03488	12979	64896	38339	30030
46982	06682	62864	91837	74021	89094	39952	64158	79614	78235
31121	47266	07661	02051	67599	24471	69843	83696	71402	76287
97867	56641	63416	17577	30161	87320	37752	73276	48969	41915
57364	87646	08415	14621	49430	22311	15836	72492	49372	44103
09559	26263	69511	28064	75999	44540	13337	10918	79846	54809
53873	55571	00608	42661	91332	63956	74087	59008	47493	99581
35531	19162	86406	05299	77511	24311	57257	22826	77555	05941
28229	88629	25695	94932	30721	16197	78742	34974	97528	45447

C. 2a 正态分布密度函数表*

$$\Phi(u)=\frac{1}{\sqrt{2\pi}}e^{-\frac{u^2}{2}}$$

u	0.00	0.01	0.02	0.03	0.04	0.05	0.06	0.07	0.08	0.09
0.0	0.398942	0.398922	0.398862	0.398763	0.398623	0.398444	0.398225	0.397966	0.397668	0.397330
0.1	0.396953	0.396536	0.396080	0.395585	0.395052	0.394479	0.393868	0.393219	0.392531	0.391806
0.2	0.391043	0.390242	0.389404	0.388529	0.387617	0.386668	0.385683	0.384663	0.383606	0.382515
0.3	0.381388	0.380226	0.379031	0.377801	0.376537	0.375240	0.373911	0.372548	0.371154	0.369728
0.4	0.368270	0.366782	0.365263	0.363714	0.362135	0.360527	0.358890	0.357225	0.355533	0.353812
0.5	0.352065	0.350292	0.348493	0.346668	0.344818	0.342944	0.341046	0.339124	0.337180	0.335213
0.6	0.333225	0.331215	0.329184	0.327133	0.325062	0.322972	0.320864	0.318737	0.316593	0.314432
0.7	0.312254	0.310060	0.307851	0.305627	0.303389	0.301137	0.298872	0.296595	0.294305	0.292004
0.8	0.289692	0.287369	0.285036	0.282694	0.280344	0.277985	0.275618	0.273244	0.270864	0.268477
0.9	0.266085	0.263688	0.261286	0.258881	0.256471	0.254059	0.251644	0.249228	0.246809	0.244390
1.0	0.241971	0.239551	0.237132	0.234714	0.232297	0.229882	0.227470	0.225060	0.222653	0.220251
1.1	0.217852	0.215458	0.213069	0.210686	0.208308	0.205936	0.203571	0.201214	0.198863	0.196520
1.2	0.194186	0.191860	0.189543	0.187235	0.184937	0.182649	0.180371	0.178104	0.175847	0.173602
1.3	0.171369	0.169147	0.166937	0.164740	0.162555	0.160383	0.158225	0.156080	0.153948	0.151831
1.4	0.149727	0.147639	0.145564	0.143505	0.141460	0.139431	0.137417	0.135418	0.133435	0.131468

续表

u	0.00	0.01	0.02	0.03	0.04	0.05	0.06	0.07	0.08	0.09
1.5	0.129518	0.127583	0.125665	0.123763	0.121878	0.120009	0.118157	0.116323	0.114505	0.112704
1.6	0.110921	0.109155	0.107406	0.105675	0.103961	0.102265	0.100586	0.098925	0.097282	0.095657
1.7	0.094049	0.092459	0.090887	0.089333	0.087796	0.086277	0.084776	0.083293	0.081828	0.080380
1.8	0.078950	0.077538	0.076143	0.074766	0.073407	0.072065	0.070740	0.069433	0.068144	0.066871
1.9	0.065616	0.064378	0.063157	0.061952	0.060765	0.059595	0.058441	0.057304	0.056183	0.055079
2.0	0.053991	0.052919	0.051864	0.050824	0.049800	0.048792	0.047800	0.046823	0.045861	0.044915
2.1	0.043984	0.043067	0.042166	0.041280	0.040408	0.039550	0.038707	0.037878	0.037063	0.036262
2.2	0.035475	0.034701	0.033941	0.033194	0.032460	0.031740	0.031032	0.030337	0.029655	0.028985
2.3	0.028327	0.027682	0.027048	0.026426	0.025817	0.025218	0.024631	0.024056	0.023491	0.022937
2.4	0.022395	0.021862	0.021341	0.020829	0.020328	0.019837	0.019356	0.018885	0.018423	0.017971
2.5	0.017528	0.017095	0.016670	0.016254	0.015848	0.015449	0.015060	0.014678	0.014305	0.013940
2.6	0.013583	0.013234	0.012892	0.012558	0.012232	0.011912	0.011600	0.011295	0.010997	0.010706
2.7	0.010421	0.010143	0.009871	0.009606	0.009347	0.009094	0.008846	0.008605	0.008370	0.008140
2.8	0.007915	0.007697	0.007483	0.007274	0.007071	0.006873	0.006679	0.006491	0.006307	0.006127
2.9	0.005953	0.005782	0.005616	0.005454	0.005296	0.005143	0.004993	0.004847	0.004705	0.004567
3.0	0.004432	0.004301	0.004173	0.004049	0.003928	0.003810	0.003695	0.003584	0.003475	0.003370
3.1	0.003267	0.003167	0.003070	0.002975	0.002884	0.002794	0.002707	0.002623	0.002541	0.002461
3.2	0.002384	0.002309	0.002236	0.002165	0.002096	0.002029	0.001964	0.001901	0.001840	0.001780
3.3	0.001723	0.001667	0.001612	0.001560	0.001508	0.001459	0.001411	0.001364	0.001319	0.001275
3.4	0.001232	0.001191	0.001151	0.001112	0.001075	0.001038	0.001003	0.000969	0.000936	0.000904

续表

u	0.00	0.01	0.02	0.03	0.04	0.05	0.06	0.07	0.08	0.09
3.5	0.000873	0.000843	0.000814	0.000785	0.000758	0.000732	0.000706	0.000681	0.000657	0.000634
3.6	0.000612	0.000590	0.000569	0.000549	0.000529	0.000510	0.000492	0.000474	0.000457	0.000441
3.7	0.000425	0.000409	0.000394	0.000380	0.000366	0.000353	0.000340	0.000327	0.000315	0.000303
3.8	0.000292	0.000281	0.000271	0.000260	0.000251	0.000241	0.000232	0.000223	0.000215	0.000207
3.9	0.000199	0.000191	0.000184	0.000177	0.000170	0.000163	0.000157	0.000151	0.000145	0.000139
4.0	0.000134	0.000129	0.000124	0.000119	0.000114	0.000109	0.000105	0.000101	0.000097	0.000093
4.1	0.000089	0.000086	0.000082	0.000079	0.000076	0.000073	0.000070	0.000067	0.000064	0.000061
4.2	0.000059	0.000057	0.000054	0.000052	0.000050	0.000048	0.000046	0.000044	0.000042	0.000040
4.3	0.000039	0.000037	0.000035	0.000034	0.000032	0.000031	0.000030	0.000028	0.000027	0.000026
4.4	0.000025	0.000024	0.000023	0.000022	0.000021	0.000020	0.000019	0.000018	0.000017	0.000017
4.5	0.000016	0.000015	0.000015	0.000014	0.000013	0.000013	0.000012	0.000012	0.000011	0.000011
4.6	0.000010	0.000010	0.000009	0.000009	0.000008	0.000008	0.000008	0.000007	0.000007	0.000007
4.7	0.000006	0.000006	0.000006	0.000006	0.000005	0.000005	0.000005	0.000005	0.000004	0.000004
4.8	0.000004	0.000004	0.000004	0.000003	0.000003	0.000003	0.000003	0.000003	0.000003	0.000003
4.9	0.000002	0.000002	0.000002	0.000002	0.000002	0.000002	0.000002	0.000002	0.000002	0.000002

* 本表对于 u 给出正态分布密度函数 $\Phi(u)$ 的数值.

C.2b 正态分布函数表*

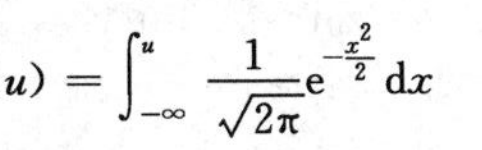

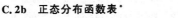

$$\Phi(u)=\int_{-\infty}^{u}\frac{1}{\sqrt{2\pi}}e^{-\frac{x^2}{2}}dx$$

u	0.00	0.01	0.02	0.03	0.04	0.05	0.06	0.07	0.08	0.09
0.0	0.500000	0.503989	0.507978	0.511966	0.515953	0.519939	0.523922	0.527903	0.531881	0.535856
0.1	0.539828	0.543795	0.547758	0.551717	0.555670	0.559618	0.563559	0.567495	0.571424	0.575345
0.2	0.579260	0.583166	0.587064	0.590954	0.594835	0.598706	0.602568	0.606420	0.610261	0.614092
0.3	0.617911	0.621720	0.625516	0.629300	0.633072	0.636831	0.640576	0.644309	0.648027	0.651732
0.4	0.655422	0.659097	0.662757	0.666402	0.670031	0.673645	0.677242	0.680822	0.684386	0.687933
0.5	0.691462	0.694974	0.698468	0.701944	0.705401	0.708840	0.712260	0.715661	0.719043	0.722405
0.6	0.725747	0.729069	0.732371	0.735653	0.738914	0.742154	0.745373	0.748571	0.751748	0.754903
0.7	0.758036	0.761148	0.764238	0.767305	0.770350	0.773373	0.776373	0.779350	0.782305	0.785236
0.8	0.788145	0.791030	0.793892	0.796731	0.799546	0.802337	0.805105	0.807850	0.810570	0.813267
0.9	0.815940	0.818589	0.821214	0.823814	0.826391	0.828944	0.831472	0.833977	0.836457	0.838913
1.0	0.841345	0.843752	0.846136	0.848495	0.850830	0.853141	0.855428	0.857690	0.859929	0.862143
1.1	0.864334	0.866500	0.868643	0.870762	0.872857	0.874928	0.876976	0.879000	0.881000	0.882977
1.2	0.884930	0.886861	0.888768	0.890651	0.892512	0.894350	0.896165	0.897958	0.899727	0.901475
1.3	0.903200	0.904902	0.906582	0.908241	0.909877	0.911492	0.913085	0.914657	0.916207	0.917736
1.4	0.919243	0.920730	0.922196	0.923641	0.925066	0.926471	0.927855	0.929219	0.930563	0.931888

续表

u	0.00	0.01	0.02	0.03	0.04	0.05	0.06	0.07	0.08	0.09
1.5	0.933193	0.934478	0.935745	0.936992	0.938220	0.939429	0.940620	0.941792	0.942947	0.944083
1.6	0.945201	0.946301	0.947384	0.948449	0.949497	0.950529	0.951543	0.952540	0.953521	0.954486
1.7	0.955435	0.956367	0.957284	0.958185	0.959070	0.959941	0.960796	0.961636	0.962462	0.963273
1.8	0.964070	0.964852	0.965620	0.966375	0.967116	0.967843	0.968557	0.969258	0.969946	0.970621
1.9	0.971283	0.971933	0.972571	0.973197	0.973810	0.974412	0.975002	0.975581	0.976148	0.976705
2.0	0.977250	0.977784	0.978308	0.978822	0.979325	0.979818	0.980301	0.980774	0.981237	0.981691
2.1	0.982136	0.982571	0.982997	0.983414	0.983823	0.984222	0.984614	0.984997	0.985371	0.985738
2.2	0.986097	0.986447	0.986791	0.987126	0.987455	0.987776	0.988089	0.988396	0.988696	0.988989
2.3	0.989276	0.989556	0.989830	0.990097	0.990358	0.990613	0.990863	0.991106	0.991344	0.991576
2.4	0.991802	0.992024	0.992240	0.992451	0.992656	0.992857	0.993053	0.993244	0.993431	0.993613
2.5	0.993790	0.993963	0.994132	0.994297	0.994457	0.994614	0.994766	0.994915	0.995060	0.995201
2.6	0.995339	0.995473	0.995604	0.995731	0.995855	0.995875	0.996093	0.996207	0.996319	0.996427
2.7	0.996533	0.996636	0.996736	0.996833	0.996928	0.997020	0.997110	0.997197	0.997282	0.997365
2.8	0.997445	0.997523	0.997599	0.997673	0.997744	0.997814	0.997882	0.997948	0.998012	0.998074
2.9	0.998134	0.998193	0.998250	0.998305	0.998359	0.998411	0.998462	0.998511	0.998559	0.998605
3.0	0.998650	0.998694	0.998736	0.998777	0.998817	0.998856	0.998893	0.998930	0.998965	0.998999
3.1	0.999032	0.999065	0.999096	0.999126	0.999155	0.999184	0.999211	0.999238	0.999264	0.999289
3.2	0.999313	0.999336	0.999359	0.999381	0.999402	0.999423	0.999443	0.999462	0.999481	0.999499
3.3	0.999517	0.999534	0.999550	0.999566	0.999581	0.999596	0.999610	0.999624	0.999638	0.999651
3.4	0.999663	0.999675	0.999687	0.999698	0.999709	0.999720	0.999730	0.999740	0.999749	0.999758

续表

u	0.00	0.01	0.02	0.03	0.04	0.05	0.06	0.07	0.08	0.09
3.5	0.999767	0.999776	0.999784	0.999792	0.999800	0.999807	0.999815	0.999822	0.999828	0.999835
3.6	0.999841	0.999847	0.999853	0.999858	0.999864	0.999869	0.999874	0.999879	0.999883	0.999888
3.7	0.999892	0.999896	0.999900	0.999904	0.999908	0.999912	0.999915	0.999918	0.999922	0.999925
3.8	0.999928	0.999931	0.999933	0.999936	0.999938	0.999941	0.999943	0.999946	0.999948	0.999950
3.9	0.999952	0.999954	0.999956	0.999958	0.999959	0.999961	0.999963	0.999964	0.999966	0.999967
4.0	0.999968	0.999970	0.999971	0.999972	0.999973	0.999974	0.999975	0.999976	0.999977	0.999978
4.1	0.999979	0.999980	0.999981	0.999982	0.999983	0.999983	0.999984	0.999985	0.999985	0.999986
4.2	0.999987	0.999987	0.999988	0.999988	0.999989	0.999989	0.999990	0.999990	0.999991	0.999991
4.3	0.999991	0.999992	0.999992	0.999993	0.999993	0.999993	0.999993	0.999994	0.999994	0.999994
4.4	0.999995	0.999995	0.999995	0.999995	0.999996	0.999996	0.999996	0.999996	0.999996	0.999996
4.5	0.999997	0.999997	0.999997	0.999997	0.999997	0.999997	0.999997	0.999998	0.999998	0.999998
4.6	0.999998	0.999998	0.999998	0.999998	0.999998	0.999998	0.999998	0.999998	0.999999	0.999999
4.7	0.999999	0.999999	0.999999	0.999999	0.999999	0.999999	0.999999	0.999999	0.999999	0.999999
4.8	0.999999	0.999999	0.999999	0.999999	0.999999	0.999999	0.999999	0.999999	0.999999	0.999999
4.9	1.000000	1.000000	1.000000	1.000000	1.000000	1.000000	1.000000	1.000000	1.000000	1.000000

* 本表对于 u 给出正态分布函数 $\Phi(u)$ 的数值.

C.2c 正态分布分位数表*

u_p: $\int_{-\infty}^{u_p} \frac{1}{\sqrt{2\pi}} e^{-\frac{u^2}{2}} du = p$

p	0.000	0.001	0.002	0.003	0.004	0.005	0.006	0.007	0.008	0.009
0.50	0.000000	0.002507	0.005013	0.007520	0.010027	0.012533	0.015040	0.017547	0.020054	0.022562
0.51	0.025069	0.027576	0.030084	0.032592	0.035100	0.037608	0.040117	0.042626	0.045135	0.047644
0.52	0.050154	0.052664	0.055174	0.057684	0.060195	0.062707	0.065219	0.067731	0.070243	0.072756
0.53	0.075270	0.077784	0.080298	0.082813	0.085329	0.087845	0.090361	0.092879	0.095396	0.097915
0.54	0.100434	0.102953	0.105474	0.107995	0.110516	0.113039	0.115562	0.118085	0.120610	0.123135
0.55	0.125661	0.128188	0.130716	0.133245	0.135774	0.138304	0.140835	0.143367	0.145900	0.148434
0.56	0.150969	0.153505	0.156042	0.158580	0.161119	0.163658	0.166199	0.168741	0.171285	0.173829
0.57	0.176374	0.178921	0.181468	0.184017	0.186567	0.189118	0.191671	0.194225	0.196780	0.199336
0.58	0.201893	0.204452	0.207013	0.209574	0.212137	0.214702	0.217267	0.219835	0.222403	0.224973
0.59	0.227545	0.230118	0.232693	0.235269	0.237847	0.240426	0.243007	0.245590	0.248174	0.250760
0.60	0.253347	0.255936	0.258527	0.261120	0.263714	0.266311	0.268909	0.271508	0.274110	0.276714
0.61	0.279319	0.281926	0.284536	0.287147	0.289760	0.292375	0.294992	0.297611	0.300232	0.302855
0.62	0.305481	0.308108	0.310738	0.313369	0.316003	0.318639	0.321278	0.323918	0.326561	0.329206
0.63	0.331853	0.334503	0.337155	0.339809	0.342466	0.345126	0.347787	0.350451	0.353118	0.355787
0.64	0.358459	0.361133	0.363810	0.366489	0.369171	0.371856	0.374543	0.377234	0.379926	0.382622

续表

p	0.000	0.001	0.002	0.003	0.004	0.005	0.006	0.007	0.008	0.009
0.65	0.385320	0.388022	0.390726	0.393433	0.396142	0.398855	0.401571	0.404289	0.407011	0.409735
0.66	0.412463	0.415194	0.417928	0.420665	0.423405	0.426148	0.428895	0.431644	0.434397	0.437154
0.67	0.439913	0.442676	0.445443	0.448212	0.450985	0.453762	0.456542	0.459326	0.462113	0.464904
0.68	0.467699	0.470497	0.473299	0.476104	0.478914	0.481727	0.484544	0.487365	0.490189	0.493018
0.69	0.495850	0.498687	0.501527	0.504372	0.507221	0.510073	0.512930	0.515792	0.518657	0.521527
0.70	0.524401	0.527279	0.530161	0.533049	0.535940	0.538836	0.541737	0.544642	0.547551	0.550466
0.71	0.553385	0.556308	0.559237	0.562170	0.565108	0.568051	0.570999	0.573952	0.576910	0.579873
0.72	0.582842	0.585815	0.588793	0.591777	0.594766	0.597760	0.600760	0.603765	0.606775	0.609791
0.73	0.612813	0.615840	0.618873	0.621912	0.624956	0.628006	0.631062	0.634124	0.637192	0.640266
0.74	0.643345	0.646431	0.649524	0.652622	0.655727	0.658838	0.661955	0.665079	0.668209	0.671346
0.75	0.674490	0.677640	0.680797	0.683961	0.687131	0.690309	0.693493	0.696685	0.699884	0.703089
0.76	0.706303	0.709523	0.712751	0.715986	0.719229	0.722479	0.725737	0.729003	0.732276	0.735558
0.77	0.738847	0.742144	0.745450	0.748763	0.752085	0.755415	0.758754	0.762101	0.765456	0.768820
0.78	0.772193	0.775575	0.778966	0.782365	0.785774	0.789192	0.792619	0.796055	0.799501	0.802956
0.79	0.806421	0.809896	0.813380	0.816875	0.820379	0.823894	0.827418	0.830953	0.834499	0.838055
0.80	0.841621	0.845199	0.848787	0.852386	0.855996	0.859617	0.863250	0.866894	0.870550	0.874217
0.81	0.877896	0.881587	0.885290	0.889006	0.892733	0.896473	0.900226	0.903991	0.907770	0.911561
0.82	0.915365	0.919183	0.923014	0.926859	0.930717	0.934589	0.938476	0.942376	0.946291	0.950221
0.83	0.954165	0.958124	0.962099	0.966088	0.970093	0.974114	0.978150	0.982203	0.986271	0.990356
0.84	0.994458	0.998576	1.002712	1.006864	1.011034	1.015222	1.019428	1.023651	1.027893	1.032154

续表

p	0.000	0.001	0.002	0.003	0.004	0.005	0.006	0.007	0.008	0.009
0.85	1.036433	1.040732	1.045050	1.049387	1.053744	1.058122	1.062519	1.066938	1.071377	1.075837
0.86	1.080319	1.084823	1.089349	1.093987	1.098468	1.103063	1.107680	1.112321	1.116987	1.121677
0.87	1.126391	1.131131	1.135896	1.140687	1.145505	1.150349	1.155221	1.160120	1.165047	1.170002
0.88	1.174987	1.180001	1.185044	1.190118	1.195223	1.200359	1.205527	1.210727	1.215960	1.221227
0.89	1.226528	1.231864	1.237235	1.242641	1.248085	1.253565	1.259084	1.264641	1.270238	1.275874
0.90	1.281552	1.287271	1.293032	1.298837	1.304685	1.310579	1.316519	1.322505	1.328539	1.334622
0.91	1.340755	1.346939	1.353174	1.359463	1.365806	1.372204	1.378659	1.385172	1.391744	1.398377
0.92	1.405072	1.411830	1.418654	1.425544	1.432503	1.439531	1.446632	1.453806	1.461056	1.468384
0.93	1.475791	1.483280	1.490853	1.498513	1.506262	1.514102	1.522036	1.530068	1.538199	1.546433
0.94	1.554774	1.563224	1.571787	1.580467	1.589268	1.598193	1.607248	1.616436	1.625763	1.635234
0.95	1.644854	1.654628	1.664563	1.674665	1.684941	1.695398	1.706043	1.716886	1.727934	1.739198
0.96	1.750686	1.762410	1.774382	1.786613	1.799118	1.811911	1.825007	1.838424	1.852180	1.866296
0.97	1.880794	1.895698	1.911036	1.926837	1.943134	1.959964	1.977368	1.995393	2.014091	2.033520
0.98	2.053749	2.074855	2.096927	2.120072	2.144411	2.170090	2.197286	2.226212	2.257129	2.290368
0.99	2.326348	2.365618	2.408916	2.457263	2.512144	2.575829	2.652070	2.747781	2.878162	3.090232

* 本表对于下侧概率 p 给出正态分布的分位数 u_p.

C.3 χ² 分布分位数表*

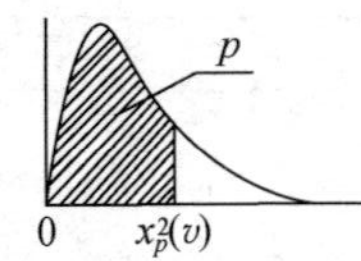

$$\chi_p^2(v):\int_0^{\chi_p^2}\frac{1}{2\Gamma(v/2)}(x/2)^{v/2-1}e^{-x/2}dx=p$$

v \ p	0.0050	0.0100	0.0250	0.0500	0.1000	0.9000	0.9500	0.9750	0.9900	0.9950
1	0.00004	0.00016	0.00098	0.00393	0.01579	2.70554	3.84146	5.02389	6.63490	7.87944
2	0.01003	0.02010	0.05064	0.10259	0.21072	4.60517	5.99146	7.37776	9.21034	10.59663
3	0.07172	0.11483	0.21580	0.35185	0.58437	6.25139	7.81473	9.34840	11.34487	12.83816
4	0.20699	0.29711	0.48442	0.71072	1.06362	7.77944	9.48773	11.14329	13.27670	14.86026
5	0.41174	0.55430	0.83121	1.14548	1.61031	9.23636	11.07050	12.83250	15.08627	16.74960
6	0.67573	0.87209	1.23734	1.63538	2.20413	10.64464	12.59159	14.44938	16.81189	18.54758
7	0.98926	1.23904	1.68987	2.16735	2.83311	12.01704	14.06714	16.01276	18.47531	20.27774
8	1.34441	1.64650	2.17973	2.73264	3.48954	13.36157	15.50731	17.53455	20.09024	21.95495
9	1.73493	2.08790	2.70039	3.32511	4.16816	14.68366	16.91898	19.02277	21.66599	23.58935
10	2.15586	2.55821	3.24697	3.94030	4.86518	15.98718	18.30704	20.48318	23.20925	25.18818
11	2.60322	3.05348	3.81575	4.57481	5.57778	17.27501	19.67514	21.92005	24.72497	26.75685
12	3.07382	3.57057	4.40379	5.22603	6.30380	18.54935	21.02607	23.33666	26.21697	28.29952
13	3.56503	4.10692	5.00875	5.89186	7.04150	19.81193	22.36203	24.73560	27.68825	29.81947
14	4.07467	4.66043	5.62873	6.57063	7.78953	21.06414	23.68479	26.11895	29.14124	31.31935
15	4.60092	5.22935	6.26214	7.26094	8.54676	22.30713	24.99579	27.48839	30.57791	32.80132
16	5.14221	5.81221	6.90766	7.96165	9.31224	23.54183	26.29623	28.84535	31.99993	34.26719
17	5.69722	6.40776	7.56419	8.67176	10.08519	24.76904	27.58711	30.19101	33.40866	35.71847
18	6.26480	7.01491	8.23075	9.39046	10.86494	25.98942	28.86930	31.52638	34.80531	37.15645
19	6.84397	7.63273	8.90652	10.11701	11.65091	27.20357	30.14353	32.85233	36.19087	38.58226
20	7.43384	8.26040	9.59078	10.85081	12.44261	28.41198	31.41043	34.16961	37.56623	39.99685

续表

v \ p	0.0050	0.0100	0.0250	0.0500	0.1000	0.9000	0.9500	0.9750	0.9900	0.9950
21	8.03365	8.89720	10.28290	11.59131	13.23960	29.61509	32.67057	35.47888	38.93217	41.40106
22	8.64272	9.54249	10.98232	12.33801	14.04149	30.81328	33.92444	36.78071	40.28936	42.79565
23	9.26042	10.19572	11.68855	13.09051	14.84796	32.00690	35.17246	38.07563	41.63840	44.18128
24	9.88623	10.85636	12.40115	13.84843	15.65868	33.19624	36.41503	39.36408	42.97982	45.55851
25	10.51965	11.52398	13.11972	14.61141	16.47341	34.38159	37.65248	40.64647	44.31410	46.92789
26	11.16024	12.19815	13.84390	15.37916	17.29188	35.56317	38.88514	41.92317	45.64168	48.28988
27	11.80759	12.87850	14.57338	16.15140	18.11390	36.74122	40.11327	43.19451	46.96294	49.64492
28	12.46134	13.56471	15.30786	16.92788	18.93924	37.91592	41.33714	44.46079	48.27824	50.99338
29	13.12115	14.25645	16.04707	17.70837	19.76774	39.08747	42.55697	45.72229	49.58788	52.33562
30	13.78672	14.95346	16.79077	18.49266	20.59923	40.25602	43.77297	46.97924	50.89218	53.67196
31	14.45777	15.65546	17.53874	19.28057	21.43356	41.42174	44.98534	48.23189	52.19139	55.00270
32	15.13403	16.36222	18.29076	20.07191	22.27059	42.58475	46.19426	49.48044	53.48577	56.32811
33	15.81527	17.07351	19.04666	20.86653	23.11020	43.74518	47.39988	50.72508	54.77554	57.64845
34	16.50127	17.78915	19.80625	21.66428	23.95225	44.90316	48.60237	51.96600	56.06091	58.96393
35	17.19182	18.50893	20.56938	22.46502	24.79665	46.05879	49.80185	53.20335	57.34207	60.27477
36	17.88673	19.23268	21.33588	23.26861	25.64330	47.21217	50.99846	54.43729	58.61921	61.58118
37	18.58581	19.96023	22.10563	24.07494	26.49209	48.36341	52.19232	55.66797	59.89250	62.88334
38	19.28891	20.69144	22.87848	24.88390	27.34295	49.51258	53.38354	56.89552	61.16209	64.18141
39	19.99587	21.42616	23.65432	25.69539	28.19579	50.65977	54.57223	58.12006	62.42812	65.47557
40	20.70654	22.16426	24.43304	26.50930	29.05052	51.80506	55.75848	59.34171	63.69074	66.76596
41	21.42078	22.90561	25.21452	27.32555	29.90709	52.94851	56.94239	60.56057	64.95007	68.05273
42	22.13846	23.65009	25.99866	28.14405	30.76542	54.09020	58.12404	61.77676	66.20624	69.33600

续表

v \ p	0.0050	0.0100	0.0250	0.0500	0.1000	0.9000	0.9500	0.9750	0.9900	0.9950
43	22.85947	24.39760	26.78537	28.96472	31.62545	55.23019	59.30351	62.99036	67.45935	70.61590
44	23.58369	25.14803	27.57457	29.78748	32.48713	56.36854	60.48089	64.20146	68.70951	71.89255
45	24.31101	25.90127	28.36615	30.61226	33.35038	57.50530	61.65623	65.41016	69.95683	73.16606
46	25.04133	26.65724	29.16005	31.43900	34.21517	58.64054	62.82962	66.61653	71.20140	74.43654
47	25.77456	27.41585	29.95620	32.26762	35.08143	59.77429	64.00111	67.82065	72.44331	75.70407
48	26.51059	28.17701	30.75451	33.09808	35.94913	60.90661	65.17077	69.02259	73.68264	76.96877
49	27.24935	28.94065	31.55492	33.93031	36.81822	62.03754	66.33865	70.22241	74.91947	78.23071
50	27.99075	29.70668	32.35736	34.76425	37.68865	63.16712	67.50481	71.42020	76.15389	79.48998
52	29.48116	31.24567	33.96813	36.43709	39.43338	65.42241	69.83216	73.80986	78.61576	82.00083
54	30.98125	32.79345	35.58634	38.11622	41.18304	67.67279	72.15322	76.19205	81.06877	84.50190
56	32.49049	34.34952	37.21159	39.80128	42.93734	69.91851	74.46832	78.56716	83.51343	86.99376
58	34.00838	35.91346	38.84351	41.49195	44.69603	72.15984	76.77780	80.93559	85.95018	89.47687
60	35.53449	37.48485	40.48175	43.18796	46.45889	74.39701	79.08194	83.29767	88.37942	91.95170
62	37.06842	39.06333	42.12599	44.88902	48.22571	76.63021	81.38102	85.65373	90.80153	94.41865
64	38.60978	40.64856	43.77595	46.59491	49.99629	78.85964	83.67526	88.00405	93.21686	96.87811
66	40.15824	42.24023	45.43136	48.30538	51.77046	81.08549	85.96491	90.34890	95.62572	99.33043
68	41.71347	43.83803	47.09198	50.02023	53.54806	83.30790	88.25016	92.68854	98.02840	101.77592
70	43.27518	45.44172	48.75756	51.73928	55.32894	85.52704	90.53123	95.02318	100.42518	104.21490
72	44.84310	47.05103	50.42791	53.46233	57.11295	87.74305	92.80827	97.35305	102.81631	106.64763
74	46.41696	48.66573	52.10283	55.18923	58.89996	89.95605	95.08147	99.67835	105.20203	109.07438
76	47.99653	50.28560	53.78212	56.91982	60.68986	92.16617	97.35097	101.99925	107.58254	111.49538
78	49.58159	51.91045	55.46562	58.65394	62.48252	94.37352	99.61693	104.31594	109.95807	113.91087
80	51.17193	53.54008	57.15317	60.39148	64.27784	96.57820	101.87947	106.62857	112.32879	116.32106

续表

v \ p	0.0050	0.0100	0.0250	0.0500	0.1000	0.9000	0.9500	0.9750	0.9900	0.9950
82	52.76735	55.17431	58.84462	62.13229	66.07573	98.78033	104.13874	108.93729	114.69489	118.72613
84	54.36767	56.81298	60.53981	63.87626	67.87608	100.97999	106.39484	111.24226	117.05654	121.12629
86	55.97270	58.45593	62.23863	65.62328	69.67882	103.17726	108.64789	113.54360	119.41390	123.52170
88	57.58230	60.10301	63.94093	67.37323	71.48384	105.37225	110.89800	115.84144	121.76711	125.91254
90	59.19630	61.75408	65.64662	69.12603	73.29109	107.56501	113.14527	118.13589	124.11632	128.29894
92	60.81457	63.40901	67.35556	70.88157	75.10048	109.75563	115.38979	120.42708	126.46166	130.68107
94	62.43695	65.06767	69.06766	72.63977	76.91195	111.94417	117.63165	122.71511	128.80325	133.05906
96	64.06333	66.72994	70.78282	74.40054	78.72542	114.13071	119.87094	125.00007	131.14122	135.43305
98	65.69357	68.39572	72.50094	76.16379	80.54083	116.31530	122.10773	127.28207	133.47567	137.80315
100	67.32756	70.06489	74.22193	77.92947	82.35814	118.49800	124.34211	129.56120	135.80672	140.16949
105	71.42823	74.25203	78.53640	82.35374	86.90927	123.94688	129.91796	135.24699	141.62011	146.06960
110	75.55004	78.45831	82.86705	86.79163	91.47104	129.38514	135.48018	140.91657	147.41431	151.94848
115	79.69158	82.68244	87.21279	91.24220	96.04270	134.81348	141.02970	146.57105	153.19060	157.80759
120	83.85157	86.92328	91.57264	95.70464	100.62363	140.23257	146.56736	152.21140	158.95017	163.64818
125	88.02887	91.17978	95.94573	100.17820	105.21324	145.64297	152.09388	157.83850	164.69403	169.47142
130	92.22246	95.45102	100.33126	104.66223	109.81102	151.04520	157.60992	163.45314	170.42313	175.27834
135	96.43139	99.73615	104.72852	109.15612	114.41650	156.43973	163.11610	169.05604	176.13831	181.06986
140	100.65484	104.03441	109.13687	113.65934	119.02925	161.82699	168.61295	174.64783	181.84034	186.84684
145	104.89203	108.34510	113.55571	118.17137	123.64889	167.20737	174.10098	180.22912	187.52992	192.61005
150	109.14225	112.66758	117.98452	122.69178	128.27505	172.58121	179.58063	185.80045	193.20769	198.36021

续表

v \ p	0.0050	0.0100	0.0250	0.0500	0.1000	0.9000	0.9500	0.9750	0.9900	0.9950
155	113.40486	117.00127	122.42278	127.22013	132.90742	177.94885	185.05233	191.36230	198.87423	204.09794
160	117.67926	121.34563	126.87005	131.75606	137.54569	183.31058	190.51646	196.91514	204.53009	209.82387
165	121.96491	125.70016	131.32591	136.29920	142.18960	188.66669	195.97336	202.45939	210.17577	215.53852
170	126.26130	130.06440	135.78996	140.84923	146.83887	194.01742	201.42337	207.99543	215.81172	221.24242
175	130.56796	134.43794	140.26186	145.40585	151.49329	199.36300	206.86680	213.52363	221.43837	226.93603
180	134.88445	138.82036	144.74126	149.96877	156.15263	204.70367	212.30391	219.04432	227.05612	232.61980
185	139.21036	143.21131	149.22785	154.53774	160.81668	210.03963	217.73498	224.55781	232.66534	238.29413
190	143.54533	147.61043	153.72135	159.11251	165.48525	215.37106	223.16025	230.06439	238.26637	243.95940
195	147.88898	152.01742	158.22148	163.69285	170.15817	220.69814	228.57994	235.56433	243.85953	249.61596
200	152.24099	156.43197	162.72798	168.27855	174.83527	226.02105	233.99427	241.05790	249.44512	255.26416
210	160.96887	165.28262	171.75919	177.46524	184.20140	236.65493	244.80764	252.02681	260.59472	266.53666
220	169.72668	174.16035	180.81324	186.67112	193.58249	247.27385	255.60182	262.97288	271.71723	277.77920
230	178.51241	183.06332	189.88859	195.89488	202.97752	257.87882	266.37810	273.89765	282.81448	288.99379
240	187.32426	191.98990	198.98385	205.13538	212.38561	268.47074	277.13765	284.80248	293.88810	300.18224
250	196.16060	200.93862	208.09780	214.39157	221.80593	279.05043	287.88150	295.68863	304.93956	311.34616

* 本表对于自由度 v 和下侧概率 p 给出 χ^2 分布的分位数 $\chi_p^2(v)$.

C.4 t 分布分位数表*

$$t_p(v): \int_{-\infty}^{t_p} \frac{(1+t^2/v)^{-(v+1)/2}}{\sqrt{v}B(1/2,v/2)}\mathrm{d}t = p$$

v \ p	0.8000	0.9000	0.9500	0.9750	0.9900	0.9950	0.9975	0.9990	0.9995	0.9999
1	1.37638	3.07768	6.31375	12.70620	31.82052	63.65674	127.32134	318.30884	636.61925	3183.0988
2	1.06066	1.88562	2.91999	4.30265	6.96456	9.92484	14.08905	22.32712	31.59905	70.70007
3	0.97847	1.63774	2.35336	3.18245	4.54070	5.84091	7.45332	10.21453	12.92398	22.20374
4	0.94096	1.53321	2.13185	2.77645	3.74695	4.60409	5.59757	7.17318	8.61030	13.03367
5	0.91954	1.47588	2.01505	2.57058	3.36493	4.03214	4.77334	5.89343	6.86883	9.67757
6	0.90570	1.43976	1.94318	2.44691	3.14267	3.70743	4.31683	5.20763	5.95882	8.02479
7	0.89603	1.41492	1.89458	2.36462	2.99795	3.49948	4.02934	4.78529	5.40788	7.06343
8	0.88889	1.39682	1.85955	2.30600	2.89646	3.35539	3.83252	4.50079	5.04131	6.44200
9	0.88340	1.38303	1.83311	2.26216	2.82144	3.24984	3.68966	4.29681	4.78091	6.01013
10	0.87906	1.37218	1.81246	2.22814	2.76377	3.16927	3.58141	4.14370	4.58689	5.69382
11	0.87553	1.36343	1.79588	2.20099	2.71808	3.10581	3.49661	4.02470	4.43698	5.45276
12	0.87261	1.35622	1.78229	2.17881	2.68100	3.05454	3.42844	3.92963	4.31779	5.26327
13	0.87015	1.35017	1.77093	2.16037	2.65031	3.01228	3.37247	3.85198	4.22083	5.11058
14	0.86805	1.34503	1.76131	2.14479	2.62449	2.97684	3.32570	3.78739	4.14045	4.98501
15	0.86624	1.34061	1.75305	2.13145	2.60248	2.94671	3.28604	3.73283	4.07277	4.88000

续表

v \ p	0.8000	0.9000	0.9500	0.9750	0.9900	0.9950	0.9975	0.9990	0.9995	0.9999
16	0.86467	1.33676	1.74588	2.11991	2.58349	2.92078	3.25199	3.68615	4.01500	4.79091
17	0.86328	1.33338	1.73961	2.10982	2.56693	2.89823	3.22245	3.64577	0.96513	4.71441
18	0.86205	1.33039	1.73406	2.10092	2.55238	2.87844	3.19657	3.61048	3.92165	4.64801
19	0.86095	1.32773	1.72913	2.09302	2.53948	2.86093	3.17372	3.57940	3.88341	4.58986
20	0.85996	1.32534	1.72472	2.08596	2.52798	2.84534	3.15340	3.55181	3.84952	4.53852
21	0.85907	1.32319	1.72074	2.07961	2.51765	2.83136	3.13521	3.52715	3.81928	4.49286
22	0.85827	1.32124	1.71714	2.07387	2.50832	2.81876	3.11882	3.50499	3.79213	4.45199
23	0.85753	1.31946	1.71387	2.06866	2.49987	2.80734	3.10400	3.48496	3.76763	4.41520
24	0.85686	1.31784	1.71088	2.06390	2.49216	2.79694	3.09051	3.46678	3.74540	4.38192
25	0.85624	1.31635	1.70814	2.05954	2.48511	2.78744	3.07820	3.45019	3.72514	4.35165
26	0.85567	1.31497	1.70562	2.05553	2.47863	2.77871	3.06691	3.43500	3.70661	4.32402
27	0.85514	1.31370	1.70329	2.05183	2.47266	2.77068	3.05652	3.42103	3.68959	4.29870
28	0.85465	1.31253	1.70113	2.04841	2.46714	2.76326	3.04693	3.40816	3.67391	4.27540
29	0.85419	1.31143	1.69913	2.04523	2.46202	2.75639	3.03805	3.39624	3.65941	4.25389
30	0.85377	1.31042	1.69726	2.04227	2.45726	2.75000	3.02980	3.38518	3.64596	4.23399
32	0.85300	1.30857	1.69389	2.03693	2.44868	2.73848	3.01495	3.36531	3.62180	4.19830
34	0.85232	1.30695	1.69092	2.03224	2.44115	2.72839	3.00195	3.34793	3.60072	4.16722
36	0.85172	1.30551	1.68830	2.02809	2.43449	2.71948	2.99049	3.33262	3.58215	4.13993
38	0.85118	1.30423	1.68595	2.02439	2.42857	2.71156	2.98029	3.31903	3.56568	4.11576
40	0.85070	1.30308	1.68385	2.02108	2.42326	2.70446	2.97117	3.30688	3.55097	4.09421

续表

v \ p	0.8000	0.9000	0.9500	0.9750	0.9900	0.9950	0.9975	0.9990	0.9995	0.9999
45	0.84968	1.30065	1.67943	2.01410	2.41212	2.68959	2.95208	3.28148	3.52025	4.04934
50	0.84887	1.29871	1.67591	2.00856	2.40327	2.67779	2.93696	3.26141	3.49601	4.01405
55	0.84821	1.29713	1.67303	2.00404	2.39608	2.66822	2.92470	3.24515	3.47640	3.98556
60	0.84765	1.29582	1.67065	2.00030	2.39012	2.66028	2.91455	3.23171	3.46020	3.96209
65	0.84719	1.29471	1.66864	1.99714	2.38510	2.65360	2.90602	3.22041	3.44660	3.94241
70	0.84679	1.29376	1.66691	1.99444	2.38081	2.64790	2.89873	3.21079	3.43501	3.92568
80	0.84614	1.29222	1.66412	1.99006	2.37387	2.63869	2.88697	3.19526	3.41634	3.89876
90	0.84563	1.29103	1.66196	1.98667	2.36850	2.63157	2.87788	3.18327	3.40194	3.87804
100	0.84523	1.29007	1.66023	1.98397	2.36422	2.62589	2.87065	3.17374	3.39049	3.86160
110	0.84490	1.28930	1.65882	1.98177	2.36073	2.62126	2.86476	3.16598	3.38118	3.84824
120	0.84463	1.28865	1.65765	1.97993	2.35782	2.61742	2.85986	3.15954	3.37345	3.83717
150	0.84402	1.28722	1.65508	1.97591	2.35146	2.60900	2.84915	3.14545	3.35657	3.81301
180	0.84362	1.28627	1.65336	1.97323	2.34724	2.60342	2.84205	3.13612	3.34540	3.97906
240	0.84312	1.28509	1.65123	1.96990	2.34199	2.59647	2.83322	3.12454	3.33152	3.77727
∞	0.84162	1.28155	1.64485	1.95996	2.32635	2.57583	2.80703	3.09023	3.29053	3.71902

* 本表对于自由度 v 和下侧概率 p 给出 t 分布的分位数 $t_p(v)$.

C.5a F 分布分位数表($F_{0.95}$)*

$F_{0.95}$

分母自由度	分子自由度 1	2	3	4	5	6	7	8	9	10	12	15	20	24	30	40	60	120	∞
1	161	200	216	225	230	234	237	239	241	242	244	246	248	249	250	251	252	253	254
2	18.5	19.0	19.2	19.2	19.3	19.3	19.4	19.4	19.4	19.4	19.4	19.4	19.4	19.5	19.5	19.5	19.5	19.5	19.5
3	10.1	9.55	9.28	9.12	9.01	8.94	8.89	8.85	8.81	8.79	8.74	8.70	8.66	8.64	8.62	8.59	8.57	8.55	8.53
4	7.71	6.94	6.59	6.39	6.26	6.16	6.09	6.04	6.00	5.96	5.91	5.86	5.80	5.77	5.75	5.72	5.69	5.66	5.63
5	6.61	5.79	5.41	5.19	5.05	4.95	4.88	4.82	4.77	4.74	4.68	4.62	4.56	4.53	4.50	4.46	4.43	4.40	4.37
6	5.99	5.14	4.76	4.53	4.39	4.28	4.21	4.15	4.10	4.06	4.00	3.94	3.87	3.84	3.81	3.77	3.74	3.70	3.67
7	5.59	4.74	4.35	4.12	3.97	3.87	3.79	3.73	3.68	3.64	3.57	3.51	3.44	3.41	3.38	3.34	3.30	3.27	3.23
8	5.32	4.46	4.07	3.84	3.69	3.58	3.50	3.44	3.39	3.35	3.28	3.22	3.15	3.12	3.08	3.04	3.01	2.97	2.93
9	5.12	4.26	3.86	3.63	3.48	3.37	3.29	3.23	3.18	3.14	3.07	3.01	2.94	2.90	2.86	2.83	2.79	2.75	2.71
10	4.96	4.10	3.71	3.48	3.33	3.22	3.14	3.07	3.02	2.98	2.91	2.85	2.77	2.74	2.70	2.66	2.62	2.58	2.54
11	4.84	3.98	3.59	3.36	3.20	3.09	3.01	2.95	2.90	2.85	2.79	2.72	2.65	2.61	2.57	2.53	2.49	2.45	2.40
12	4.75	3.89	3.49	3.26	3.11	3.00	2.91	2.85	2.80	2.75	2.69	2.62	2.54	2.51	2.47	2.43	2.38	2.34	2.30
13	4.67	3.81	3.41	3.18	3.03	2.92	2.83	2.77	2.71	2.67	2.60	2.53	2.46	2.42	2.38	2.34	2.30	2.25	2.21
14	4.60	3.74	3.34	3.11	2.96	2.85	2.76	2.70	2.65	2.60	2.53	2.46	2.39	2.35	2.31	2.27	2.22	2.18	2.13
15	4.54	3.68	3.29	3.06	2.90	2.79	2.71	2.64	2.59	2.54	2.48	2.40	2.33	2.29	2.25	2.20	2.16	2.11	2.07

续表

分母自由度	分子自由度 1	2	3	4	5	6	7	8	9	10	12	15	20	24	30	40	60	120	∞
16	4.49	3.63	3.24	3.01	2.85	2.74	2.66	2.59	2.54	2.49	2.42	2.35	2.28	2.24	2.19	2.15	2.11	2.06	2.01
17	4.45	3.59	3.20	2.96	2.81	2.70	2.61	2.55	2.49	2.45	2.38	2.31	2.23	2.19	2.15	2.10	2.06	2.01	1.96
18	4.41	3.55	3.16	2.93	2.77	2.66	2.58	2.51	2.46	2.41	2.34	2.27	2.19	2.15	2.11	2.06	2.02	1.97	1.92
19	4.38	3.52	3.13	2.90	2.74	2.63	2.54	2.48	2.42	2.38	2.31	2.23	2.16	2.11	2.07	2.03	1.98	1.93	1.88
20	4.35	3.49	3.10	2.87	2.71	2.60	2.51	2.45	2.39	2.35	2.28	2.20	2.12	2.08	2.04	1.99	1.95	1.90	1.84
21	4.32	3.47	3.07	2.84	2.68	2.57	2.49	2.42	2.37	2.32	2.25	2.18	2.10	2.05	2.01	1.96	1.92	1.87	1.81
22	4.30	3.44	3.05	2.82	2.66	2.55	2.46	2.40	2.34	2.30	2.23	2.15	2.07	2.03	1.98	1.94	1.89	1.84	1.78
23	4.28	3.42	3.03	2.80	2.64	2.53	2.44	2.37	2.32	2.27	2.20	2.13	2.05	2.01	1.96	1.91	1.86	1.81	1.76
24	4.26	3.40	3.01	2.78	2.62	2.51	2.42	2.36	2.30	2.25	2.18	2.11	2.03	1.98	1.94	1.89	1.84	1.79	1.73
25	4.24	3.39	2.99	2.76	2.60	2.49	2.40	2.34	2.28	2.24	2.16	2.09	2.01	1.96	1.92	1.87	1.82	1.77	1.71
30	4.17	3.32	2.92	2.69	2.53	2.42	2.33	2.27	2.21	2.16	2.09	2.01	1.93	1.89	1.84	1.79	1.74	1.68	1.62
40	4.08	3.23	2.84	2.61	2.45	2.34	2.25	2.18	2.12	2.08	2.00	1.92	1.84	1.79	1.74	1.69	1.64	1.58	1.51
60	4.00	3.15	2.76	2.53	2.37	2.25	2.17	2.10	2.04	1.99	1.92	1.84	1.75	1.70	1.65	1.59	1.53	1.47	1.39
120	3.92	3.07	2.68	2.45	2.29	2.17	2.09	2.02	1.96	1.91	1.83	1.75	1.66	1.61	1.55	1.50	1.43	1.35	1.25
∞	3.84	3.00	2.60	2.37	2.21	2.10	2.01	1.94	1.88	1.83	1.75	1.67	1.57	1.52	1.46	1.39	1.32	1.22	1.00

* 本表对于自由度(v_1, v_2)和下侧概率 0.95 给出 F 分布的分位数 $F_{0.95}(v_1, v_2)$.

C.5b F 分布分位数表($F_{0.975}$)*

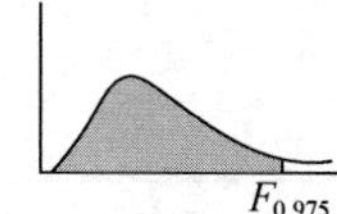

分母自由度	分子自由度 1	2	3	4	5	6	7	8	9	10	12	15	20	24	30	40	60	120	∞
1	648	800	864	900	922	937	948	957	963	969	977	985	993	997	1001	1006	1010	1014	1018
2	38.5	39.0	39.2	39.2	39.3	39.3	39.4	39.4	39.4	39.4	39.4	39.4	39.4	39.5	39.5	39.5	39.5	39.5	39.5
3	17.4	16.0	15.4	15.1	14.9	14.7	14.6	14.5	14.5	14.4	14.3	14.3	14.2	14.1	14.1	14.0	14.0	13.9	13.9
4	12.2	10.6	9.98	9.60	9.36	9.20	9.07	8.98	8.90	8.84	8.75	8.66	8.56	8.51	8.46	8.41	8.36	8.31	8.26
5	10.0	8.43	7.76	7.39	7.15	6.98	6.85	6.76	6.68	6.62	6.52	6.43	6.33	6.28	6.23	6.18	6.12	6.07	6.02
6	8.81	7.26	6.60	6.23	5.99	5.82	5.70	5.60	5.52	5.46	5.37	5.27	5.17	5.12	5.07	5.01	4.96	4.90	4.85
7	8.07	6.54	5.89	5.52	5.29	5.12	4.99	4.90	4.82	4.76	4.67	4.57	4.47	4.42	4.36	4.31	4.25	4.20	4.14
8	7.57	6.06	5.42	5.05	4.82	4.65	4.53	4.43	4.36	4.30	4.20	4.10	4.00	3.95	3.89	3.84	3.78	3.73	3.67
9	7.21	5.71	5.08	4.72	4.48	4.32	4.20	4.10	4.03	3.96	3.87	3.77	3.67	3.61	3.56	3.51	3.45	3.39	3.33
10	6.94	5.46	4.83	4.47	4.24	4.07	3.95	3.85	3.78	3.72	3.62	3.52	3.42	3.37	3.31	3.26	3.20	3.14	3.08
11	6.72	5.26	4.63	4.28	4.04	3.88	3.76	3.66	3.59	3.53	3.43	3.33	3.23	3.17	3.12	3.06	3.00	2.94	2.88
12	6.55	5.10	4.47	4.12	3.89	3.73	3.61	3.51	3.44	3.37	3.28	3.18	3.07	3.02	2.96	2.91	2.85	2.79	2.72
13	6.41	4.97	4.35	4.00	3.77	3.60	3.48	3.39	3.31	3.25	3.15	3.05	2.95	2.89	2.84	2.78	2.72	2.66	2.60
14	6.30	4.86	4.24	3.89	3.66	3.50	3.38	3.28	3.21	3.15	3.05	2.95	2.84	2.79	2.73	2.67	2.61	2.55	2.49
15	6.20	4.77	4.15	3.80	3.58	3.41	3.29	3.20	3.12	3.06	2.96	2.86	2.76	2.70	2.64	2.59	2.52	2.46	2.40

续表

分母自由度	1	2	3	4	5	6	7	8	9	10	12	15	20	24	30	40	60	120	∞
16	6.12	4.69	4.08	3.73	3.50	3.34	3.22	3.12	3.05	2.99	2.89	2.79	2.68	2.63	2.57	2.51	2.45	2.38	2.32
17	6.04	4.62	4.01	3.66	3.44	3.28	3.16	3.06	2.98	2.92	2.82	2.72	2.62	2.56	2.50	2.44	2.38	2.32	2.25
18	5.98	4.56	3.95	3.61	3.38	3.22	3.10	3.01	2.93	2.87	2.77	2.67	2.56	2.50	2.44	2.38	2.32	2.26	2.19
19	5.92	4.51	3.90	3.56	3.33	3.17	3.05	2.96	2.88	2.82	2.72	2.62	2.51	2.45	2.39	2.33	2.27	2.20	2.13
20	5.87	4.46	3.86	3.51	3.29	3.13	3.01	2.91	2.84	2.77	2.68	2.57	2.46	2.41	2.35	2.29	2.22	2.16	2.09
21	5.83	4.42	3.82	3.48	3.25	3.09	2.97	2.87	2.80	2.73	2.64	2.53	2.42	2.37	2.31	2.25	2.18	2.11	2.04
22	5.79	4.38	3.78	3.44	3.22	3.05	2.93	2.84	2.76	2.70	2.60	2.50	2.39	2.33	2.27	2.21	2.14	2.08	2.00
23	5.75	4.35	3.75	3.41	3.18	3.02	2.90	2.81	2.73	2.67	2.57	2.47	2.36	2.30	2.24	2.18	2.11	2.04	1.97
24	5.72	4.32	3.72	3.38	3.15	2.99	2.87	2.78	2.70	2.64	2.54	2.44	2.33	2.27	2.21	2.15	2.08	2.01	1.94
25	5.69	4.29	3.69	3.35	3.13	2.97	2.85	2.75	2.68	2.61	2.51	2.41	2.30	2.24	2.18	2.12	2.05	1.98	1.91
30	5.57	4.18	3.59	3.25	3.03	2.87	2.75	2.65	2.57	2.51	2.41	2.31	2.20	2.14	2.07	2.01	1.94	1.87	1.79
40	5.42	4.05	3.46	3.13	2.90	2.74	2.62	2.53	2.45	2.39	2.29	2.18	2.07	2.01	1.94	1.88	1.80	1.72	1.64
60	5.29	3.93	3.34	3.01	2.79	2.63	2.51	2.41	2.33	2.27	2.17	2.06	1.94	1.88	1.82	1.74	1.67	1.58	1.48
120	5.15	3.80	3.23	2.89	2.67	2.52	2.39	2.30	2.22	2.16	2.05	1.95	1.82	1.76	1.69	1.61	1.53	1.43	1.31
∞	5.02	3.69	3.12	2.79	2.57	2.41	2.29	2.19	2.11	2.05	1.94	1.83	1.71	1.64	1.57	1.48	1.39	1.27	1.00

（表头：分子自由度数）

* 本表对于自由度(v_1, v_2)和下侧概率 0.975 给出 F 分布的分位数 $F_{0.975}(v_1, v_2)$.

C.5c F 分布分位数表($F_{0.99}$)*

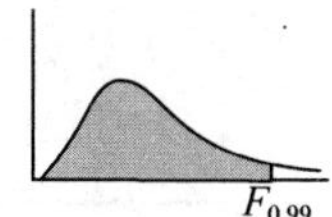

分母自由度 \ 分子自由度	1	2	3	4	5	6	7	8	9	10	12	15	20	24	30	40	60	120	∞
1	4052	5000	5403	5625	5764	5859	5928	5982	6023	6056	6106	6157	6209	6235	6261	6287	6313	6339	6366
2	98.5	99.0	99.2	99.2	99.3	99.3	99.4	99.4	99.4	99.4	99.4	99.4	99.4	99.5	99.5	99.5	99.5	99.5	99.5
3	34.1	30.8	29.5	28.7	28.2	27.9	27.7	27.5	27.3	27.2	27.1	26.9	26.7	26.6	26.5	26.4	26.3	26.2	26.1
4	21.2	18.0	16.7	16.0	15.5	15.2	15.0	14.8	14.7	14.5	14.4	14.2	14.0	13.9	13.8	13.7	13.7	13.6	13.5
5	16.3	13.3	12.1	11.4	11.0	10.7	10.5	10.3	10.2	10.1	9.89	9.72	9.55	9.47	9.38	9.29	9.20	9.11	9.02
6	13.7	10.9	9.78	9.15	8.75	8.47	8.26	8.10	7.98	7.87	7.72	7.56	7.40	7.31	7.23	7.14	7.06	6.97	6.88
7	12.2	9.55	8.45	7.85	7.46	7.19	6.99	6.84	6.72	6.62	6.47	6.31	6.16	6.07	5.99	5.91	5.82	5.74	5.65
8	11.3	8.65	7.59	7.01	6.63	6.37	6.18	6.03	5.91	5.81	5.67	5.52	5.36	5.28	5.20	5.12	5.03	4.95	4.86
9	10.6	8.02	6.99	6.42	6.06	5.80	5.61	5.47	5.35	5.26	5.11	4.96	4.81	4.73	4.65	4.57	4.48	4.40	4.31
10	10.0	7.56	6.55	5.99	5.64	5.39	5.20	5.06	4.94	4.85	4.71	4.56	4.41	4.33	4.25	4.17	4.08	4.00	3.91
11	9.65	7.21	6.22	5.67	5.32	5.07	4.89	4.74	4.63	4.54	4.40	4.25	4.10	4.02	3.94	3.86	3.78	3.69	3.60
12	9.33	6.93	5.95	5.41	5.06	4.82	4.64	4.50	4.39	4.30	4.16	4.01	3.86	3.78	3.70	3.62	3.54	3.45	3.36
13	9.07	6.70	5.74	5.21	4.86	4.62	4.44	4.30	4.19	4.10	3.96	3.82	3.66	3.59	3.51	3.43	3.34	3.25	3.17
14	8.86	6.51	5.56	5.04	4.70	4.46	4.28	4.14	4.03	3.94	3.80	3.66	3.51	3.43	3.35	3.27	3.18	3.09	3.00
15	8.68	6.36	5.42	4.89	4.56	4.32	4.14	4.00	3.89	3.80	3.67	3.52	3.37	3.29	3.21	3.13	3.05	2.96	2.87

续表

		分子自由度																		
		1	2	3	4	5	6	7	8	9	10	12	15	20	24	30	40	60	120	∞
分母自由度	16	8.53	6.23	5.29	4.77	4.44	4.20	4.03	3.89	3.78	3.69	3.55	3.41	3.26	3.18	3.10	3.02	2.93	2.84	2.75
	17	8.40	6.11	5.19	4.67	4.34	4.10	3.93	3.79	3.68	3.59	3.46	3.31	3.16	3.08	3.00	2.92	2.83	2.75	2.65
	18	8.29	6.01	5.09	4.58	4.25	4.01	3.84	3.71	3.60	3.51	3.37	3.23	3.08	3.00	2.92	2.84	2.75	2.66	2.57
	19	8.19	5.93	5.01	4.50	4.17	3.94	3.77	3.63	3.52	3.43	3.30	3.15	3.00	2.92	2.84	2.76	2.67	2.58	2.49
	20	8.10	5.85	4.94	4.43	4.10	3.87	3.70	3.56	3.46	3.37	3.23	3.09	2.94	2.86	2.78	2.69	2.61	2.52	2.42
	21	8.02	5.78	4.87	4.37	4.04	3.81	3.64	3.51	3.40	3.31	3.17	3.03	2.88	2.80	2.72	2.64	2.55	2.46	2.36
	22	7.95	5.72	4.82	4.31	3.99	3.76	3.59	3.45	3.35	3.26	3.12	2.98	2.83	2.75	2.67	2.58	2.50	2.40	2.31
	23	7.88	5.66	4.76	4.26	3.94	3.71	3.54	3.41	3.30	3.21	3.07	2.93	2.78	2.70	2.62	2.54	2.45	2.35	2.26
	24	7.82	5.61	4.72	4.22	3.90	3.67	3.50	3.36	3.26	3.17	3.03	2.89	2.74	2.66	2.58	2.49	2.40	2.31	2.21
	25	7.77	5.57	4.68	4.18	3.86	3.63	3.46	3.32	3.22	3.13	2.99	2.85	2.70	2.62	2.53	2.45	2.36	2.27	2.17
	30	7.56	5.39	4.51	4.02	3.70	3.47	3.30	3.17	3.07	2.98	2.84	2.70	2.55	2.47	2.39	2.30	2.21	2.11	2.01
	40	7.31	5.18	4.31	3.83	3.51	3.29	3.12	2.99	2.89	2.80	2.66	2.52	2.37	2.29	2.20	2.11	2.02	1.92	1.80
	60	7.08	4.98	4.13	3.65	3.34	3.12	2.95	2.82	2.72	2.63	2.50	2.35	2.20	2.12	2.03	1.94	1.84	1.73	1.60
	120	6.85	4.79	3.95	3.48	3.17	2.96	2.79	2.66	2.56	2.47	2.34	2.19	2.03	1.95	1.86	1.76	1.66	1.53	1.38
	∞	6.63	4.61	3.78	3.32	3.02	2.80	2.64	2.51	2.41	2.32	2.18	2.04	1.88	1.79	1.70	1.59	1.47	1.32	1.00

* 本表对于自由度(v_1, v_2)和下侧概率 0.99 给出 F 分布的分位数 $F_{0.99}(v_1, v_2)$.

C.6 Duncan 多重比较 r 值表

自由度 (df)	显著水平 (α)	k=所检验范围的平均数的数目													
		2	3	4	5	6	7	8	9	10	12	14	16	18	20
1	0.05	18.0	18.0	18.0	18.0	18.0	18.0	18.0	18.0	18.0	18.0	18.0	18.0	18.0	18.0
	0.01	90.0	90.0	90.0	90.0	90.0	90.0	90.0	90.0	90.0	90.0	90.0	90.0	90.0	90.0
2	0.05	6.09	6.09	6.09	6.09	6.09	6.09	6.09	6.09	6.09	6.09	6.09	6.09	6.09	6.09
	0.01	14.0	14.0	14.0	14.0	14.0	14.0	14.0	14.0	14.0	14.0	14.0	14.0	14.0	14.0
3	0.05	4.50	4.50	4.50	4.50	4.50	4.50	4.50	4.50	4.50	4.50	4.50	4.50	4.50	4.50
	0.01	8.26	8.5	8.6	8.7	8.8	8.9	8.9	9.0	9.0	9.0	9.1	9.2	9.3	9.3
4	0.05	3.63	4.01	4.02	4.02	4.02	4.02	4.02	4.02	4.2	4.02	4.02	4.02	4.02	4.02
	0.01	6.51	6.8	6.2	6.0	7.1	7.1	7.2	7.2	7.3	7.3	7.4	7.4	7.5	7.5
5	0.05	3.64	3.74	3.79	3.83	3.83	3.83	3.83	3.83	3.83	3.83	3.83	3.83	3.83	3.83
	0.01	5.70	5.96	6.11	6.18	6.36	6.38	6.40	6.44	6.5	6.6	6.6	6.7	6.7	6.8
6	0.05	3.46	3.58	3.64	3.68	3.68	3.68	3.68	3.68	3.68	3.68	3.68	3.68	3.68	3.68
	0.01	5.24	5.51	5.65	5.73	5.81	5.88	5.95	5.00	6.0	6.1	6.2	6.2	6.3	6.3
7	0.05	3.35	3.47	3.54	3.58	3.60	3.61	3.61	3.61	3.61	3.61	3.61	3.61	3.61	3.61
	0.01	4.95	5.22	5.37	5.45	5.53	5.61	5.69	5.73	5.8	5.8	5.9	5.9	6.0	6.0
8	0.05	3.26	3.39	3.47	3.52	3.55	3.56	3.56	3.56	3.56	3.56	3.56	3.56	3.56	3.56
	0.01	4.74	5.00	5.14	5.23	5.32	5.40	5.47	5.51	5.5	5.6	5.7	5.7	5.8	5.8
9	0.05	3.20	3.34	3.41	3.47	3.50	3.52	3.52	3.52	3.52	3.52	3.52	3.52	3.52	3.52
	0.01	4.60	4.86	4.99	5.08	5.17	5.25	5.32	5.36	5.4	5.5	5.5	5.6	5.7	5.7

续表

自由度 (df)	显著水平 (α)	k=所检验范围的平均数的数目													
		2	3	4	5	6	7	8	9	10	12	14	16	18	20
10	0.05	3.15	3.30	3.37	3.43	3.46	3.47	3.47	3.47	3.47	3.47	3.47	3.47	3.47	3.48
	0.01	4.48	4.73	4.88	4.96	5.06	5.13	5.20	5.24	5.28	5.36	5.42	5.48	5.54	5.55
11	0.05	3.11	3.27	3.35	3.39	3.43	3.44	3.45	3.46	3.46	3.46	3.46	3.46	3.47	3.48
	0.01	4.39	4.63	4.77	4.86	4.94	5.01	5.06	5.12	5.15	5.24	5.28	5.34	5.38	5.39
12	0.05	3.08	3.23	3.33	3.36	3.40	3.42	3.44	3.44	3.46	3.46	3.46	3.46	3.47	3.48
	0.01	4.32	4.55	4.68	4.76	4.84	4.92	4.96	5.02	5.07	5.13	5.17	5.22	5.24	5.26
13	0.05	3.06	3.21	3.30	3.35	3.38	3.41	3.42	3.44	3.45	3.45	3.46	3.46	3.47	3.47
	0.01	4.26	4.48	4.62	4.69	4.74	4.84	4.88	4.94	4.98	5.04	5.08	5.13	5.14	5.15
14	0.05	3.03	3.18	3.27	3.33	3.37	3.39	3.41	3.42	3.44	3.45	3.46	3.46	3.47	3.47
	0.01	4.21	4.42	4.55	4.63	4.70	4.78	4.83	4.87	4.91	4.96	5.00	5.04	5.06	5.07
15	0.05	3.01	3.16	3.25	3.31	3.36	3.38	3.40	3.42	3.43	3.44	3.45	3.46	3.47	3.47
	0.01	4.17	4.37	4.50	4.58	4.64	4.72	4.77	4.81	4.84	4.90	4.94	4.97	4.99	5.00
16	0.05	3.00	3.15	3.23	3.30	3.34	3.37	3.39	3.41	3.43	3.44	3.45	3.46	3.47	3.47
	0.01	4.13	4.34	4.45	4.54	4.60	4.67	4.72	4.76	4.79	4.84	4.88	4.91	4.93	4.94
17	0.05	2.98	3.13	3.22	3.28	3.33	3.36	3.38	3.40	3.42	3.44	3.45	3.46	3.47	3.47
	0.01	4.10	4.30	4.41	4.50	4.56	4.63	4.68	4.72	4.75	4.80	4.83	4.86	4.88	4.89
18	0.05	2.97	3.12	3.21	3.27	3.32	3.35	3.37	3.39	3.41	3.43	3.45	3.46	3.47	3.47
	0.01	4.07	4.27	4.38	4.46	4.53	4.59	4.64	4.68	4.71	4.76	4.79	4.82	4.84	4.85
19	0.05	2.96	3.11	3.19	3.26	3.31	3.35	3.37	3.39	3.41	3.43	3.44	3.46	3.47	3.47
	0.01	4.05	4.24	4.35	4.43	4.50	4.56	4.61	4.64	4.67	4.72	4.76	4.79	4.81	4.82

续表

自由度 (df)	显著水平 (α)	k=所检验范围的平均数的数目													
		2	3	4	5	6	7	8	9	10	12	14	16	18	20
20	0.05	2.95	3.10	3.18	3.25	3.30	3.34	3.36	3.38	3.40	3.43	3.44	3.46	3.46	3.47
	0.01	4.02	4.22	4.33	4.40	4.47	4.53	4.58	4.61	4.65	4.69	4.73	4.76	4.78	4.79
22	0.05	2.93	3.08	3.17	3.24	3.29	3.32	3.35	3.37	3.39	3.42	3.44	3.45	3.46	3.47
	0.01	3.99	4.17	4.28	4.36	4.42	4.48	4.53	4.57	4.60	4.65	4.68	4.71	4.74	4.75
24	0.05	2.92	3.07	3.15	3.22	3.28	3.31	3.34	3.37	3.38	3.41	3.44	3.45	3.46	3.47
	0.01	3.96	4.14	4.24	4.33	4.39	4.44	4.49	4.53	4.57	4.62	4.64	4.67	4.70	4.72
26	0.05	2.91	3.06	3.14	3.21	3.27	3.30	3.34	3.36	3.38	3.41	3.43	3.45	3.46	3.97
	0.01	3.93	4.11	4.21	4.30	4.36	4.41	4.46	4.50	4.53	4.58	4.62	4.65	4.67	4.69
28	0.05	2.90	3.04	3.13	3.20	3.26	3.30	3.33	3.35	3.37	3.40	3.43	3.45	3.46	3.47
	0.01	3.91	4.08	4.18	4.28	4.34	4.39	4.43	4.47	4.51	4.56	4.60	4.62	4.65	4.67
30	0.05	2.89	3.04	3.12	3.20	3.25	3.29	3.32	3.35	3.37	3.40	3.43	3.44	3.46	3.47
	0.01	3.89	4.06	4.16	4.22	4.32	4.36	4.41	4.45	4.48	4.54	4.58	4.61	4.63	4.65
40	0.05	2.86	3.01	3.10	3.17	3.22	3.27	3.30	3.33	3.35	3.39	3.42	3.44	3.46	3.47
	0.01	3.82	3.99	4.10	4.17	4.24	4.30	4.34	4.37	4.41	4.46	4.51	4.54	4.57	4.59
60	0.05	2.83	2.98	3.08	3.14	3.20	3.24	3.28	3.31	3.33	3.37	3.40	3.43	3.45	3.47
	0.01	3.76	3.92	4.03	4.12	4.17	4.23	4.27	4.31	4.34	4.39	4.44	4.47	4.50	4.53
100	0.05	2.80	2.95	3.05	3.12	3.18	3.22	3.26	3.29	3.32	3.36	3.40	3.42	3.45	3.47
	0.01	3.71	3.86	3.98	4.06	4.11	4.17	4.21	4.25	4.29	4.35	4.38	4.42	4.45	4.48
∞	0.05	2.77	2.92	3.02	3.09	3.15	3.19	3.23	3.26	3.29	3.34	3.38	3.41	3.44	3.47
	0.01	3.64	3.80	3.90	3.98	4.04	4.09	4.14	4.17	4.20	4.26	4.31	4.34	4.38	4.41

C.7a 多重比较 q 临界值表

(k=平均数相距的等级数,α=0.05)

df \ k	2	3	4	5	6	7	8	9	10	11	12	13	14	15	16	17	18	19	20
1	17.97	26.98	32.82	37.08	40.41	43.12	45.40	47.36	49.07	50.59	51.96	53.20	54.33	55.36	56.32	57.22	58.04	58.83	59.56
2	6.08	8.33	9.80	10.88	11.74	12.44	13.03	13.54	13.99	14.69	14.75	15.08	15.38	15.65	15.91	16.14	16.37	16.57	16.77
3	4.50	5.91	6.82	7.50	8.04	8.48	8.86	9.18	9.46	9.72	9.95	10.15	10.35	10.52	10.69	10.84	10.98	11.11	11.24
4	3.93	5.04	5.76	6.29	6.71	7.05	7.36	7.60	7.83	8.03	8.21	8.37	8.52	8.66	8.79	8.91	9.03	9.13	9.23
5	3.64	4.60	5.22	5.67	6.03	6.33	6.58	6.80	6.99	7.17	7.32	7.47	7.60	7.72	7.83	7.93	8.03	8.12	8.21
6	3.46	4.34	4.90	5.30	5.63	5.90	6.12	9.32	6.49	6.65	6.79	6.92	7.03	7.14	7.24	7.34	7.43	7.51	7.59
7	3.34	4.16	4.68	5.06	5.36	5.61	5.82	6.00	6.16	6.30	6.43	6.55	6.66	6.76	6.85	6.94	7.02	7.10	7.17
8	3.26	4.04	4.53	4.89	5.17	5.40	5.60	5.77	5.92	6.05	6.18	6.29	6.80	6.48	6.57	6.65	6.75	6.80	6.87
9	3.20	3.95	4.41	4.76	502	5.24	5.43	5.59	5.74	5.87	5.98	6.00	6.19	6.28	6.36	6.44	6.51	6.58	6.64
10	3.15	3.88	4.33	4.65	4.91	5.12	5.30	5.46	5.60	5.72	5.83	6.93	6.03	6.11	6.19	6.27	6.34	6.40	6.47
11	3.11	3.82	4.26	4.57	4.82	5.03	5.20	5.35	5.49	5.61	5.71	5.81	5.90	5.98	6.06	6.13	6.20	6.27	6.33
12	3.08	3.77	4.20	4.51	4.75	4.95	5.12	5.27	5.39	5.51	5.61	5.71	5.80	5.88	5.95	6.02	6.09	6.15	6.21
13	3.06	3.73	4.15	4.45	4.69	4.88	5.05	5.19	5.32	5.43	5.53	5.63	5.71	5.79	5.86	5.93	5.99	6.05	6.11
14	3.03	3.70	4.11	4.41	4.64	4.83	4.99	5.13	5.25	5.36	5.46	5.55	5.64	5.71	5.79	5.85	5.91	5.97	6.03
15	3.01	3.67	4.08	4.37	4.59	4.78	4.94	5.08	5.20	5.31	5.40	5.49	5.57	5.65	5.72	5.78	5.85	5.90	5.96

续表

df \ k	2	3	4	5	6	7	8	9	10	11	12	13	14	15	16	17	18	19	20
16	3.00	3.65	4.05	4.33	4.56	4.74	4.90	5.03	5.15	5.26	5.35	5.44	5.52	5.59	5.66	5.73	5.79	5.84	5.90
17	2.98	3.63	4.02	4.30	4.52	4.70	4.86	4.99	5.11	5.21	5.31	5.39	5.47	5.54	5.61	5.67	5.73	5.79	5.84
18	2.97	3.61	4.00	4.28	4.49	4.67	4.82	4.96	5.07	5.17	5.27	5.35	5.43	5.50	5.57	5.63	5.69	5.74	5.79
19	2.96	3.59	3.98	4.25	4.47	4.65	4.79	4.92	5.04	5.14	5.23	5.31	5.39	5.16	5.53	5.59	5.65	5.70	5.75
20	2.95	3.58	3.96	4.23	4.45	4.62	4.77	4.90	5.01	5.11	5.20	5.28	5.36	5.43	5.49	5.55	5.61	5.69	5.71
24	2.92	3.53	3.90	4.17	4.37	4.54	4.68	4.81	4.92	5.01	5.10	5.18	5.25	5.32	5.38	5.44	5.49	5.55	5.59
30	2.89	3.49	3.85	4.10	4.30	4.46	4.60	4.72	4.82	4.92	5.00	5.08	5.15	5.21	5.27	5.33	5.38	5.43	5.47
40	2.86	3.44	3.79	4.04	4.23	4.39	4.52	4.63	4.73	4.82	4.90	4.98	5.04	5.11	5.16	5.22	5.27	5.31	5.36
60	2.83	3.40	3.74	3.98	4.16	4.31	4.44	4.55	4.65	4.73	4.81	4.88	5.94	5.00	5.06	5.11	5.15	5.20	5.24
120	2.80	3.36	3.68	3.92	4.10	4.24	4.36	4.47	4.56	4.64	4.71	4.78	4.84	4.90	4.95	5.00	5.04	5.09	5.13
∞	2.77	3.31	3.63	3.86	4.03	4.17	4.29	4.39	4.47	4.55	4.62	4.68	4.74	4.80	4.85	4.89	4.93	4.97	5.01

C.7b　多重比较 q 临界值表

（k=平均数相距的等级数，α=0.01）

df \ k	2	3	4	5	6	7	8	9	10	11	12	13	14	15	16	17	18	19	20
1	90.03	135.0	164.3	185.6	202.2	215.8	227.2	237.0	245.6	253.2	260.0	266.2	271.8	277.0	281.8	286.3	290.4	294.3	298.0
2	14.04	19.02	22.26	24.72	26.63	28.20	29.53	30.68	31.69	32.59	33.40	34.13	34.81	35.43	36.00	36.53	37.03	37.50	37.95
3	8.26	10.62	12.17	13.33	14.24	15.00	15.64	16.20	16.69	17.13	17.53	17.86	18.22	18.52	18.81	19.07	19.32	19.55	19.77
4	6.51	8.12	9.17	9.96	10.58	11.10	11.55	11.93	12.27	12.57	12.84	13.09	13.32	13.53	13.73	13.91	14.08	14.24	14.40
5	5.70	6.98	7.80	8.42	8.91	6.32	9.67	9.97	10.24	10.48	10.70	10.89	11.08	11.24	11.40	11.55	11.68	11.81	11.93
6	5.24	6.33	7.03	7.56	7.97	8.32	8.61	8.87	9.10	9.30	9.48	9.65	9.81	9.95	10.08	10.21	10.32	10.43	10.54
7	4.95	5.92	6.54	7.01	7.37	7.68	7.94	8.17	8.37	8.55	8.71	8.86	9.00	9.12	9.44	9.35	9.46	9.55	9.65
8	4.75	5.64	6.20	6.62	6.96	7.24	7.47	7.68	7.86	8.03	8.18	8.31	8.44	8.55	8.66	8.76	8.85	8.94	9.03
9	4.60	5.43	5.96	6.35	6.66	6.91	7.13	7.33	7.49	7.65	7.78	7.91	8.03	8.13	8.23	8.33	8.41	8.49	8.57
10	4.48	5.27	5.77	6.14	6.43	6.67	6.87	7.05	7.21	7.36	7.49	7.60	7.71	7.81	7.91	7.99	8.08	8.15	8.23
11	4.39	5.15	5.62	5.97	6.26	6.48	6.67	6.84	6.99	7.13	7.25	7.36	7.46	7.56	7.65	7.65	7.81	7.88	7.95
12	4.32	5.05	5.50	5.84	6.10	6.32	6.51	6.67	6.81	6.94	7.06	7.17	7.26	7.36	7.44	7.52	7.69	7.66	7.73
13	4.26	4.96	5.40	5.73	5.98	6.19	6.37	6.53	6.67	6.79	7.90	7.01	7.10	7.19	7.27	7.35	7.42	7.48	7.55
14	4.21	4.89	5.32	5.63	5.88	6.08	6.26	6.41	6.54	6.66	6.77	6.87	6.96	7.05	7.13	7.20	7.27	7.33	7.39
15	4.17	4.84	5.25	5.56	5.80	5.99	6.16	6.31	6.44	6.55	6.68	6.76	6.84	6.93	7.00	7.07	7.14	7.20	7.26

续表

df \ k	2	3	4	5	6	7	8	9	10	11	12	13	14	15	16	17	18	19	20
16	4.13	4.79	5.19	5.46	5.72	5.92	6.08	6.22	6.35	6.46	6.56	6.66	6.74	6.82	6.90	6.97	7.03	7.09	7.15
17	4.10	4.74	5.14	5.43	5.66	5.85	6.01	6.15	6.27	6.38	6.48	6.57	6.66	6.73	6.81	6.87	6.94	7.00	7.05
18	4.07	4.70	5.09	5.38	5.60	5.79	5.94	6.08	6.20	6.31	6.41	6.50	6.58	6.65	6.73	6.79	6.85	6.91	6.97
19	4.05	4.67	5.06	5.33	5.55	5.73	5.89	6.02	6.14	6.25	6.34	6.43	6.51	6.58	6.65	6.72	6.78	6.84	6.89
20	4.02	4.64	5.02	5.29	5.51	5.69	5.84	5.97	6.09	6.19	6.28	6.37	6.45	6.52	6.59	6.65	6.71	6.77	6.82
24	3.96	4.55	4.91	5.17	5.37	5.54	5.69	5.81	5.92	6.02	6.11	6.19	6.26	6.33	6.39	6.45	6.51	6.56	6.61
30	3.89	4.45	4.80	5.05	5.24	5.40	5.54	5.65	5.76	5.85	5.93	6.01	6.08	6.14	6.20	6.26	6.31	6.36	6.41
40	3.82	4.37	4.70	4.93	5.11	5.26	5.39	5.50	5.60	5.69	5.76	5.83	5.90	5.96	6.02	6.07	6.12	6.16	6.21
60	3.76	4.28	4.59	4.82	4.99	5.13	5.25	5.36	5.45	5.53	5.60	5.67	5.73	5.78	5.84	5.89	5.93	5.97	6.01
120	3.70	4.20	4.50	4.71	4.87	5.01	5.12	5.21	5.30	5.37	5.44	5.50	5.56	5.61	5.66	5.71	5.75	5.79	5.83
∞	3.64	4.12	4.40	4.60	4.76	4.88	4.99	5.08	5.16	5.23	5.29	5.35	5.40	5.45	5.49	5.54	5.57	5.61	5.65

C. 8a　二项分布 p 的置信区间表*

(α=0.05)

观察数	样本含量 n				观察分数	样本含量 n			
x	10	15	20	30	$\frac{x}{n}$	50	100	250	1000
0	0,31	0,22	0,17	0,12	0.00	0,7	0,4	0,1	0,0
1	0,45	0,32	0,25	0,17	0.02	0,11	0,7	1,5	1,3
2	3,56	2,40	1,31	1,22	0.04	0,14	1,10	2,7	3,5
3	7,65	4,48	3,38	2,27	0.06	1,17	2,12	3,10	5,8
4	12,74	8,55	6,44	4,31	0.08	2,19	4,15	5,12	6,10
5	19,81	12,62	9,49	6,35	0.10	3,22	5,18	7,14	8,12
6	26,88	16,68	12,54	8,39	0.12	5,24	6,20	8,17	10,14
7	35,93	21,73	15,59	10,43	0.14	6,27	8,22	10,19	12,16
8	44,97	27,79	19,64	12,46	0.16	7,29	9,25	11,21	14,18
9	55,100	32,84	23,68	15,50	0.18	9,31	11,27	13,23	16,21
10	69,100	38,88	27,73	17,53	0.20	10,34	13,29	15,26	18,23
11		45,92	32,77	20,56	0.22	12,36	14,31	17,28	19,25
12		52,96	36,81	23,60	0.24	13,38	16,33	19,30	21,27
13		60,98	41,85	25,63	0.26	15,41	18,36	20,32	23,29
14		68,100	46,88	28,66	0.28	16,43	19,38	22,34	25,31
15		78,100	51,91	31,69	0.30	18,44	21,40	24,36	27,33
16			56,94	34,72	0.32	20,46	23,42	26,38	29,35
17			62,97	37,75	0.34	21,48	25,44	28,44	31,37
18			69,99	40,77	0.36	23,50	27,46	30,42	33,39
19			75,100	44,80	0.38	25,53	28,48	32,44	35,41
20			83,100	47,83	0.40	27,55	30,50	34,46	37,43
21				50,85	0.42	28,57	32,52	36,48	39,45
22				54,88	0.44	30,59	35,54	38,50	41,47
23				57,90	0.46	32,61	36,56	40,52	43,49
24				61,92	0.48	34,63	38,53	42,54	45,51
25				65,94	0.50	36,64	40,60	44,56	47,53
26				69,96					
27				73,98					
28				78,99					
29				83,100					
30				88,100					

* 表中以逗号隔开区间的上下限.

C.8b 二项分布 p 的置信区间表*

($\alpha=0.01$)

观察数 x	样本含量 n 10	15	20	30	观察分数 $\frac{x}{n}$	样本含量 n 50	100	250	1000
0	0,41	0,30	0,23	0,16	0.00	0,10	0,5	0,2	0,1
1	0,54	0,40	0,32	0,22	0.02	0,14	0,9	1,6	1,3
2	1,65	1,49	1,39	0,28	0.04	0,17	1,12	2,9	3,6
3	4,74	2,56	2,45	1,32	0.06	1,20	2,14	3,11	4,8
4	8,81	5,63	4,51	3,36	0.08	1,23	3,17	4,14	6,10
5	13,87	8,69	6,56	4,40	0.10	2,26	4,19	6,16	8,13
6	19,92	12,74	8,61	6,44	0.12	3,29	5,21	7,18	9,15
7	26,96	16,79	11,66	8,48	0.14	4,31	6,24	9,20	11,17
8	35,99	21,84	15,70	10,52	0.16	6,33	8,27	11,23	13,19
9	46,100	26,88	18,74	12,55	0.18	7,36	9,30	12,25	15,21
10	59,100	31,92	22,78	14,58	0.20	8,38	11,32	14,27	17,23
11		37,95	26,82	16,62	0.22	10,40	12,34	16,30	19,26
12		44,98	30,85	18,65	0.24	11,43	14,36	18,32	21,28
13		51,99	34,89	21,68	0.26	12,45	16,39	19,34	22,30
14		60,100	39,92	24,71	0.28	14,47	17,41	21,36	24,32
15		70,100	44,94	26,74	0.30	15,49	19,43	23,38	26,34
16			49,96	29,76	0.32	17,51	21,45	25,40	28,36
17			55,98	32,79	0.34	18,53	22,47	26,42	30,38
18			61,99	35,82	0.36	20,55	24,49	28,44	32,40
19			68,100	38,84	0.38	21,57	26,51	30,46	34,42
20			77,100	42,86	0.40	23,59	28,53	32,48	36,44
21				45,88	0.42	24,61	29,55	34,51	38,46
22				48,90	0.44	26,63	31,57	36,53	40,48
23				52,92	0.46	28,65	33,59	38,55	42,50
24				56,94	0.48	29,67	35,61	40,56	44,52
25				60,96	0.50	31,69	37,63	42,58	46,54
26				64,97					
27				68,99					
28				72,100					
29				78,100					
30				84,100					

* 表中以逗号隔开区间的上下限.

C.9 F_{max}检验临界值表

(α=0.05)

v	a										
	2	3	4	5	6	7	8	9	10	11	12
2	39.0	87.5	142	202	266	333	403	475	550	626	704
3	15.4	27.8	39.2	50.7	62.0	72.9	83.5	93.9	104	114	124
4	9.60	15.5	20.6	25.2	29.5	33.6	37.5	41.1	44.6	48.0	51.4
5	7.15	10.8	13.7	16.3	18.7	20.8	22.9	24.7	26.5	28.2	29.9
6	5.82	8.38	10.4	12.1	13.7	15.0	16.3	17.5	18.6	19.7	20.7
7	4.99	6.94	8.44	9.70	10.8	11.8	12.7	13.5	14.3	15.1	15.8
8	4.43	6.00	7.18	8.12	9.03	9.78	10.5	11.1	11.7	12.2	12.7
9	4.03	5.34	6.31	7.11	7.80	8.41	8.95	9.45	9.91	10.3	10.7
10	3.72	4.85	5.67	6.34	6.92	7.42	7.87	8.28	8.66	9.01	9.34
12	3.28	4.16	4.79	5.30	5.72	6.09	6.42	6.72	7.00	7.25	7.48
15	2.86	3.54	4.01	4.37	4.68	4.95	5.19	5.40	5.59	5.77	5.93
20	2.46	2.95	3.29	3.54	3.76	3.94	4.10	4.24	4.37	4.79	4.59
30	2.07	2.40	2.61	2.78	2.91	3.02	3.12	3.21	3.29	3.36	3.39
60	1.67	1.85	1.96	2.04	2.11	2.17	2.22	2.26	2.30	2.33	2.36
∞	1.00	1.00	1.00	1.00	1.00	1.00	1.00	1.00	1.00	1.00	1.00

(α=0.01)

v	a										
	2	3	4	5	6	7	8	9	10	11	12
2	199	448	729	1036	1362	1705	2063	2432	2813	3204	3605
3	47.5	85.0	120	151	184	216	249	281	310	337	361
4	23.2	37.0	49.0	59.0	69.0	79.0	89.0	97.0	106	113	120
5	14.9	22.0	28.0	33.0	38.0	42.0	46.0	50.0	54.0	57.0	60.0
6	11.1	15.5	19.1	22.0	25.0	27.0	30.0	32.0	34.0	36.0	37.0
7	8.89	12.1	14.5	16.5	18.4	20.0	22.0	23.0	24.0	26.0	27.0
8	7.50	9.90	11.7	13.2	14.5	15.8	16.9	17.9	18.9	19.8	21.0
9	6.54	8.50	9.90	11.1	12.1	13.1	13.9	14.7	15.3	16.0	16.6
10	5.85	7.40	8.60	9.60	10.4	11.1	11.8	12.4	12.9	13.4	13.9
12	4.91	6.10	6.90	7.60	8.20	8.70	9.10	9.50	9.90	10.2	10.6
15	4.07	4.90	5.50	6.00	6.40	6.70	7.10	7.30	7.50	7.80	8.00
20	3.32	3.80	4.30	4.60	4.90	5.10	5.30	5.50	5.60	5.80	5.90
30	2.63	3.00	3.30	3.40	3.60	3.70	3.80	3.90	4.00	4.10	4.20
60	1.96	2.20	2.30	2.40	2.40	2.50	2.50	2.60	2.60	2.70	2.70
∞	1.00	1.00	1.00	1.00	1.00	1.00	1.00	1.00	1.00	1.00	1.00

C.10a 相关系数检验表

(α=0.05)

剩 余 自由度	独立自变量个数 k				剩 余 自由度	独立自变量个数 k			
	1	2	3	4		1	2	3	4
1	0.997	0.999	0.999	0.999	26	0.374	0.454	0.506	0.545
2	0.950	0.975	0.983	0.987	27	0.367	0.446	0.498	0.536
3	0.878	0.930	0.950	0.961	28	0.361	0.439	0.490	0.529
4	0.811	0.881	0.912	0.930	29	0.355	0.432	0.482	0.521
5	0.754	0.836	0.874	0.898	30	0.349	0.426	0.476	0.514
6	0.707	0.795	0.839	0.867	35	0.325	0.397	0.445	0.482
7	0.666	0.758	0.807	0.838	40	0.304	0.373	0.419	0.455
8	0.632	0.726	0.777	0.811	45	0.288	0.353	0.397	0.432
9	0.602	0.697	0.750	0.786	50	0.273	0.336	0.379	0.412
10	0.576	0.671	0.726	0.763	60	0.250	0.308	0.348	0.380
11	0.553	0.648	0.703	0.741	70	0.232	0.286	0.324	0.354
12	0.532	0.627	0.683	0.722	80	0.217	0.269	0.304	0.332
13	0.514	0.608	0.664	0.703	90	0.205	0.254	0.288	0.315
14	0.497	0.590	0.646	0.686	100	0.195	0.241	0.274	0.300
15	0.482	0.574	0.630	0.670	125	0.174	0.216	0.246	0.269
16	0.468	0.559	0.615	0.655	150	0.159	0.198	0.225	0.147
17	0.456	0.545	0.601	0.641	200	0.138	0.172	0.196	0.215
18	0.444	0.532	0.587	0.628	300	0.113	0.141	0.160	0.176
19	0.433	0.526	0.575	0.615	400	0.098	0.122	0.139	0.153
20	0.423	0.509	0.563	0.604	500	0.088	0.109	0.124	0.137
21	0.413	0.498	0.522	0.592					
22	0.404	0.488	0.542	0.582					
23	0.396	0.479	0.532	0.572					
24	0.388	0.470	0.523	0.562					
25	0.381	0.462	0.514	0.553					

C.10b 相关系数检验表

(α=0.01)

剩余自由度	独立自变量个数 k				剩余自由度	独立自变量个数 k			
	1	2	3	4		1	2	3	4
1	1.000	1.000	1.000	1.000	26	0.478	0.546	0.590	0.624
2	0.990	0.995	0.997	0.998	27	0.470	0.538	0.582	0.615
3	0.959	0.976	0.983	0.987	28	0.463	0.530	0.573	0.606
4	0.917	0.949	0.962	0.970	29	0.456	0.522	0.565	0.598
5	0.874	0.917	0.937	0.949	30	0.449	0.514	0.558	0.591
6	0.834	0.886	0.911	0.927	35	0.418	0.481	0.523	0.556
7	0.798	0.855	0.885	0.904	40	0.393	0.454	0.494	0.526
8	0.765	0.827	0.860	0.882	45	0.372	0.430	0.470	0.501
9	0.735	0.800	0.836	0.861	50	0.354	0.410	0.449	0.479
10	0.708	0.776	0.814	0.840	60	0.325	0.377	0.414	0.442
11	0.684	0.753	0.793	0.821	70	0.302	0.351	0.386	0.413
12	0.661	0.732	0.773	0.802	80	0.283	0.330	0.362	0.389
13	0.641	0.712	0.755	0.785	90	0.267	0.312	0.343	0.368
14	0.623	0.694	0.737	0.768	100	0.254	0.297	0.327	0.351
15	0.606	0.677	0.721	0.752	125	0.228	0.266	0.294	0.316
16	0.590	0.662	0.706	0.738	150	0.208	0.244	0.270	0.290
17	0.575	0.647	0.691	0.724	200	0.181	0.212	0.234	0.253
18	0.561	0.633	0.678	0.710	300	0.148	0.174	0.192	0.208
19	0.549	0.620	0.665	0.698	400	0.128	0.151	0.167	0.180
20	0.537	0.608	0.652	0.685	500	0.115	0.135	0.150	0.162
21	0.526	0.596	0.641	0.674					
22	0.515	0.585	0.630	0.663					
23	0.505	0.574	0.619	0.652					
24	0.496	0.565	0.609	0.642					
25	0.487	0.555	0.600	0.633					

C.11 秩和检验表

$$P(T_1<T<T_2)=1-\alpha$$

n_1	n_2	$\alpha=0.025$		$\alpha=0.05$	
		T_1	T_2	T_1	T_2
2	4			3	11
	5			3	13
	6	3	15	4	14
	7	3	17	4	16
	8	3	19	4	18
	9	3	21	4	20
	10	4	22	5	21
3	3			6	15
	4	6	18	7	17
	5	6	21	7	20
	6	7	23	8	22
	7	8	25	9	24
	8	8	28	9	27
	9	9	30	10	29
	10	9	33	11	31
4	4	11	25	12	24
	5	12	28	13	27
	6	12	32	14	30
	7	13	35	15	33
	8	14	38	16	36
	9	15	41	17	39
	10	16	44	18	42
5	5	18	37	19	36
	6	19	41	20	40
	7	20	45	22	43
	8	21	49	23	47
	9	22	53	25	50
	10	24	56	26	54

续表

n_1	n_2	$\alpha=0.025$		$\alpha=0.05$	
		T_1	T_2	T_1	T_2
6	6	26	52	28	50
	7	28	56	30	54
	8	29	61	32	58
	9	31	65	33	63
	10	33	69	35	67
7	7	37	68	39	66
	8	39	73	41	71
	9	41	78	43	76
	10	43	83	46	80
8	8	49	87	52	84
	9	51	93	54	90
	10	54	98	57	95
9	9	63	108	66	105
	10	66	114	69	111
10	10	79	131	83	127

C.12 符号检验表

$$P(S\leqslant S_\alpha)\leqslant\frac{\alpha}{2}$$

n	α				n	α			
	0.01	0.05	0.10	0.25		0.01	0.05	0.10	0.25
1					26	6	7	8	9
2					27	6	7	8	10
3				0	28	6	8	9	10
4				0	29	7	8	9	10
5			0	0	30	7	9	10	11
6		0	0	1	31	7	9	10	11
7		0	0	1	32	8	9	10	12
8	0	0	1	1	33	8	10	11	12
9	0	1	1	2	34	9	10	11	13
10	0	1	1	2	35	9	11	12	13
11	0	1	2	3	36	9	11	12	14
12	1	2	2	3	37	10	12	13	14
13	1	2	3	3	38	10	12	13	14
14	1	2	3	4	39	11	12	13	15
15	2	3	3	4	40	11	13	14	15
16	2	3	4	5	41	11	13	14	16
17	2	4	4	5	42	12	14	15	16
18	3	4	5	5	43	12	14	15	17
19	3	4	5	6	44	13	15	16	17
20	3	5	5	6	45	13	15	16	18
21	4	5	6	7	46	15	15	16	18
22	4	5	6	7	47	14	16	17	19
23	4	6	7	8	48	14	16	17	19
24	5	6	7	8	49	15	17	18	19
25	5	7	7	9	50	15	17	18	20

续表

n	α				n	α			
	0.01	0.05	0.10	0.25		0.01	0.05	0.10	0.25
51	15	18	19	20	71	24	26	28	30
52	16	18	19	21	72	24	27	28	30
53	16	18	20	21	73	25	27	28	31
54	17	19	20	22	74	25	28	29	31
55	17	19	20	22	75	25	28	29	32
56	17	20	21	23	76	26	28	30	32
57	18	20	21	23	77	26	29	30	32
58	18	21	22	24	78	27	29	31	33
59	19	21	22	24	79	27	30	31	33
60	19	21	23	25	80	28	30	32	34
61	20	22	23	25	81	28	31	32	34
62	20	22	24	25	82	28	31	33	35
63	20	23	24	26	83	29	32	33	35
64	21	23	24	26	84	29	32	33	36
65	21	24	25	27	85	30	32	34	36
66	22	24	25	27	86	30	33	34	37
67	22	25	26	28	87	31	33	35	37
68	22	25	26	28	88	31	34	35	38
69	23	25	27	29	89	31	34	36	38
70	23	26	27	29	90	32	35	36	39

C. 13a　游程总数检验表*

(α=0.025)

n_2	n_1																		
	2	3	4	5	6	7	8	9	10	11	12	13	14	15	16	17	18	19	20
2																			
3																			
4																			
5			2 9	2 10															
6		2	2 9	3 10	3 11														
7		2	2	3 11	3 12	3 13													
8		2	3	8 11	3 12	4 13	4 14												
9		2	3	3	4 13	4 14	5 14	5 15											
10		2	3	3	4 13	5 14	5 15	5 16	6 16										
11		2	3	4	4 13	5 14	5 15	6 16	6 16	7 17									
12	2	2	3	4	4 13	5 14	6 16	6 16	7 17	7 13	7 19								
13	2	2	3	4	5	5 15	6 16	6 17	7 18	7 19	8 19	8 20							
14	2	2	3	4	5	5 15	6 16	7 17	7 18	8 19	8 20	9 21	9 22						
15	2	3	3	4	5	6 15	6 16	7 18	7 18	8 19	8 20	9 21	9 22	10 22					
16	2	3	4	4	5	6	6 17	7 18	8 19	8 20	9 21	9 21	10 22	10 23	11 23				
17	2	3	4	4	5	6	7 17	7 18	8 19	9 20	9 21	10 22	10 23	11 23	11 24	11 25			
18	2	3	4	5	5	6	7 17	8 18	8 19	9 20	9 21	10 22	10 23	11 24	11 25	12 25	12 26		
19	2	3	4	5	5	6	7 17	8 18	8 20	9 21	10 22	10 23	11 23	11 24	12 25	12 26	13 26	13 27	
20	2	3	4	5	5	6	7 17	8 18	9 20	9 21	10 22	10 23	11 24	12 25	12 25	13 26	13 27	13 27	14 28

* $R_{1,\alpha}$表示满足 $P(R\leqslant R_1)\leqslant\alpha$ 的 R_1 中之最大整数；$R_{2,\alpha}$表示满足 $P(R\leqslant R_2)\leqslant\alpha$ 的 R_2 中之最小整数；上行为 $R_{1,0.025}$，下行为 $R_{2,0.025}$.

C. 13b 游程总数检验表*

(α=0.05)

n_2	n_1																		
	2	3	4	5	6	7	8	9	10	11	12	13	14	15	16	17	18	19	20
2																			
3																			
4		 7	2 8																
5		2	2 9	3 9															
6		2	3 9	3 10	3 11														
7		2	3 9	3 10	4 11	4 12													
8	2	2	3	3 11	4 12	4 13	5 13												
9	2	2	3	4 11	4 12	5 13	5 14	6 14											
10	2	3	3	4 11	5 12	5 13	6 14	6 15	6 16										
11	2	3	3	4	5 13	5 14	6 15	6 15	7 16	7 17									
12	2	3	4	4	5 13	6 14	6 15	7 16	7 17	8 17	8 18								
13	2	3	4	4	5 13	6 14	6 15	7 16	8 17	8 18	9 18	9 19							
14	2	3	4	5	5 13	6 14	7 16	7 17	8 17	8 18	9 19	9 20	10 20						
15	2	3	4	5	6	6 15	7 16	8 17	8 18	9 19	9 19	10 20	10 21	11 21					
16	2	3	4	5	6	6 15	7 16	8 17	8 18	9 19	10 20	10 21	11 21	11 22	11 23				
17	2	3	4	5	6	7 15	7 16	8 17	9 18	9 19	10 20	10 21	11 21	11 22	12 23	12 24			
18	2	3	4	5	6	7 15	8 16	8 18	9 19	10 20	10 21	11 21	11 22	12 23	12 24	13 24	13 25		
19	2	3	4	5	6	7 15	8 16	8 18	9 19	10 20	10 21	11 22	12 23	12 23	13 24	13 25	14 25	14 26	
20	2	3	4	5	6	7 15	8 17	9 18	9 19	10 20	11 21	11 22	12 23	12 24	13 25	13 25	14 26	14 27	15 27

* 上行为 $R_{1,0.05}$，下行为 $R_{2,0.05}$；其余同表 C. 13a.

C.13c 游程总数检验表*

($n_1=n_2$)

$n_1=n_2$	$\alpha=0.025$		$\alpha=0.05$		$n_1=n_2$	$\alpha=0.025$		$\alpha=0.05$	
	$R_{1,\alpha}$	$R_{2,\alpha}$	$R_{1,\alpha}$	$R_{2,\alpha}$		$R_{1,\alpha}$	$R_{2,\alpha}$	$R_{1,\alpha}$	$R_{2,\alpha}$
10	6	16	6	16	40	31	51	33	49
11	7	17	7	17	41	32	52	34	50
12	7	19	8	18	42	33	53	35	51
13	8	20	9	19	43	34	54	35	53
14	9	21	10	20	44	35	55	36	54
15	10	22	11	21	45	36	56	37	55
16	11	23	11	23	46	37	57	38	56
17	11	25	12	24	47	38	58	39	57
18	12	26	13	25	48	38	60	40	58
19	13	27	14	26	49	39	61	41	59
20	14	28	15	27	50	40	62	42	60
21	15	29	16	28	51	41	63	43	61
22	16	30	17	29	52	42	64	44	62
23	16	32	17	31	53	43	65	45	63
24	17	33	18	32	54	44	66	45	65
25	18	34	19	33	55	45	67	46	66
26	19	35	20	34	56	46	68	47	67
27	20	36	21	35	57	47	69	48	68
28	21	37	22	36	58	47	71	49	69
29	22	38	23	37	59	48	72	50	70
30	22	40	24	38	60	49	73	51	71
31	23	41	25	39	61	50	74	52	72
32	24	42	25	41	62	51	75	53	73
33	25	43	26	42	63	52	76	54	74
34	26	44	27	43	64	53	77	55	75
35	27	45	28	44	65	54	78	56	76
36	28	46	29	45	66	55	79	57	77
37	29	47	30	46	67	56	80	58	78
38	30	48	31	47	68	57	81	58	80
39	30	50	32	48	69	58	82	59	81

续表

$n_1=n_2$	$\alpha=0.025$		$\alpha=0.05$		$n_1=n_2$	$\alpha=0.025$		$\alpha=0.05$	
	$R_{1,\alpha}$	$R_{2,\alpha}$	$R_{1,\alpha}$	$R_{2,\alpha}$		$R_{1,\alpha}$	$R_{2,\alpha}$	$R_{1,\alpha}$	$R_{2,\alpha}$
70	58	84	60	82	85	72	100	74	98
71	59	85	61	83	86	73	101	75	99
72	60	86	62	84	87	74	102	76	100
73	61	87	63	85	88	75	103	77	101
74	62	88	64	86	89	76	104	78	102
75	63	89	65	87	90	77	105	79	103
76	64	70	66	88	91	78	106	80	104
77	65	91	67	89	92	79	107	81	105
78	66	92	68	90	93	80	108	82	106
79	67	93	69	91	94	81	109	83	107
80	68	94	70	92	95	82	110	84	108
81	69	95	71	93	96	82	112	85	109
82	69	97	71	95	97	83	113	86	110
83	70	98	72	96	98	84	114	87	111
84	71	99	73	97	99	85	115	87	113
					100	86	116	88	114

* $R_{1,\alpha}$表示满足 $P(R\leqslant R_1)\leqslant\alpha$ 的 R_1 中之最大整数；

$R_{2,\alpha}$表示满足 $P(R\leqslant R_2)\leqslant\alpha$ 的 R_2 中之最小整数；

C.14 Nair(奈尔)检验法的临界值表

n	0.90	0.95	0.975	0.99	0.995	n	0.90	0.95	0.975	0.99	0.995
						26	2.602	2.829	3.039	3.298	3.481
						27	2.616	2.843	3.053	3.310	3.493
3	1.497	1.738	1.955	2.215	2.396	28	2.630	2.856	3.065	3.322	3.505
4	1.696	1.941	2.163	2.431	2.618	29	2.643	2.869	3.077	3.334	3.516
5	1.835	2.080	2.304	2.574	2.764	30	2.656	2.881	3.089	3.345	3.527
6	1.939	2.184	2.408	2.679	2.870	31	2.668	2.892	3.100	3.356	3.538
7	2.022	2.267	2.490	2.761	2.952	32	2.679	2.903	3.111	3.366	3.548
8	2.091	2.334	2.557	2.828	3.019	33	2.690	2.914	3.121	3.376	3.557
9	2.150	2.392	2.613	2.884	3.074	34	2.701	2.924	3.131	3.385	3.566
10	2.200	2.441	2.662	2.931	3.122	35	2.712	2.934	3.140	3.394	3.575
11	2.245	2.484	2.704	2.973	3.163	36	2.722	2.944	3.150	3.403	3.584
12	2.284	2.523	2.742	3.010	3.199	37	2.732	2.953	3.159	3.412	3.592
13	2.320	2.557	2.776	3.043	3.232	38	2.741	2.962	3.167	3.420	3.600
14	2.352	2.589	2.806	3.072	3.261	39	2.750	2.971	3.176	3.428	3.608
15	2.382	2.617	2.834	3.099	3.287	40	2.759	2.980	3.184	3.436	3.616
16	2.409	2.644	2.860	3.124	3.312	41	2.768	2.988	3.192	3.444	3.623
17	2.434	2.668	2.883	3.147	3.334	42	2.776	2.996	3.200	3.451	3.630
18	2.458	2.691	2.905	3.168	3.355	43	2.784	3.004	3.207	3.458	3.637
19	2.480	2.712	2.926	3.188	3.374	44	2.792	3.011	3.215	3.465	3.644
20	2.500	2.732	2.945	3.207	3.392	45	2.800	3.019	3.222	3.472	3.651
21	2.519	2.750	2.963	3.224	3.409	46	2.808	3.026	3.229	3.479	3.657
22	2.538	2.768	2.980	3.240	3.425	47	2.815	3.033	3.235	3.485	3.663
23	2.555	2.784	2.996	3.256	3.440	48	2.822	3.040	3.242	3.491	3.669
24	2.571	2.800	3.011	3.270	3.455	49	2.829	3.047	3.249	3.498	3.675
25	2.587	2.815	3.026	3.284	3.468	50	2.836	3.053	3.255	3.504	3.681

续表

n	0.90	0.95	0.975	0.99	0.995	n	0.90	0.95	0.975	0.99	0.995
51	2.843	3.060	3.261	3.509	3.687	76	2.974	3.185	3.381	3.624	3.798
52	2.849	3.066	3.267	3.515	3.692	77	2.978	3.189	3.385	3.628	3.801
53	2.856	3.072	3.273	3.521	3.698	78	2.983	3.193	3.389	3.631	3.805
54	2.862	3.078	3.279	3.526	3.703	79	2.987	3.197	3.393	3.635	3.808
55	2.868	3.084	3.284	3.532	3.708	80	2.991	3.201	3.396	3.638	3.812
56	2.874	3.090	3.290	3.537	3.713	81	2.995	3.205	3.400	3.642	3.815
57	2.880	3.095	3.295	3.542	3.718	82	2.999	3.208	3.403	3.645	3.818
58	2.886	3.101	3.300	3.547	3.723	83	3.002	3.212	3.407	3.648	3.821
59	2.892	3.106	3.306	3.552	3.728	84	3.006	3.216	3.410	3.652	3.825
60	2.897	3.112	3.311	3.557	3.733	85	3.010	3.219	3.414	3.655	3.828
61	2.903	3.117	3.316	3.562	3.737	86	3.014	3.223	3.417	3.658	3.831
62	2.908	3.122	3.321	3.566	3.742	87	3.017	3.226	3.421	3.661	3.834
63	2.913	3.127	3.326	3.571	3.746	88	3.021	3.230	3.424	3.665	3.837
64	2.919	3.132	3.330	3.575	3.751	89	3.024	3.233	3.427	3.668	3.840
65	2.924	3.137	3.335	3.580	3.755	90	3.028	3.236	3.430	3.671	3.843
66	2.929	3.142	3.339	3.584	3.759	91	3.031	3.240	3.433	3.674	3.846
67	2.934	3.146	3.344	3.588	3.763	92	3.035	3.243	3.437	3.677	3.849
68	2.938	3.151	3.348	3.593	3.767	93	3.038	3.246	3.440	3.680	3.852
69	2.943	3.155	3.353	3.597	3.771	94	3.042	3.249	3.443	3.683	3.854
70	2.948	3.160	3.357	3.601	3.775	95	3.045	3.253	3.446	3.685	3.857
71	2.952	3.164	3.361	3.605	3.779	96	3.048	3.256	3.449	3.688	3.860
72	2.957	3.169	3.365	3.609	3.783	97	3.052	3.259	3.452	3.691	3.863
73	2.961	3.173	3.369	3.613	3.787	98	3.055	3.262	3.455	3.694	3.865
74	2.966	3.177	3.373	3.617	3.791	99	3.058	3.265	3.458	3.697	3.868
75	2.970	3.181	3.377	3.620	3.794	100	3.061	3.268	3.460	3.699	3.871

C.15 Grubbs(格拉布斯)检验法的临界值表

n	0.90	0.95	0.975	0.99	0.995	n	0.90	0.95	0.975	0.99	0.995
						31	2.577	2.759	2.924	3.119	3.253
						32	2.591	2.773	2.938	3.135	3.270
3	1.148	1.153	1.155	1.155	1.155	33	2.604	2.786	2.952	3.150	3.286
4	1.425	1.463	1.481	1.492	1.496	34	2.616	2.799	2.965	3.164	3.301
5	1.602	1.672	1.715	1.749	1.764	35	2.628	2.811	2.979	3.178	3.316
6	1.729	1.822	1.887	1.944	1.973	36	2.639	2.823	2.991	3.191	3.330
7	1.828	1.938	2.020	2.097	2.139	37	2.650	2.835	3.003	3.204	3.343
8	1.909	2.032	2.126	2.221	2.274	38	2.661	2.846	3.014	3.216	3.356
9	1.977	2.110	2.215	2.323	2.387	39	2.671	2.857	3.025	3.228	3.369
10	2.036	2.176	2.290	2.410	2.482	40	2.682	2.866	3.036	3.240	3.381
11	2.088	2.234	2.355	2.485	2.564	41	2.692	2.877	3.046	3.251	3.393
12	2.134	2.285	2.412	2.550	2.636	42	2.700	2.887	3.057	3.261	3.404
13	2.175	2.331	2.462	2.607	2.699	43	2.710	2.896	3.067	3.271	3.415
14	2.213	2.371	2.507	2.659	2.755	44	2.719	2.905	3.075	3.282	3.425
15	2.247	2.409	2.549	2.705	2.806	45	2.727	2.914	3.085	3.292	3.435
16	2.279	2.443	2.585	2.747	2.852	46	2.736	2.923	3.094	3.302	3.445
17	2.309	2.475	2.620	2.785	2.894	47	2.744	2.931	3.103	3.310	3.455
18	2.335	2.504	2.651	2.821	2.932	48	2.753	2.940	3.111	3.319	3.464
19	2.361	2.532	2.681	2.854	2.968	49	2.760	2.948	3.120	3.329	3.474
20	2.385	2.557	2.709	2.884	3.001	50	2.768	2.956	3.128	3.336	3.483
21	2.408	2.580	2.733	2.912	3.031	51	2.775	2.964	3.136	3.345	3.491
22	2.429	2.603	2.758	2.939	3.060	52	2.783	2.971	3.143	3.353	3.500
23	2.448	2.624	2.781	2.963	3.087	53	2.790	2.978	3.151	3.361	3.507
24	2.467	2.644	2.802	2.987	3.112	54	2.798	2.986	3.158	3.368	3.516
25	2.486	2.663	2.822	3.009	3.135	55	2.804	2.992	3.166	3.376	3.524
26	2.502	2.681	2.841	3.029	3.157	56	2.811	3.000	3.172	3.383	3.531
27	2.519	2.698	2.859	3.049	3.178	57	2.818	3.006	3.180	3.391	3.539
28	2.534	2.714	2.876	3.068	3.199	58	2.824	3.013	3.186	3.397	3.546
29	2.549	2.730	2.893	3.085	3.218	59	2.831	3.019	3.193	3.405	3.553
30	2.563	2.745	2.908	3.103	3.236	60	2.837	3.025	3.199	3.411	3.560

续表

n	0.90	0.95	0.975	0.99	0.995	n	0.90	0.95	0.975	0.99	0.995
61	2.842	3.032	3.205	3.418	3.566	81	2.945	3.134	3.309	3.525	3.677
62	2.849	3.037	3.212	3.424	3.573	82	3.949	3.139	3.315	3.529	3.682
63	2.854	3.044	3.218	3.430	3.579	83	2.953	3.143	3.319	3.534	3.687
64	2.860	3.049	3.224	3.437	3.586	84	2.957	3.147	3.323	3.539	3.691
65	2.866	3.055	3.230	3.442	3.592	85	2.961	3.151	3.327	3.543	3.695
66	2.871	3.061	3.235	3.449	3.598	86	2.966	3.155	3.331	3.547	3.699
67	2.877	3.066	3.241	3.454	3.605	87	2.970	3.160	3.335	3.551	3.704
68	2.883	3.071	3.246	3.460	3.610	88	2.973	3.163	3.339	3.555	3.708
69	2.888	3.076	3.252	3.466	3.617	89	2.977	3.167	3.343	3.559	3.712
70	2.893	3.082	3.257	3.471	3.622	90	2.981	3.171	3.347	3.563	3.716
71	2.897	3.087	3.262	3.476	3.627	91	2.984	3.174	3.350	3.567	3.720
72	2.903	3.092	3.267	3.482	3.633	92	3.989	3.179	3.355	3.570	3.725
73	2.908	3.098	3.272	3.487	3.638	93	2.993	3.182	3.358	3.575	3.728
74	2.912	3.102	3.278	3.492	3.643	94	2.996	3.186	3.362	3.579	3.732
75	2.917	3.107	3.282	3.496	3.648	95	3.000	3.189	3.365	3.582	3.736
76	2.922	3.111	3.287	3.502	3.654	96	3.003	3.193	3.369	3.586	3.739
77	2.927	3.117	3.291	3.507	3.658	97	3.006	3.196	3.372	3.589	3.744
78	2.931	3.121	3.297	3.511	3.663	98	3.011	3.201	3.377	3.593	3.747
79	2.935	3.125	3.301	3.516	3.669	99	3.014	3.204	3.380	3.597	3.750
80	2.940	3.130	3.305	3.521	3.673	100	3.017	3.207	3.383	3.600	3.754

C.16a 单侧 Dixon(狄克逊)检验法的临界值表

n	统 计 量*	0.90	0.95	0.99	0.995
3	$D=\frac{x_{(n)}-x_{(n-1)}}{x_{(n)}-x_{(1)}}$ 或 $D'=\frac{x_{(2)}-x_{(1)}}{x_{(n)}-x_{(1)}}$	0.886	0.941	9.988	0.994
4		0.679	0.765	9.889	0.926
5		0.557	0.642	0.780	0.821
6		0.482	0.560	0.698	0.740
7		0.434	0.507	0.637	0.680
8	$D=\frac{x_{(n)}-x_{(n-1)}}{x_{(n)}-x_{(2)}}$ 或 $D'=\frac{x_{(2)}-x_{(1)}}{x_{(n-1)}-x_{(1)}}$	0.479	0.554	0.683	0.725
9		0.441	0.512	0.635	0.677
10		0.409	0.477	0.597	0.639
11	$D=\frac{x_{(n)}-x_{(n-2)}}{x_{(n)}-x_{(2)}}$ 或 $D'=\frac{x_{(3)}-x_{(1)}}{x_{(n-1)}-x_{(1)}}$	0.517	0.576	0.679	0.713
12		0.490	0.546	0.642	0.675
13		0.467	0.521	0.615	0.649
14	$D=\frac{x_{(n)}-x_{(n-2)}}{x_{(n)}-x_{(3)}}$ 或 $D'=\frac{x_{(3)}-x_{(1)}}{x_{(n-2)}-x_{(1)}}$	0.492	0.546	0.641	0.674
15		0.472	0.525	0.616	0.647
16		0.454	0.507	0.595	0.624
17		0.438	0.490	0.577	0.605
18		0.424	0.475	0.561	0.589
19		0.412	0.462	0.547	0.575
20		0.401	0.450	0.535	0.562
21		0.391	0.440	0.524	0.551
22		0.382	0.430	0.514	0.541
23		0.374	0.421	0.505	0.532
24		0.367	0.413	0.497	0.524
25		0.360	0.406	0.489	0.516
26		0.354	0.399	0.486	0.508
27		0.348	0.393	0.475	0.501
28		0.342	0.387	0.469	0.495
29		0.337	0.381	0.463	0.489
30		0.332	0.376	0.457	0.483

* 统计量 D 用于检验高端异常值,D' 用于检验低端异常值.

C. 16b　双侧 Dixon(狄克逊)检验法的临界值表

n	统计量*	0.95	0.99	n	统计量	0.95	0.99
3	D 和 D' 中较大者	0.970	0.994	17	D 和 D' 中较大者	0.529	0.610
4		0.829	0.926	18		0.514	0.594
5		0.710	0.821	19		0.501	0.580
6		0.628	0.740	20		0.489	0.567
7		0.569	0.680	21		0.478	0.555
8	D 和 D' 中较大者	0.608	0.717	22		0.468	0.544
9		0.564	0.672	23		0.459	0.535
10		0.530	0.635	24		0.451	0.526
11	D 和 D' 中较大者	0.619	0.709	25		0.443	0.517
12		0.583	0.660	26		0.436	0.510
13		0.557	0.638	27		0.429	0.502
14	D 和 D' 中较大者	0.586	0.670	28		0.423	0.495
15		0.565	0.647	29		0.417	0.489
16		0.546	0.627	30		0.412	0.483

* 统计量表达式见 C. 16a.

C. 17　偏度检验法的临界值表

n	0.95	0.99	n	0.95	0.99
8	0.99	1.42	40	0.59	0.87
9	0.97	1.41	45	0.56	0.82
10	0.95	1.39	50	0.53	0.79
12	0.91	1.34	60	0.49	0.72
15	0.85	1.26	70	0.46	0.67
20	0.77	1.15	80	0.43	0.63
25	0.71	1.06	90	0.41	0.60
30	0.66	0.98	100	0.39	0.57
35	0.62	0.92			

C. 18　峰度检验法的临界值表

n	0.95	0.99	n	0.95	0.99
8	3.70	4.53	40	4.05	5.02
9	3.86	4.82	45	4.02	4.94
10	3.95	5.00	50	3.99	4.87
12	4.05	5.20	60	3.93	4.73
15	4.13	5.30	70	3.88	4.62
20	4.17	5.38	80	3.84	4.52
25	4.14	5.29	90	3.80	4.45
30	4.11	5.20	100	3.77	4.37
35	4.08	5.11			

C. 19a $T_{n(1)}$ 的临界值表

n	0.005	0.01	0.25	0.05
2	2.4868×10^{-2}	5×10^{-3}	1.2496×10^{-2}	2.5×10^{-2}
3	8.2006×10^{-4}	1.6709×10^{-3}	4.1999×10^{-3}	8.4402×10^{-3}
4	4.1005×10^{-4}	8.3612×10^{-4}	2.0983×10^{-3}	4.2381×10^{-3}
5	2.5468×10^{-4}	5.0189×10^{-4}	1.2601×10^{-3}	2.5483×10^{-3}
6	1.6554×10^{-4}	3.3467×10^{-4}	8.4336×10^{-4}	1.7010×10^{-3}
7	1.1716×10^{-4}	2.3909×10^{-4}	6.0283×10^{-4}	1.2161×10^{-3}
8	8.914×10^{-5}	1.7934×10^{-4}	4.5074×10^{-4}	9.1260×10^{-4}
9	6.961×10^{-5}	1.3950×10^{-4}	3.5029×10^{-4}	7.1013×10^{-4}
10	5.526×10^{-5}	1.1161×10^{-4}	2.8063×10^{-4}	5.6830×10^{-4}
11	4.537×10^{-5}	9.1321×10^{-5}	2.2966×10^{-4}	4.6511×10^{-4}
12	3.778×10^{-5}	7.6104×10^{-5}	1.9164×10^{-4}	3.8768×10^{-4}
13	3.173×10^{-5}	6.4398×10^{-5}	1.6201×10^{-4}	3.2810×10^{-4}
14	2.710×10^{-5}	5.5200×10^{-5}	1.3953×10^{-4}	2.8128×10^{-4}
15	2.393×10^{-5}	4.7842×10^{-5}	1.2089×10^{-4}	2.4381×10^{-4}
16	2.116×10^{-5}	4.1862×10^{-5}	1.0537×10^{-4}	2.1336×10^{-4}
17	1.842×10^{-5}	3.6938×10^{-5}	9.333×10^{-5}	1.8828×10^{-4}
18	1.626×10^{-5}	3.2835×10^{-5}	8.290×10^{-5}	1.6737×10^{-4}
19	1.459×10^{-5}	2.9379×10^{-5}	7.398×10^{-5}	1.4977×10^{-4}
20	1.298×10^{-5}	2.6441×10^{-5}	6.658×10^{-5}	1.3480×10^{-4}
21	1.199×10^{-5}	2.3923×10^{-5}	6.026×10^{-5}	1.2197×10^{-4}
22	1.087×10^{-5}	2.1749×10^{-5}	5.474×10^{-5}	1.1089×10^{-4}
23	9.85×10^{-6}	1.9858×10^{-5}	4.982×10^{-5}	1.0125×10^{-4}
24	9.12×10^{-6}	1.8203×10^{-5}	4.572×10^{-5}	9.2819×10^{-5}
25	8.25×10^{-6}	1.6747×10^{-5}	4.206×10^{-5}	8.5398×10^{-5}
26	7.63×10^{-6}	1.5459×10^{-5}	3.887×10^{-5}	7.8832×10^{-5}
27	7.06×10^{-6}	1.4314×10^{-5}	3.603×10^{-5}	7.2995×10^{-5}
28	6.63×10^{-6}	1.3292×10^{-5}	3.356×10^{-5}	6.7784×10^{-5}
29	6.13×10^{-6}	1.2375×10^{-5}	3.126×10^{-5}	6.3111×10^{-5}
30	5.77×10^{-6}	1.1550×10^{-5}	2.902×10^{-5}	5.8906×10^{-5}
31	5.33×10^{-6}	1.0805×10^{-5}	2.727×10^{-5}	5.5107×10^{-5}
32	5.07×10^{-6}	1.0130×10^{-5}	2.553×10^{-5}	5.1664×10^{-5}
33	4.77×10^{-6}	9.5159×10^{-6}	2.399×10^{-5}	4.8534×10^{-5}
34	4.49×10^{-6}	8.9562×10^{-6}	2.254×10^{-5}	4.5680×10^{-5}
35	4.14×10^{-6}	8.4444×10^{-6}	2.132×10^{-5}	4.3701×10^{-5}

续表

n	0.005	0.01	0.25	0.05
36	4.02×10^{-6}	7.9753×10^{-6}	2.016×10^{-5}	4.0679×10^{-5}
37	3.70×10^{-6}	7.5442×10^{-6}	1.906×10^{-5}	3.8481×10^{-5}
38	3.60×10^{-6}	7.1472×10^{-6}	1.802×10^{-5}	3.6456×10^{-5}
39	3.39×10^{-6}	6.7807×10^{-6}	1.703×10^{-5}	3.4588×10^{-5}
40	3.23×10^{-6}	6.4417×10^{-6}	1.622×10^{-5}	3.2859×10^{-5}
41	3.03×10^{-6}	6.1275×10^{-6}	1.539×10^{-5}	3.1256×10^{-5}
42	2.96×10^{-6}	5.8357×10^{-6}	1.473×10^{-5}	2.9768×10^{-5}
43	2.78×10^{-6}	5.5643×10^{-6}	1.402×10^{-5}	2.8384×10^{-5}
44	2.65×10^{-6}	5.3114×10^{-6}	1.342×10^{-5}	2.7094×10^{-5}
45	2.48×10^{-6}	5.0753×10^{-6}	1.273×10^{-5}	2.5891×10^{-5}
46	2.43×10^{-6}	4.8547×10^{-6}	1.222×10^{-5}	2.4765×10^{-5}
47	2.31×10^{-6}	4.6481×10^{-6}	1.169×10^{-5}	2.3712×10^{-5}
48	2.20×10^{-6}	4.4545×10^{-6}	1.124×10^{-5}	2.2724×10^{-5}
49	2.12×10^{-6}	4.2727×10^{-6}	1.079×10^{-5}	2.1797×10^{-5}
50	2.08×10^{-6}	4.1018×10^{-6}	1.033×10^{-5}	2.0925×10^{-5}
51	1.94×10^{-6}	3.9409×10^{-6}	9.91×10^{-6}	2.0105×10^{-5}
52	1.90×10^{-6}	3.7893×10^{-6}	9.54×10^{-6}	1.9332×10^{-5}
53	1.81×10^{-6}	3.6464×10^{-6}	9.17×10^{-6}	1.8602×10^{-5}
54	1.78×10^{-6}	3.5113×10^{-6}	8.86×10^{-6}	1.7914×10^{-5}
55	1.66×10^{-6}	3.3836×10^{-6}	8.50×10^{-6}	1.7262×10^{-5}
56	1.63×10^{-6}	3.2628×10^{-6}	8.21×10^{-6}	1.6646×10^{-5}
57	1.55×10^{-6}	3.1483×10^{-6}	7.95×10^{-6}	1.6062×10^{-5}
58	1.49×10^{-6}	3.0398×10^{-6}	7.68×10^{-6}	1.5508×10^{-5}
59	1.46×10^{-6}	2.9367×10^{-6}	7.41×10^{-6}	1.4983×10^{-5}
60	1.44×10^{-6}	2.8388×10^{-6}	7.16×10^{-6}	1.4483×10^{-5}
61	1.35×10^{-6}	2.7458×10^{-6}	6.92×10^{-6}	1.4009×10^{-5}
62	1.34×10^{-6}	2.6572×10^{-6}	6.68×10^{-6}	1.3557×10^{-5}
63	1.27×10^{-6}	2.5728×10^{-6}	6.50×10^{-6}	1.3126×10^{-5}
64	1.23×10^{-6}	2.4924×10^{-6}	6.27×10^{-6}	1.2716×10^{-5}
65	1.21×10^{-6}	2.4158×10^{-6}	6.10×10^{-6}	1.2325×10^{-5}
66	1.14×10^{-6}	2.3426×10^{-6}	5.89×10^{-6}	1.1952×10^{-5}
67	1.13×10^{-6}	2.2726×10^{-6}	5.73×10^{-6}	1.1595×10^{-5}
68	1.11×10^{-6}	2.2058×10^{-6}	5.53×10^{-6}	1.1254×10^{-5}
69	1.05×10^{-6}	2.1419×10^{-6}	5.38×10^{-6}	1.0928×10^{-5}
70	1.04×10^{-6}	2.0807×10^{-6}	5.22×10^{-6}	1.0616×10^{-5}

续表

n	0.005	0.01	0.25	0.05
71	9.9×10^{-7}	2.0221×10^{-6}	5.08×10^{-6}	1.0317×10^{-5}
72	9.8×10^{-7}	1.9659×10^{-6}	4.94×10^{-6}	1.0030×10^{-5}
73	9.7×10^{-7}	1.9120×10^{-6}	4.81×10^{-6}	9.7555×10^{-6}
74	9.1×10^{-7}	1.8604×10^{-6}	4.68×10^{-6}	9.4919×10^{-6}
75	9.0×10^{-7}	1.8107×10^{-6}	4.57×10^{-6}	9.2388×10^{-6}
76	8.7×10^{-7}	1.7631×10^{-6}	4.45×10^{-6}	8.9957×10^{-6}
77	8.5×10^{-7}	1.7173×10^{-6}	4.31×10^{-6}	8.7621×10^{-6}
78	8.4×10^{-7}	1.6733×10^{-6}	4.20×10^{-6}	8.5375×10^{-6}
79	7.9×10^{-7}	1.6309×10^{-6}	4.11×10^{-6}	8.3214×10^{-6}
80	7.8×10^{-7}	1.5901×10^{-6}	3.99×10^{-6}	8.1134×10^{-6}
81	7.7×10^{-7}	1.5509×10^{-6}	3.89×10^{-6}	7.9131×10^{-6}
82	7.5×10^{-7}	1.5131×10^{-6}	3.82×10^{-6}	7.7201×10^{-6}
83	7.2×10^{-7}	1.4766×10^{-6}	3.72×10^{-6}	7.5341×10^{-6}
84	7.1×10^{-7}	1.4414×10^{-6}	3.63×10^{-6}	7.3548×10^{-6}
85	7.0×10^{-7}	1.4075×10^{-6}	3.55×10^{-6}	7.1817×10^{-6}
86	6.7×10^{-7}	1.3748×10^{-6}	3.46×10^{-6}	7.0147×10^{-6}
87	6.7×10^{-7}	1.3432×10^{-6}	3.38×10^{-6}	6.8535×10^{-6}
88	6.6×10^{-7}	1.3127×10^{-6}	3.29×10^{-6}	6.6978×10^{-6}
89	6.4×10^{-7}	1.2832×10^{-6}	3.22×10^{-6}	6.5473×10^{-6}
90	6.1×10^{-7}	1.2547×10^{-6}	3.16×10^{-6}	6.4018×10^{-6}
91	6.0×10^{-7}	1.2271×10^{-6}	3.09×10^{-6}	6.2611×10^{-6}
92	6.0×10^{-7}	1.2004×10^{-6}	3.01×10^{-6}	6.1250×10^{-6}
93	5.9×10^{-7}	1.1746×10^{-6}	2.94×10^{-6}	5.9933×10^{-6}
94	5.7×10^{-7}	1.1496×10^{-6}	2.89×10^{-6}	5.8658×10^{-6}
95	5.5×10^{-7}	1.1254×10^{-6}	2.83×10^{-6}	5.7424×10^{-6}
96	5.4×10^{-7}	1.1020×10^{-6}	2.77×10^{-6}	5.6337×10^{-6}
97	5.4×10^{-7}	1.0792×10^{-6}	2.72×10^{-6}	5.5068×10^{-6}
98	5.3×10^{-7}	1.0572×10^{-6}	2.66×10^{-6}	5.3945×10^{-6}
99	5.1×10^{-7}	1.0359×10^{-6}	2.61×10^{-6}	5.2855×10^{-6}
100	5.0×10^{-7}	1.0151×10^{-6}	2.55×10^{-6}	5.1798×10^{-6}

C. 19b $T_{n(n)}$ 的临界值表

n	0.95	0.975	0.99	0.995
2	0.9749	0.9874	0.9950	0.9974
3	0.8708	0.9087	0.9425	0.9590
4	0.7680	0.8157	0.8640	0.8927
5	0.6839	0.7341	0.7884	0.8227
6	0.6162	0.6659	0.7216	0.7582
7	0.5611	0.6088	0.6639	0.7011
8	0.5157	0.5615	0.6147	0.6508
9	0.4776	0.5207	0.5724	0.6076
10	0.4450	0.4862	0.5361	0.5701
11	0.4168	0.4557	0.5037	0.5363
12	0.3923	0.4293	0.4748	0.5074
13	0.3708	0.4062	0.4499	0.4808
14	0.3516	0.3856	0.4273	0.4570
15	0.3346	0.3668	0.4070	0.4355
16	0.3191	0.3499	0.3885	0.4160
17	0.3052	0.3347	0.3719	0.3985
18	0.2926	0.3207	0.3566	0.3818
19	0.2810	0.3080	0.3422	0.3668
20	0.2703	0.2966	0.3297	0.3533
21	0.2606	0.2857	0.3180	0.3415
22	0.2515	0.2760	0.3069	0.3293
23	0.2431	0.2667	0.2965	0.3183
24	0.2353	0.2580	0.2870	0.3082
25	0.2280	0.2501	0.2784	0.2992
26	0.2212	0.2425	0.2699	0.2903
27	0.2147	0.2354	0.2621	0.2814
28	0.2088	0.2288	0.2547	0.2738
29	0.2032	0.2226	0.2477	0.2662
30	0.1978	0.2168	0.2413	0.2593
31	0.1928	0.2112	0.2348	0.2525
32	0.1880	0.2060	0.2292	0.2458
33	0.1834	0.2009	0.2236	0.2402
34	0.1792	0.1963	0.2182	0.2346
35	0.1751	0.1918	0.2131	0.2291

续表

n	0.95	0.975	0.99	0.995
36	0.1711	0.1876	0.2088	0.2243
37	0.1675	0.1835	0.2040	0.2193
38	0.1640	0.1796	0.1997	0.2145
39	0.1605	0.1757	0.1956	0.2103
40	0.1573	0.1722	0.1914	0.2056
41	0.1542	0.1689	0.1878	0.2014
42	0.1513	0.1655	0.1839	0.1979
43	0.1484	0.1624	0.1804	0.1940
44	0.1457	0.1594	0.1774	0.1905
45	0.1431	0.1566	0.1739	0.1968
46	0.1406	0.1537	0.1709	0.1834
47	0.1381	0.1511	0.1677	0.1800
48	0.1357	0.1484	0.1651	0.1773
49	0.1335	0.1459	0.1621	0.1743
50	0.1313	0.1436	0.1596	0.1716
51	0.1292	0.1412	0.1569	0.1683
52	0.1272	0.1390	0.1543	0.1657
53	0.1252	0.1369	0.1518	0.1629
54	0.1233	0.1348	0.1497	0.1608
55	0.1214	0.1327	0.1473	0.1582
56	0.1196	0.1308	0.1451	0.1561
57	0.1179	0.1289	0.1430	0.1536
58	0.1163	0.1270	0.1411	0.1515
59	0.1146	0.1252	0.1390	0.1494
60	0.1130	0.1235	0.1370	0.1474
61	0.1115	0.1218	0.1351	0.1453
62	0.1100	0.1202	0.1333	0.1432
63	0.1086	0.1186	0.1316	0.1412
64	0.1071	0.1170	0.1298	0.1394
65	0.1058	0.1155	0.1281	0.1374
66	0.1045	0.1141	0.1265	0.1358
67	0.1032	0.1126	0.1250	0.1340
68	0.1019	0.1112	0.1233	0.1324
69	0.1007	0.1099	0.1220	0.1306
70	0.0995	0.1086	0.1203	0.1291

续表

n	0.95	0.975	0.99	0.995
71	0.0983	0.1073	0.1190	0.1278
72	0.0972	0.1060	0.1176	0.1260
73	0.0960	0.1048	0.1161	0.1244
74	0.0950	0.1036	0.1148	0.1231
75	0.0939	0.1024	0.1136	0.1219
76	0.0929	0.1013	0.1123	0.1203
77	0.0919	0.1002	0.1110	0.1190
78	0.0909	0.0991	0.1098	0.1177
79	0.0899	0.0980	0.1085	0.1164
80	0.0890	0.0970	0.1074	0.1152
81	0.0881	0.0960	0.1063	0.1139
82	0.0872	0.0950	0.1053	0.1128
83	0.0863	0.0940	0.1042	0.1115
84	0.0854	0.0931	0.1031	0.1105
85	0.0846	0.0922	0.1020	0.1094
86	0.0837	0.0912	0.1010	0.1082
87	0.0829	0.0904	0.1000	0.1072
88	0.0821	0.0894	0.0990	0.1061
89	0.0813	0.0886	0.0981	0.1050
90	0.0806	0.0878	0.0972	0.1042
91	0.0799	0.0870	0.0962	0.1033
92	0.0791	0.0862	0.0953	0.1022
93	0.0784	0.0854	0.0945	0.1014
94	0.0777	0.0846	0.0937	0.1004
95	0.0770	0.0839	0.0927	0.0994
96	0.0763	0.0831	0.0919	0.0984
97	0.0757	0.0824	0.0911	0.0976
98	0.0750	0.0816	0.0903	0.0968
99	0.0744	0.0810	0.0895	0.0960
100	0.0737	0.0802	0.0888	0.0952

C.20 秩相关系数检验表*

n	α	
	0.05	0.01
5	1.000	—
6	0.886	1.000
7	0.786	0.929
8	0.738	0.881
9	0.700	0.833
10	0.648	0.794
11	0.618	0.755
12	0.587	0.727
13	0.560	0.703
14	0.538	0.679
15	0.521	0.654

* 当 $n>15$ 时可直接查表 C.10"相关系数检验表".

C.21 正交拉丁方表

(正交拉丁方的完全系)

3×3						4×4											
Ⅰ			Ⅱ			Ⅰ				Ⅱ				Ⅲ			
1	2	3	1	2	3	1	2	3	4	1	2	3	4	1	2	3	4
2	3	1	3	1	2	2	1	4	3	3	4	1	2	4	3	2	1
3	1	2	2	3	1	3	4	1	2	4	3	2	1	2	1	4	3
						4	3	2	1	2	1	4	3	3	4	1	2

5×5																			
Ⅰ					Ⅱ					Ⅲ					Ⅳ				
1	2	3	4	5	1	2	3	4	5	1	2	3	4	5	1	2	3	4	5
2	3	4	5	1	3	4	5	1	2	4	5	1	2	3	5	1	2	3	4
3	4	5	1	2	5	1	2	3	4	2	3	4	5	1	4	5	1	2	3
4	5	1	2	3	2	3	4	5	1	5	1	2	3	4	3	4	5	1	2
5	1	2	3	4	4	5	1	2	3	3	4	5	1	2	2	3	4	5	1

续表

7×7																				
Ⅰ							Ⅱ							Ⅲ						
1	2	3	4	5	6	7	1	2	3	4	5	6	7	1	2	3	4	5	6	7
2	3	4	5	6	7	1	3	4	5	6	7	1	2	4	5	6	7	1	2	3
3	4	5	6	7	1	2	5	6	7	1	2	3	4	7	1	2	3	4	5	6
4	5	6	7	1	2	3	7	1	2	3	4	5	6	3	4	5	6	7	1	2
5	6	7	1	2	3	4	2	3	4	5	6	7	1	6	7	1	2	3	4	5
6	7	1	2	3	4	5	4	5	6	7	1	2	3	2	3	4	5	6	7	1
7	1	2	3	4	5	6	6	7	1	2	3	4	5	5	6	7	1	2	3	4
Ⅳ							Ⅴ							Ⅵ						
1	2	3	4	5	6	7	1	2	3	4	5	6	7	1	2	3	4	5	6	7
5	6	7	1	2	3	4	6	7	1	2	3	4	5	7	1	2	3	4	5	6
2	3	4	5	6	7	1	4	5	6	7	1	2	3	6	7	1	2	3	4	5
6	7	1	2	3	4	5	2	3	4	5	6	7	1	5	6	7	1	2	3	4
3	4	5	6	7	1	2	7	1	2	3	4	5	6	4	5	6	7	1	2	3
7	1	2	3	4	5	6	5	6	7	1	2	3	4	3	4	5	6	7	1	2
4	5	6	7	1	2	3	3	4	5	6	7	1	2	2	3	4	5	6	7	1

8×8																							
Ⅰ								Ⅱ								Ⅲ							
1	2	3	4	5	6	7	8	1	2	3	4	5	6	7	8	1	2	3	4	5	6	7	8
2	1	4	3	6	5	8	7	5	6	7	8	1	2	3	4	7	8	5	6	3	4	1	2
3	4	1	2	7	8	5	6	2	1	4	3	6	5	8	7	5	6	7	8	1	2	3	4
4	3	2	1	8	7	6	5	6	5	8	7	2	1	4	3	3	4	1	2	7	8	5	6
5	6	7	8	1	2	3	4	7	8	5	6	3	4	1	2	8	7	6	5	4	3	2	1
6	5	8	7	2	1	4	3	3	4	1	2	7	8	5	6	2	1	4	3	6	5	8	7
7	8	5	6	3	4	1	2	8	7	6	5	4	3	2	1	4	3	2	1	8	7	6	5
8	7	6	5	4	3	2	1	4	3	2	1	8	7	6	5	6	5	8	7	2	1	4	3
Ⅳ								Ⅴ								Ⅵ							
1	2	3	4	5	6	7	8	1	2	3	4	5	6	7	8	1	2	3	4	5	6	7	8
8	7	6	5	4	3	2	1	4	3	2	1	8	7	6	5	6	5	8	7	2	1	4	3
7	8	5	6	3	4	1	2	8	7	6	5	4	3	2	1	4	3	2	1	8	7	6	5
2	1	4	3	6	5	8	7	5	6	7	8	1	2	3	4	7	8	5	6	3	4	1	2
4	3	2	1	8	7	6	5	6	5	8	7	2	1	4	3	3	4	1	2	7	8	5	6
5	6	7	8	1	2	3	4	7	8	5	6	3	4	1	2	8	7	6	5	4	3	2	1
6	5	8	7	2	1	4	3	3	4	1	2	7	8	5	6	2	1	4	3	6	5	8	7
3	4	1	2	7	8	5	6	2	1	4	3	6	5	8	7	5	6	7	8	1	2	3	4

续表

Ⅶ							
1	2	3	4	5	6	7	8
3	4	1	2	7	8	5	6
6	5	8	7	2	1	4	3
8	7	6	5	4	3	2	1
2	1	4	3	6	5	8	7
4	3	2	1	8	7	6	5
5	6	7	8	1	2	3	4
7	8	5	6	3	4	1	2

9×9

Ⅰ									Ⅱ								
1	2	3	4	5	6	7	8	9	1	2	3	4	5	6	7	8	9
2	3	1	5	6	4	8	9	7	7	8	9	1	2	3	4	5	6
3	1	2	6	4	5	9	7	8	4	5	6	7	8	9	1	2	3
4	5	6	7	8	9	1	2	3	2	3	1	5	6	4	8	9	7
5	6	4	8	9	7	2	3	1	8	9	7	2	3	1	5	6	4
6	4	5	9	7	8	3	1	2	5	6	4	8	9	7	2	3	1
7	8	9	1	2	3	4	5	6	3	1	2	6	4	5	9	7	8
8	9	7	2	3	1	5	6	4	9	7	8	3	1	2	6	4	5
9	7	8	3	1	2	6	4	5	6	4	5	9	7	8	3	1	2
Ⅲ									**Ⅳ**								
1	2	3	4	5	6	7	8	9	1	2	3	4	5	6	7	8	9
9	7	8	3	1	2	6	4	5	8	9	7	2	3	1	5	6	4
5	6	4	8	9	7	2	3	1	6	4	5	9	7	8	3	1	2
6	4	5	9	7	8	3	1	2	9	7	8	3	1	2	6	4	5
2	3	1	5	6	4	8	9	7	4	5	6	7	8	9	1	2	3
7	8	9	1	2	3	4	5	6	2	3	1	5	6	4	8	9	7
8	9	7	2	3	1	5	6	4	5	6	4	8	9	7	2	3	1
4	5	6	7	8	9	1	2	3	3	1	2	6	4	5	9	7	8
3	1	2	6	4	5	9	7	8	7	8	9	1	2	3	4	5	6
Ⅴ									**Ⅵ**								
1	2	3	4	5	6	7	8	9	1	2	3	4	5	6	7	8	9
3	1	2	6	4	5	9	7	8	4	5	6	7	8	9	1	2	3
2	3	1	5	6	4	8	9	7	7	8	9	1	2	3	4	5	6
7	8	9	1	2	3	4	5	6	3	1	2	6	4	5	9	7	8
9	7	8	3	1	2	6	4	5	6	4	5	9	7	8	3	1	2
8	9	7	2	3	1	5	6	4	9	7	8	3	1	2	6	4	5
4	5	6	7	8	9	1	2	3	2	3	1	5	6	4	9	8	7
6	4	5	9	7	8	3	1	2	5	6	4	8	9	7	2	3	1
5	6	4	8	9	7	2	3	1	8	9	7	2	3	1	5	6	4

续表

Ⅶ									Ⅷ								
1	2	3	4	5	6	7	8	9	1	2	3	4	5	6	7	8	9
5	6	4	8	9	7	2	3	1	6	4	5	9	7	8	3	1	2
9	7	8	3	1	2	6	4	5	8	9	7	2	3	1	5	6	4
8	9	7	2	3	1	5	6	4	5	6	4	8	9	7	2	3	1
3	1	2	6	4	5	9	7	8	7	8	9	1	2	3	4	5	6
4	5	6	7	8	9	1	2	3	3	1	2	6	4	5	9	7	8
6	4	5	9	7	8	3	1	2	9	7	8	3	1	2	6	4	5
7	8	9	1	2	3	4	5	6	2	3	1	5	6	4	8	9	7
2	3	1	5	6	4	8	9	7	4	5	6	7	8	9	1	2	3

C.22　平衡不完全区组设计表

阿拉伯数字表示处理(a),行表示区组(b),罗马数字表示重复(r),k 为区组容量,λ 为任意二处理出现于同一区组中的次数.

设计 1　$a=4$, $k=2$, $r=3$, $b=6$, $\lambda=1$

Ⅰ	Ⅱ	Ⅲ
1　2	1　3	1　4
3　4	2　4	2　3

设计 2　$a=5$, $k=2$, $r=4$, $b=10$, $\lambda=1$

Ⅰ	Ⅱ	Ⅲ	Ⅳ
1	2	1	3
2	3	2	4
3	4	3	5
4	5	4	1
5	1	5	2

设计 3　$a=5$, $k=3$, $r=6$, $b=10$, $\lambda=3$

Ⅰ	Ⅱ	Ⅲ	Ⅳ	Ⅴ	Ⅵ
1	2	3	1	2	4
2	3	4	2	3	5
3	4	5	3	4	1
4	5	1	4	5	2
5	1	2	5	1	3

续表

设计 4 $a=6, k=2, r=5, b=15, \lambda=1$

Ⅰ	Ⅱ	Ⅲ	Ⅳ	Ⅴ
1 2	1 3	1 4	1 5	1 6
3 4	2 5	2 6	2 4	2 3
5 6	4 6	3 5	3 6	4 5

设计 5 $a=6, k=3, r=5, b=10, \lambda=2$

1 2 5	2 3 4
1 2 6	2 3 5
1 3 4	2 4 6
1 3 6	3 5 6
1 4 5	4 5 6

设计 6 $a=6, k=3, r=10, b=20, \lambda=4$

Ⅰ	Ⅱ	Ⅲ	Ⅳ	Ⅴ
1 2 3	1 2 4	1 2 5	1 2 6	1 3 4
4 5 6	3 5 6	3 4 6	3 4 5	2 5 6
Ⅵ	**Ⅶ**	**Ⅷ**	**Ⅸ**	**Ⅹ**
1 3 5	1 3 6	1 4 5	1 4 6	1 5 6
2 4 6	2 4 5	2 3 6	2 3 5	2 3 4

设计 7 $a=6, k=4, r=10, b=15, \lambda=6$

Ⅰ，Ⅱ	Ⅲ，Ⅳ	Ⅴ，Ⅵ	Ⅶ，Ⅷ	Ⅸ，Ⅹ
1 2 3 4	1 2 3 5	1 2 3 6	1 2 4 5	1 2 5 6
1 4 5 6	1 2 4 6	1 3 4 5	1 3 5 6	1 3 4 6
2 3 5 6	3 4 5 6	2 4 5 6	2 3 4 6	2 3 4 5

设计 8 $a=7, k=2, r=6, b=21, \lambda=1$

Ⅰ	Ⅱ	Ⅲ	Ⅳ	Ⅴ	Ⅵ
1	2	1	3	1	4
2	3	2	4	2	5
3	4	3	5	3	6
4	5	4	6	4	7
5	6	5	7	5	1
6	7	6	1	6	2
7	1	7	2	7	3

续表

设计 9 $a=7$, $k=3$, $r=3$, $b=7$, $\lambda=1$

Ⅰ	Ⅱ	Ⅲ
1	2	4
2	3	5
3	4	6
4	5	7
5	6	1
6	7	2
7	1	3

设计 10 $a=7$, $k=4$, $r=4$, $b=7$, $\lambda=2$

Ⅰ	Ⅱ	Ⅲ	Ⅳ
1	2	3	6
2	3	4	7
3	4	5	1
4	5	6	2
5	6	7	3
6	7	1	4
7	1	2	5

设计 11 $a=8$, $k=2$, $r=7$, $b=28$, $\lambda=1$

Ⅰ	Ⅱ	Ⅲ	Ⅳ
1 2	1 3	1 4	1 5
3 4	2 8	2 7	2 3
5 6	4 5	3 6	4 7
7 8	6 7	5 8	6 8

Ⅴ	Ⅵ	Ⅶ
1 6	1 7	1 8
2 4	2 6	2 5
3 8	3 5	3 7
5 7	4 8	4 6

续表

设计 12 $a=8$，$k=4$，$r=7$，$b=14$，$\lambda=3$

Ⅰ	Ⅱ	Ⅲ	Ⅳ
1 2 3 4	1 2 5 6	1 2 7 8	1 3 5 7
5 6 7 8	3 4 7 8	3 4 5 6	2 4 6 8

Ⅴ	Ⅵ	Ⅶ
1 3 6 8	1 4 5 8	1 4 6 7
2 4 5 7	2 3 6 7	2 3 5 8

设计 13 $a=9$，$k=2$，$r=8$，$b=36$，$\lambda=1$

Ⅰ	Ⅱ	Ⅲ	Ⅳ	Ⅴ	Ⅵ	Ⅶ	Ⅷ
1	2	1	3	1	4	1	5
2	3	2	4	2	5	2	6
3	4	3	5	3	6	3	7
4	5	4	6	4	7	4	8
5	6	5	7	5	8	5	9
6	7	6	8	6	9	6	1
7	8	7	9	7	1	7	2
8	9	8	1	8	2	8	3
9	1	9	2	9	3	9	4

设计 14 $a=9$，$k=3$，$r=4$，$b=12$，$\lambda=1$

Ⅰ	Ⅱ	Ⅲ	Ⅳ
1 2 3	1 4 7	1 5 9	1 6 8
4 5 6	2 5 8	2 6 7	2 4 9
7 8 9	3 6 9	3 4 8	3 5 7

设计 15 $a=9$，$k=4$，$r=8$，$b=18$，$\lambda=3$

Ⅰ	Ⅱ	Ⅲ	Ⅳ	Ⅴ	Ⅵ	Ⅶ	Ⅷ
1	2	3	5	1	4	5	8
2	3	4	6	2	5	6	9
3	4	5	7	3	6	7	1
4	5	6	8	4	7	8	2
5	6	7	9	5	8	9	3
6	7	8	1	6	9	1	4
7	8	9	2	7	1	2	5
8	9	1	3	8	2	3	6
9	1	2	4	9	3	4	7

续表

设计 16 $a=9$，$k=5$，$r=10$，$b=18$，$\lambda=5$

Ⅰ	Ⅱ	Ⅲ	Ⅳ	Ⅴ	Ⅵ	Ⅶ	Ⅷ	Ⅸ	Ⅹ
1	2	3	4	8	1	2	4	6	7
2	3	4	5	9	2	3	5	7	8
3	4	5	6	1	3	4	6	8	9
4	5	6	7	2	4	5	7	9	1
5	6	7	8	3	5	6	8	1	2
6	7	8	9	4	6	7	9	2	3
7	8	9	1	5	7	8	1	3	4
8	9	1	2	6	8	9	2	4	5
9	1	2	3	7	9	1	3	5	6

设计 17 $a=9$，$k=6$，$r=8$，$b=12$，$\lambda=5$

Ⅰ，Ⅱ	Ⅲ，Ⅳ
1 2 3 4 5 6	1 2 4 5 7 8
1 2 3 7 8 9	1 3 4 6 7 9
4 5 6 7 8 9	2 3 5 6 8 9

Ⅴ，Ⅵ	Ⅶ，Ⅷ
1 2 4 6 8 9	1 2 5 6 7 9
1 3 5 6 7 8	1 3 4 5 8 9
2 3 4 5 7 9	2 3 4 6 7 8

设计 18 $a=10$，$k=2$，$r=9$，$b=45$，$\lambda=1$

Ⅰ	Ⅱ	Ⅲ	Ⅳ	Ⅴ
1 2	1 3	1 4	1 5	1 6
3 4	2 7	2 10	2 8	2 9
5 6	4 8	3 7	3 10	3 8
7 8	5 9	5 8	4 9	4 10
9 10	6 10	6 9	6 7	5 7

Ⅵ	Ⅶ	Ⅷ	Ⅸ
1 7	1 8	1 9	1 10
2 6	2 3	2 4	2 5
3 9	4 6	3 5	3 6
4 5	5 10	6 8	4 7
8 10	7 9	7 10	8 9

续表

设计 19 $a=10, k=3, r=9, b=30, \lambda=2$		
Ⅰ,Ⅱ,Ⅲ	Ⅳ,Ⅴ,Ⅵ	Ⅶ,Ⅷ,Ⅸ
1 2 3	1 2 4	1 3 5
1 4 6	1 5 7	1 6 8
1 7 9	1 8 10	1 9 10
2 5 8	2 3 6	2 4 10
2 8 10	2 5 9	2 6 7
3 4 7	3 4 8	2 7 9
3 9 10	3 7 10	3 5 6
4 6 9	4 5 9	3 8 9
5 6 10	6 7 10	4 5 10
5 7 8	6 8 9	4 7 8

设计 20 $a=10, k=4, r=6, b=15, \lambda=2$		
1 2 3 4	1 6 8 10	3 4 5 8
1 2 5 6	2 3 6 9	3 5 9 10
1 3 7 8	2 4 7 10	3 6 7 10
1 4 9 10	2 5 8 10	4 5 6 7
1 5 7 9	2 7 8 9	4 6 8 9

设计 21 $a=10, k=5, r=9, b=18, \lambda=4$		
1 2 3 4 5	1 4 5 6 10	2 5 6 8 10
1 2 3 6 7	1 4 8 9 10	2 6 7 9 10
1 2 4 6 9	1 5 7 9 10	3 4 5 7 9
1 2 5 7 8	2 3 4 8 10	3 4 6 7 10
1 3 6 8 9	2 3 5 9 10	3 5 6 8 9
1 3 7 8 10	2 4 7 8 9	4 5 6 7 8

C.23 常用正交表

(1) $L_4(2^3)$*

试验号 \ 列号	1	2	3
1	1	1	1
2	1	2	2
3	2	1	2
4	2	2	1
组	1	2	

* 任意二列的交互作用列是另外一列.

(2) $L_8(2^7)$

试验号 \ 列号	1	2	3	4	5	6	7
1	1	1	1	1	1	1	1
2	1	1	1	2	2	2	2
3	1	2	2	1	1	2	2
4	1	2	2	2	2	1	1
5	2	1	2	1	2	1	2
6	2	1	2	2	1	2	1
7	2	2	1	1	2	2	1
8	2	2	1	2	1	1	2
组	1	2		3			

$L_8(2^7)$二列间的交互作用列

列号 \ 列号	1	2	3	4	5	6	7
(1)	(1)	3	2	5	4	7	6
(2)		(2)	1	6	7	4	5
(3)			(3)	7	6	5	4
(4)				(4)	1	2	3
(5)					(5)	3	2
(6)						(6)	1
(7)							(7)

(3) $L_{16}(2^{15})$

试验号＼列号	1	2	3	4	5	6	7	8	9	10	11	12	13	14	15
1	1	1	1	1	1	1	1	1	1	1	1	1	1	1	1
2	1	1	1	1	1	1	1	2	2	2	2	2	2	2	2
3	1	1	1	2	2	2	2	1	1	1	1	2	2	2	2
4	1	1	1	2	2	2	2	2	2	2	2	1	1	1	1
5	1	2	2	1	1	2	2	1	1	2	2	1	1	2	2
6	1	2	2	1	1	2	2	2	2	1	1	2	2	1	1
7	1	2	2	2	2	1	1	1	1	2	2	2	2	1	1
8	1	2	2	2	2	1	1	2	2	1	1	1	1	2	2
9	2	1	2	1	2	1	2	1	2	1	2	1	2	1	2
10	2	1	2	1	2	1	2	2	1	2	1	2	1	2	1
11	2	1	2	2	1	2	1	1	2	1	2	2	1	2	1
12	2	1	2	2	1	2	1	2	1	2	1	1	2	1	2
13	2	2	1	1	2	2	1	1	2	2	1	1	2	2	1
14	2	2	1	1	2	2	1	2	1	1	2	2	1	1	2
15	2	2	1	2	1	1	2	1	2	2	1	2	1	1	2
16	2	2	1	2	1	1	2	2	1	1	2	1	2	2	1
组	1	2			3						4				

$L_{16}(2^{15})$ 二列间的交互作用列

列号＼列号	1	2	3	4	5	6	7	8	9	10	11	12	13	14	15
(1)	(1)	3	2	5	4	7	6	9	8	11	10	13	12	15	14
(2)		(2)	1	6	7	4	5	10	11	8	9	14	15	12	13
(3)			(3)	7	6	5	4	11	10	9	8	15	14	13	12
(4)				(4)	1	2	3	12	13	14	15	8	9	10	11
(5)					(5)	3	2	13	12	15	14	9	8	11	10
(6)						(6)	1	14	15	12	13	10	11	8	9
(7)							(7)	15	14	13	12	11	10	9	8
(8)								(8)	1	2	3	4	5	6	7
(9)									(9)	3	2	5	4	7	6
(10)										(10)	1	6	7	4	5
(11)											(11)	7	6	5	4
(12)												(12)	1	2	3
(13)													(13)	3	2
(14)														(14)	1

(4) $L_{32}(2^{31})$

试验号 \ 列号	1	2	3	4	5	6	7	8	9	10	11	12	13	14	15	16	17	18	19	20	21	22	23	24	25	26	27	28	29	30	31
1	1	1	1	1	1	1	1	1	1	1	1	1	1	1	1	1	1	1	1	1	1	1	1	1	1	1	1	1	1	1	1
2	1	1	1	1	1	1	1	1	1	1	1	1	1	1	1	2	2	2	2	2	2	2	2	2	2	2	2	2	2	2	2
3	1	1	1	1	1	1	1	2	2	2	2	2	2	2	2	1	1	1	1	1	1	1	1	2	2	2	2	2	2	2	2
4	1	1	1	1	1	1	1	2	2	2	2	2	2	2	2	2	2	2	2	2	2	2	2	1	1	1	1	1	1	1	1
5	1	1	1	2	2	2	2	1	1	1	1	2	2	2	2	1	1	1	1	2	2	2	2	1	1	1	1	2	2	2	2
6	1	1	1	2	2	2	2	1	1	1	1	2	2	2	2	2	2	2	2	1	1	1	1	2	2	2	2	1	1	1	1
7	1	1	1	2	2	2	2	2	2	2	2	1	1	1	1	1	1	1	1	2	2	2	2	2	2	2	2	1	1	1	1
8	1	1	1	2	2	2	2	2	2	2	2	1	1	1	1	2	2	2	2	1	1	1	1	1	1	1	1	2	2	2	2
9	1	2	2	1	1	2	2	1	1	2	2	1	1	2	2	1	1	2	2	1	1	2	2	1	1	2	2	1	1	2	2
10	1	2	2	1	1	2	2	1	1	2	2	1	1	2	2	2	2	1	1	2	2	1	1	2	2	1	1	2	2	1	1
11	1	2	2	1	1	2	2	2	2	1	1	2	2	1	1	1	1	2	2	1	1	2	2	2	2	1	1	2	2	1	1
12	1	2	2	1	1	2	2	2	2	1	1	2	2	1	1	2	2	1	1	2	2	1	1	1	1	2	2	1	1	2	2
13	1	2	2	2	2	1	1	1	1	2	2	2	2	1	1	1	1	2	2	2	2	1	1	1	1	2	2	2	2	1	1
14	1	2	2	2	2	1	1	1	1	2	2	2	2	1	1	2	2	1	1	1	1	2	2	2	2	1	1	1	1	2	2
15	1	2	2	2	2	1	1	2	2	1	1	1	1	2	2	1	1	2	2	2	2	1	1	2	2	1	1	1	1	2	2
16	1	2	2	2	2	1	1	2	2	1	1	1	1	2	2	2	2	1	1	1	1	2	2	1	1	2	2	2	2	1	1
17	2	1	2	1	2	1	2	1	2	1	2	1	2	1	2	1	2	1	2	1	2	1	2	1	2	1	2	1	2	1	2
18	2	1	2	1	2	1	2	1	2	1	2	1	2	1	2	2	1	2	1	2	1	2	1	2	1	2	1	2	1	2	1
19	2	1	2	1	2	1	2	2	1	2	1	2	1	2	1	1	2	1	2	1	2	1	2	2	1	2	1	2	1	2	1
20	2	1	2	1	2	1	2	2	1	2	1	2	1	2	1	2	1	2	1	2	1	2	1	1	2	1	2	1	2	1	2
21	2	1	2	2	1	2	1	1	2	1	2	2	1	2	1	1	2	1	2	2	1	2	1	1	2	1	2	2	1	2	1
22	2	1	2	2	1	2	1	1	2	1	2	2	1	2	1	2	1	2	1	1	2	1	2	2	1	2	1	1	2	1	2
23	2	1	2	2	1	2	1	2	1	2	1	1	2	1	2	1	2	1	2	2	1	2	1	2	1	2	1	1	2	1	2
24	2	1	2	2	1	2	1	2	1	2	1	1	2	1	2	2	1	2	1	1	2	1	2	1	2	1	2	2	1	2	1
25	2	2	1	1	2	2	1	1	2	2	1	1	2	2	1	1	2	2	1	1	2	2	1	1	2	2	1	1	2	2	1
26	2	2	1	1	2	2	1	1	2	2	1	1	2	2	1	2	1	1	2	2	1	1	2	2	1	1	2	2	1	1	2
27	2	2	1	1	2	2	1	2	2	1	2	2	1	1	2	1	2	2	1	1	2	2	1	2	1	1	2	2	1	1	2
28	2	2	1	1	2	2	1	2	2	1	2	2	1	1	2	2	1	1	2	2	1	1	2	1	2	2	1	1	2	2	1
29	2	2	1	2	1	1	2	1	1	2	1	2	1	1	2	1	1	2	1	2	1	1	2	1	2	2	1	2	1	1	2
30	2	2	1	2	1	1	2	1	1	2	1	2	1	1	2	2	1	1	2	1	2	2	1	2	1	1	2	1	2	2	1
31	2	2	1	2	1	1	2	2	1	1	2	1	2	2	1	1	2	2	1	2	1	1	2	2	1	1	2	1	2	2	1
32	2	2	1	2	1	1	2	2	1	1	2	1	2	2	1	2	1	1	2	1	2	2	1	1	2	2	1	2	1	1	2
组	1	2			3						4												5								

$L_{32}(2^{31})$二列间的交互作用列

列号	1	2	3	4	5	6	7	8	9	10	11	12	13	14	15	16	17	18	19	20	21	22	23	24	25	26	27	28	29	30	31
(1)	(1)	3	2	5	4	7	6	9	8	11	10	13	12	15	14	17	16	19	18	21	20	23	22	25	24	27	26	29	28	31	30
(2)		(2)	1	6	7	4	5	10	11	8	9	14	15	12	13	18	19	16	17	22	23	20	21	26	27	24	25	30	31	28	29
(3)			(3)	7	6	5	4	11	10	9	8	15	14	13	12	19	18	17	16	23	22	21	20	27	26	25	24	31	30	29	28
(4)				(4)	1	2	3	12	13	14	15	8	9	10	11	20	21	22	23	16	17	18	19	28	29	30	31	24	25	26	27
(5)					(5)	3	2	13	12	15	14	9	8	11	10	21	20	23	22	17	16	19	18	29	28	31	30	25	24	27	26
(6)						(6)	1	14	15	12	13	10	11	8	9	22	23	20	21	18	19	16	17	30	31	28	29	26	27	24	25
(7)							(7)	15	14	13	12	11	10	9	8	23	22	21	20	19	18	17	16	31	30	29	28	27	26	25	24
(8)								(8)	1	2	3	4	5	6	7	24	25	26	27	28	29	30	31	16	17	18	19	20	21	22	23
(9)									(9)	3	2	5	4	7	6	25	24	27	26	29	28	31	30	17	16	19	18	21	20	23	22
(10)										(10)	1	6	7	4	5	26	27	24	25	30	31	28	29	18	19	16	17	22	23	20	21
(11)											(11)	7	6	5	4	27	26	25	24	31	30	29	28	19	18	17	16	23	22	21	20
(12)												(12)	1	2	3	28	29	30	31	24	25	26	27	20	21	22	23	16	17	18	19
(13)													(13)	3	2	29	28	31	30	25	24	27	26	21	20	23	22	17	16	19	18
(14)														(14)	1	30	31	28	29	26	27	24	25	22	23	20	21	18	19	16	17
(15)															(15)	31	30	29	28	27	26	25	24	23	22	21	20	19	18	17	16
(16)																(16)	1	2	3	4	5	6	7	8	9	10	11	12	13	14	15
(17)																	(17)	3	2	5	4	7	6	9	8	11	10	13	12	15	14
(18)																		(18)	1	6	7	4	5	10	11	8	9	14	15	12	13
(19)																			(19)	7	6	5	4	11	10	9	8	15	14	13	12
(20)																				(20)	1	2	3	12	13	14	15	8	9	10	11
(21)																					(21)	3	2	13	12	15	14	9	8	11	10
(22)																						(22)	1	14	15	12	13	10	11	8	9
(23)																							(23)	15	14	13	12	11	10	9	8
(24)																								(24)	1	2	3	4	5	6	7
(25)																									(25)	3	2	5	4	7	6
(26)																										(26)	1	6	7	4	5
(27)																											(27)	7	6	5	4
(28)																												(28)	1	2	3
(29)																													(29)	3	2
(30)																														(30)	1

(5) $L_{12}(2^{11})$

试验号 \ 列号	1	2	3	4	5	6	7	8	9	10	11
1	1	1	1	1	1	1	1	1	1	1	1
2	1	1	1	1	1	2	2	2	2	2	2
3	1	1	2	2	2	1	1	1	2	2	2
4	1	2	1	2	2	1	2	2	1	1	2
5	1	2	2	1	2	2	1	2	1	2	1
6	1	2	2	2	1	2	2	1	2	1	1
7	2	1	2	2	1	1	2	2	1	2	1
8	2	1	2	1	2	2	2	1	1	1	2
9	2	1	1	2	2	2	1	2	2	1	1
10	2	2	2	1	1	1	1	2	2	1	2
11	2	2	1	2	1	2	1	1	1	2	2
12	2	2	1	1	2	1	2	1	2	2	1

(6) $L_9(3^4)^*$

试验号 \ 列号	1	2	3	4
1	1	1	1	1
2	1	2	2	2
3	1	3	3	3
4	2	1	2	3
5	2	2	3	1
6	2	3	1	2
7	3	1	3	2
8	3	2	1	3
9	3	3	2	1
组	1	2		

* 任意二列的交互作用列为另外二列.

(7) $L_{27}(3^{13})$

试验号 \ 列号	1	2	3	4	5	6	7	8	9	10	1	12	13
1	1	1	1	1	1	1	1	1	1	1	1	1	1
2	1	1	1	1	2	2	2	2	2	2	2	2	2
3	1	1	1	1	3	3	3	3	3	3	3	3	3
4	1	2	2	2	1	1	1	2	2	2	3	3	3
5	1	2	2	2	2	2	2	3	3	3	1	1	1
6	1	2	2	2	3	3	3	1	1	1	2	2	2
7	1	3	3	3	1	1	1	3	3	3	2	2	2
8	1	3	3	3	2	2	2	1	1	1	3	3	3
9	1	3	3	3	3	3	3	2	2	2	1	1	1
10	2	1	2	3	1	2	3	1	2	3	1	2	3
11	2	1	2	3	2	3	1	2	3	1	2	3	1
12	2	1	2	3	3	1	2	3	1	2	3	1	2
13	2	2	3	1	1	2	3	2	3	1	3	1	2
14	2	2	3	1	2	3	1	3	1	2	1	2	3
15	2	2	3	1	3	1	2	1	2	3	2	3	1
16	2	3	1	2	1	2	3	3	1	2	2	3	1
17	2	3	1	2	2	3	1	1	2	3	3	1	2
18	2	3	1	2	3	1	2	2	3	1	1	2	3
19	3	1	3	2	1	3	2	1	3	2	1	3	2
20	3	1	3	2	2	1	3	2	1	3	2	1	3
21	3	1	3	2	3	2	1	3	2	1	3	2	1
22	3	2	1	3	1	3	2	2	1	3	3	2	1
23	3	2	1	3	2	1	3	3	2	1	1	3	2
24	3	2	1	3	3	2	1	1	3	2	2	1	3
25	3	3	2	1	1	3	2	3	2	1	2	1	3
26	3	3	2	1	2	1	3	1	3	2	3	2	1
27	3	3	2	1	3	2	1	2	1	3	1	3	2
组	1	2			3								

$L_{27}(3^{13})$二列间的交互作用列

列号＼列号	1	2	3	4	5	6	7	8	9	10	1	12	13
(1)	(1)	3	2	2	6	5	5	9	8	8	12	11	11
		4	4	3	7	7	6	10	10	9	13	13	12
(2)		(2)	1	1	8	9	10	5	6	7	5	6	7
			4	3	11	12	13	11	12	13	8	9	10
(3)			(3)	1	9	10	8	7	5	6	6	7	5
				2	13	11	12	12	13	11	10	8	9
(4)				(4)	10	8	9	6	7	5	7	5	6
					12	13	11	13	11	12	9	10	8
(5)					(5)	1	1	2	3	4	2	4	3
						7	6	11	13	12	8	10	9
(6)						(6)	1	4	2	3	3	2	4
							5	13	12	11	10	9	8
(7)							(7)	3	4	2	4	3	2
								12	11	13	9	8	10
(8)								(8)	1	1	2	3	4
									10	9	5	7	6
(9)									(9)	1	4	2	3
										8	7	6	5
(10)										(10)	3	4	2
											6	5	7
(11)											(11)	1	1
												13	12
(12)												(12)	1
													11

(8) $L_{13}(2\times3^7)$

列号 \ 列号	1	2	3	4	5	6	7	8
1	1	1	1	1	1	1	1	1
2	1	1	2	2	2	2	2	2
3	1	1	3	3	3	3	3	3
4	1	2	1	1	2	2	3	3
5	1	2	2	2	3	3	1	1
6	1	2	3	3	1	1	2	2
7	1	3	1	2	1	3	2	3
8	1	3	2	3	2	1	3	1
9	1	3	3	1	3	2	1	2
10	2	1	1	3	3	2	2	1
11	2	1	2	1	1	3	3	2
12	2	1	3	2	2	1	1	3
13	2	2	1	2	3	1	3	2
14	2	2	2	3	1	2	1	3
15	2	2	3	1	2	3	2	1
16	2	3	1	3	2	3	1	2
17	2	3	2	1	3	1	2	3
18	2	3	3	2	1	2	3	1

(9) $L_{16}(4^5)^*$

试验号 \ 列号	1	2	3	4	5
1	1	1	1	1	1
2	1	2	2	2	2
3	1	3	3	3	3
4	1	4	4	4	4
5	2	1	2	3	4
6	2	2	1	4	3
7	2	3	4	1	2
8	2	4	3	2	1
9	3	1	3	4	2
10	3	2	4	3	1
11	3	3	1	2	4
12	3	4	2	1	3

续表

试验号 \ 列号	1	2	3	4	5
13	4	1	4	2	3
14	4	2	3	1	4
15	4	3	2	4	1
16	4	4	1	3	2
组	1	2			

* 任何二列的交互作用列是另外三列.

(10) $L_{25}(5^6)$*

试验号 \ 列号	1	2	3	4	5	6
1	1	1	1	1	1	1
2	1	2	2	2	2	2
3	1	3	3	3	3	3
4	1	4	4	4	4	4
5	1	5	5	5	5	5
6	2	1	2	3	4	5
7	2	2	3	4	5	1
8	2	3	4	5	1	2
9	2	4	5	1	2	3
10	2	5	1	2	3	4
11	3	1	3	5	2	4
12	3	2	4	1	3	5
13	3	3	5	2	4	1
14	3	4	1	3	5	2
15	3	5	2	4	1	3
16	4	1	4	2	5	3
17	4	2	5	3	1	4
18	4	3	1	4	2	5
19	4	4	2	5	3	1
20	4	5	3	1	4	2
21	5	1	5	4	3	2
22	5	2	1	5	4	3
23	5	3	2	1	5	4
24	5	4	3	2	1	5
25	5	5	4	3	2	1
组	1	2				

* 任何二列的交互作用列是另外四列.

附录 D　习题参考答案(部分)

第 1 章

1.1 略

1.2 略

1.3 提示：利用集合论证明

1.4 (1) 只订 A 的：$P_1=0.30$

(2) 只订 A 及 B 的：$P_2=0.07$

(3) 只订一种报的：$P_3=0.73$

(4) 正好订两种的：$P_4=0.14$

(5) 至少订一种的：$P_5=0.90$

(6) 不订任何报的：$P_6=0.10$

1.5 $P=16/33\approx0.4848$

1.6 $P=0.79$

1.7 $P(A)=0.448$，$P(B)=0.0828$，$P(AB)=0.0336$，$P(O)=0.4356$;婚配的概率 $P=0.0742$

1.8 $P(B)=0.175$,$P(AB)=0.325$

1.9 $P\approx0.071$

1.10 $P=0.452$

1.11 $P=0.9$

1.12 $P=\dfrac{a}{a+b}$(提示：用数学归纳法证明)

1.13 $P=0.23$

1.14 略

1.15 略

1.16 甲乙丙最后获得胜利的概率分别为：19/27,6/27,2/27

1.17 恰好有一次击中的概率：0.36;至少二次击中的概率：0.55

1.18 至少需要 6 门炮同时开火(提示：小数不能舍去)

1.19 $P=0.95896$

1.20 (1) $P=0.1458$

(2) $P=0.909$

1.21 此法认为未污染者确实未污染的概率0.998,认为污染而实际上没有污染的概率0.336

1.22 $P=0.5203$

1.23 $P=0.5625$

1.24 $P=3p/(2+p)$

第2章

2.1 $P=2.5\times10^{-3}$

2.2 当$\frac{Mn}{k}$不是整数,取 $N=\left[\frac{Mn}{k}\right]$时,达到最大值

当$\frac{Mn}{k}$是整数,取 $N=\frac{Mn}{k}$ 或 $\frac{Mn}{k}-1$ 时,达到最大值

2.3 $p_i=0.2^{i-1}\times0.8, F(\infty)=1$

2.4 $p_i=C_{i-1}^{4}0.05^5\times0.95^{i-5}$

2.5 $P(5)=0.0916$, $P(x>5)=0.809$

2.6 $P=0.382$

2.7 $P_L=\frac{(\lambda p_1)^L}{L!}e^{-\lambda p_1}$

2.8 取袋中最后一粒种子,同时发现袋中种子用完:

$$P=2C_{2N-r-1}^{N-1}\left(\frac{1}{2}\right)^N\left(\frac{1}{2}\right)^{N-r}$$

或袋中取不出种子才发现种子用完:$P=2C_{2N-r}^{N}\left(\frac{1}{2}\right)^{2N-r+1}$

2.9 $\frac{1}{\sqrt{\pi}e^{\frac{1}{4}}}$;分布函数为:$F(x)=\frac{1}{\sqrt[4]{\pi^2 e}}\int_{\infty}^{x}e^{-y^2+y}dy$

2.10 $P(X\leqslant2)=0.8647$, $P(X>3)=0.0498$

$$f(x)=\begin{cases}0 & x\leqslant0\\ e^{-x} & x>0\end{cases}$$

2.11 $P(X\leqslant 10)\approx 0.89435$

$P(X\leqslant 0)\approx 0.10565$

$P(X\geqslant 5)=0.5$

$P(0\leqslant X\leqslant 15)\approx 0.88814$

$P(X>15)\approx 0.00621$

2.12 $P(X\leqslant x_0)=0.025, x_0=-9.8$

$P(X\leqslant x_0)=0.01$, $x_0=-11.630$

$P(X<x_0)=0.95$, $x_0=8.225$

$P(X>x_0)=0.90$, $x_0=-6.410$

2.13 (1) $P(X<60)\approx 0.12303$

(2) $P(X>69)\approx 0.02442$

(3) $P(62<X<64)\approx 0.26819$

(4) $P(\mu-1.96\sigma<X<\mu+1.96\sigma)=0.95$

(5) $P(X>x_0)=0.95$, $x_0=58.5930$

2.14 超几何分布：$E(X)=\frac{nM}{N}$, $D(X)=\frac{nM(N-n)(N-M)}{N^2(N-1)}$

负二项分布：$E(X)=\frac{k}{p}$, $D(X)=\frac{kq}{p^2}$

2.15 $E(X)=\frac{1}{\lambda}$, $D(X)=\frac{1}{\lambda^2}$

2.16 (1) $A=\frac{1}{\sigma^2}$

(2) $P(X\geqslant E(X))=e^{-\frac{\pi}{4}}$

(3) $D(X)=\left(2-\frac{\pi}{2}\right)\sigma^2$

第 3 章

3.1 $\chi^2=304.0640$,拒绝 H_0,差异不全由环境造成

3.2 $t=-1.4118$,接受 H_0,运动员的体重与同龄女孩相同

3.3 方法一：用 u 检验,$\chi^2=25.0387$,拒绝 H_0,方差有改变,无法再做 u 检验

方法二：用 t 检验，$t=0.2796$，接受 H_0，杂交稻单株产量无增加

3.4 $t=-1.1180$，超过 3 kg 方可屠宰时：接受 H_0，不可以屠宰
达到3 kg即可屠宰时：接受 H_0，可以屠宰

3.5 $\chi^2=30.6362$，拒绝 H_0，标准差大于 2 g/L，不合格

3.6 $t=-3.3276$，拒绝 H_0，认为没有达到育种目标

3.7 $t=5.846$，拒绝 H_0，该药有效

3.8 $t=2.6605$，拒绝 H_0，两电极结果不相同
$t=4.701$，拒绝 H_0，两电极结果不相同

3.9 $t=-0.9942$，接受 H_0，A、B 饲料的钙存留量无差异
$t=0.0112$，接受 H_0，A、B 饲料的钙存留量无差异

3.10 $u=2.761$，拒绝 H_0，两群牛牛奶产量有差异

3.11 $t=1.743$，接受 H_0，实测数据符合前人结论

3.12 $t=0.872$，接受 H_0，A 肥料比 B 肥料增产未达 1 kg 以上

3.13 $t=0.2151$，接受 H_0，两类蛋白中酸性氨基酸组成没有差异
$t=-0.3805$，接受 H_0，两类蛋白中碱性氨基酸组成没有差异

3.14 功效 $1-\beta=0.9995$

3.15 若相关系数为 0.5，两年前后舒张压差值的方差为 589
若舒张压独立，两年前后舒张压差值的方差为 1009
说明配对检验可提高检验精度

3.16 发现 4 个细菌，$P=0.3528$，接受 H_0，水质没有超标
若发现 7 个细菌，$P=0.0335$，拒绝 H_0，水质超标

3.17 $P=0.185$，接受 H_0，不能据此认为隔离带太窄

3.18 $u=-2.55$，拒绝 H_0，两品种抗性有差异

3.19 双侧 95％置信区间为(0.5890，0.6511)

3.20 90％置信区间为(72.75，77.25)

3.21 实测株高方差 95％的置信区间为(74.24，142.03)，64 不在这一区间内，说明该品种已不纯

3.22 治疗前血压值 95％置信区间为 (94.83，147.17)，99％置信区间为(82.57，159.43)；治疗后血压值 95％置信区间为 (80.18，

132.12),99%置信区间为(68.01,144.29)

3.23 男孩比例95%的置信区间为(48.7%,55.3%),这群儿童性别比例合理

3.24 $\chi^2=2.95$,接受H_0,两种药物疗效无差异

3.25 尾区概率$p=0.2727$,接受H_0,两种药物药效无差异

3.26 $\chi^2=5.53$,拒绝H_0,甲医院的内科与手术差异显著

$\chi^2=0.25$,乙医院的内科与手术差异不显著

$\chi^2=5.34$,拒绝H_0,甲医院的内科与乙医院的内科差异显著

$\chi^2=0.03$,甲医院的手术与乙医院的手术差异不显著

$\chi^2=4.08$,拒绝H_0,甲医院的综合与乙医院的综合差异显著

$\chi^2=4.53$,拒绝H_0,甲、乙医院的内科综合与手术综合差异显著

3.27 $\chi^2=9.3325$,拒绝H_0,两块地发病率不一致

3.28 $\chi^2=0.7306$,接受H_0,服从Poisson分布

3.29 $u=-2.4129$,拒绝H_0,B培养基优于A

3.30 $R=12$,接受H_0,认为该序数是随机的,两培养基无明显差异

3.31 $u=-4$,拒绝H_0,认为吸烟有害

3.32 差异显著但未达极显著,拒绝H_0,认为新法比老法好

3.33 (1) $R=14$,可以认为该序列是随机的

(2) $R=16$,可以认为该序列是不随机的

(3) $R=4$,可以认为该序列是不随机的

(4) $R=17$,可以认为该序列是不随机的

3.34 $r_s=0.21$,接受H_0,认为仔鼠体重与雌鼠的年龄没有关系

3.35 略

3.36 $\chi^2=0.2273$,接受H_0,认为发病率为1%,预防措施无效

3.37 池中鱼的总数$N=7209$

第 4 章

4.1 $F=2.76$,小鼠子宫重量差异显著. 对照与Ⅲ,Ⅳ差异极显著;与Ⅱ差异显著;Ⅰ与Ⅲ,Ⅳ差异显著;其他差异不显著

4.2 $F=0.32$,这三块田出苗情况无显著差异

4.3 $F=5.43$,三组儿童中高敏C反应蛋白的差异极显著

4.4 $F=21.31$,实验小区产量有极显著差异,方案 E 是最佳方案

4.5 $F=79.04$ 组织类型有极显著差异

4.6 $F=89.74$,各组提取物剂量对小鼠肝细胞的免疫调节作用有极显著差异

4.7 $F=12.34$,药剂品种有极显著差异;$F=5.95$,浓度有显著差异

4.8 $F=115.02$,小麦品种间有极显著差异;$F=4.87$,肥料间无显著差异

4.9 $F=12.30$,月份差异显著;$F=1.10$,树龄差异不显著

4.10 (1) 固定模型下:$F=24.68$,大白鼠增重与添加剂 A 有显著关系;$F=15.22$,与添加剂 B 有显著关系;$F=5.90$,与 AB 的交互效应有显著关系

(2) 随机模型下:$F=4.18$,大白鼠增重与添加剂 A 有显著关系;$F=2.58$,与添加剂 B 没有显著关系;$F=5.90$,与 AB 的交互效应有显著关系

(3) 混合模型下:A 固定、B 随机:$F=4.18$,大白鼠增重与添加剂 A 有显著关系;$F=15.22$,与添加剂 B 有显著关系;$F=5.90$,与 AB 的交互效应有显著关系

A 随机、B 固定:$F=24.68$,大白鼠增重与添加剂 A 有显著关系;$F=2.58$,与添加剂 B 没有显著关系;$F=5.90$,与 AB 的交互效应有显著关系

显然,模型的选择对最终结果有很大影响. 而模型的选择取决于添加剂效果是否能重现. 一般来说效果不能稳定重现的添加剂是没有研究价值的,所以实际工作中大多是固定模型

4.11 $F=332.11$,组间差异极显著;$F=225.22$,染色体畸变率情

况差异极显著;$F=21.54$,二者的交互效应极显著

4.12　$F=12.91$,排污口间差异极显著;$F=1.39$,处理方法作用不显著;$F=0.72$,交互作用不显著

4.13　$F=130.18$,五种重金属元素含量差异极显著;$F=3576.46$,苔藓植物的污染监测能力差异极显著;$F=46.02$,交互作用极显著. 第一种苔藓植物适合作为一种生物指示材料用于环境重金属污染监测,特别是适于对金属 Cu 的污染监测

4.14　$F=24.96$,组别差异极显著;$F=298.05$,微量元素的含量差异极显著;$F=6.38$,二者的交互作用极显著

4.15　$F=19.18$,基因间差异极显著;$F=72.53$,处理条件差异极显著;$F=49.90$,二者的交互效应差异极显著;基因 B(叶—无 GA)、基因 B(根—无 GA)、基因 C(根—GA)之间差异不显著,其他[除了基因 C(根—无 GA)]之间无显著差异

4.16　$F=17.28$,不同病种差异极显著;$F=68.98$,不同病情差异极显著;$F=5.28$,病种和病情的交互效应差异极显著

4.17　$F=13.94$,品种差异极显著;$F=0.69$,播种量差异不显著

4.18　略

第 5 章

5.1　回归方程 $y=80.85+4.68x$; $t_b=37.63$,x 与 y 有极显著的线性关系

5.2　合并的回归方程 $y=-0.49+0.05x$; $t_b=17.49$,x 与 y 有极显著的线性关系

5.3　若真为线性关系,范围大好;若仅局部呈现线性关系,全局是非线性,则不能扩大

5.4　回归方程 $y=1.71+0.66x$;$F_{失拟}=36.0$,失拟平方和较大,距离与聚焦时间之间不全是线性关系,上述线性回归方程不能用,应采用非线性拟合方法

5.5　略

5.6　回归方程 $y=-0.57+6.14x$; $t_b=15.02$,x 与 y 有极显著的线性关系

5.7 $t_{b1}=1.45$,每亩千株数 x_1 与皮棉产量没有显著的线性关系 $t_{b2}=4.49$,棉铃数 x_2 与皮棉产量 Y 有显著的线性关系

棉铃数与皮棉产量的回归方程 $y=75.02+12.08x_2$

5.8 $F=17.80$,3 组人群中 TfR 的差异极显著;$F=10.20$,SF 浓度的差异极显著;$F=2.44$,TIBC 的差异不显著

t_{b2}(SF)$=1.06$,SF 与 TfR 没有显著的线性关系;t_{b1}(年龄)$=-4.01$,t_{b3}(TIBC)$=2.49$

年龄(x_1)、TIBC(x_3)对 TfR 有显著线性影响,其间的回归方程为

$y=17.67-0.23x_1+0.14x_3$

5.9 $y=270.65 * e^{0.05x}$, $R^2=0.98$

5.10 $y=64.07+2.63\ln x$, $R^2=0.98$

5.11 采用倒数函数、指数函数和对数函数拟合时,相关指数 R^2 分别为 0.82,−145.22,0.93,应该用对数函数或倒数函数来拟合这类曲线

5.12 线性回归结果:$y=\dfrac{1}{0.07+579818.55 * e^{-x}}$,相关指数

$R^2=-0.39$ 为负值,说明用错了公式

非线性式拟合的结果:$y=\dfrac{1}{0.0133+1.1831e^{-x/16.1765}}$, $R^2=0.99$

5.13 $F=73.98$,温度对蛋白酶活性有极显著影响;$F=46.19$,压力对蛋白酶活性有极显著影响;$F=5.06$,二者的交互效应也对蛋白酶活性有极显著影响

酶活性与致死数的回归方程 $\log y=6.83-1.08\log x$;$t_b=-3.56$,酶活性($\log y$)与致死数($\log x$)有极显著的线性关系,原始数据的相关指数 $R^2=0.40$.不理想,应采用曲线拟合方法

5.14 略

第 6 章

6.1　单因素方差分析：$F=0.09$，三种药物没有显著差异

协方差分析：$F=5.69$，差异显著，但未达到极显著，所以使用不同药剂，效果不同：第一种与第二种药物的差异极显；第二种与第三种差异显著，但未达到极显著. 总的来说，第二种药物的效果最好

6.2　$F_{\max}=17.87$，三组数据不满足方差齐性条件. 三头公牛后代体重间关系不相同，不能进行协方差分析

6.3　$b^*=0.57$，$F=14.02$，各组病人的收缩压有极显著差异

$b^*=0.99$，$F=12.08$，各组病人的舒张压有极显著差异

6.4　$b^*=0.21$，$F=5.65$，三组儿童中高敏C反应蛋白的差异显著

第 7 章

7.1　$n=\dfrac{4u_{1-\frac{\alpha}{2}}^2\sigma^2}{L^2}$

7.2　比例分配和最优抽样的总样本含量都为 $n\approx22$

	亩数	S_i	W_i	W_iS_i	$W_iS_i/\sqrt{C_i}$	$W_iS_i\ \sqrt{C_i}$	$W_iS_i^2$	比例抽样	取整	最优抽样	取整
A	2100	96	0.256	24.585	233.24	2.59	2360.20	5.55	6	6.65	7
B	700	75	0.085	6.402	60.74	0.67	480.18	1.85	2	1.73	2
C	3500	80	0.427	34.146	332.82	3.50	2731.71	9.25	9	8.99	9
D	1900	66	0.232	15.293	152.93	1.53	1009.32	5.02	5	3.93	4
总和	8200			80.427	779.72	8.30	6581.40	21.67	22	21.30	22

7.3

抽样数 n	5	10	15	20	25	30	35	40	45	50
接受 H_0 阈值	137.77	142.38	143.92	144.69	145.15	145.46	145.68	145.85	145.97	146.08
接受 H_A 阈值	156.23	151.62	150.08	149.31	148.85	148.54	148.32	148.15	148.03	147.92

抽样数 n	55	60	65	70	75	80	85	90	95	100
接受 H_0 阈值	146.16	146.23	146.29	146.34	146.38	146.42	146.46	146.49	146.51	146.54
接受 H_A 阈值	147.84	147.77	147.71	147.66	147.62	147.58	147.54	147.51	147.49	147.46

7.4 从东到西分区组,区组内肥沃程度尽量一致. 每区组划分 6 倍数小区,随机化完全区组设计

7.5 划分为尽量小的小区,数目为 6 的倍数;完全随机化;增加重复数来减小误差

7.6 配合服用:两个药物各为一个因素,剂量为水平,两因素交叉分组方差分析;分别使用:药物种类和剂量各为一个因素,系统分组方差分析

小鼠作为实验对象:容易保持一致性,可成组实验

志愿者作为实验对象:不易保持一致性,可考虑配对等弥补方法

7.7 材料不均一时需划分区组

7.8 $F=40.72$,三种冲洗液有极显著差异,第三种抑菌效果最好;$F=42.71$,每天的不同确为引发变差的一个原因,以后做类似实验时仍需按天分区组

7.9 $F=0.23$,消炎药的五种剂型差异不显著

7.10 $F=7.61$,蛋氨酸饲料之间差异显著

7.11 $F_A=13.08$,只有运动强度对 2 型糖尿病患者餐后血糖有显著影响,当运动强度为 4.5 km/h 时,对 2 型糖尿病患者餐后血糖有最好控制;$F_A=20.05$,只有运动强度对 2 型糖尿病患者胰岛素水平有极显著影响,当运动强度为 4.5 km/h 时,对 2 型糖尿病患者餐后胰岛素水平有最好控制

7.12 $F=36.00$,因素 A(Mg^{2+} 浓度)对反应条件有显著影响;$F=1.00$,因素 B(模板 DNA 浓度) 对反应条件没有显著影响;$F=13.00$,因素 C(引物浓度)对反应条件没有显著影响. Mg^{2+} 浓度达到 2.5 mmol/L 是较高水平

7.13~7.19 略.

提示:应用 7.1 节中的原理,根据条件确定所用模型及统计方法

附录 E　常用统计术语中英文对照

χ^2 检验　χ^2 tests

2X2 列联表精确检验　2X2 contingency table exact Test

贝叶斯公式　Bayes formula

QQ 图　*QQ* plot

百分数检验　proportion test

备择假设　alternate hypothesis

必然现象(不可能事件)　certain phenomenon (impossible event)

边际分布　marginal distribution

变差　variation

变异系数　coefficient of variability

标准差　standard deviation

泊松分布　Poisson distribution

不相容　incompatibility

参数估计　parameter estimation

残差　residual error

差异极显著　highly significant difference

差异显著　significant difference

超几何分布　hypergeometric distribution

抽样方法　sampling methods

处理　treatment

处理间平方和　groups sum of squares

大数定律　law of large numbers

单尾检验　one-tailed testing

单样本检验　one-sample hypothesis test

单因素方差分析　single-factor analysis of variance

等可能事件 equally likely event
点估计 point estimation
独立 independence
多因素方差分析 multi-way(Multi-factor) factorial analysis of variance
多元线性回归 multiple linear regression
多重比较 multiple contrasts
二项分布 binomial distribution
方差 variance
方差分析 analysis of variance (ANOV, ANOVA)
方差齐性 homogeneity of variance
非参数检验 nonparametric methods
非线性回归 nonlinear regression
分布函数 distribution function
分层随机抽样 stratified sampling
分级抽样 graded sampling
分位数 quantile
峰态系数 coefficient of kurtosis
符号检验 wilcoxon signed-rank test
负二项分布 negative binomial distribution
复相关系数 multiple correlation coefficient
概率 probability
概率乘法定理 multiplication law of probability
概率的运算 operation of probability
概率加法定理 addition law of probability
概率密度函数 probability density function
个体 individual
古典概型 classical probability model
固定因素 fixed factor
固定因素模型 fixed-effects model
观测值 observation value

回归分析 regression analysis
回归系数 regression coefficient
混合模型 mixed model
极差 range
几何分布 geometric distribution
几何概型 geometry probability model
假设检验 hypothesis test
简单随机样本 simple random sample
交叉分组方差分析 crossed analysis of variance
交互效应 interaction
截断点 cut-off point
矩估计 moment estimation
矩阵 matrix
拒绝域 rejection region
均方 mean square
均匀分布 uniform distribution
均值 mean
拉丁方及希腊-拉丁方设计 Latin square and Greek-Latin square design
累积分布函数 cumulative distribution function
离散型随机变量 discrete random variable
连续型随机变量 continuous random variable
联合分布函数 joint distribution function
两点分布 bernoulli trial
两种类型的错误概率 type Ⅰ and Ⅱ error probability
列联表的独立性检验 contingency table test for independence
裂区设计 split plot design
零假设 null hypothesis
描述性统计 descriptive statistics
配对数据检验 paired-sample hypothesis test
偏态系数 coefficient of skewness

偏相关系数　partial correlation coefficient
频率　frequency
平衡不完全区组设计　balanced incompletely block design
区间估计　interval estimation
全概公式　total probability formula
上单尾检验　right-hand tail testing
生物统计　biostatistics
实验设计　experimental designs
事件　event
数据　data
数据变换　data transformation
数学期望　mathematics expectation
数字特征　mumeric characteristic
双尾检验　two-tailed testing
双样本检验　two-sample hypothesis test
双因素方差分析　two-factor analysis of variance
水平　level
四分位极差　quartile range
四分位数　quartile
随机变量　random variable
随机化完全区组设计　randomized completely block design
随机误差　random error
随机现象　random phenomenon
随机向量　random vector
随机因素　random factor
随机因素模型　random-effects Model
特性　characteristic
条件概率　conditional probability
条件均值　conditional mean
统计规律性　statistical regularity

统计量　statistic
统计推断　statistical Inference
完全随机化设计　completely randomized design
吻合度检验　goodness-of-fit test
误差　error
误差平方和　error sum of squares
系统分组方差分析　nested (hierarchical) analysis of variance
系统误差　systematic error
下单尾检验　left-hand tail testing
显著性水平　significance level
相关分析　analysis of correlation
相关系数　correlation coefficient
箱形图　boxplot
小概率原理　the small probability event principle
协变量　covariate
协方差　covariance
协方差分析　analysis of covariance (ANCOVA)
序贯抽样　dequential sampling
阳性对照　positive control
样本　sample
样本方差　sample variance
样本均值　sample mean
样本空间　sample space
样本量　sample size
样本协方差　sample covariance
一元线性回归　simple linear regression
异常值　outlier
因变量　dependent variable
因素　factor
阴性对照　negative control

游程检验 run test
原点矩 origin moment
折线图 broken line graph
正交设计 orthogonal design
正态分布 normal distribution
直方图 histogram
指数分布 exponential distribution
秩 rank
秩和检验 wilcoxon rank-sum test
秩相关检验 spearman rank correlation
置信区间 confidence interval
置信水平 confidence level
中位数 median
中心极限定理 central limit theorem
中心矩 central moment
众数 mode
逐步回归 stepwise regression
主效应 main effect
自变量 independent variable
自由度 degree of freedom
总体 population
总体分布 population pistribution
最大似然估计 maximum likelihood estimation
最小二乘法 least square method
最小显著差数(LSD)法 least significance difference Test

参 考 书 目

[1] 复旦大学编. 概率论. 北京：人民教育出版社，1979

[2] 杜荣骞. 生物统计学(1985，第 1 版；1999，第 2 版). 北京：高等教育出版社

[3] 刘来福，程书肖. 生物统计. 北京：北京师范大学出版社，1988

[4] 陶澍. 应用数理统计方法. 北京：中国环境科学出版社，1994

[5] 中国科学院数学研究所统计组. 方差分析. 北京：科学出版社，1977

[6] 统计方法应用标准汇编小组. 统计方法应用国家标准汇编(2)——控制图，统计方法. 北京：中国标准出版社，1989

[7] 许宝騄. 抽样论. 北京：北京大学出版社，1982

[8] Burr I W. Applied Statistical Methods. London：Academic Press，Inc.，1974

[9] Cox D R. Applied Statistics：Principles and Examples. London：Chapman Hall，1987

[10] Melnyk M. Principles of Applied Statistics. New York：Pergamon Press，1974

[11] 伯纳德·罗斯纳著，孙尚拱译. 生物统计学基础. 北京：科学出版社，2004

[12] Zar J H. Biostatistical Analysis (4th ed.). New Jersey：Prentice-Hall，1999